제어공학

이봉섭 · 곽동걸 지음

CONTROL ENGINEERING

HS 도서출판 한산

머 리 말

오늘날 우리는 1차, 2차, 3차 산업을 거쳐 이제는 4차 산업혁명 시대에 이르렀다. 1차 산업혁명은 증기기관의 발명으로 면직물 공장에서 대량생산이 가능하게 하였으며, 2차 산업혁명은 전기의 발명으로 자동차의 대량생산, 그리고 3차 산업혁명은 컴퓨터의 등장으로 정보화혁명을 가져와 산업의 시스템에 자동화가 이루어졌다. 4차 산업혁명은 인공 지능(AI)과 사물 인터넷(IoT), 빅데이터, 모바일, 클라우드 컴퓨팅 등 지능정보기술이 기존의 산업과 서비스에 융합되거나 로봇공학, 생명공학, 3D 프린팅, 나노기술 등 다양한 분야의 신기술과 결합되어 모든 제품·서비스를 정보통신기술(ICT)로 연결하고 사물을 지능화함으로서 산업구조의 변화와 생산성의 질적 변화를 가져올 것이다.

현대 산업은 IT(정보기술), BT(생명공학기슬), CT(문화기술)의 분야에도 급속한 발전으로 매우 빠르게 변화하고 있다. 산업에서 자동제어는 전기, 전자 및 컴퓨터, 통신분야와 서로 연관되어 있어 자동제어의 분야의 역할이 점점 확대되고 있다.

자동제어는 이론적으로나 실제 응용에서도 어느 특정분야의 학문이 아니고 전기, 제조업, 화학, 정보산업, 우주산업 등 첨단산업 및 가정용 전기기기에서부터 산업현장까지 여러 공학 분야에서 널리 이용되어 효율과 관리를 위해 자동화가 이루어지고 있다.

이러한 산업분야의 발전에 적응하기 위하여 자동제어공학의 기초이론에서 설계 및 응용에까지 폭넓게 기초지식을 익혀야 한다.

제어이론은 기초적 수학 배경이 필요하므로 매우 어렵고 접근하기 힘들다고 생각할 수 있으나 회피할 수 없으면 부딪혀 보라는 생각으로 학생들의 입장에서 이해를 하는데 조금이나마 도움이 되었으면 하는 생각에 그동안 수년 동안 강의한 경험을 토대로 고민 끝에 집필하게 되었다. 본 교재는 제어시스템의 기본원리를 익히고 능력을 배양하는 데 필요한 수학적 기초와 예제를 넣어 체계적으로 저술하였다.

본 교재를 집필하기까지 수강한 학생들의 세심한 오타와 잘못된 점을 찾아주어 내용에 충실하도록 노력하였지만 아직도 부족한 부분이 많을 것이라 생각하며 앞으로 많은 보완과 수정을 계속할 것입니다. 끝으로 이 책이 출판되도록 이끌어주신 출판사 대표님에게도 감사의 말씀을 드립니다.

저자 씀

제목 차례

제 1 장 제어공학의 개념

제 2 장 제어공학의 기초수학

제 3 장 전달함수

제 4 장 블록선도와 신호흐름선도

제 5 장 시간 영역 해석

제 6 장 제어시스템의 안정성과 근궤적법

제 7 장 주파수 영역 해석

제 8 장 나이키스트 선도

제 9 장 상태공간 표현 및 해석

제 1 장

제어공학의 개념

제 1 장 제어공학의 개념

1.1 제어(制御)의 개념

인류가 지구상에 존재하면서 생활을 보다 편리하게 누리기 위하여 각종 도구나 기구를 만들어 사용하면서 부터 밀접하게 제어(control)와의 관계를 연관지어 왔다. 의식주를 해결하기 위하여 인간은 단순한 작업이나 연속적으로 반복되어지는 작업, 위험이 뒤따르는 어려운 작업을 수행하거나 능률이 떨어지는 작업을 회피하게 된다.

이러한 경우에 어떤 장치나 기계가 인간을 대신하여 작업 또는 일을 해주는 것이 제어의 역할이며 이러한 장치는 인간을 대신하여 작업의 능률을 향상시키거나 효율을 증대시킨다.

제어는 현대사회에서 그 역할이 매우 증대되어 오늘날에는 자동제어가 급속히 발전하고 있으며 그 속도도 빨라지고 있다. 자동제어 기술은 가정용 전기·전자기기에서 항공우주 산업분야와 각종 플랜트 산업, 전기, 기계, 토목, 의학 등 광범위하게 응용되고 있다.

또한, 우주선을 쏘아 올려 행성을 탐사하고 원격으로 제어하는 것 등은 고도의 자동제어기술을 적용한 예이다. 자율 주행로봇, 차량과 같은 것도 앞으로 4차 산업혁명 시대에서도 보다 넓게 활용될 것이라 기대된다. 특히, 4차 산업혁명의 시대에는 더 각광을 받을 것이다.

1) 제어(control)란 ?

어떤 제어시스템에서 상태나 출력이 우리가 원하는 동작을 수행하도록 제어장치에 입력신호를 적절히 조절하여 필요한 조작을 가하는 것을 말한다. 또한 제어하고자 하는 대상을 플랜트(plant), 제어동작을 수행하는 장치를 제어기(controller)라고 부른다.

2) 제어공학을 배우는 목적

제어공학을 배우는 목적은 우리가 원하는 제어특성을 갖는 제어장치를 만드는 것으로서 이를 설계라고 한다.

이러한 설계는 단순한 지식을 갖고만 하는 것이 아니라 다음과 같은 기초적인 이론지식이 무엇보다 필요하다.

① 어떤 제어대상 시스템의 수학적 모델(model)
② 제어시스템의 특성해석(analysis) – 동특성 및 안정성 해석

제어시스템의 특성해석을 도출하기 위해서는 제어이론을 도입하여 해석하며, 오늘날에는 컴퓨터의 발달로 보다 편리하게 제어시스템을 해석하고 설계를 지원하기 위한 프로그램이 속속 개발되고 있다. 따라서 이러한 컴퓨터 프로그램을 효율적으로 활용하면 보다 편리하게 제어시스템을 이해하고 해석할 수 있다.

1.2 제어공학이란?

어떤 제어장치에 원하는 제어특성을 갖는 제어동작이 이루어지도록 입력신호를 적절히 조절하는 방법을 연구하는 학문분야를 말한다.

이러한 제어동작을 하도록 만든 장치나 회로를 **제어기(controller)**라 한다.

1) 자동제어와 수동제어

제어에는 두 가지로 분류하는 데 사람이 직접 제어동작을 수행하는 **수동제어(manual control)**와 사람이 직접 동작을 수행하지 않고 제어장치로써 제어를 수행하는 **자동제어(automatic control)**가 있다. 일반적으로 제어라 함은 자동제어를 말한다.

즉, 수동제어는 사람이 직접 제어동작을 수행함으로서 유인(有人)제어라 하며 자동제어는 사람이 없어도 제어루프에 의해 제어동작을 수행한다고 해서 무인(無人)제어라 한다. 유인제어의 예로서 자동차 운전의 경우 운전자 자신이 가고자 하는 목표지점을 향해 전방을 주시하며 가속페달(엑설 레이터)과 브레이크와 핸들을 조작하여 자동차의 속도와 방향을 제어한다.

무인제어의 예는 냉·난방장치로써 실내온도 조절기의 온도를 설정하면 설정한 온도 범위 내에 유지시키기 위하여 압축기가 온- 오프하여 실내온도를 일정하게 유지시키는 제어동작을 수행한다.

2) 개(開)루프 제어(open loop control)와 폐(閉)루프 제어(closed loop control)

제어시스템에는 두 가지의 시스템이 있는 데 루프가 닫혀 있거나 열려있는 형태로 **개루프 제어시스템(open loop control system)**과 **폐루프 제어시스템(closed loop control system)**의 2가지 형태로 구분되며 이 두 가지 제어시스템의 차이는 제어동작에 따라 다르다고 볼 수 있다.

이 두 가지 제어시스템의 차이를 보면 개루프 제어시스템은 제어동작이 출력과는 관계 없으며, 폐루프 제어시스템은 제어동작이 어느 정도 출력과 밀접한 관계가 있다.

① **개루프 제어시스템**(open loop control system) : **또는 비귀환(非歸還) 제어시스템**

이 제어시스템은 비교적 장치가 간단하고 복잡하지 않으나, 제어동작이 출력과 관계없이 동작하므로 오차가 많이 발생할 수 있으며 오차가 발생할 경우에는 교정할 수 있는 피드백(feedback)요소가 구성되어 있지 않아 조건변화 즉, 외란에 대처할 능력이 없는 단점을 갖고 있다. 개루프 제어시스템의 구성요소는 그림 1-1의 구성요소에서 제어장치(controller)와 제어대상(plant)이 있다. 이 제어시스템의 기본요소와 구성은 그림 1-1과 같다.

이 시스템에서 제어장치 혹은 제어기에 입력신호가 가해지면 출력은 조작량에 의해 제어된다. 이 제어장치는 마이크로프로세서와 같은 컴퓨터가 사용된다.

여기서, 입력은 $r(t)$, 출력은 $c(t)$이다.

이러한 제어의 응용 예는 미리 정해진 순서에 따라서 제어가 순차적으로 진행되는 시컨스적 제어로서 전기세탁기, 전기난로 등을 볼 수 있다.

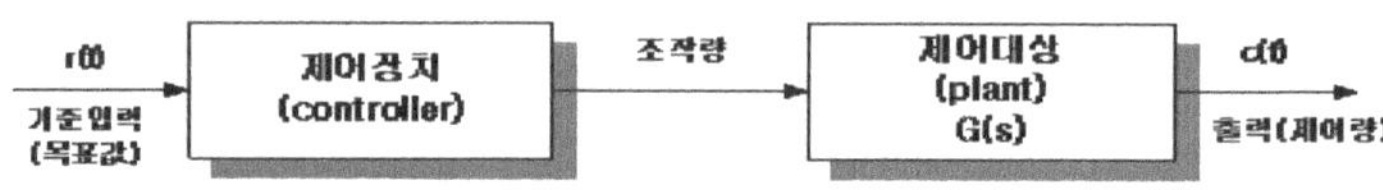

그림 1-1 개루프 제어 시스템의 구성요소

② **폐루프 제어시스템**(closed loop control system) : **귀환 제어시스템**

이 제어시스템은 정확하고 신뢰성 있는 제어로서 시스템의 출력이 목표값과 일치하는가를 비교하도록 **피드백 경로(feedback path)**를 갖고 있으며 측정값과 기준입력요소와 일치하지 않을 때에는 그 오차에 비례하는 동작신호를 가하여 보상하도록 하는 제어방식으로 하나의 루프가 형성되어 있다. 즉, 입력과 출력의 차에 비례하는 동작신호로 편차를 줄인다.

이러한 제어시스템을 **폐루프 제어시스템(closed loop control system)**, 또는 **피드백 제어시스템(feedback control system)**이라 한다. 여기서 피드백제어를 귀환(歸還)제어라고 한다.

이 제어시스템의 장점은 외부조건 변화에 대체할 수 있으나 반면에 제어시스템이 복잡해지는 단점이 있다. 이러한 제어 응용 예는 여러 가지가 있으나 전동기의 속도제어 등 산업과 여러 분야에서 볼 수 있다. 폐루프 제어시스템의 구성은 그림 1-2와 같다.

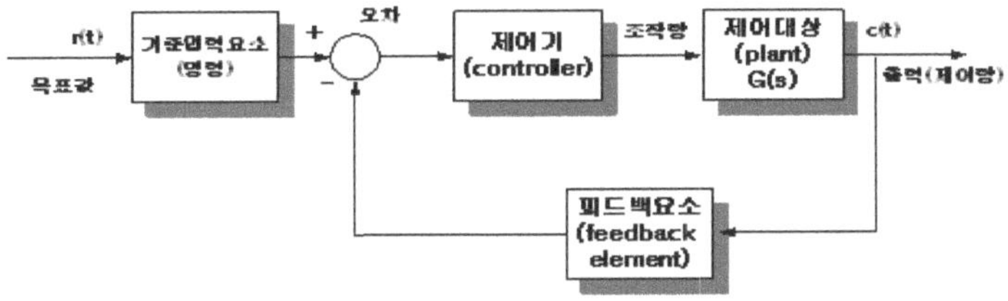

그림 1-2 폐루프 제어시스템의 구성요소

3) 제어에 사용되는 용어의 정의

- **목표값(command)** : 외부에서 주어지며 피드백 제어계에 속하지 않는 신호
- **플랜트(plant)** : 제어 시스템에서 제어하고자 하는 물리적 대상
- **공정(process)** : 출력신호가 온도, 압력, 유량, 수위, pH 등과 같은 화학적이거나 열·유체 역학적인 양으로 나타나는 플랜트
- **기준입력(reference input)** : 출력신호에 대한 기준으로 설정되는 입력. 명령입력(command input), 명령신호(command signal)
- **외란(disturbance)** : 시스템의 외부에서 알 수 없는 시간에 발생하여 출력에 나쁜 영향을 미치는 크기를 알 수 없는 신호. 잡음 등
- **제어량** : 제어를 받는 제어계의 출력량으로 제어대상에 속하는 양
- **피드백요소(귀환요소)** : 제어량을 검출하여 귀환신호를 만드는 요소로서 검출부
- **동작신호(actuating signal)** : 기준입력과 귀환신호의 차로서 제어 동작을 일으키는 신호(편차)
- **제어요소(control element)** : 동작신호를 조작량으로 변환시키는 요소 - 조절부와 조작부로 구성
- **조작량(manipulated variable)** : 제어장치가 제어대상에 가하는 제어신호로 제어장치의 출력인 동시에 제어대상의 입력(인위적인 것) - 제어입력
- **제어편차** : 목표치- 제어량
- **제어장치(controller)** : 제어대상의 작동을 조절하는 장치
- **비교부** : 목표치와 제어량에서 인출한 신호를 서로 비교해서 제어동작을 일으키는데 필요한 정보를 만들어내는 부분
- **시변시스템(time-varying system)** : 시스템의 입출력 전달특성이 시간에 따라 바뀌는 시스템
- **시불변시스템(time-invariant system)** : 시스템의 입출력 전달특성이 시간에 따라

바뀌지 않는 시스템

- **선형시스템(linear system)** : 전달특성을 G라고 할 때, 다음을 만족하는 시스템

$$G(\alpha u_1+\beta u_2) = \alpha G(u_1)+\beta G(u_2)$$

u_1, u_2는 두 입력신호이고, α, β 는 임의의 실수임

- **비선형시스템(nonlinear system)** : 시스템의 입출력신호들 사이의 전달특성이 선형이 아닌 시스템

1.3 제어시스템의 예

제어는 인류문명이 발전함에 따라 공헌하는 바가 크다. 모든 산업에서 자동제어가 생산성 증대는 물론 인간을 단순하고 지루한 작업에서 벗어나게 해 주었던 것은 사실이다. 인간이 하던 일을 기계장치가 대신함으로써 인간의 노동시간을 단축시키고 위험에서 벗어날 수 있으며, 복잡하고 어려운 여러 가지의 일을 인간이 하는 것보다 더 정확하고 신속하게 동작시켜 생산성의 증대는 물론 생산품질의 향상, 안정성의 확보 등을 이루어왔다.

최근의 제어시스템은 현대문명과 과학기술의 발전으로 그 역할이 증가되고 있으며, 우리는 이제 4차 산업 혁명시대에 살고 있다. 우리는 거의 모든 일상생활에서 그 영향을 받고 있다.

예를 들어 가정에서 난방과 습도의 조절장치는 실내의 온도와 습도를 조절하여 안락한 가정생활을 누리게 한다. 또한, 산업에서는 생산품의 품질관리, 공작기계 제어, 우주항공시스템, 컴퓨터 제어, 수송시스템, 전력시스템, 로봇제어 등과 같은 모든 산업분야에서 찾아볼 수 있다. 회사의 재고관리, 사회와 경제시스템 제어까지도 제어이론으로 접근해 갈 수 있다.

1) 우리주변의 제어 예

① 수조의 수위조절

우리가 실생활에서 이루어지고 있는 수조에 씻을 만큼의 물을 채운다고 가정해보자.

수조의 물의 유량은 원하는 양 만큼 수도밸브의 조작에 의해 조절되며 유량에 따라 제어대상인 수조의 수위가 알맞게 조절된다. 여기서, 제어량은 수위(물의 깊이)가 된다.

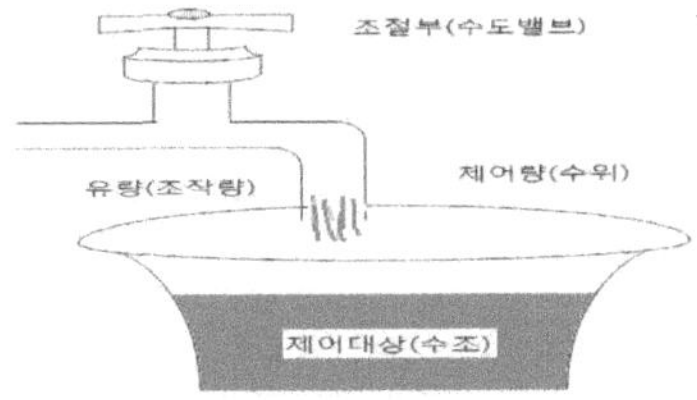

그림 1-3 수조의 수위조절

② 자동차

우리는 일상생활에서 자동차를 편리하게 이용한다. 자동차를 운전한다는 것은 인위적으로 기계적인 제어시스템을 사용하여 제어하고 있다.

자동차는 가고자 하는 장소를 향해 차선에 따라 도로를 달리고 있다고 가정하자. 만약 차선에서 벗어나려고 하면 눈으로 감지하여 손으로 핸들을 조작하여 방향을 제어하고 속도가 느리면 가속페달을 밟아 속도를 올리고 너무 빠르면 브레이크 페달을 밟아 속도를 조절한다. 속도와 진행방향은 제어량이며, 피드백요소는 인간의 눈이 속도와 방향을 감지하는 것이 된다. 조작은 가속페달과 브레이크 그리고 핸들을 조작하여 조작량을 제어한다.

그림 1-4 자동차의 운전

③ 자전거

일상생활에서 자전거는 우리가 가고자 하는 장소에 페달을 밟는 힘의 강약에 따라 속도를 조절하고 핸들 조작에 의해 방향을 제어하며 속도를 감속하고자 할 때에는 브레이크를 사용한다.

그림 1-5 자전거

④ 실내의 온도 조절

실내의 온도제어에 대해 알아보자. 실내의 온도를 설정하면 현재온도와 비교하여 설정온도보다 낮으면 온도차만큼 보일러나 히터에 조작을 가하여 열을 발생시켜 실내의 온도를 높인다. 온도가 설정온도에 도달하면 히터나 보일러의 가동을 중단한다. 여기서 제어량은 온도이다.

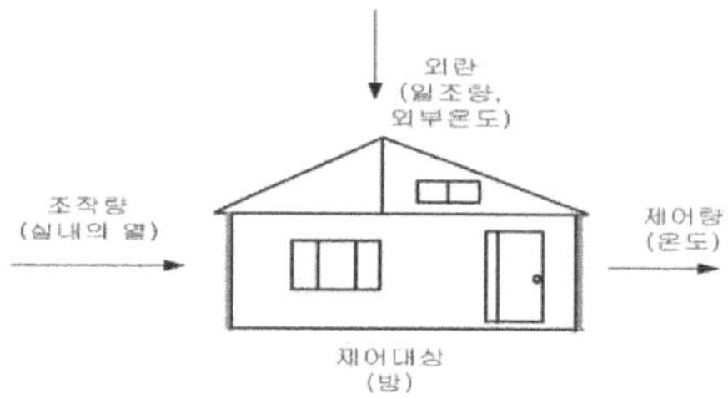

그림 1-6 방안의 온도조절

2) 여러 분야에 있는 제어 예

- 교통신호 - 사람과 차의 흐름을 제어
- 경제 분야 - 수요와 공급의 법칙으로 달러가 대량으로 매각되면 환율이 하락
- 인체 - 항상 36.5^{0}C로 체온 유지
- 기타 - 생물, 사회, 경제 등 모든 분야에서 자연적으로 혹은 인위적으로 행해짐

3) 왜 자동제어를 할까?

- 자동제어를 해야만 하지 않으면 안 되는 기술 - 우주의 로켓발사, 극한지역 탐사, 해저탐사
- 수동으로 제어가 가능하지만 자동제어를 하면 효율과 능률을 거둘 수 있다
- 인간이 직접 작업을 수행할 수 없는 위험한 장소
- 공장에서 제품의 대량생산을 위하여 자동화

1.4 제어공학의 역사

제어의 기원은 고대문명시대에서 부터 현재까지 끊임없이 발전을 거듭하여 왔다. 역사는 고대 그리스나 이집트 피라미드의 건축술과 성벽을 축조하는데도 사용되어 왔으며, 문헌의 기록을 토대로 남아있는 가장 대표적인 자료를 살펴보기로 한다.

우리나라에는 조선시대 세종 때에 장영실의 물시계인 자격루를 발명하고 제작하였다.

이 물시계는 시간의 흐름을 유량의 변화로 나타내어 시계로 사용했는데 유량의 변화율이 일정하도록 피드백제어를 사용하였다.

그리고 서양에서는 1788년 영국의 **와트(J. Watt)**가 증기기관을 발명하였다. 와트는 증기기관에 원심조속기를 달아 증기기관의 회전속도는 부하의 증감에 상관없이 일정하게 유지하도록 고안하였다. 이 조속기는 증기관에 부하가 많이 걸려 속도가 떨어지면 이 조속기가 속도저하를 감지하여 밸브를 많이 열어 증기유입량을 늘려 속도를 높여주고 증기기관의 속도가 높아지면 원심조속기의 회전이 증가하여 증기유입량을 줄여 증기기관의 속도를 낮춰준다. 이 제어장치의 고안으로 증기기관은 산업혁명의 원동력이 되었다.

이후 제어공학에 관련한 여러 이론이 나오게 되어 오늘날에는 크게 고전제어 이론과 현대제어 이론으로 나뉘게 되었다.

1.5 제어시스템의 분류

제어시스템은 제어량과 제어목적, 조절부의 동작에 따라 분류할 수 있다.

1) 제어량에 의한 분류

① 프로세서(process)제어

생산설비나 산업공정의 일부 인 온도, 유량, 압력, 액위, 농도, 밀도 등의 플랜트나 생산 공정 중의 상태량을 제어량으로 하는 제어이다.

② 서보(servo)제어(추종제어)

물체의 위치, 방위, 자세 등의 기계적 변위를 제어량으로 하여 목표값의 임의의 변화에 따라 추종제어를 하도록 만든 제어 시스템이다. 비행기와 선박의 방향제어, 미사일 발사대의 자동위치 제어, 추적용 레이더, 자동평형기록계 등이 있다.

③ 자동조정(automatic regulation)제어(정치제어)

전압, 전류, 주파수, 회전 속도, 힘 등 기계적 양을 제어하는 것으로써 응답속도가 빨라야 하는 것이 특징이며 정전압 장치, 발전기의 조속기 등이 있다.

2) 제어 목적에 의한 분류

① 정치(constant value)제어

제어량을 어떤 일정한 목표값으로 유지시켜주는 것을 목적으로 하는 제어로 주파수, 전압, 장력, 속도제어가 있다.

② 프로그램(program)제어

미리 정해진 프로그램에 따라 제어량을 변화시키는 것을 목적으로 하는 제어로 엘리베이터, 무인열차 시스템 등이 있다.

③ 추종제어

목표값이 시간에 따라 임의의 변화에 따라 제어량을 추종시키는 제어

④ 비율(rate)제어

목표값이 어떤 량과 일정한 비율 관계를 가지고 변화하는 경우의 제어로 보일러의 연소 등이 있다.

3) 조절부의 동작에 의한 분류

① 온-오프(on-off)제어

이 동작은 불연속제어로서 제어량이 목표값에서 벗어나면 미리 정해진 일정한 조작량이 대상에 가해지는 단속적 제어로 전기다리미 등이 있다.

② 비례(proportional)제어(P 제어)

입력의 변화에 대해 출력이 비례적으로 동작하는 제어로 입력 $e(t)$, 출력 $y(t)$라 하면 다음 식으로 표현된다. 여기서, K_p는 비례값 또는 비례이득 계수이다.

$$y(t) = K_p\, e(t) \tag{1-1}$$

③ 미분(derivative)제어(D 제어)

이것은 제어 시스템의 오차가 검출될 때 오차의 변화속도에 비례하여 조작량을 가하는 제어로 오차의 커짐을 미리 방지한다. 여기서, K_d는 미분계수이다.

$$y(t) = K_d \frac{de(t)}{dt} \tag{1-2}$$

④ 적분(integral)제어(I 제어)

오차의 크기를 시간에 따라 적분하는 제어로 잔류편차 제어가 없도록 한다. 여기서,

K_i는 적분계수이다.

$$y(t) = K_i \int e(t)dt \tag{1-3}$$

⑤ 비례적분제어(PI 제어)

비례제어에 적분제어를 부가시킨 제어로 잔류편차가 없는 것이 장점이다.

$$y(t) = K_p\ e(t) + K_i \int e(t)dt \tag{1-4}$$

⑥ 비례미분제어(PD 제어)

제어 응답이 빨라지도록 비례제어에 미분동작을 부가한 것으로 응답속도가 빠르다.

$$y(t) = K_p\ e(t) + K_d \frac{de(t)}{dt} \tag{1-5}$$

⑦ 비례적분미분제어(PID 제어)

이것은 비례에 미분, 적분동작을 병렬로 추가한 제어이다.

$$y(t) = K_p\ e(t) + K_i \int e(t)dt + K_d \frac{de(t)}{dt} \tag{1-6}$$

연습문제

1. 개루프 제어와 폐루프 제어에 대해서 논하시오.
2. 선형 비선형 제어에 대해서 논하시오.
3. 제어 시스템을 분류하시오.
4. 제어란 무엇인지 논하시오.
5. 자동제어를 하는 이유가 무엇인지 설명하시오.
6. 제어의 예를 들고 제어대상, 제어량, 출력, 입력이 무엇인지 설명하시오.
7. 전기다리미와 전기히터는 제어의 구성이 어떻게 이루어지는지 설명하시오.
8. 자동제어에서 편차(오차)에 대해서 설명하시오.
9. 앞의 본문에서 자전거의 경우 제어시스템을 블록선도로 나타내어 설명하시오.

익힘문제

1. 프로세서 제어의 제어량이 아닌 것은?
①온도 ②압력 ③유량 ④전압

2. 목표값이 시간적으로 변화할 때에 제어량을 추종시키기 위한 제어는?
①프로그램 제어 ②정치제어 ③추종제어 ④비율제어

3. 제어요소가 제어 대상에 주는 양은?
①기준입력 요소 ②제어요소 ③제어량 ④조작량

4. 잔류편차를 없도록 하는 제어는?
①비례제어 ②미분제어 ③적분제어 ④비례적분제어

5. 제어요소는 무엇으로 구성 되는가?
①비교부와 검출부 ②검출부와 조작부 ③검출부와 조절부 ④조절부와 조작부

6. 서어보 기구에 있어서의 제어량은?
①유량 ②위치 ③주파수 ④전압

7. 불연속 제어에 속하는 것은?
①온-오프제어 ②비례제어 ③미분제어 ④적분제어

답 1.④ 2.③ 3.④ 4.③ 5.④ 6.② 7.①

제 2 장

제어공학의 기초수학

제 2 장 제어공학의 기초수학

2.1 개요

이 장은 제어시스템을 해석하고 설계하는 데에는 수학이 가장 기초가 되고 광범위하게 사용되는 수학에 대해 알아본다.

제어시스템의 선형, 연속, 피드백 제어시스템에는 라플라스(Laplace) 변환, 신호흐름선도 및 상태 공간개념 등에도 기초수학이 필요하다.

특히, 제어시스템의 입·출력 관계를 나타내는 방법이 전달함수이며 이 전달함수는 s 함수로서 라플라스변환을 하여 나타낸다. 다음의 세 가지 기초수학은 제어공학에서 매우 중요하다.

- **라플라스 변환**
- **전달함수**
- **행렬**

2.2 라플라스 변환(Laplace transformation)

라플라스 변환(Laplace transformation)은 프랑스의 수학자 라플라스(Laplace, 1749～1827)에 의해 고안된 기법으로 제어시스템에서 동작을 나타내는 선형 상미분방정식의 해를 구하거나 전달함수를 나타내는 데 사용되는 수학적 방법이다.

이 방법은 미분방정식을 대수방정식으로 바꿔어 쉽게 풀릴 뿐만 아니라, 시스템의 특성을 분수함수 형태의 전달함수로 표현할 수 있어 수학적으로 쉽게 처리하기 쉽기 때문에 제어시스템의 해석과 설계에 매우 많이 사용된다.

어려운 미분방정식도 라플라스 변환을 하여 다시 역변환에 의하여 원래의 미분방정식의 해를 구할 수 있다.

제어시스템의 해석에 라플라스 변환을 이용하면 다음과 같은 이점이 있다.

- **동차방정식의 해와 특수적분 해가 한 번의 연산으로 얻어진다.**
- **초기값이 방정식을 변환하는 단계에서 식 중에 삽입되어 간단히 처리된다.**

1) 라플라스 함수의 정의

어떤 시간함수 $f(t)$가 있을 때 이 시간함수 $f(t)$에 e^{-st} 를 곱하고 이것을 시간 t에 대해서 0～∞까지 적분하면 s의 함수 $F(s)$를 얻는다.

여기서, $F(s)$를 함수 $f(t)$의 라플라스 변환식이라 하고 이 과정을 라플라스 변환이라 한다. 라플라스 변환의 정의 식은 다음과 같이 된다.

$$F(s) = \mathcal{L}[f(t)] = \int_0^\infty f(t)e^{-st}dt \tag{2-1}$$

여기서, $s = \sigma + jw$ 는 복소변수, $\mathscr{L}$는 라플라스 변환, $F(s)$는 라플라스 변환함수

2) 특이함수(singularity function)와 기타 함수의 라플라스 변환

단위 계단 함수, 단위 임펄스 함수, 단위 램프 함수는 제어시스템의 시간응답을 구하는 데 가장 많이 쓰이는 입력함수이며, 기타 함수에는 포물선 함수, 지수 함수, 삼각 함수, 쌍곡선 함수 등이 있다.

각 함수의 라플라스 변환에 대해서 알아보자.

① 단위 계단 함수(unit step function)

이 함수는 그림 2-1(a) 와 같이 $t<0$에서는 0이고 $t \geqq 0$에서는 $f(t)=1$인 함수로 시간에 관계없이 일정한 값을 유지하는 함수를 **단위 계단 함수**라 하며 $u_s(t)$로 표시한다.

$$f(t) = u_s(t) = \begin{cases} 0 & : t < 0 \\ 1 & : t \geqq 0 \end{cases}$$

여기서, $u_s(t)$를 라플라스 변환하면 다음과 같다.

$$p.f)\ \mathcal{L}[f(t)] = \int_o^\infty 1 \cdot e^{-st}dt = \left[-\frac{1}{s}e^{-st}\right]_0^\infty$$

$$= 0 - \frac{(-1)}{s} = \frac{1}{s}$$

$$\mathcal{L}[u_s(t)] = \frac{1}{s} \tag{2-2}$$

② 단위 임펄스 함수(unit impulse function):(**단위 충격함수**)

이 함수는 그림 2-1(b) 와 같이 폭이 ϵ, 높이 $\frac{1}{\epsilon}$, 면적이 1인 파형을 $f(t)$라 하며

$\epsilon\to 0$로 한 극한 파형을 **단위 임펄스 함수**라 하고, 단위 계단함수에 대한 미분으로 얻어지며 $\delta(t)$(delta function)로 표시한다.

$$f(t)=\delta(t)=\begin{cases}0 & t\neq 0\\ \infty & t=0\end{cases}$$

$\int_{-\infty}^{\infty}\delta(t)dt=1$ 이므로 $\delta(t)$를 라플라스 변환하면 다음과 같다.

$$\mathcal{L}[\delta(t)]=\mathcal{L}[\lim_{\varepsilon\to 0}\delta(t)=\lim_{\varepsilon\to 0}\int_{0}^{\infty}\delta(t)e^{-st}dt$$

$$=\lim_{\varepsilon\to 0}\frac{1}{\varepsilon}\int_{0}^{\infty}u(t)-u(t-\varepsilon)e^{-st}\,dt$$

$$=\lim_{\varepsilon\to 0}\frac{1}{\varepsilon}\frac{1-e^{-\varepsilon s}}{s}=1$$

$$\mathcal{L}[\delta(t)]=1 \tag{2-3}$$

③ **단위 램프 함수**(unit ramp function)**또는 단위 속도 함수**

그림 2-1(c) 와 같이 기울기가 1인 함수를 **단위 램프 함수**라 하며 $t\cdot u_s(t)$로 나타낸다.

$$f(t)=t\cdot u_s(t)=\begin{Bmatrix}0 & : t<0\\ t & : t\geq 0\end{Bmatrix}$$

$t\cdot u_s(t)$를 라플라스 변환식으로 세우면 $\mathcal{L}[f(t)]=\int_{0}^{\infty}t\cdot e^{-st}dt$로 되며 이 식은 다음과 같은 부분 적분공식을 적용하여 구하면 쉽다.

$$p.f)\;\mathcal{L}[f(t)]=\int_{0}^{\infty}t\cdot e^{-st}dt$$

$$=\left[t\cdot(-\frac{e^{-st}}{s})\right]_{0}^{\infty}-\int_{0}^{\infty}1\cdot(-\frac{1}{s})e^{-st}dt$$

$$=0+\frac{1}{s}\int_{0}^{\infty}e^{-st}dt=\frac{1}{s}\cdot\frac{1}{s}=\frac{1}{s^2}$$

여기서, $u=t,\quad dv=e^{-st}dt,\quad du=dt,\ v=-\frac{1}{s}e^{-st}$

> **부분 적분공식**
> $$\int u\cdot dv=u\cdot v-\int v\cdot du$$

$$\mathcal{L}[tu_s(t)]=\frac{1}{s^2} \tag{2-4}$$

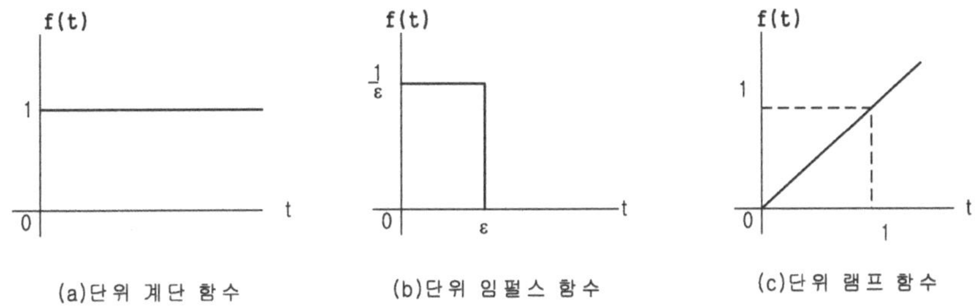

그림 2-1 기본 단위 함수

④ **포물선 함수**(acceleration function)

다음은 t^n함수에 대해 알아보자.

먼저 $\mathcal{L}[t]$은 앞에서 나타낸 단위 램프 함수와 같으므로 라플라스 변환을 하면 $\frac{1}{s^2}$이 된다. 그러면 t^2을 라플라스 변환하면 다음 식과 같다.

$$p.f)\mathcal{L}[t]^2=\int_0^\infty t^2\cdot e^{-st}dt \tag{2-5}$$

$$=\left[t^2(-\frac{e^{-st}}{s})\right]_0^\infty+\frac{2}{s}\int_0^\infty t\cdot e^{-st}dt$$

$$=\frac{2}{s}\cdot\frac{1}{s^2}=\frac{2}{s^3}$$

여기서, $u=t^2,\ dv=e^{-st}dt,\ du=2t\,dt,\ v=-\frac{e^{-st}}{s}$

또, t^3을 라플라스 변환하면 다음 식과 같다.

$$p.f)\mathcal{L}[t]^3 = \int_0^\infty t^3 \cdot e^{-st}dt \tag{2-6}$$

$$= \left[t^3(-\frac{e^{-st}}{s})\right]_0^\infty + \frac{3}{s}\int_0^\infty t^2 \cdot e^{-st}dt$$

$$= \frac{3}{s} \cdot \frac{2}{s^3} = \frac{6}{s^4}$$

여기서, $u = t^3,\ dv = e^{-st}dt,\ du = 3t^2\ dt,\ v = -\frac{e^{-st}}{s}$

따라서 포물선 함수의 n 차수에 대한 라플라스 변환은 다음과 같이 된다.

$$\mathcal{L}[t] = \frac{1}{s^2}$$
$$\mathcal{L}[t^2] = \frac{2}{s^3}$$
$$\mathcal{L}[t^3] = \frac{6}{s^4}$$
$$\vdots$$
$$\mathcal{L}[t^n] = \frac{n!}{s^{n+1}}$$

⑤ **지수 함수**(exponential function)

지수 함수 $f(t) = e^{\pm at}$에 대한 라플라스 변환은 다음 식과 같다.

$$\mathcal{L}[f(t)] = \int_0^\infty e^{\pm at} \cdot e^{-st}dt = \int_0^\infty e^{-(s \mp a)t}dt$$

$$= \left[-\frac{e^{-(s \mp a)t}}{s \mp a}\right]_0^\infty = \frac{1}{s \mp a}$$

$$\mathcal{L}[e^{\mp at}] = \frac{1}{s \pm a} \tag{2-7}$$

⑥ **삼각 함수**(trigonometric function)

삼각 함수와 쌍곡선 함수는 라플라스 변환을 하려면 먼저 지수 함수로 고치면 라플라스 변환이 쉽게 된다. 이 함수들을 지수 함수로 만들려면 **오일러(Euler)공식**을 적용하여 더하거나 빼면 삼각 함수와 쌍곡선 함수가 지수함수 형태로 된다.

오일러 공식

$e^{jwt} = \cos wt + j\sin wt$ $\quad e^{wt} = \cosh wt + \sinh wt$

$e^{-jwt} = \cos wt - j\sin wt$ $\quad e^{-wt} = \cosh wt - \sinh wt$

오일러 공식을 이용하여 삼각 함수 $\sin wt$, $\cos wt$의 지수 함수로 고치면

$$\sin wt = \frac{e^{jwt} - e^{-jwt}}{2j}, \quad \cos wt = \frac{e^{jwt} + e^{-jwt}}{2} \tag{2-8}$$

이고, 쌍곡선 함수의 지수 함수 형은

$$\sinh wt = \frac{e^{wt} - e^{-wt}}{2}, \quad \cosh wt = \frac{e^{wt} + e^{-wt}}{2} \tag{2-9}$$

이 된다.

삼각 함수 $\sin wt$, $\cos wt$를 라플라스 변환하면 다음식과 같다.

$$\mathcal{L}[\sin wt] = \int_0^\infty \sin wt \cdot e^{-st}dt = \frac{1}{2j}\int_0^\infty (e^{jwt} - e^{-jwt})e^{-st}dt \tag{2-10}$$

$$= \frac{1}{2j}\int_0^\infty [e^{-(s-jw)t} - e^{-(s+jw)t}]dt$$

$$= \frac{1}{2j}\left[-\frac{e^{-(s-jw)t}}{s-jw} + \frac{e^{-(s+jw)t}}{s+jw}\right]_0^\infty$$

$$= \frac{1}{2j}\left[\frac{1}{s-jw} - \frac{1}{s+jw}\right]$$

$$= \frac{1}{2j}\left[\frac{s+jw-s+jw}{s^2+w^2}\right] = \frac{w}{s^2+w^2}$$

$$\mathcal{L}[\cos wt] = \int_0^\infty \cos wt \cdot e^{-st}dt = \frac{1}{2}\int_0^\infty (e^{jwt} + e^{-jwt})e^{-st}dt \tag{2-11}$$

$$= \frac{1}{2}\int_0^\infty [e^{-(s-jw)t} + e^{-(s+jw)t}]dt$$

$$= \frac{1}{2}\left[-\frac{e^{-(s-jw)t}}{s-jw} - \frac{e^{-(s+jw)t}}{s+jw}\right]_0^\infty$$

$$= \frac{1}{2}\left[\frac{1}{s-jw} + \frac{1}{s+jw}\right]$$

$$= \frac{1}{2}\left[\frac{s+jw+s-jw}{s^2+w^2}\right] = \frac{s}{s^2+w^2}$$

$$\mathcal{L}[\sin wt] = \frac{w}{s^2+w^2}$$

$$\mathcal{L}[\cos wt] = \frac{s}{s^2+w^2}$$

함수 $f(t) = \cos(wt+\varphi)$를 라플라스 변환하면 다음과 같다.

$$\mathcal{L}[f(t)] = \int_0^\infty \cos(wt+\varphi) \cdot e^{-st}dt \qquad (2\text{-}12)$$

$$= \int_0^\infty [\cos wt \ \cos\varphi - \sin wt \ \sin\varphi] e^{-st}dt$$

$$= \cos\varphi \int_0^\infty \cos wt \ e^{-st}dt - \sin\varphi \int_0^\infty \sin wt \ e^{-st}dt$$

$$= \frac{s}{s^2+w^2} cos\varphi - \frac{w}{s^2+w^2} sin\varphi$$

⑦ 쌍곡선 함수(hyperbolic function)

쌍곡선 함수 $\sinh wt$, $\cosh wt$ 를 라플라스 변환하면 다음과 같이 된다.

$$\mathcal{L}[\sinh wt] = \int_0^\infty \sinh wt \cdot e^{-st}dt = \frac{1}{2}\int_0^\infty (e^{wt} - e^{-wt})e^{-st}dt \qquad (2\text{-}13)$$

$$= \frac{1}{2}\int_0^\infty [e^{-(s-w)t} - e^{-(s+w)t}]dt$$

$$= \frac{1}{2}\left[-\frac{e^{-(s-w)t}}{s-w} + \frac{e^{-(s+w)t}}{s+w}\right]_0^\infty$$

$$= \frac{1}{2}\left[\frac{1}{s-w} - \frac{1}{s+w}\right]$$

$$= \frac{1}{2}\left[\frac{s+w-s+w}{s^2-w^2}\right] = \frac{w}{s^2-w^2}$$

$$\mathcal{L}[\cosh wt] = \int_0^\infty \cosh wt \cdot e^{-st}dt = \frac{1}{2}\int_0^\infty (e^{wt} + e^{-wt})e^{-st}dt \qquad (2\text{-}14)$$

$$= \frac{1}{2}\int_0^\infty [e^{-(s-w)t} + e^{-(s+w)t}]dt$$

$$= \frac{1}{2}\left[-\frac{e^{-(s-w)t}}{s-w} - \frac{e^{-(s+w)t}}{s+w}\right]_0^\infty$$

$$= \frac{1}{2}\left[\frac{1}{s-w} + \frac{1}{s+w}\right]$$

$$= \frac{1}{2}\left[\frac{s+w+s-w}{s^2-w^2}\right] = \frac{s}{s^2-w^2}$$

$$\mathcal{L}[\sinh wt] = \frac{w}{s^2-w^2}$$

$$\mathcal{L}[\cosh wt] = \frac{s}{s^2-w^2}$$

위에서 여러 가지 함수들의 라플라스 변환하는 과정에 대해서 알아보았으며, 다음 표는 자주 사용되는 중요한 라플라스 변환을 표 2-1에 나타내는 데 이 변환표를 이용하면 간단히 구할 수 있다.

표 2-1 중요한 라플라스 변환

	함수 $f(t)$	Laplace 변환 $F(s)$		함수$f(t)$	Laplace 변환 $F(s)$
1	$\delta(t)$	1	11	$\cosh wt$	$\frac{s}{s^2-w^2}$
2	$u(t)$	$\frac{1}{s}$	12	$t\ \sin wt$	$\frac{2ws}{(s^2+w^2)^2}$
3	t	$\frac{1}{s^2}$	13	$t\ \cos wt$	$\frac{s^2-w^2}{(s^2+w^2)^2}$
4	t^n	$\frac{n!}{s^{n+1}}$	14	$e^{-at}\sin wt$	$\frac{w}{(s+a)^2+w^2}$
5	$e^{\mp at}$	$\frac{1}{s\pm a}$	15	$e^{-at}\cos wt$	$\frac{s+a}{(s+a)^2+w^2}$
6	te^{-at}	$\frac{1}{(s+a)^2}$	16	$f(at)$	$\frac{1}{a}F(\frac{s}{a})$
7	$t^n e^{-at}$	$\frac{n!}{(s+a)^{n+1}}$	17	$e^{-at}f(t)$	$F(s+a)$
8	$\sin wt$	$\frac{w}{s^2+w^2}$	18	$t^n f(t)$	$(-1)^n \frac{d^n}{ds^n}F(s)$
9	$\cos wt$	$\frac{s}{s^2+w^2}$	19	$\frac{1}{t}f(t)$	$\int_0^{\infty} F(s)ds$
10	$\sinh wt$	$\frac{w}{s^2-w^2}$	20	$u(t-t_0)$	$\frac{1}{s}e^{-t_0 s}$

3) 라플라스 변환(Laplace transformation)의 정리

라플라스 변환은 여러 가지 성질을 가지고 있으며 이 성질을 이용하여 라플라스 변환을 쉽게 구할 수 있다.

① 선형정리(가감산 정리)

두 함수 $f_1(t)$, $f_2(t)$의 합과 차의 라플라스변환은 각각을 라플라스 변환의 합과 차와 같다.

$$\mathcal{L}[f_1(t) \pm f_2(t)] = \mathcal{L}[f_1(t)] \pm \mathcal{L}[f_2(t)] = F_1(s) \pm F_2(s) \qquad (2\text{-}15)$$

$$p.f) \quad \mathcal{L}[f_1(t) \pm f_2(t)] = \int_0^\infty f_1(t)e^{-st}dt \pm \int_0^\infty f_2(t)e^{-st}dt$$
$$= F_1(s) \pm F_2(s)$$

② 상사정리

어떤 함수 $f(\frac{t}{a})$를 라플라스 변환하면 다음 식이 된다.

$$\mathcal{L}[f(\frac{t}{a})] = aF(as) \quad (a>0) \tag{2-16}$$

$$p.f)\mathcal{L}[f(\frac{t}{a})] = \int_0^\infty f(\frac{t}{a})e^{-st}dt \quad = a\int_0^\infty f(\tau)e^{-as\tau}d\tau$$
$$= a\int_0^\infty f(\tau)e^{-(as)\tau}d\tau = aF(as)$$

여기서, $\frac{t}{a} = \tau,\ t = a\tau,\ dt = ad\tau$

예제 2-1 함수 $f(t) = \sin 3t$ 를 상사 정리를 이용하여 라플라스 변환을 구하라.

풀이 $\sin t$의 라플라스 변환은 $\frac{1}{s^2+1}$이다. $\mathcal{L}[f(\frac{t}{a})] = aF(as)$ 의 상사 정리를 이용하여 $\frac{1}{a} = 3$으로 놓고 정리하면 다음과 같다.

$$\mathcal{L}[\sin 3t] = \frac{1}{3} \times \frac{1}{(\frac{s}{3})^2+1} = \frac{1}{3}\frac{1}{(\frac{s^2}{9})+1} = \frac{3}{s^2+9}$$

③ 시간 추이 정리

그림 2-2와 같이 함수 $f(t)$가 시간적으로 a 만큼 뒤진 함수로 $t<a$에서 0인 함수 $f(t-a)$에 대한 라플라스 변환은 다음 식과 같이 된다.

$$\mathcal{L}[f(t-a)] = e^{-as}F(s) \tag{2-17}$$

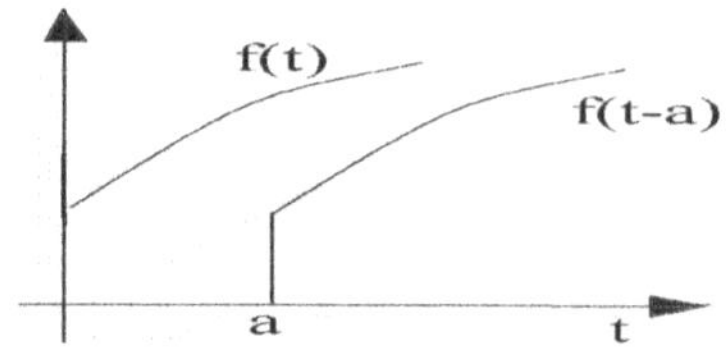

그림 2-2 $f(t-a)$**파형**

$$p.f)\,\mathcal{L}[f(t-a)] = \int_0^\infty f(t-a)e^{-st}dt = \int_0^\infty f(\tau)e^{-s(\tau+a)}d\tau$$

$$= \int_0^\infty f(\tau)e^{-s\tau}e^{-as}d\tau = e^{-as}\int_0^\infty f(\tau)e^{-s\tau}d\tau = e^{-as}F(s)$$

여기서, $t-a=\tau, dt=d\tau,\ t=\tau+a$

예제 2-2 다음 함수의 라플라스 변환을 구하라.

$f(t)=(t-4)^2$

풀이 $\mathcal{L}[t^2]=\dfrac{2}{s^3}$이므로 $\mathcal{L}[(t-4)^2]=e^{-4s}\cdot\dfrac{2}{s^3}=2\dfrac{e^{-4s}}{s^3}$

이다.

④ 복소 추이 정리

$s>a$일 때 함수 $e^{\pm at}f(t)$를 라플라스 변환하면 다음 식과 같이 된다.

$$\mathcal{L}[e^{\pm at}f(t)] = F(s\mp a) \qquad (2\text{-}18)$$

$$p.f)\ \mathcal{L}[e^{\pm at}f(t)] = \int_0^\infty f(t)e^{\pm at}e^{-st}dt = \int_0^\infty f(t)e^{-(s\mp a)t}dt = F(s\mp a)$$

예제 2-3 $e^{-at}\sin wt, e^{-at}\cos wt$ 의 라플라스 변환을 구하라.

풀이 $\mathcal{L}[\sin wt]=\dfrac{w}{s^2+w^2}$, $\mathcal{L}[\cos wt]=\dfrac{s}{s^2+w^2}$이므로

$$\mathcal{L}[e^{-at}\cos wt]=\frac{s+a}{(s+a)^2+w^2},$$

$$\mathcal{L}[e^{-at}\sin wt]=\frac{w}{(s+a)^2+w^2}$$

이다. 또, 다른 방법으로 풀면 다음과 같다.

$$\begin{aligned}
\mathcal{L}\left[e^{-at}\sin wt\right] &= \int_0^\infty e^{-at}\sin wt e^{-st}dt = \frac{1}{2j}\int_0^\infty \left[e^{-at}(e^{jwt}-e^{-jwt})e^{-st}\right]dt \\
&= \frac{1}{2j}\int_0^\infty \left[e^{-(s+a-jw)t}-e^{-(s+a+jw)t}\right]dt \\
&= \frac{1}{2j}\left[-\frac{1}{(s+a+jw)}e^{-(s+a-jw)t}+\frac{1}{(s+a+jw)}e^{-(s+a+jw)t}\right]_0^\infty \\
&= \frac{1}{2j}\left[\frac{1}{s+a-jw}-\frac{1}{s+a+jw}\right] \\
&= \frac{1}{2j}\left[\frac{(s+a+jw)-(s+a-jw)}{(s+a)^2+w^2}\right] \\
&= \frac{1}{2j}\frac{2jw}{(s+a)^2+w^2} \\
&= \frac{w}{(s+a)^2+w^2}
\end{aligned}$$

$$\begin{aligned}
\mathcal{L}\left[e^{-at}\cos wt\right] &= \int_0^\infty e^{-at}\cos wt e^{-st}dt = \frac{1}{2}\int_0^\infty \left[e^{-at}(e^{jwt}+e^{-jwt})e^{-st}\right]dt \\
&= \frac{1}{2}\int_0^\infty \left[e^{-(s+a-jw)t}+e^{-(s+a+jw)t}\right]dt \\
&= \frac{1}{2}\left[-\frac{1}{(s+a+jw)}e^{-(s+a-jw)t}-\frac{1}{(s+a+jw)}e^{-(s+a+jw)t}\right]_0^\infty \\
&= \frac{1}{2}\left[\frac{1}{s+a-jw}+\frac{1}{s+a+jw}\right] \\
&= \frac{1}{2}\left[\frac{(s+a+jw)+(s+a-jw)}{(s+a)^2+w^2}\right] \\
&= \frac{1}{2}\frac{2(s+a)}{(s+a)^2+w^2} \\
&= \frac{s+a}{(s+a)^2+w^2}
\end{aligned}$$

⑤ 복소 미분 정리

s의 함수 $F(s)=\int_0^\infty f(t)e^{-st}dt$ 를 s로 양변을 미분하면 다음 식과 같이 된다.

$$\mathcal{L}\left[t^n \cdot f(t)\right]=(-1)^n\frac{d^n}{ds^n}F(s) \tag{2-19}$$

$$p.f)\quad \frac{d}{ds}F(s)=\int_0^{\infty}\frac{d}{ds}f(t)e^{-st}dt=\int_0^{\infty}f(t)(-t\cdot e^{-st})dt$$

$$=\int_0^{\infty}(-t\cdot f(t)e^{-st})dt$$

$$=-\mathcal{L}[t\cdot f(t)]$$

여기서 $\frac{d}{ds}\cdot e^{-st}=-t\cdot e^{-st}$

$$\mathcal{L}[t\cdot f(t)]=\int_0^{\infty}t\cdot f(t)e^{-st}dt=\int_0^{\infty}-\frac{d}{ds}(e^{-st})f(t)dt$$

$$=-\frac{d}{ds}\int_0^{\infty}f(t)e^{-st}dt=-\frac{d}{ds}\mathcal{L}[f(t)]$$

$$=-\frac{d}{ds}F(s)$$

$$\mathcal{L}[t^2\cdot f(t)]=\int_0^{\infty}t^2f(t)e^{-st}dt=\int_0^{\infty}(-1)^2\frac{d^2}{ds^2}(e^{-st})f(t)dt$$

$$=(-1)^2\frac{d^2}{ds^2}\int_0^{\infty}f(t)e^{-st}dt=(-1)^2\frac{d^2}{ds^2}\mathcal{L}[f(t)]$$

$$=(-1)^2\frac{d^2}{ds^2}F(s)$$

예제 2-4 다음 함수의 라플라스 변환을 구하라.

$f(t)=t^2e^{-3t}$

풀이 $\mathcal{L}[e^{-3t}]=\frac{1}{s+3}$ 을 복소 미분 정리에 대입하여 구하면 다음과 같다.

$$\mathcal{L}[t^2e^{-st}]=(-1)^2\frac{d^2}{ds^2}[\frac{1}{s+3}]$$

$$=\frac{d}{ds}\left[-\frac{1}{(s+3)^2}\right]=\left[\frac{2(s+3)}{(s+3)^4}\right]$$

$$=\frac{2}{(s+3)^3}$$

⑥ 복소 적분 정리

s의 함수 $F(s)=\int_0^\infty f(t)e^{-st}dt$ 를 s에서 ∞까지 s에 대해 양변을 적분하면 다음 식과 같이 된다.

$$\mathcal{L}\left[\frac{f(t)}{t}\right]=\int_s^\infty F(s)ds \tag{2-20}$$

$$p.f)\ \int_s^\infty F(s)ds=\int_s^\infty\left[\int_0^\infty f(t)e^{-st}dt\right]ds$$

$$=\int_0^\infty f(t)\left[\int_s^\infty e^{-st}ds\right]dt$$

$$=\int_0^\infty f(t)\frac{1}{t}e^{-st}dt\ =\int_0^\infty\frac{f(t)}{t}e^{-st}dt$$

$$=\mathcal{L}\left[\frac{f(t)}{t}\right]$$

여기서 $\int_s^\infty e^{-st}ds=\left[-\frac{1}{t}e^{-st}\right]_s^\infty=\frac{1}{t}e^{-st}$

⑦ 미분정리

함수 $f(t)$의 라플라스 변환이 $F(s)$일 때 그 함수의 미분 $\frac{df(t)}{dt}(f'(t))$의 라플라스 변환은 다음 식과 같이 된다.

여기서, $f'(t)=\frac{df(t)}{dt}$, $f''(t)=\frac{d^2f(t)}{dt^2}$, $f'''(t)=\frac{d^3f(t)}{dt^3}$

$$\mathcal{L}[f'(t)]=sF(s)-f(0) \tag{2-21}$$

$$p.f)\ \mathcal{L}[f'(t)]=\int_0^\infty f'(t)e^{-st}dt\ =\left[e^{-st}f(t)\right]_0^\infty-\int_0^\infty -se^{-st}f(t)dt$$

$$=-f(0)+s\int_0^\infty e^{-st}f(t)dt$$

$$=sF(s)-f(0)$$

여기서, $u=e^{-st}$, $dv=f'(t)dt$, $du=-se^{-st}dt$, $v=f(t)$

$$p.f)\ \mathcal{L}[f''(t)]=\int_0^\infty f''(t)e^{-st}dt=\left[e^{-st}f'(t)\right]_0^\infty-\int_0^\infty -se^{-st}f'(t)dt$$

$$=-f'(0)+s\mathcal{L}[f'(t)]$$

$$=-f'(0)+s[sF(s)-f(0)]$$

$$=s^2F(s)-sf(0)-f'(0)$$

$$p.f)\ \mathcal{L}[f'''(t)]=\int_0^\infty f'''(t)e^{-st}dt=\left[e^{-st}f''(t)\right]_0^\infty-\int_0^\infty -se^{-st}f''(t)dt$$

$$=-f''(0)+s\int_0^\infty f''(t)e^{-st}dt$$

$$=-f''(0)+s\mathcal{L}[f''(t)]$$

$$=-f''(0)+s[s^2F(s)-sf(0)-f'(0)]$$

$$=s^3F(s)-s^2f(0)-sf'(0)-f''(0)$$

예제 2-5 다음 미분 방정식이 다음과 같을 때 라플라스 변환을 구하라. 단, 초기값은 0이다. $c\dfrac{dx(t)}{dt}+x(t)=u(t)$

풀이 미분 방정식의 양변을 라플라스 변환하면 다음과 같다.

$$\mathcal{L}\left[c\frac{dx(t)}{dt}+x(t)\right]=\mathcal{L}[u(t)]$$

$$csX(s)-cx(0)+X(s)=\frac{1}{s}$$

여기서, $x(0)=0$이므로 $csX(s)+X(s)=\dfrac{1}{s}$ 또는 $X(s)=\dfrac{1}{s(cs+1)}$이다.

⑧ 적분정리

함수 $f(t)$의 적분한 함수의 라플라스 변환은 다음과 같이 된다.

$$\mathcal{L}[\int f(t)dt] = \frac{1}{s}F(s) + \frac{1}{s}f(0) \qquad (2\text{-}22)$$

$$\mathcal{L}[\iint f(t)dt^2] = \frac{1}{s^2}F(s) + \frac{1}{s^2}f(0) + \frac{1}{s}f'(0)$$

$$\mathcal{L}[\int \cdot\cdot\cdot \int f(t)dt^n] = \frac{1}{s^n}F(s) + \frac{1}{s^n}f(0) + \ldots\ldots + \frac{1}{s}f^{n'}(0)$$

$$p.f)\ \mathcal{L}\left[\int f(t)dt\right] = \int_0^\infty \left[\int f(t)dt\right]e^{-st}dt$$

$$= \left[\int f(t)dt\left(-\frac{1}{s}e^{-st}\right)\right]_0^\infty - \int_0^\infty f(t)\left(-\frac{1}{s}e^{-st}\right)dt$$

$$= \left[\int f(t)dt\left(-\frac{1}{s}e^{-st}\right)\right]_0^\infty + \frac{1}{s}F(s) = \frac{1}{s}F(s) + \frac{1}{s}f(0)$$

여기서, $u = \int f(t)dt,\ dv = e^{-st}dt,\ du = f(t)dt,\ v = -\frac{1}{s}e^{-st},\ \left[\int f(t)dt(-\frac{1}{s}e^{-st})\right]_0^\infty = \frac{1}{s}f(0)$

$$p.f)\mathcal{L}\left[\iint f(t)dt^2\right] = \int_0^\infty \left[\iint f(t)dt^2\right]e^{-st}dt$$

$$= \left[\iint f(t)dt^2\left(-\frac{1}{s}e^{-st}\right)\right]_0^\infty - \int_0^\infty \left[\int f(t)dt\left(-\frac{1}{s}e^{-st}\right)\right]dt$$

$$= \left[\iint f(t)dt^2\left(-\frac{1}{s}e^{-st}\right)\right]_0^\infty + \frac{1}{s}\int_0^\infty \left[\int f(t)dt\right]e^{-st}dt$$

$$= \left[\iint f(t)dt^2\left(-\frac{1}{s}e^{-st}\right)\right]_0^\infty + \frac{1}{s}\left[\frac{1}{s}F(s) + \frac{1}{s}f(0)\right]$$

$$= \frac{1}{s^2}F(s) + \frac{1}{s^2}f(0) + \frac{1}{s}f'(0)$$

여기서, $u = \iint f(t)dt^2,\ dv = e^{-st}dt,\ v = -\frac{1}{s}e^{-st},\ du = \int f(t)dt^2,\ \iint f(0)dt^2 = f'(0)$

예제 2-6 다음 회로의 방정식을 라플라스 변환을 하여 $I(s)/E(s)$를 구하라.

$$e(t) = Ri(t) + L\frac{di(t)}{dt} + \frac{1}{C}\int i(t)dt$$

풀이 식의 양변을 라플라스 변환하면 다음과 같다.

$$\mathcal{L}[e(t)] = \mathcal{L}[Ri(t) + L\frac{di(t)}{dt} + \frac{1}{C}\int i(t)dt$$

$$E(s) = RI(s) + LsI(s) - Li(0) + \frac{1}{Cs}I(s) + \frac{1}{C}i(0)$$

여기서 초기값이 0이라면 식은

$$E(s) = RI(s) + LsI(s) + \frac{1}{Cs}I(s) = I(s)\left\{R + Ls + \frac{1}{Cs}\right\}$$

이므로 $I(s)/E(s)$는 다음과 같다.

$$\frac{I(s)}{E(s)} = \frac{1}{R + Ls + \frac{1}{Cs}} = \frac{Cs}{RCs + LCs^2 + 1}$$

⑨ 초기값(initial value) 정리

시간 함수 $f(t)$의 도함수 $\frac{df(t)}{dt}$의 라플라스 변환이 가능하고 $t \to 0$ 일 때의 $f(t)$의 극한값이 존재하면 다음 식과 같이 된다. 초기값의 계산은 최고 차수 항으로 분모, 분자를 나누어 계산한다.

$$\lim_{t \to 0} f(t) = \lim_{s \to \infty} sF(s) \tag{2-23}$$

p.f) 도함수의 라플라스 변환은 $\mathcal{L}\left[\frac{df(t)}{dt}\right] = sF(s) - f(0)$ 이고 이 식의 양변에 $s \to \infty$ 일 때의 극한값을 취하면 다음 식이 된다.

$$\lim_{s \to \infty} \int_0^\infty \left[\frac{df(t)}{dt}e^{-st}dt\right] = \lim_{s \to \infty}[sF(s) - f(0)]$$

여기서 좌변 항은 $\lim_{s \to \infty} e^{-st} = 0$이 되고 우변 항은 $\lim_{s \to \infty}[sF(s)] - f(0)$가 된다.

따라서 $f(0) = \lim_{t \to 0} f(t)$ 이므로 $\lim_{t \to 0} f(t) = \lim_{s \to \infty} sF(s)$이다.

⑩ 최종값(final value) 정리

시간 함수 $f(t)$의 도함수 $\frac{df(t)}{dt}$의 라플라스 변환이 가능하고 $t \to \infty$ 일 때의 $f(t)$의

극한값이 존재하면 다음 식과 같이 된다.

$$\lim_{t\to\infty} f(t) = \lim_{s\to 0} sF(s) \tag{2-24}$$

p.f) 도함수의 라플라스 변환은 $\mathcal{L}\left[\frac{df(t)}{dt}\right] = sF(s) - f(0)$ 이고 이 식의 양변에 $s\to 0$ 일 때의 극한값을 취하면 다음 식이 된다.

$$\lim_{s\to 0}\int_0^\infty \left[\frac{df(t)}{dt}e^{-st}dt\right] = \lim_{s\to 0}[sF(s) - f(0)]\}$$

여기서 좌변 항은 $\lim_{s\to 0} e^{-st} = 1$, $\int_0^\infty \frac{df(t)}{dt}dt = [f(t)]_0^\infty = f(\infty) - f(0)$이 되며 우변 항은 $\lim_{s\to 0}[sF(s)] - f(0)$가 된다.

따라서 $f(\infty) - f(0) = \lim_{s\to 0} F(s) - f(0)$ 이고 $f(\infty)$는 $\lim_{t\to\infty} f(t)$이므로 $\lim_{t\to\infty} f(t) = \lim_{s\to 0} sF(s)$이다.

예제 2-7 다음 함수식의 초기값과 최종값을 구하라.

$$F(s) = \frac{s^2+5}{s(s+1)(s+5)}$$

풀이

1) 초기값 정리를 적용하면 다음과 같다.

$$\lim_{t\to 0} f(t) = \lim_{s\to\infty} sF(s) = \lim_{s\to\infty} s\frac{s^2+5}{s(s+1)(s+5)}$$

$$= \lim_{s\to\infty}\frac{1+\frac{5}{s^2}}{1+\frac{6}{s}+\frac{5}{s^2}} = 1$$

2) 최종값 정리를 적용하면 다음과 같이 된다.

$$\lim_{t\to\infty} f(t) = \lim_{s\to 0} sF(s) = \lim_{s\to 0} s\frac{s^2+5}{s(s+1)(s+5)}$$

$$= \lim_{s\to 0}\frac{s^2+5}{s^2+6s+5} = \frac{5}{5} = 1$$

⑪ 상승정리(합성 적분정리)

$t<0$에서 0인 함수 $f_1(t)$, $f_2(t)$에 대한 합성곱의 적분은 $h(t)=\int_0^t f_1(t-\tau)f_2(\tau)d\tau$ 이고 $f_1(t)$, $f_2(t)$의 상승 적분(convolution integral)이라 한다. 이 $h(t)$의 라플라스 변환은 다음과 같다.

$$\mathcal{L}[h(t)] = \mathcal{L}\left[\int_0^t f_1(t-\tau)f_2(\tau)d\tau\right]$$

$$= \int_0^\infty\left[\int_0^t f_1(t-\tau)f_2(\tau)d\tau\right]e^{st}dt = F_1(s)\int_0^\infty f_2(\tau)e^{-s\tau}d\tau = F_1(s)\cdot F_2(s)$$

(2-25)

p.f) 위 식의 우변 $\int_0^\infty\left[\int_0^t f_1(t-\tau)f_2(\tau)d\tau\right]e^{-st}dt$ 은 $f_1(t-\tau)$가 $t<\tau$에서 0이므로 $t-\tau=\lambda$, $dt=d\lambda$로 치환하면 $\int_0^\infty f_2(\tau)e^{-s\tau}\left[\int_0^\infty f_1(t-\tau)e^{-s(t-\tau)}dt\right]d\tau$ 이다.

여기서, $\int_0^\infty f_1(t-\tau)e^{-s(t-\tau)}dt = \int_0^\infty f_1(\lambda)e^{-s\lambda}d\lambda = F_1(s)$이고, $\int_0^\infty f_2(\tau)e^{-s\tau}d\tau = F_2(s)$ 이다

⑫ 주기 함수

그림 2-3과 같이 함수 $f(t)$를 $t=0$에서 시작하는 주기 T의 시간 함수는 $0\le t\le T$ 에서 다음 함수 $f(t)$를 갖는 일정주기의 함수가 성립된다.

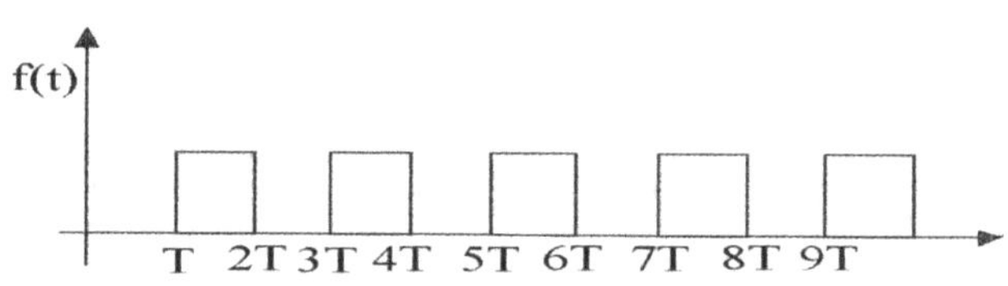

그림 2-3 주기 함수

$$f(t) = f_1(t) + f_2(t) + f_3(t) + f_4(t) + \cdots \tag{2-26}$$
$$= f_1(t) + f_1(t-T) + f_1(t-2T) + f_1(t-3T) + \cdots$$

위 식의 라플라스 변환은 다음과 같이 된다.

$$F(s) = F_1(s)(1 + e^{-Ts} + e^{-2Ts} + e^{-3Ts} + \cdots) \tag{2-27}$$
$$= F_1(s)\frac{1}{1-e^{-Ts}}$$

예제 2-8 다음 그림에서 주기 함수의 라플라스 변환을 구하라.

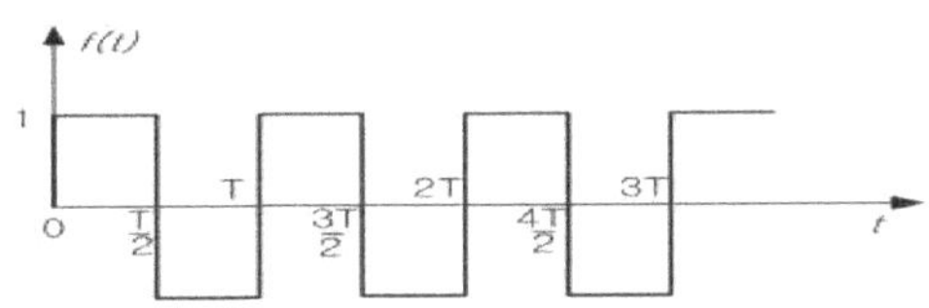

그림 2-4 주기 함수

풀이 그림 2-4에 대해 주기 함수는 다음과 같다.

$$f(t) = u(t) - 2u(t-\frac{T}{2}) + 2u(t-T) - 2u(t-\frac{3T}{2}) + 2u(t-2T) - \cdots$$

이 함수의 라플라스 변환은 다음과 같다.

$$F(s) = \int_0^{\infty} [u(t) - 2u(t-T/2) + 2u(t-T) - 2u(t-3T/2) + 2u(t-2T) - \cdots] e^{-st} d$$
$$= \frac{1}{s} - \frac{2}{s}e^{-(T/2)s} + \frac{2}{s}e^{-Ts} - \frac{2}{s}e^{-(3T/2)s} + \frac{2}{s}e^{-2Ts} - \cdots$$
$$= \frac{1}{s}[1 - 2e^{-(T/2)s}(1 - e^{-(T/2)s} + e^{-(Ts)} - e^{-(3T/2)s} \cdots$$

등비급수의 공식에 의해 정리하면 다음 식이 된다.

$$= \frac{1}{s}\left[1 - \frac{2e^{-(T/2)s}}{1+e^{-(T/2)s}}\right]$$

$$= \frac{1}{s}\left(\frac{1+e^{-(T/2)s} - 2e^{-(T/2)s}}{1+e^{-(T/2)s}}\right) = \frac{1}{s}\left(\frac{1-e^{-(T/2)s}}{1+e^{-(T/2)s}}\right)$$

다음은 시간 추이 함수와 주기함수에 대해 알아보자. 표 2-2는 여러 주기함수를 나타낸다.

표 2-2 각종 주기 함수의 예

1	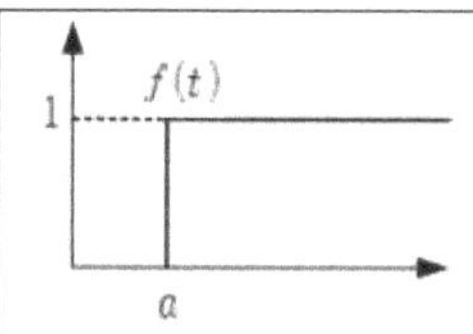 $f(t)=u(t-a)$	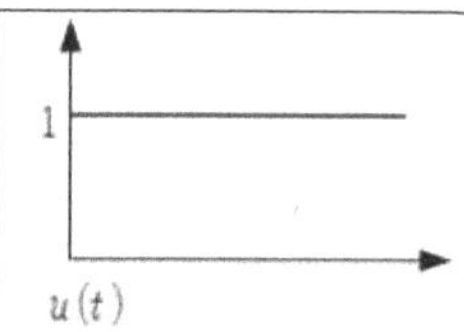	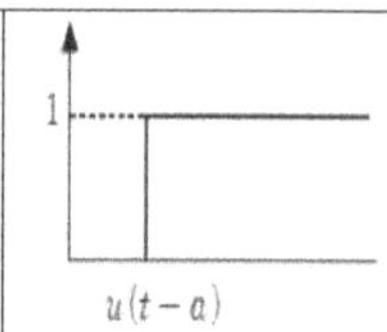
2	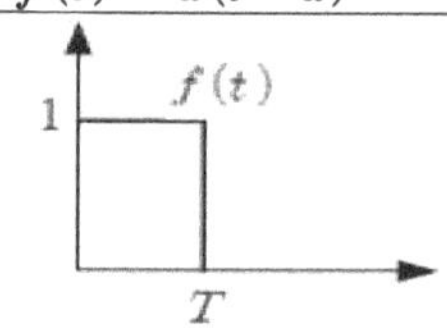 $f(t)=u(t)-u(t-T)$	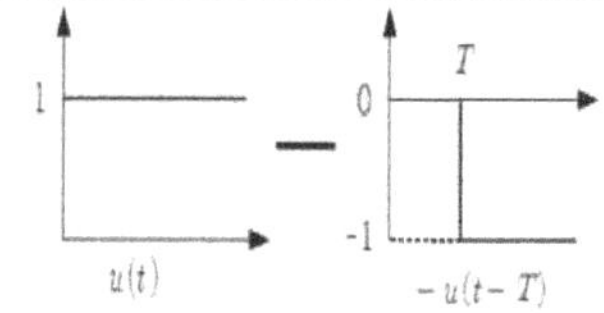	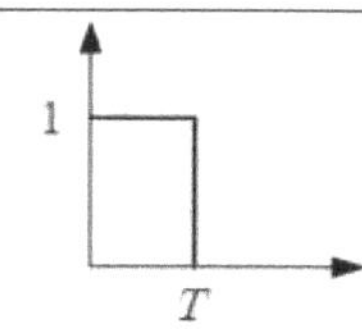
3	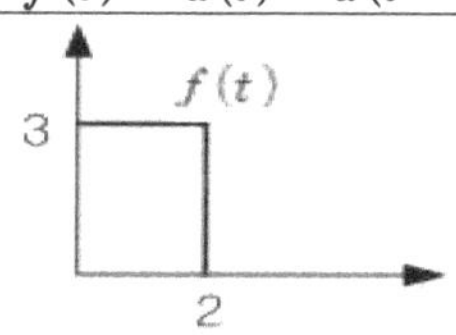 $f(t)=3u(t)-3u(t-2)$	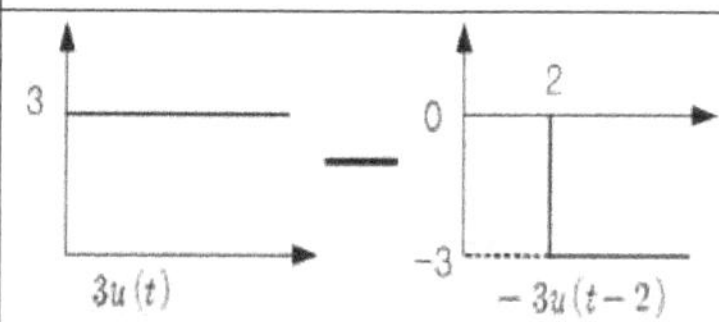	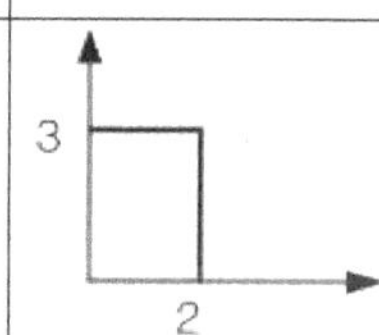
4	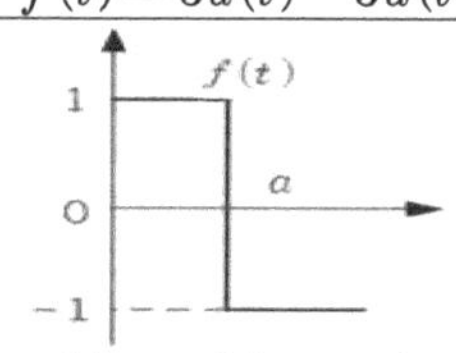 $f(t)=u(t)-2u(t-a)$	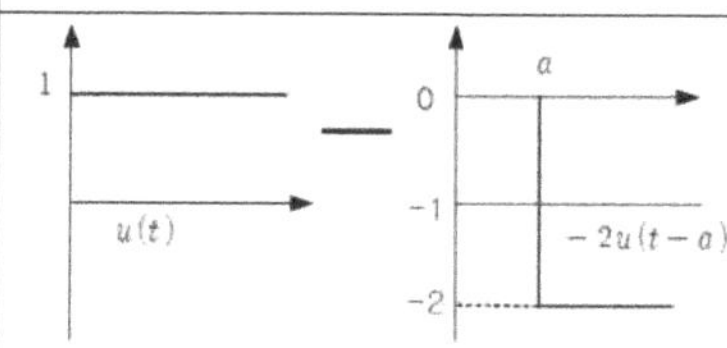	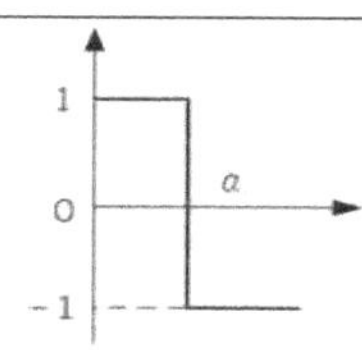
5	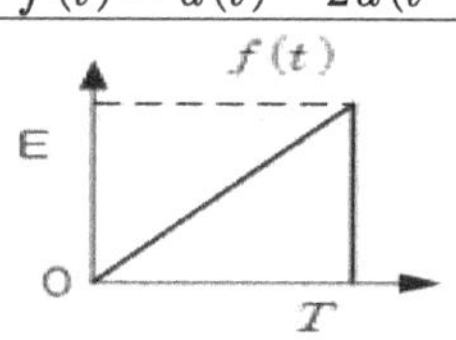 $f(t)=\frac{E}{T}tu(t)-\frac{E}{T}(t-T)u(t-T)-Eu(t-T)$	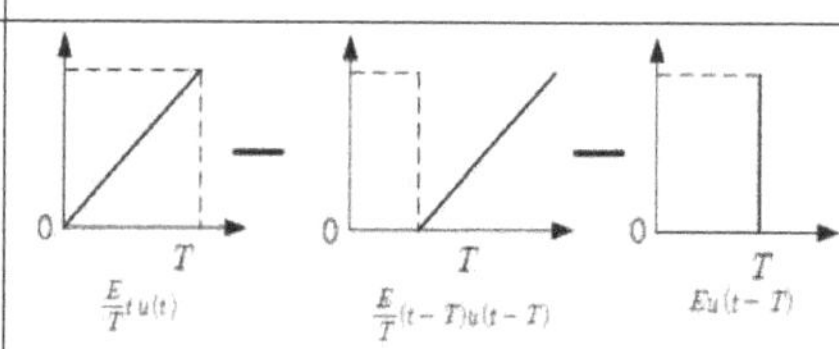	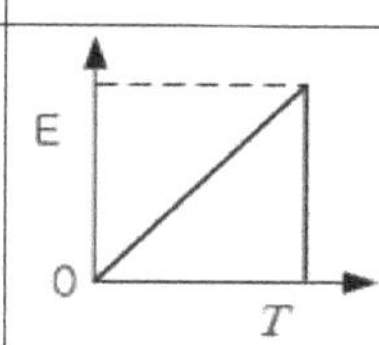
6	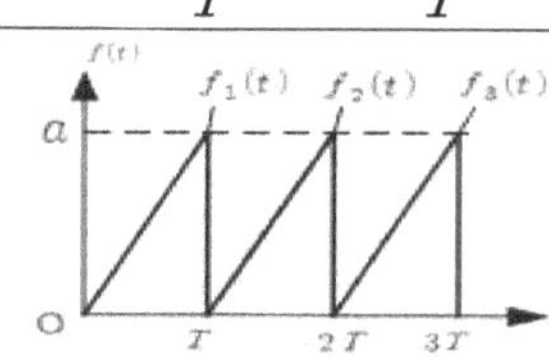 ①	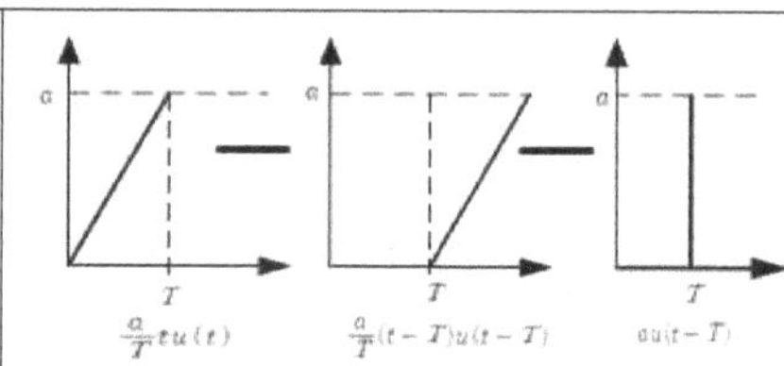	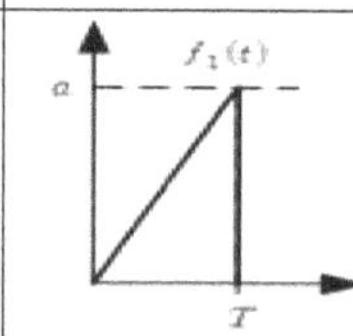 ②

표 2-2에서 6의 ①과 ②는 다음과 같다.

① $f(t)=f_1(t)+f_2(t)+f_3(t)+f_4(t)+\cdots\cdots$

$$=f_1(t)+f_1(t-T)+f_1(t-2T)+f_1(t-3T)+\cdots\cdots$$

② $f_1(t)=\frac{a}{T}tu(t)-\frac{a}{T}(t-2T)u(t-T)-au(t-T)$

① 의 라플라스 변환은 다음과 같다.

$$\mathcal{L}f(t)=F(s)=F_1(s)+F_1(s)e^{-Ts}+F_1(s)e^{-2Ts}+F_1(s)e^{-3Ts}+\cdots\cdots$$

$$=F(s)[1+e^{-Ts}+e^{-2Ts}+e^{-3Ts}+e^{-4Ts}+\cdots\cdots]$$

$$=\frac{F_1(s)}{1-e^{-Ts}}$$

예제 2-9 함수 $f(t)=2+5t+2\sin 3t$ 의 라플라스 변환을 구하라.

풀이 선형정리에 의해 각각의 항을 라플라스 변환을 하면 다음과 같이 된다.

$$\mathcal{L}[f(t)]=\mathcal{L}[2]+\mathcal{L}[5t]+\mathcal{L}[2\sin 3t]$$

$$=\frac{2}{s}+\frac{5}{s^2}+\frac{6}{s^2+9}$$

예제 2-10 함수 $f(t)=(t+2)^2$ 의 라플라스 변환을 구하라.

풀이 시간추이 정리에 의해 구하면 다음과 같다.

$\mathcal{L}[t^2]=\frac{2}{s^3}$ 이므로

$\mathcal{L}[(t+2)^2]=e^{2s}\cdot\frac{2}{s^3}=2\frac{e^{2s}}{s^3}$ 이다.

예제 2-11 함수 $\frac{dx}{dt}+x=5$ 의 라플라스 변환을 구하라. 단, 초기값은 0이다.

풀이 미분정리에 의해 $\mathcal{L}[\frac{dx}{dt}+x]=\mathcal{L}[5]$ 는 $sX(s)-x(0)+X(s)=\frac{5}{s}$ 로 되며 초기값은 0이므로 $sX(s)+X(s)=\frac{5}{s}$ 이 되어 $X(s)=\frac{5}{s(s+1)}$ 이다.

예제 2-12 함수 $f(t)=e^{-5t}$ 를 상사 정리에 의해 라플라스 변환을 구하라.

풀이 상사 정리에 의해 $a=\frac{1}{5}$로 놓으면 다음과 같다.

$$\mathcal{L}[e^{-5t}]=\frac{1}{5}[\frac{1}{(\frac{1}{5}s+1)}]=\frac{1}{s+5}$$

다른 방법으로 풀면 다음과 같다.

$$\mathcal{L}[e^{-5t}]=\int_0^\infty e^{-5t}e^{-st}dt=\int_0^\infty e^{-(s+5)t}dt=[-\frac{e^{-(s+5)t}}{s+5}]_0^\infty$$
$$=\frac{1}{s+5}$$

예제 2-13 함수 $f(t)=e^{-2t}\cos t$ 의 라플라스 변환을 구하라.

풀이 $\mathcal{L}[\cos t]=\frac{s}{s^2+1}$이고 $a=2$이므로 s 대신에 $s+a$ 를 대입하면 다음과 같다.

$$\mathcal{L}[e^{-2t}\cos]=\frac{s+2}{(s+2)^2+1}=\frac{s+2}{s^2+4s+5}$$

예제 2-14 다음과 같은 라플라스 변환 함수의 최종값을 구하라.

$$F(s)=\frac{1}{s(s^2+s+1)}$$

풀이 최종값 정리를 이용하여 구하면 다음과 같다.

$$\lim_{t\to\infty}f(t)=\lim_{s\to0}sF(s)=\lim_{s\to0}\frac{1}{s^2+s+1}=1$$

2.3 라플라스 역변환

s 함수 $F(s)$에서 t 함수 $f(t)$로 복원시키는 것을 **라플라스 역변환(inverse Laplace transformation)** 이라 하며, 기호로는 $\mathcal{L}^{-1}[F(s)]$ 이다.

$F(s)$의 라플라스 역변환은 다음식이 된다.

$$f(t)=\mathcal{L}^{-1}[F(s)] \qquad (2\text{-}28)$$

라플라스 역변환은 계산이 복잡하므로 일반적으로 라플라스 변환표를 이용하여 다음과 같이 구할 수 있다.

Laplace 변환($\mathcal{L}$)

시간 함수 $f(t)$ ⟶ 복소 함수 $F(s)$

$f(t)$ ⟵ $F(s)$

Laplace 역변환($\mathcal{L}^{-1}$)

함수 $f(t)$로 역변환하기 위하여 유수(residue) 또는 분자를 구하는 방법에는 부분분수 전개법, 미정계수법, 전개정리(Heaviside 정리)가 있다. 본 절에서는 부분분수 전개법과 미정계수법에 대해 알아보자.

1) 부분분수 전개법

어떤 함수 $F(s)$의 다항식이 다음과 같다고 하자.

$$F(s)=\frac{P(s)}{Q(s)}=\frac{b_m s^m+b_{m-1}s^{m-1}+\cdots+b_1 s+b_o}{a_n s^n+a_{n-1}s^{n-1}+\cdots+a_1 s+a_o} \tag{2-29}$$

여기서,$n>m$일 경우 부분 분수로 나타낼 수 있다. 이와 같은 함수를 **유리함수**(rational function)라 한다. 유리함수에서 $Q(s)=0$ 으로 놓으면

$$a_n s^n+a_{n-1}s^{n-1}+\cdots+a_1 s+a_0=0 \tag{2-30}$$

가 된다. 이 식에서 s_1, s_2, s_3, $\cdots,s_n$을 근이라 하고 유리함수 $F(s)$의 부분 분수 전개는 근(해)의 종류에 따라 다음과 3가지 형태로 구분된다.

- **서로 다른 실근을 갖는 경우**
- **중근의 경우**
- **공액 복소수근의 경우**

① 서로 다른 실근의 경우

유리함수의 분모 $Q(s)$ 를 인수분해하면 다음과 같이 된다. 이 함수는 서로 다른 실근을 갖는다.

$$Q(s) = (s+p_1)(s+p_2)(s+p_3)\cdots(s+p_n) \tag{2-31}$$

이 식을 적용하여 부분 분수로 전개하면 다음과 같다.

$$F(s) = \frac{P(s)}{Q(s)} = \frac{K_1}{s+p_1} + \frac{K_2}{s+p_2} + \cdots + \frac{K_n}{s+p_n} \tag{2-32}$$

위 식에서 유수(분자) K_i 를 구하기 위하여 양변에 $(s+p_i)$를 곱하고 여기에 $s=-p_i$ 를 대입하여 극한값을 취하면 유수의 각각 항 K_i 항을 제외한 모든 항들은 0이 된다.

$$(s+p_i)\frac{P(s)}{Q(s)}\Big]_{s=-p_i} = 0+0+\cdots+K_i+0 \tag{2-33}$$

$$i = 1, 2, 3, \cdots n$$

예제 2-15 다음과 같은 함수의 라플라스 역변환 구하라.

$$F(s) = \frac{s-1}{s(s+2)}$$

풀이 부분 분수로 전개하면 다음과 같다.

$$F(s) = \frac{s-1}{s(s+2)} = \frac{K_1}{s} + \frac{K_2}{s+2}$$

여기서 K_1, K_2를 구하면 다음과 같다.

$$K_1 = |sF(s)|_{s=0} = \left[\frac{s-1}{s+2}\right]_{s=0} = -\frac{1}{2}$$

$$K_2 = |(s+2)F(s)|_{s=-2} = \left[\frac{s-1}{s}\right]_{s=-2} = \frac{3}{2}$$

이 식을 대입하면 다음과 같다.

$$F(s) = \frac{-1/2}{s} + \frac{3/2}{s+2}$$

다시 라플라스 역변환하면 다음과 같다.

$$\mathcal{L}^{-1}[F(s)] = f(t) = -\frac{1}{2} + \frac{3}{2}e^{-2t}$$

② 다중근의 경우

유리함수의 분모를 인수분해 할 때 다중근을 갖는 경우의 부분 분수 전개식은 다음과 같다.

$$F(s)=\frac{As+B}{(s+C)^2(s+D)}=\frac{K_1}{(s+C)^2}+\frac{K_2}{s+C}+\frac{K_3}{s+D} \tag{2-34}$$

여기서, 유수 K_1, K_2, K_3를 구하면 다음과 같다.

$$K_1=\left[\ (s+C)^2\cdot F(s)\right]_{s=-C}=\left[\frac{As+B}{s+D}\right]_{s=-C}=\frac{B-CA}{D-C}$$

$$K_2=\left[\frac{d}{ds}(s+C)^2\cdot F(s)\right]_{s=-C}=\left[\frac{d}{ds}\cdot\frac{As+B}{s+D}\right]_{s=-C}$$

$$=\left[\frac{A(s+D)-(As+B)}{(s+D)^2}\right]_{s=-C}=\frac{A(D-C)-(B-AC)}{(D-C)^2}$$

$$K_3=\left[\ (s+D)\cdot F(s)\right]_{s=-D}=\left[\frac{As+B}{(s+C)^2}\right]_{s=-D}=\frac{B-AD}{(C-D)^2}$$

예제 2-16 함수 $F(s)=\dfrac{3s+4}{(s-1)^2(s+2)}$의 라플라스 역변환을 하라.

풀이 함수를 부분분수로 전개하고 분자를 구하면 다음과 같다.

$$F(s)=\frac{3s+4}{(s-1)^2(s+2)}=\frac{K_1}{(s-1)^2}+\frac{K_2}{s-1}+\frac{K_3}{s+2}$$

$$K_1=\left|(s-1)^2F(s)\right|_{s=1}=\left[\frac{3s+4}{s+2}\right]_{s=1}=\frac{7}{3}$$

$$K_2=\left[\frac{d}{ds}(s-1)^2F(s)\right]_{s=1}=\left[\frac{3(s+2)-(3s+4)}{(s+2)^2}\right]_{s=1}=\frac{2}{9}$$

$$K_3=\left[(s+2)F(s)\right]_{s=-2}=\left[\frac{3s+4}{(s-1)^2}\right]_{s=-2}=-\frac{2}{9}$$

이 식의 라플라스 역변환을 구하면 다음 식이 된다.

$$F(s)=\frac{7/3}{(s-1)^2}+\frac{2/9}{s-1}+\frac{-2/9}{s+2}$$

$$\mathcal{L}^{-1}F(s)=f(t)=\frac{7}{3}te^t+\frac{2}{9}e^t-\frac{2}{9}e^{-2t}$$

③ 공액 복소수 근의 경우

공액 복소수 근인 경우의 전개식은 다음과 같이 나타낸다.

$$F(s)=\frac{s}{(s^2+a^2)}=\frac{s}{(s+ja)(s-ja)}=\frac{K_1}{s+ja}+\frac{K_2}{s-ja} \tag{2-35}$$

이 전개식의 각각의 분자는 다음과 같이 구할 수 있다.

$$K_1=[\ (s+ja)\ F(s)]_{s=-ja}=\left[\frac{s}{s-ja}\right]_{s=-ja}=\frac{-ja}{-2ja}=\frac{1}{2}$$

$$K_2=[\ (s-ja)\ F(s)]_{s=ja}=\left[\frac{s}{s+ja}\right]_{s=ja}=\frac{ja}{2ja}=\frac{1}{2}$$

각각의 분자를 대입하면 다음 식과 같다.

$$F(s)=\frac{s}{(s+ja)(s-ja)}=\frac{1/2}{s+ja}+\frac{1/2}{s-ja}=\frac{1}{2}\left(\frac{1}{s+ja}+\frac{1}{s-ja}\right)$$

또, 유리함수를 라플라스 역변환하면 다음 식과 같다.

$$\mathcal{L}^{-1}[F(s)]=f(t)=\frac{1}{2}(e^{-jat}+e^{jat})=\cos at$$

예제 2-17 함수 $F(s)=\dfrac{s}{(s+1)(s^2+4)}$의 라플라스 역변환을 구하라.

풀이 함수를 부분 분수로 전개하면 분모의 (s^2+4)가 공액복소수 $(s+j2)(s-j2)$이 되므로 분자를 구하면 다음 식과 같이 된다.

$$F(s)=\frac{s}{(s+1)(s^2+4)}=\frac{s}{(s+1)(s+j2)(s-j2)}=\frac{K_1}{s+1}+\frac{K_2}{s+j2}+\frac{K_3}{s-j2}$$

$$K_1=[(s+1)F(s)]_{s=-1}=\left[\frac{s}{s^2+4}\right]_{s=-1}=-\frac{1}{5}$$

$$K_2=[(s+j2)F(s)]_{s=-j2}=\left[\frac{s}{(s+1)(s-j2)}\right]_{s=-j2}=\frac{-j2}{(-j2+1)(-j2-j2)}$$

$$=\frac{-j2}{(1-j2)(-j4)}=\frac{j2}{8+j4}=\frac{8+j16}{80}=\frac{1+j2}{10}$$

$$K_3=[(s-j2)F(s)]_{s=j2}=\left[\frac{s}{(s+1)(s+j2)}\right]_{s=j2}=\frac{j2}{(j2+1)(j2+j2)}$$

$$=\frac{j2}{(1+j2)(j4)}=\frac{j2}{-8+j4}=\frac{8-j16}{80}=\frac{1-j2}{10}$$

$$F(s) = -\frac{1/5}{s+1} + \frac{\frac{1+j2}{10}}{s+j2} + \frac{\frac{1-j2}{10}}{s-j2}$$

$$= -\frac{1/5}{s+1} + \frac{1}{10}\left(\frac{1}{s+j2} + \frac{1}{s-j2}\right) + j\frac{1}{5}\left(\frac{1}{s+j2} - \frac{1}{s-j2)}\right)$$

이 식의 라플라스 역변환하면 다음과 같이 된다.

$$\mathcal{L}^{-1}F(s) = f(t) = -\frac{1}{5}e^{-t} + \frac{1}{10}(e^{-j2t} + e^{j2t}) + j\frac{1}{5}(e^{-j2t} - e^{j2t})$$

$$= -\frac{1}{5}e^{-t} + \frac{1}{5}\cos 2t - \frac{2}{5}\sin 2t$$

2) 미정계수법

미정계수의 방법은 다항식을 부분 분수로 전개하여 다항식의 좌·우변에 함수 $Q(s)$를 곱하여 식의 s 차수를 좌·우변에 비교하여 계산한다.

$$F(s) = \frac{P(s)}{Q(s)} = \frac{1}{(s+1)^2(s-3)} = \frac{c_1}{(s+1)^2} + \frac{c_2}{s+1} + \frac{c_3}{s-3} \qquad (2\text{-}36)$$

이 식의 양변에 $(s+1)^2(s-3)$를 곱하면 다음 식과 같이 된다.

$$1 = c_1(s-3) + c_2(s+1)(s-3) + c_3(s+1)^2$$

$$= (c_2 + c_3)s^2 + (c_1 - 2c_2 + 2c_3)s - 3c_1 - 3c_2 + c_3$$

위 식에서 차수항을 정리하면 다음과 같다.

$$c_2 + c_3 = 0, \qquad c_1 - 2c_2 + 2c_3 = 0, \qquad -3c_1 - 3c_2 + c_3 = 1$$

여기서, 연립 방정식을 풀면 $c_1 = -\frac{1}{4}$, $c_2 = -\frac{1}{16}$, $c_3 = \frac{1}{16}$ 이다.

따라서 유리 함수의 전개식은 다음과 같다.

$$F(s) = \frac{P(s)}{Q(s)} = \frac{1}{(s+1)^2(s-3)} = \frac{-1/4}{(s+1)^2} + \frac{-1/16}{s+1} + \frac{1/16}{s-3}$$

그리고 이 함수의 라플라스 역변환을 구하면 다음과 같다.

$$\mathcal{L}^{-1}[F(s)] = f(t) = -\frac{1}{4}te^{-t} - \frac{1}{16}e^{-t} + \frac{1}{16}e^{3t} \tag{2-37}$$

예제 2-18 다음의 함수를 미정계수법에 의하여 라플라스 역변환을 구하라.

$$F(s) = \frac{2s+5}{(s+1)(s+2)} = \frac{c_1}{s+1} + \frac{c_2}{s+2}$$

풀이 전개식의 양변에 $(s+1)(s+2)$를 곱하여 전개하면 다음과 같다.

$$2s+5 = c_1(s+2) + c_2(s+1) = (c_1+c_2)s + 2c_1 + c_2$$

차수를 비교하면 $2 = c_1 + c_2,$ $5 = 2c_1 + c_2$ 이고 여기에 c_1, c_2를 풀면 다음과 같다.

$$c_1 = 3, \quad c_2 = -1$$

$$F(s) = \frac{2s+5}{(s+1)(s+2)} = \frac{3}{s+1} - \frac{1}{s+2}$$

이 식의 리플라스 역변환을 구하면 다음과 같다.

$$\mathcal{L}^{-1}F(s) = f(t) = 3e^{-t} - e^{-2t}$$

예제 2-19 다음의 함수를 미정계수법에 의하여 라플라스 역변환을 구하라.

$$F(s) = \frac{1}{s^2(s+4)} = \frac{c_1}{s} + \frac{c_2}{s^2} + \frac{c_3}{s+4}$$

풀이 식의 양변에 $s^2(s+4)$ 를 곱하여 전개하면 다음과 같다.

$$1 = c_1 s(s+4) + c_2(s+4) + c_3 s^2 = (c_1+c_3)s^2 + (4c_1+c_2)s + 4c_2$$

차수를 비교하면 $c_1+c_3=0,$ $4c_1+c_2=0,$ $4c_2=1$ 이고 연립 방정식을 풀면 다음과 같다.

$$c_1 = -\frac{1}{16,} \quad c_2 = \frac{1}{4}, \quad c_3 = \frac{1}{16}$$

$$F(s) = -\frac{1}{16}\cdot\frac{1}{s} + \frac{1}{4}\cdot\frac{1}{s^2} + \frac{1}{16}\cdot\frac{1}{s+4}$$

이 식의 리플라스 역변환을 구하면 다음과 같다

$$\mathcal{L}^{-1}F(s) = f(t) = -\frac{1}{16} + \frac{1}{4}t + \frac{1}{16}e^{-4t}$$

3) 라플라스 변환에 의한 미분 방정식의 해법

라플라스 변환은 미분 방정식의 해를 쉽게 풀 수 있는 것이 큰 장점으로 선형 물리계의 관계를 나타내는 미분 방정식을 이용하여 풀면 쉽게 그 해를 구할 수 있다. 또한, 초기조건이 변환과정에서 자동으로 포함되므로 용이하게 구할 수 있다.

예제 2-20 다음 미분 방정식의 해를 구하라.

$\dfrac{d^2x(t)}{dt^2}+3\dfrac{dx(t)}{dt}+2x(t)=4u(t)$ 여기서, 초기값은 $x(0)=1$, $x'(0)=0$ 이다.

풀이 이 식의 양변에 라플라스 변환을 하면 다음과 같다.

$$\mathcal{L}\left[\frac{d^2x(t)}{dt^2}+3\frac{dx(t)}{dt}+2x(t)\right]=\mathcal{L}\,[4u(t)]$$

$$s^2X(s)-sx(0)-x'(0)+3sX(s)-3x(0)+2X(s)=\frac{4}{s}$$

$$X(s)(s^2+3s+2)=\frac{4}{s}+(s+3)$$

$$X(s)=\frac{s^2+3s+4}{s(s^2+3s+2)}$$

다시 부분 분수로 전개하면 다음과 같다.

$$X(s)=\frac{K_1}{s}+\frac{K_2}{s+1}+\frac{K_3}{s+2}$$

여기서, 분자를 구하면 다음과 같다.

$$K_1=[sX(s)]_{s=0}=2,\quad K_2=[(s+1)X(s)]_{s=-1}=-2,$$

$$K_3=[(s+2)X(s)]_{s=-2}=1$$

유수를 대입하여 라플라스 역변환하면 다음과 같다.

$$X(s)=\frac{2}{s}-\frac{2}{s+1}+\frac{1}{s+2}$$

$$x(t)=2u(t)-2e^{-t}+e^{-2t}$$

예제 2-21 다음 선형 상미분 방정식의 해를 구하라.

$$\frac{dx_1(t)}{dt} = -x_1(t) - 2x_2(t) + u(t)$$

$$\frac{dx_2(t)}{dt} = 2x_1(t) - x_2(t)$$

여기서, 초기조건은 $x_1(0)=0$, $x_2(0)=1$ 이다.

풀이 각각의 라플라스 변환은 다음과 같다.

$$sX_1(s) - x_1(0) = -X_1(s) - 2X_2(s) + \frac{1}{s}$$

$$sX_2(s) - x_2(0) = 2X_1(s) - X_2(s)$$

초기조건을 넣어 다시 정리하면 다음 식과 같다.

$$X_1(s)(s+1) + 2X_2(s) = \frac{1}{s}$$

$$-2X_1(s) + X_2(s)(s+1) = 1$$

이 식을 풀기 위해 행렬식으로 나타내면 다음과 같다.

$$\begin{bmatrix} s+1 & 2 \\ -2 & s+1 \end{bmatrix} \begin{bmatrix} X_1(s) \\ X_2(s) \end{bmatrix} = \begin{bmatrix} 1/s \\ 1 \end{bmatrix}$$

행렬식에서 $X_1(s)$, $X_2(s)$를 구하면 다음과 같다.

$$X_1(s) = \frac{1}{\Delta}\begin{bmatrix} 1/s & 2 \\ 1 & s+1 \end{bmatrix} = \frac{-s+1}{s(s^2+2s+5)}$$

$$X_2(s) = \frac{1}{\Delta}\begin{bmatrix} s+1 & 1/s \\ -2 & 1 \end{bmatrix} = \frac{s^2+s+2}{s(s^2+2s+5)}$$

여기서, Δ를 계산하면 s^2+2s+5 이다.

$$X_1(s) = \frac{1/5}{s} - \frac{3}{5}\frac{2}{(s+1)^2+4} - \frac{1}{5}\frac{s+1}{(s+1)^2+4}$$

$$X_2(s) = \frac{2/5}{s} - \frac{1}{5}\frac{2}{(s+1)^2+4} + \frac{3}{5}\frac{s+1}{(s+1)^2+4}$$

이 식의 라플라스 역 변환은 다음과 같다.

$$x_1(t) = \frac{1}{5}u(t) - e^{-t}(\frac{3}{5}sin2t + \frac{1}{5}cos2t)$$

$$x_2(t) = \frac{2}{5}u(t) - e^{-t}(\frac{1}{5}sin2t - \frac{3}{5}cos2t)$$

2.4 프로그램을 이용한 부분분수의 전개

n차의 다항식에서 부분 분수의 분자를 구하는 것은 그리 쉽지 않다. 따라서 프로그램을 이용하여 함수 $\frac{P(s)}{Q(s)}$를 부분 분수로 전개하는 방법에 대해 알아보자. **분모(denominator)**와 **분자(numerator)**의 명령어 [den], [num]으로 나타내며 명령어로 차수의 계수로 나타낸다. 즉,

num=[b_m, b_{m-1}, ⋯ b_1, b_0]

den=[a_n, a_{n-1}, ⋯ a_1, a_0]

명령어

[r, p, k]=residue(num, den)

를 사용하면 부분 분수 전개에서 나타나는 유수, 극점, 몫을 구할 수 있다.

예제 2-22 다음과 같은 함수를 부분 분수로 전개하여 구하라.

$$\frac{P(s)}{Q(s)} = \frac{2s^3 + 5s^2 + 3s + 6}{s^3 + 6s^2 + 11s + 6}$$

풀이 이 함수에 대한 분모, 분자는

num=[2 5 3 6]

den=[1 6 11 6]

이고 부분 분수의 유수를 구하는 명령어는

[r, p, k]=residue(num, den)

이며 다음과 같은 결과를 얻을 수 있다.

```
C>>num=[2 5 3 6];
C>>den=[1 6 11 6];
C>>[r, p, k]=residue(num, den)
        r=
        -6.0000
        -4.0000
        3.00000
        p=
        -3.0000
        -2.0000
        -1.0000
        k=
        2
```

이 결과를 부분 분수로 나타내면 다음과 같다.

$$\frac{P(s)}{Q(s)} = \frac{-6}{s+3} - \frac{4}{s+2} + \frac{3}{s+1} + 2$$

2.5 행렬(matrix)

제어공학에서는 복잡한 수학적 표현을 행렬을 사용하여 간결하게 나타낼 수 있다.

제어시스템을 나타내는 몇 개의 상태 변수를 이용한 상태방정식을 제어이론에서 도입하고 있다. 시스템의 특성을 상태 방정식에 의해 논의하기 위하여 행렬을 사용하여 수학적인 방정식을 풀어야 한다.

행렬 표현을 사용하는 방법에 대하여 알아보기 위하여 다음의 n 차 연립방정식을 고찰하여 보자.

n차 연립 방정식을 나타내면 다음과 같다.

$$\begin{aligned} &a_{11}x_1 + a_{12}x_2 + \cdots + a_{1n}x_n = y_1 \\ &a_{21}x_1 + a_{22}x_2 + \cdots + a_{2n}x_n = y_2 \\ &a_{31}x_1 + a_{32}x_2 + \cdots + a_{3n}x_n = y_3 \\ &\quad \cdots \quad \cdots \quad \cdots \quad \cdots \quad \cdots \\ &a_{n1}x_1 + a_{n2}x_2 + \cdots + a_{nn}x_n = y_n \end{aligned} \tag{2-38}$$

위 식의 계수들과 변수들의 배열을 괄호로 묶어 나타낸 것이 **행렬(matrix)**이다. 행렬은 **행(row)**과 **열(column)**로 나타내는 데 위 식을 행렬로 표현하면 다음과 같이 된다.

$$\begin{bmatrix} a_{11} & a_{12} & a_{13} & \cdots & a_{1n} \\ a_{21} & a_{22} & a_{23} & \cdots & a_{2n} \\ a_{31} & a_{32} & a_{33} & \cdots & a_{3n} \\ \vdots & \vdots & \vdots & \ddots & \vdots \\ a_{n1} & a_{2n} & a_{3n} & \cdots & a_{nn} \end{bmatrix} \begin{bmatrix} x_1 \\ x_2 \\ x_3 \\ \vdots \\ x_n \end{bmatrix} = \begin{bmatrix} y_1 \\ y_2 \\ y_3 \\ \vdots \\ y_n \end{bmatrix} \tag{2-39}$$

다시 이 행렬표현을 간단히 나타내면 다음과 같다.

$$Ax = y \tag{2-40}$$

여기서, A는 $n \times n$인 계수행렬이고 변수들을 원소로 하는 행렬 x, y 는 다음과 같다.

$$A = \begin{bmatrix} a_{11} & a_{12} & a_{13} & \cdots & a_{1n} \\ a_{21} & a_{22} & a_{23} & \cdots & a_{2n} \\ a_{31} & a_{32} & a_{33} & \cdots & a_{3n} \\ \vdots & \vdots & \vdots & \ddots & \vdots \\ a_{n1} & a_{2n} & a_{3n} & \cdots & a_{nn} \end{bmatrix} \qquad x = \begin{bmatrix} x_1 \\ x_2 \\ x_3 \\ \vdots \\ x_n \end{bmatrix} \qquad y = \begin{bmatrix} y_1 \\ y_2 \\ y_3 \\ \vdots \\ y_n \end{bmatrix} \tag{2-41}$$

1) 행렬의 정의

$n \times n$ 의 계수로 배열한 것을 **행렬(matrix)**이라 하며 다음과 같이 정의한다.

$$A = \begin{bmatrix} a_{11} & a_{12} & a_{13} & \cdots & a_{1n} \\ a_{21} & a_{22} & a_{23} & \cdots & a_{2n} \\ a_{31} & a_{32} & a_{33} & \cdots & a_{3n} \\ \vdots & \vdots & \vdots & \ddots & \vdots \\ a_{n1} & a_{2n} & a_{3n} & \cdots & a_{nn} \end{bmatrix} \tag{2-42}$$

위 식에서 행렬을 구성하고 있는 요소를 행렬요소라 하고, 횡(가로)의 나열을 행, 종(세로)의 나열을 열이라 한다. 또, 행렬의 왼쪽 위에서 오른쪽 밑으로 가는 대각선상의 요소를 **대각요소(diagonal element)**라 한다.

A는 n행, n열의 행렬이고, $n \times n$차원 행렬이라 한다. 행과 열의 차수(order)가 같으면 $n = n$인 행렬을 **정방행렬(정사각행렬)**이라 한다.

2) 행렬의 종류

행렬에는 영 행렬, 단위행렬, 대각행렬, 전치행렬, 대칭행렬, 비대칭행렬, 정칙행렬, 역행렬이 있다. 각각의 행렬에 대해 알아보자.

① 영 행렬(null matrix)

행렬의 모든 요소가 0인 행렬을 영 행렬이라 한다.

$$A = \begin{vmatrix} 0\,0\,0\,0 \\ 0\,0\,0\,0 \end{vmatrix}, \qquad A = \begin{vmatrix} 0\,0 \\ 0\,0 \\ 0\,0 \end{vmatrix} \tag{2-43}$$

② 단위행렬(unit matrix)(**항등행렬**)

대각요소가 모두 1이고 그 외의 모든 요소는 모두 0인 정방행렬을 단위행렬이라 한다.

단위행렬은 I로 나타낸다.

$$I = \begin{bmatrix} 1 & 0 & 0 & \cdots & 0 \\ 0 & 1 & 0 & \cdots & 0 \\ 0 & 0 & 1 & \cdots & 0 \\ \vdots & \vdots & \vdots & \ddots & \vdots \\ 0 & 0 & 0 & \cdots & 1 \end{bmatrix} \tag{2-44}$$

단위행렬은 $AI = IA = A$의 관계가 성립한다.

③ 대각행렬(diagonal matrix)

대각행렬은 대각요소만 값이 있고 그 외의 모든 요소는 0인 정방행렬을 대각행렬이라 한다.

$$A = \begin{vmatrix} a_{11} & 0 & 0 & \cdots & 0 \\ 0 & a_{22} & 0 & \cdots & 0 \\ 0 & 0 & a_{33} & \cdots & 0 \\ \vdots & \vdots & \vdots & \ddots & \vdots \\ 0 & 0 & 0 & \cdots & a_{nn} \end{vmatrix} \tag{2-45}$$

④ 전치행렬(transposed matrix)

행렬의 행과 열을 서로 바꾸어 행렬을 나타낸 것을 전치행렬이라 한다. A^T로 나타낸다.

$$A = \begin{vmatrix} a_{11} & a_{12} & a_{13} \\ a_{21} & a_{22} & a_{23} \\ a_{31} & a_{32} & a_{33} \end{vmatrix}, \quad A^T = \begin{vmatrix} a_{11} & a_{21} & a_{31} \\ a_{12} & a_{22} & a_{32} \\ a_{13} & a_{23} & a_{33} \end{vmatrix} \tag{2-46}$$

예제 2-23 다음 행렬의 전치행렬을 구하라.

$$A = \begin{vmatrix} 1 & 2 & 3 \\ 4 & 5 & 6 \end{vmatrix}$$

풀이 $A^T = \begin{vmatrix} 1 & 4 \\ 2 & 5 \\ 3 & 6 \end{vmatrix}$

⑤ **대칭행렬**(symmetric matrix)

$a_{ij} = a_{ji}(i, j = 1, 2, 3, 4, \cdots n)$를 만족시킬 때의 정사각행렬 A를 말한다. 즉, 정방행렬의 요소 a_{ij}와 a_{ji}가 대각선에 대해 대칭으로 서로 같을 때 이러한 정방행렬을 **대칭행렬(symmetric matrix)**이라 한다. 다음 행렬 A가 다음과 같은 식이 성립한다.

$$A^T = A \tag{2-47}$$

$$A = \begin{bmatrix} a_{11} & a_{12} & a_{13} & \cdots & a_{1n} \\ a_{21} & a_{22} & a_{23} & \cdots & a_{2n} \\ a_{31} & a_{32} & a_{33} & \cdots & a_{3n} \\ \vdots & \vdots & \vdots & \ddots & \vdots \\ a_{n1} & a_{n2} & a_{n3} & \cdots & a_{nn} \end{bmatrix}$$

⑥ **비대칭행렬**(asymmetric matrix)

정방행렬에서 요소가 $a_{ij} = -a_{ji}$인 관계로 $a_{ij} = 0$일 때 이러한 행렬을 비대칭행렬이라 한다. 비대칭행렬은 다음 식이 성립한다.

$$A^T = -A \tag{2-48}$$

$$A = \begin{bmatrix} 0 & a_{12} & \cdots & a_{1n} \\ a_{12} & 0 & \cdots & a_{2n} \\ \vdots & \vdots & \ddots & \vdots \\ -a_{1n} & -a_{2n} & \cdots & 0 \end{bmatrix}$$

비대칭행렬의 예는 다음과 같다.

$$A = \begin{bmatrix} 0 & 2 \\ -2 & 0 \end{bmatrix}, \quad A = \begin{bmatrix} 0 & 1 & -2 \\ -1 & 0 & 1 \\ 2 & -1 & 0 \end{bmatrix}$$

⑦ **정칙행렬**(regular matrix)

정방행렬이 0이 아닌 행렬을 가질 때, 즉 행렬식(determinant)이 0이 아닌 행렬을 정칙행렬이라 한다.

$$\det A = |A| \neq 0 \tag{2-49}$$

정칙행렬의 예는 다음과 같다.

$$A = \begin{bmatrix} 2 & 3 \\ 3 & 8 \end{bmatrix}$$

$\det A = |A| = 16 - 9 = 7 \neq 0$ $|A| \neq 0$ 이기 때문에 정칙행렬이다.

⑧ 수반행렬(adjoint matrix)

정방행렬의 여인자 행렬은 행렬의 각 요소를 대응하는 여인자로 바꾸고 그 값을 전치한 것이다. 예로 $A(2\times2)$인 경우와 $A(3\times3)$의 경우는 다음과 같다.

$$A = \begin{bmatrix} a_{11} & a_{12} \\ a_{21} & a_{22} \end{bmatrix} \quad A = \begin{vmatrix} a_{11} & a_{12} & a_{13} \\ a_{21} & a_{22} & a_{23} \\ a_{31} & a_{32} & a_{33} \end{vmatrix}$$

이 때 A 행렬의 여인자 행렬은 다음과 같이 구한다..

$$adjA = \begin{bmatrix} a_{22} & -a_{21} \\ -a_{12} & a_{11} \end{bmatrix}^T = \begin{bmatrix} a_{22} & -a_{12} \\ -a_{21} & a_{11} \end{bmatrix} \tag{2-50}$$

또한 $A(3\times3)$의 경우는 다음과 같다.

$$A_{11} = (-1)^{1+1}\begin{vmatrix} a_{22} & a_{23} \\ a_{32} & a_{33} \end{vmatrix} = a_{22}a_{33} - a_{23}a_{32}\ , \quad A_{21} = (-1)^{2+1}\begin{vmatrix} a_{12} & a_{13} \\ a_{32} & a_{33} \end{vmatrix} = a_{13}a_{32} - a_{12}a_{33}$$

$$A_{31} = (-1)^{3+1}\begin{vmatrix} a_{12} & a_{13} \\ a_{22} & a_{33} \end{vmatrix} = a_{12}a_{23} - a_{13}a_{22}\ , \quad A_{12} = (-1)^{1+2}\begin{vmatrix} a_{21} & a_{23} \\ a_{31} & a_{33} \end{vmatrix} = a_{23}a_{31} - a_{21}a_{33}$$

$$A_{22} = (-1)^{2+2}\begin{vmatrix} a_{11} & a_{13} \\ a_{31} & a_{33} \end{vmatrix} = a_{11}a_{33} - a_{13}a_{31}\ , \quad A_{32} = (-1)^{3+2}\begin{bmatrix} a_{11} & a_{13} \\ a_{21} & a_{23} \end{bmatrix} = a_{13}a_{21} - a_{11}a_{23}$$

$$A_{13} = (-1)^{3+1}\begin{vmatrix} a_{21} & a_{22} \\ a_{31} & a_{32} \end{vmatrix} = a_{21}a_{32} - a_{22}a_{31}\ , \quad A_{23} = (-1)^{2+3}\begin{bmatrix} a_{11} & a_{12} \\ a_{31} & a_{32} \end{bmatrix} = a_{12}a_{31} - a_{11}a_{32}$$

$$A_{33} = (-1)^{3+3}\begin{vmatrix} a_{11} & a_{12} \\ a_{21} & a_{22} \end{vmatrix} = a_{11}a_{22} - a_{12}a_{21}$$

따라서 A의 여인자 행렬은 다음과 같다.

$$adjA = \begin{bmatrix} A_{11} & A_{12} & A_{13} \\ A_{21} & A_{22} & A_{23} \\ A_{31} & A_{32} & A_{33} \end{bmatrix}^T = \begin{bmatrix} A_{11} & A_{21} & A_{31} \\ A_{12} & A_{22} & A_{32} \\ A_{13} & A_{23} & A_{33} \end{bmatrix} \quad (2\text{-}51)$$

예제 2-24 다음 행렬의 여인자 행렬을 구하라.

$$A = \begin{bmatrix} -1 & 2 \\ 1 & 0 \end{bmatrix}$$

풀이 각 행렬요소의 여인자를 구하면 다음과 같다.

$$A_{11} = (-1)^{1+1}|0| = 0, \quad A_{12} = (-1)^{1+2}|1| = -1$$

$$A_{21} = (-1)^{2+1}|2| = -2, \quad A_{22} = (-1)^{2+2}|-1| = -1$$

따라서 여인자 행렬은 다음과 같다.

$$adjA = \begin{bmatrix} 0 & -1 \\ -2 & -1 \end{bmatrix}^T = \begin{bmatrix} 0 & -2 \\ -1 & -1 \end{bmatrix}$$

⑨ **역행렬**(inverse matrix)

정방행렬에서 행렬 A^{-1}를 A의 **역행렬(inverse matrix)**이라 하며 다음 식을 만족한다.

여기서, I는 단위행렬

$$AA^{-1} = A^{-1}A = I \quad (2\text{-}52)$$

그리고 여인자 행렬의 성질로 $A = adjA = I|A|$의 관계가 성립하므로 다음 식으로 나타낸다.

$$I = \frac{adjA}{|A|} \quad (2\text{-}53)$$

역행렬의 식은 다음과 같다.

$$A^{-1} = \frac{adjA}{|A|} \quad (2\text{-}54)$$

또, 역행렬의 성질은 다음과 같다.

1) $(AB)^{-1} = B^{-1}A^{-1}$

2) $(A^{-1})^T = (A^T)^{-1}$

3) $(A^{-1})^{-1} = A$

4) $|A^{-1}| = \frac{1}{|A|}$

예제 2-25 다음과 같은 행렬의 역행렬을 구하라.

1) $A = \begin{bmatrix} 2 & -1 \\ 1 & 1 \end{bmatrix}$ 2) $A = \begin{bmatrix} 2 & 1 & 2 \\ 1 & 1 & 1 \\ 3 & 1 & 1 \end{bmatrix}$

풀이

1) $|A| = \begin{bmatrix} 2 & -1 \\ 1 & 1 \end{bmatrix} = (2 \times 1) - (-1 \times 1) = 3$

소행렬식에 $(-1)^{i+j}$ 를 곱하여 각 행렬 요소를 구한다.

여기서 $(-1)^{i+j}$는 부호를 결정한다.

$$A_{11} = (-1)^{1+1}|1| = 1, \quad A_{12} = (-1)^{1+2}|1| = -1$$

$$A_{21} = (-1)^{2+1}|-1| = 1, \quad A_{22} = (-1)^{2+2}|2| = 2$$

여인자 행렬은 다음과 같이 구한다.

$$adjA = \begin{vmatrix} 1 & -1 \\ 1 & 2 \end{vmatrix}^T = \begin{vmatrix} 1 & 1 \\ -1 & 2 \end{vmatrix}$$

역행렬은 다음과 같다.

$$A^{-1} = \frac{1}{3}\begin{vmatrix} 1 & 1 \\ -1 & 2 \end{vmatrix} = \begin{vmatrix} \frac{1}{3} & \frac{1}{3} \\ -\frac{1}{3} & \frac{2}{3} \end{vmatrix}$$

2) $|A| = \begin{vmatrix} 2 & 1 & 2 \\ 1 & 1 & 1 \\ 3 & 1 & 1 \end{vmatrix} = (2 \times 1 \times 1) + (1 \times 1 \times 3) + (1 \times 1 \times 2)$
$- (3 \times 1 \times 2) - (2 \times 1 \times 1) - (1 \times 1 \times 2) = 2 + 3 + 2 - 6 - 2 - 2 = -3$

소행렬식에 $(-1)^{i+j}$ 를 곱하여 각 행렬 요소를 구하면 다음과 같다.

$$A_{11} = (-1)^{1+1}\begin{bmatrix} 1 & 1 \\ 1 & 1 \end{bmatrix} = 0, \quad A_{12} = (-1)^{1+2}\begin{bmatrix} 1 & 1 \\ 3 & 1 \end{bmatrix} = 2, \quad A_{13} = (-1)^{1+3}\begin{bmatrix} 1 & 1 \\ 3 & 1 \end{bmatrix} = -2$$

$$A_{21} = (-1)^{2+1}\begin{bmatrix} 1 & 2 \\ 1 & 1 \end{bmatrix} = 1, \quad A_{22} = (-1)^{2+2}\begin{bmatrix} 1 & 1 \\ 3 & 1 \end{bmatrix} = -2, \quad A_{23} = (-1)^{2+3}\begin{bmatrix} 2 & 1 \\ 3 & 1 \end{bmatrix} = 1$$

$$A_{31}=(-1)^{3+1}\begin{bmatrix}1 & 2\\ 1 & 1\end{bmatrix}=-1,\quad A_{32}=(-1)^{3+2}\begin{bmatrix}2 & 2\\ 1 & 1\end{bmatrix}=0,\quad A_{33}=(-1)^{3+3}\begin{bmatrix}2 & 1\\ 1 & 1\end{bmatrix}=1$$

따라서 역행렬은 다음과 같다.

$$adjA=\begin{bmatrix}0 & 2 & -2\\ 1 & -2 & 1\\ -1 & 0 & 1\end{bmatrix}^T=\begin{bmatrix}0 & 1 & -1\\ 2 & -2 & 0\\ -2 & 1 & 1\end{bmatrix}$$

$$A^{-1}=-\frac{1}{3}\begin{bmatrix}0 & 1 & -1\\ 2 & -2 & 0\\ -2 & 1 & 1\end{bmatrix}$$

3) 행렬식(determinant)

행렬식은 정방행렬 A에 대해 정의한 것으로 $|A|$로 표시 한다. 행렬식은 다음과 같이 행 또는 열에 대해 전개하여 계산한다.

- **행전개의 경우**

$$\det A=|A|=\sum_{j=1}^{n}(-1)^{i+j}a_{ij}|M_{ij}|,\quad i=1,2,3,\cdots,n \tag{2-55}$$

- **열전개의 경우**

$$\det A=|A|=\sum_{i=1}^{n}(-1)^{i+j}a_{ij}|M_{ij}|,\quad j=1,2,3,\cdots,n \tag{2-56}$$

여기서, $|M_{ij}|$는 A의 제 i행, 제 j열을 소거하여 만든 $(n-1)\times(n-1)$ 차원의 소행렬식이다.

2×2, 3×3행렬식의 예를 들어보자.

- 2×2 **행렬의 경우**

$$|A|=\begin{bmatrix}a_{11} & a_{12}\\ a_{21} & a_{22}\end{bmatrix}=a_{11}a_{22}-a_{12}a_{21}$$

- 3×3 **행렬의 경우**

$$|A|=\begin{vmatrix}a_{11} & a_{12} & a_{13}\\ a_{21} & a_{22} & a_{13}\\ a_{31} & a_{32} & a_{33}\end{vmatrix}$$

$$= a_{11}\begin{vmatrix} a_{22} & a_{13} \\ a_{32} & a_{33} \end{vmatrix} - a_{12}\begin{vmatrix} a_{21} & a_{13} \\ a_{31} & a_{33} \end{vmatrix} + a_{13}\begin{vmatrix} a_{21} & a_{22} \\ a_{31} & a_{32} \end{vmatrix}$$

$$= a_{11}a_{22}a_{33} + a_{12}a_{13}a_{31} + a_{13}a_{21}a_{32} - a_{11}a_{23}a_{32} - a_{12}a_{21}a_{33} - a_{13}a_{22}a_{31}$$

- **n차 행렬의 경우**

$$|A| = \begin{bmatrix} a_{11} & a_{12} & \cdots & a_{1j} & \cdots & a_{1n} \\ a_{21} & a_{22} & \cdots & a_{2j} & \cdots & a_{2n} \\ \vdots & \vdots & \vdots & \vdots & \vdots & \vdots \\ a_{i1} & a_{i2} & \cdots & a_{ij} & \cdots & a_{in} \\ a_{n1} & a_{n2} & \cdots & a_{nj} & \cdots & a_{nn} \end{bmatrix}$$

$$= a_{i1}A_{i1} + a_{i2}A_{i2} + \cdots + a_{in}A_{in}$$

$$= (-1)^{i+1}a_{i1}A_{1j} + (-1)^{i+2}a_{2j}A_{2j} + \quad \cdots \quad + (-1)^{n+j}a_{nj}A_{nj}$$

$$(j = 1, 2, 3 \cdots, n)$$

4) 행렬의 연산

행렬의 연산에는 사칙연산(가감승제)이 있다

① 행렬의 등식관계

행렬의 등식관계가 성립하려면 두 행렬은 같은 차수 이어야 한다. 또한 대응되는 원소가 서로 같아야 한다.

$$a_{ij} = b_{ij} \tag{2-57}$$

$$A = \begin{bmatrix} a_{11} & a_{12} \\ a_{21} & a_{22} \end{bmatrix} = B = \begin{bmatrix} b_{11} & b_{12} \\ b_{21} & b_{22} \end{bmatrix}$$

두 행렬의 원소 $a_{11} = b_{11},\quad a_{12} = b_{12},\quad a_{21} = b_{21},\quad a_{22} = b_{22}$ 이다.

② 행렬의 합과 차

두 행렬 A와 B행렬의 합과 차는 다음과 같이 구해진다.

$$A \pm B = [a_{ij}]_{n,m} \pm [b_{ij}]_{n,m} = C = [c_{ij}]_{n,m} \tag{2-58}$$

예제 2-26 다음 행렬의 합과 차를 구하라.

$$A=\begin{vmatrix} 3 & 2 \\ -1 & 5 \\ 0 & -1 \end{vmatrix}, \quad B=\begin{vmatrix} 0 & 3 \\ -1 & 2 \\ 1 & 0 \end{vmatrix}$$

풀이 A와 B의 합은 다음과 같다.

$$C=A+B=\begin{vmatrix} 3+0 & 2+3 \\ -1-1 & 5+2 \\ 0+1 & -1+0 \end{vmatrix}=\begin{vmatrix} 3 & 5 \\ -2 & 7 \\ 1 & -1 \end{vmatrix}$$

③ 행렬의 결합법칙

스칼라 연산에서의 결합 법칙이 행렬의 가감산에도 적용된다. 즉,

$$(A+B)+C=A+(B+C) \tag{2-59}$$

④ 행렬의 교환법칙

스칼라 연산에서도 교환 법칙이 행렬의 가감산에도 적용된다.

$$A+B+C=B+C+A=A+C+B \tag{2-60}$$

⑤ 행렬의 곱

행렬 A와 행렬 B의 곱은 AB가 될 수 있다. 이것은 A의 열의 수와 B의 행의 수가 같은 것을 의미한다.

$$A=[a_{ij}]_{n,p} \qquad B=[b_{ij}]_{q,m}$$

$$C=AB=[a_{ij}]_{n,p}[b_{ij}]_{p,m}=[c_{ij}]_{n,m} \tag{2-61}$$

$$A=\begin{bmatrix} a_{11} & a_{12} & a_{13} \\ a_{21} & a_{22} & a_{23} \\ a_{31} & a_{32} & a_{33} \end{bmatrix}, \quad B=\begin{bmatrix} b_{11} & b_{12} \\ b_{21} & b_{22} \\ b_{31} & b_{33} \end{bmatrix}$$

행렬 AB를 곱하면 다음과 같다.

$$AB=\begin{bmatrix} a_{11} & a_{12} & a_{13} \\ a_{21} & a_{22} & a_{23} \\ a_{31} & a_{32} & a_{33} \end{bmatrix}\begin{bmatrix} b_{11} & b_{12} \\ b_{21} & b_{22} \\ b_{31} & b_{32} \end{bmatrix}$$

$$=\begin{bmatrix} a_{11}b_{11}+a_{12}b_{21}+a_{13}b_{31} & a_{11}b_{12}+a_{12}b_{22}+a_{13}b_{32} \\ a_{21}b_{11}+a_{22}b_{21}+a_{23}b_{31} & a_{21}b_{12}+a_{22}b_{22}+a_{23}b_{32} \\ a_{31}b_{11}+a_{32}b_{21}+a_{33}b_{31} & a_{31}b_{12}+a_{32}b_{22}+a_{33}b_{32} \end{bmatrix}$$

행렬의 곱의 성질은 다음과 같다.

1) $AB \neq BA$

2) $A(B+C) = AB+AC$

3) $A(BC) = (AB)C$

예제 2-27 다음 두 행렬의 AB와 BA를 구하라.

$$A = \begin{bmatrix} 1 & 3 \\ -1 & 2 \\ 2 & 0 \end{bmatrix}, \quad B = \begin{bmatrix} 1 & 0 & 2 \\ 1 & 1 & 1 \end{bmatrix}$$

풀이 AB와 BA를 구하면 다음과 같다.

$$AB = \begin{bmatrix} 1 & 3 \\ -1 & 2 \\ 2 & 0 \end{bmatrix} \begin{bmatrix} 1 & 0 & 2 \\ 1 & 1 & 1 \end{bmatrix} = \begin{bmatrix} 1 \cdot 1+3 \cdot 1 & 1 \cdot 0+3 \cdot 1 & 1 \cdot 2+3 \cdot 1 \\ -1 \cdot 1+2 \cdot 1 & -1 \cdot 0+2 \cdot 1 & -1 \cdot 2+2 \cdot 1 \\ 2 \cdot 1+0 \cdot 1 & 2 \cdot 0+0 \cdot 1 & 2 \cdot 2+0 \cdot 1 \end{bmatrix}$$

$$= \begin{bmatrix} 4 & 3 & 5 \\ 1 & 2 & 0 \\ 2 & 0 & 4 \end{bmatrix}$$

$$BA = \begin{bmatrix} 1 & 0 & 2 \\ 1 & 1 & 1 \end{bmatrix} \begin{bmatrix} 1 & 3 \\ -1 & 2 \\ 2 & 0 \end{bmatrix} = \begin{bmatrix} 1 \cdot 1+0 \cdot -1+2 \cdot 2 & 3 \cdot 1+0 \cdot 2+2 \cdot 0 \\ 1 \cdot 1+1 \cdot -1+1 \cdot 2 & 1 \cdot 3+1 \cdot 2+1 \cdot 0 \end{bmatrix}$$

$$= \begin{bmatrix} 5 & 3 \\ 2 & 5 \end{bmatrix}$$

⑥ 행렬의 스칼라 곱

행렬 A에 대한 c의 스칼라 곱은 다음과 같다.

$$A = \begin{bmatrix} a_{11} & a_{12} & \cdots & a_{1m} \\ a_{21} & a_{22} & \cdots & a_{2m} \\ \vdots & \vdots & \ddots & \vdots \\ a_{n1} & a_{n2} & \cdots & a_{nm} \end{bmatrix} \quad cA = \begin{bmatrix} ca_{11} & ca_{12} & \cdots & ca_{1m} \\ ca_{21} & ca_{22} & \cdots & ca_{2m} \\ \vdots & \vdots & \ddots & \vdots \\ ca_{n1} & ca_{n2} & \cdots & ca_{nm} \end{bmatrix} \tag{2-62}$$

예제 2-28 행렬 A가 다음과 같을 때 5의 스칼라 곱을 구하라.

$$A = \begin{bmatrix} -1 & 3 \\ 2 & 1 \end{bmatrix}$$

풀이 행렬 A에 5를 곱한 스칼라 곱은 다음과 같다.

$$5A = \begin{bmatrix} 5 \cdot -1 & 5 \cdot 3 \\ 5 \cdot 2 & 5 \cdot 1 \end{bmatrix} = \begin{bmatrix} -5 & 15 \\ 10 & 5 \end{bmatrix}$$

5) 프로그램을 이용한 행렬의 계산

프로그램을 이용한 행렬의 계산하면 복잡한 계산도 소프트웨어를 이용하여 쉽게 구할 수 있다.

벡터나 행렬에 관한 함수들을 나타내면 다음과 같다.

eye(m) : $m \times m$의 항등 행렬

diag(v) : 대각행렬

inv(A) : A의 역행렬

det(A) : 행렬식

① 행렬의 전치와 역행렬

다음 행렬 A의 전치에 대해 프로그램의 예는 다음과 같다. 행렬의 전치는 "A'" 를 사용한다.

$$A = \begin{bmatrix} 1 & 2 & 3 \\ 4 & 5 & 6 \\ 7 & 8 & 9 \end{bmatrix}$$

```
C>>A=[1 2 3;4 5 6;7 8 9]
 A =
          1         2         3
          4         5         6
          7         8         9
C>>A'
          1         4         7
          2         5         8
          3         6         9
```

다음 역행렬의 명령어는 "inv(A)" 로 다음과 같이 된다.

$$A = \begin{bmatrix} 1 & 2 & 1 \\ 2 & 2 & 2 \\ 3 & 1 & 1 \end{bmatrix}$$

```
C>>A=[1 2 1;2 2 2;3 1 1]
 A =
        1        2        1
        2        2        2
        3        1        1
C>>inv(A)
        0   -0.2500   0.5000
   1.0000   -0.5000        0
  -1.0000    1.2500  -0.5000
```

② 행렬식

행렬의 행렬식은 명령어로 "det(A)" 를 사용하면 다음과 같이 된다.

$$A = \begin{bmatrix} -1 & 2 & 0 \\ 2 & 3 & 1 \\ 2 & -1 & 2 \end{bmatrix}$$

```
C>>A=[-1 2 0;2 3 1;2 -1 2]
 A =
       -1        2        0
        2        3        1
        2       -1        2
C>>det(A)
      -11
```

연습문제

1. 다음 함수의 라플라스 변환을 구하라.

1) $f(t) = 3t^2$

2) $f(t) = e^{-2t}$

3) $f(t) = e^{at}\cos wt$

4) $f(t) = t\sin wt$

5) $f(t) = 3t + e^{3t}$

6) $f(t) = \delta(t) + 3e^{-at}$

2. 다음 함수를 역변환 하여라.

1) $F(s) = \dfrac{2}{s+4}$

2) $F(s) = \dfrac{3}{s^2+9}$

3) $F(s) = \dfrac{4}{(s+2)^2}$

4) $F(s) = \dfrac{s^2+1}{(s+1)(s+2)^2}$

5) $F(s) = \dfrac{s^2+2}{s(s+1)(s+2)}$

6) $F(s) = \dfrac{3s+16}{s^2-s-6}$

3. 다음 함수의 최종값과 초기값을 구하라.

1) $F(s) = \dfrac{s+4}{s(s+1)(s+3)}$

2) $F(s) = \dfrac{s^3+4s+5}{s^3+2s^2+3s+1}$

4. 다음 함수의 라플라스 변환을 이용하여 미분 방정식의 해를 구하라.

1) $\dfrac{d^2x(t)}{dt^2} + 2\dfrac{dx(t)}{dt} + x(t) = u(t)$ 단, 초기값은 $x(0) = 0$, $x'(0) = 0$ 이다.

2) $\dfrac{dy(t)}{dt} + y(t) = 1$ 단, 초기값은 $y(0) = 0$, $y'(0) = 0$ 이다.

5. 다음 행렬의 역행렬을 구하라.

1) $A = \begin{bmatrix} 2 & 3 \\ 1 & 3 \end{bmatrix}$

2) $A = \begin{bmatrix} 3 & 2 & 1 \\ 2 & 3 & 2 \\ 2 & 1 & 3 \end{bmatrix}$

6. 다음 행렬의 행렬식을 구하라.

1) $A = \begin{bmatrix} 2 & 4 & 1 \\ 3 & -1 & 2 \\ 1 & 3 & 1 \end{bmatrix}$

2) $A = \begin{bmatrix} -2 & 3 \\ 3 & 1 \end{bmatrix}$

3) $A = \begin{bmatrix} 1 & 2 & 3 & 1 \\ 2 & 1 & 3 & 1 \\ 4 & 1 & 3 & 2 \\ 2 & 1 & 2 & 1 \end{bmatrix}$

익힘문제

1\. 함수 $f(t)$의 라플라스 변환은 어떤 식으로 정의되는가?

① $\int_0^{\infty} f(t)e^{-st}dt$ ② $\int_0^{\infty} f(t)e^{st}dt$

③ $\int_{-\infty}^{+\infty} f(t)e^{-st}dt$ ④ $\int_{-\infty}^{+\infty} f(t)e^{st}dt$

2\. 단위 계단 함수 $u(t)$의 라플라스 변환은?

① e^{-st} ② $\frac{1}{s}e^{-st}$ ③ $\frac{1}{s}$ ④ $\frac{1}{e^{-st}}$

3\. 단위 램프 함수 t의 라플라스 변환은?

① $\frac{1}{s}$ ② $\frac{1}{s}e^{-st}$ ③ 1 ④ $\frac{1}{s^2}$

4\. 함수 $10t^3$의 라플라스 변환은?

① $\frac{20}{s^4}$ ② $\frac{30}{s^4}$ ③ $\frac{10}{s^4}$ ④ $\frac{60}{s^4}$

5\. e^{jwt}의 라플라스 변환은?

① $\frac{1}{s-jw}$ ② $\frac{1}{s+jw}$ ③ $\frac{1}{s^2+w^2}$ ④ $\frac{w}{s^2+w^2}$

6\. 함수 $f(t)=1-e^{at}$의 라플라스 변환은?

① $u(s)-e^{-as}$ ② $\frac{2s+a}{s(s+a)}$ ③ $\frac{a}{s(s+a)}$ ④ $\frac{-a}{s(s-a)}$

7\. 함수 $u(t-T)$를 라플라스 변환하면?

① $\frac{1}{s}e^{-Ts}$ ② $\frac{1}{s^2}e^{-Ts}$ ③ $\frac{1}{s^2}e^{Ts}$ ④ $\frac{1}{s}e^{Ts}$

8\. $\sin wt$의 라플라스 변환은?

① $\frac{s}{s^2+w^2}$ ② $\frac{w}{s^2+w^2}$ ③ $\frac{s}{s^2-w^2}$ ④ $\frac{w}{s^2-w^2}$

9\. $\cos wt$의 라플라스 변환은?

① $\frac{s}{s^2-w^2}$ ② $\frac{s}{s^2+w^2}$ ③ $\frac{w}{s^2-w^2}$ ④ $\frac{w}{s^2+w^2}$

10\. $f(t)=\sin t+2\cos t$를 라플라스 변환하면?

① $\frac{2s}{s^2+1}$ ② $\frac{2s+1}{(s+1)^2}$ ③ $\frac{2s+1}{s^2+1}$ ④ $\frac{2s}{(s+1)^2}$

11. $f(t)=\cos^2 t$ 함수의 라플라스 변환하면?

①$\frac{s}{2(s^2+4)}-\frac{1}{2s}$ ②$\frac{1}{s^2}+\frac{4}{s}$ ③$e^{-2t}\cos t$ ④$\frac{1}{2s}+\frac{s}{2(s^2+4)}$

12. $e^{-2t}\cos 3t$의 라플라스 변환은?

①$\frac{s+2}{(s+2)^2+3^2}$ ②$\frac{s-2}{(s-2)^2+3^2}$ ③$\frac{s}{(s+2)^2+3^2}$ ④$\frac{s}{(s-2)^2+3}$

13. 감쇠 지수함수 $Ae^{-at}\sin wt$의 라플라스 변환은?

①$\frac{Aw}{(s-a)^2+w^2}$ ②$\frac{Aw}{(s+a)^2+w^2}$ ③$\frac{Aw}{s^2+w^2}$ ④$\frac{As}{(s+a)^2+w^2}$

14 함수 $f(t)=te^{at}$를 라플라스 변환하면?

①$F(s)=\frac{1}{(s-a)^2}$ ②$F(s)=\frac{1}{s-a}$ ③$F(s)=\frac{1}{s(s-a)}$ ④$F(s)=\frac{1}{s(s-a)^2}$

15. $f(t)=t\cos wt$를 라플라스 변환하면?

①$\frac{2ws}{(s^2+w^2)^2}$ ②$\frac{s^2+w^2}{(s^2+w^2)^2}$ ③$\frac{s^2-w^2}{(s^2+w^2)^2}$ ④$\frac{2ws}{(s^2-w^2)^2}$

16. $f(t)=\sin t \cos t$를 라플라스 변환하면?

①$\frac{1}{s^2+4}$ ②$\frac{1}{s^2+2}$ ③$\frac{1}{(s+2)^2}$ ④$\frac{1}{(s+4)^2}$

17. 다음 중 라플라스 변환 $\mathcal{L}[f(t)]=F(s)$라고 할 때 최종값 정리는?

①$\lim_{s\to 0}F(s)$ ②$\lim_{s\to\infty}sF(s)$ ③$\lim_{s\to\infty}F(s)$ ④$\lim_{s\to 0}sF(s)$

18. $F(s)=\frac{3s+10}{s^3+2s^2+5s}$ 일 때 $f(t)$의 최종값은?

①0 ②1 ③2 ④8

19. 제어 시스템의 출력이 $C(s)=\frac{s+0.5}{s(s^2+s+5)}$로 주어질 때 정상값(최종값)은?

①4 ②2 ③0.1 ④0.25

20. 다음과 같은 함수에서 전류의 초기값$I(0)$은? $I(s)=\frac{12}{2s(s+6)}$

①6 ②2 ③1 ④0

21.다음 그림과 같은 펄스의 라플라스 변환식은?

①$\frac{1}{T}(\frac{1-e^{Ts}}{s})^2$ ②$\frac{1}{T}(\frac{1+e^{Ts}}{s})^2$ ③$\frac{1}{s}(1-e^{-Ts})$ ④$\frac{1}{s}(1+e^{Ts})$

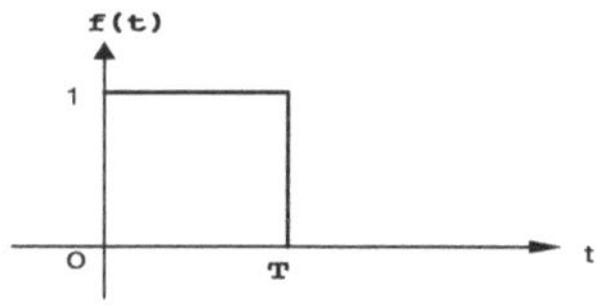

22. 다음 그림과 같은 톱니파를 라플라스 변환하면?

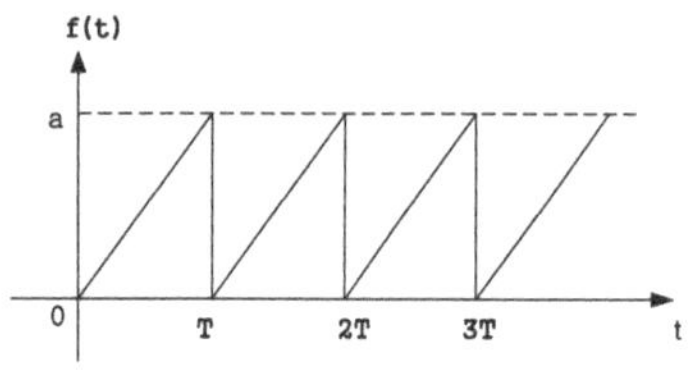

①$\frac{a}{s}(\frac{1}{Ts}-\frac{e^{-Ts}}{1-e^{-Ts}})$ ②$\frac{a}{s}(\frac{1-e^{-Ts}}{Ts})$ ③$\frac{a}{s}(\frac{e^{-Ts}}{Ts}-\frac{1}{1-e^{-Ts}})$ ④$\frac{a}{s}(1-\frac{a^{-Ts}}{1-e^{-Ts}})$

23. 함수 $F(s)=\frac{A}{s+a}$라 하면 역변환 $f(t)$는?

①ae^{-At} ②Ae^{at} ③ae^{-At} ④Ae^{-at}

24 함수 $f(t)=\mathcal{L}^{-1}[\frac{1}{s^2+6s+10}]$의 값은 얼마인가?

①$e^{-3t}\sin t$ ②$e^{-3t}\cos t$ ③$e^{-t}\sin 5t$ ④$e^{-t}\sin 5t$

25. $F(s)=\frac{1}{s(s+a)}$의 라플라스 역변환을 구하면?

①$1-e^{-at}$ ②$a(1-e^{-at})$ ③$\frac{1}{a}(1-e^{-at})$ ④e^{-at}

26. $\frac{1}{s(s+1)}$의 라플라스 역변환을 구하면?

①$e^{-t}\sin t$ ②$1+e^{-t}$ ③$1-e^{-t}$ ④$e^{-t}\cos t$

27. $F(s)=\frac{2s+3}{s^2+3s+2}$의 시간함수 $f(t)$는?

①$f(t)=e^{-t}-e^{-2t}$ ②$f(t)=e^{-t}+e^{-2t}$

③$f(t)=e^{-t}+2e^{-2t}$ ④$f(t)=e^{-t}-2e^{-2t}$

28. $f(t)=\frac{s+2}{(s+1)^2}$의 라플라스 역변환은?

①$e^{-t}-te^{-t}$ ②$e^{-t}+te^{-t}$ ③$1-te^{-t}$ ④$1+te^{-t}$

29. 함수 $F(s)=\frac{s}{(s+1)^2}$의 라플라스 역변환은?

①$e^{-t}-te^{-t}$ ②$e^{-t}+2te^{-t}$ ③$e^{t}-te^{-t}$ ④$e^{-t}+te^{-t}$

30. $\mathcal{L}^{-1}\left[\frac{1}{s^2+a^2}\right]$은 어느 것인가?

①$\sin at$ ②$\frac{1}{a}\sin at$ ③$\cos at$ ④$\frac{1}{a}\cos at$

31. $\frac{s}{(s-1)^2-4}$의 역라플라스 변환은?

①$-\frac{e^{-t}}{2}(\sinh 2t+2\cosh 2t)$ ②$\frac{e^{t}}{2}(-\sinh 2t+2\cosh 2t)$

③$\frac{e^{t}}{2}(\sinh 2t+2\cosh 2t)$ ④$\frac{e^{t}}{2}(\sin 2t+2\cosh 2t)$

32. RC직렬 회로에서 전류 $i(t)$에 대한 시간영역 방정식이 $V=Ri+\frac{1}{C}\int idt$ 로 주어져 있을 때 이 방정식의 s 영역 방정식 $I(s)$는? 단, C에는 초기값이 없다.

①$I(s)=\frac{V}{R}\frac{1}{s-1/RC}$ ②$I(s)=\frac{C}{R}\frac{1}{s+1/RC}$

③$I(s)=\frac{V}{R}\frac{1}{s+1/RC}$ ④$I(s)=\frac{R}{C}\frac{1}{s-1/RC}$

33. $e_i(t)=Ri(t)+L\frac{di(t)}{dt}+\frac{1}{C}\int i(t)dt$에서 모든 초기조건을 0으로 하고 라플라스 변환하면 어떻게 되는가?

①$I(s)=\frac{Cs}{LCs^2+RCs+1}Ei(s)$ ②$I(s)=\frac{1}{LCs^2+RCs+1}Ei(s)$

③$I(s)=\frac{LCs}{LCs^2+RCs+1}Ei(s)$ ④$I(s)=\frac{C}{LCs^2+RCs+1}Ei(s)$

34. $\frac{di(t)}{dt}+4i(t)+4\int i(t)dt=50u(t)$를 라플라스 변환하여 풀면 전류는?

단, $t=0$에서 $i(0)=0$, $\int_{-\infty}^{0} i(t)=0$이다.

①$50e^{2t}(1+t)$ ②$e^{t}(1+5t)$ ③$\frac{1}{4}(1-e^{t})$ ④$50te^{-2t}$

35. 다음 방정식에서 $\frac{X_3(s)}{X_1(s)}$를 구하면? 단, 초기값은 0이다.

$x_2(t) = x_1(t) - \frac{d}{dt}x_3(t),\ x_3(t) = x_1(t) + \frac{d}{dt}x_2(t) - \int x_3(t)dt$

① $\frac{s+1}{s^2+s+1}$ ② $\frac{s^2+s}{s^2+s+1}$ ③ $\frac{s^2+s}{s^3+s+1}$ ④ $\frac{s^2+s}{s^3+s^2+1}$

36. 라플라스 변환을 이용하여 미분 방정식을 풀면?

$\frac{d^2y}{dt^2} + 3y = 0$ 단, $y(0) = 3,\ y'(0) = 4$

① $3\cos\sqrt{3}t + 4\frac{\sqrt{3}}{3}sin\sqrt{3}t$ ② $3\cos\sqrt{3}t + \frac{4}{3}sin\sqrt{3}t$

③ $3\cos\sqrt{3}t + 4\sin\sqrt{3}t$ ④ $3\cos\sqrt{3}t + \frac{4}{\sqrt{3}}sin3t$

37. $\frac{d^2x(t)}{dt^2} + 2\frac{dx(t)}{dt} + x(t) = 1$에서 $x(t)$는 얼마인가?

단, $x(0) = x'(0) = 0$이다.

① $te^{-t} - e^{-t}$ ② $te^{-t} + e^{-t}$ ③ $1 - te^{-t} - e^{-t}$ ④ $1 + te^{-t} + e^{-t}$

38. $I(s) = \frac{6+60/s}{12+s/2}$에 대응하는 시간함수 $i(t)$는?

① $5 - 7e^{-24t}$ ② $5 + 7e^{-24t}$ ③ $5 - 7e^{24t}$ ④ $7 - 5e^{-24t}$

39. $d^2\frac{x(t)}{dt^2} + 2d\frac{x(t)}{dt} - 3x(t) = 4,\ x(0) = x'(0) = 0$에서 $x(t)$는?

① $x(t) = -\frac{4}{3} - \frac{1}{3}e^{-3t} - e^{-t}$ ② $x(t) = \frac{4}{3} + \frac{1}{3}e^{-3t} + e^{-t}$

③ $x(t) = -\frac{4}{3} + \frac{1}{3}e^{-3t} + e^{t}$ ④ $x(t) = \frac{4}{3} - \frac{1}{3}e^{-3t} - e^{-t}$

40. $\frac{dx}{dt} + 3x = 5$의 라플라스 변환은? 단, $x(0) = 0$이다.

① $X(s) = \frac{5}{s+3}$ ② $X(s) = \frac{3}{s(s+5)}$ ③ $X(s) = \frac{3s}{s+5}$ ④ $X(s) = \frac{5}{s(s+3)}$

답 1.① 2.③ 3.④ 4.④ 5.① 6.④ 7.① 8.② 9.② 10.③ 11.④ 12.① 13.② 14.① 15.③ 16.① 17.④ 18.② 19.③ 20.④ 21.③ 22.① 23.④ 24.① 25.③ 26.③ 27.② 28.② 29.① 30.② 31.③ 32.③ 33.① 34.④ 35.③ 36.① 37.③ 38.② 39.③ 40.④

제 3 장

전달함수

제 3 장 전달함수

3.1 제어시스템의 전달함수

제어시스템의 해석 및 설계에 가장 기본적이면서 가장 중요한 것은 시스템을 수학적으로 표현하는 기법이다. 제어시스템을 모델화하는 것은 제어시스템을 수학적으로 표현하는 만큼 제어시스템을 해석 또는 설계할 때 가장 먼저 이루어져야 할 것이며, 이것은 모델링하는 작업이다. 자동 제어시스템은 기계, 전기 분야뿐만 아니라 열량, 유체분야 등 여러 가지가 있으며, 이들에 대한 해석과 제어기를 설계하기 위해서는 제어시스템의 입력과 출력과의 관계를 수학적으로 표현해야 한다.

제어시스템을 수학적으로 표현하는 방법은 미분방정식, 전달함수, 상태 방정식 등 여러 가지 표현이 있다. 그 중에서도 전달함수가 제어이론에 가장 많이 사용되고 있다.

이 장에서는 자동제어의 표현 방법에 대해서 기술한다.

1) 전달함수의 정의

제어공학에서 제어시스템에 가해지는 **입력신호에 대한 출력신호와의 관계를 나타내는 것**이 **전달함수(transfer function)**로서 다음과 같이 정의한다.

전달함수는 모든 초기조건을 0으로 했을 때 입력의 라플라스 변환과 출력의 라플라스 변환의 비로 정의된다. 여기서 입력의 라플라스 변환을 $R(s)$, 출력의 라플라스 변환을 $C(s)$라 하면 전달함수는 $G(s)$로 다음과 같은 식으로 나타낸다.

$$G(s) = \frac{C(s)}{R(s)} = \frac{\text{초기값을 0으로 한 출력의 라플라스 변환식}}{\text{초기값을 0으로 한 입력의 라플라스 변환식} \tag{3-1}$$

또, 전달함수의 일반형태는 다음과 같으며 그림으로 나타내면 다음과 같이 표현된다.

$$G(s) = \frac{C(s)}{R(s)} = \frac{B_m s^m + \cdots + B_1 s + B_0}{A_m s^m + \cdots + A_1 s + A_0} \tag{3-2}$$

그림 3-1 제어시스템의 전달함수

그리고 전달함수는 다음과 같은 성질을 갖고 있다.

- **시불변 선형 제어 시스템에서만 적용**
- **선형시스템의 모든 초기값은 0으로 가정**
- **입력의 라플라스 변환에 대한 출력의 라플라스 변환비**

2) 제어시스템의 응답

제어시스템에서 응답은 즉, 출력은 전달함수 식(3-2)에서 $C(s)=G(s)R(s)$이므로 시간영역에서의 출력 신호 $c(t)$는 $C(s)$를 라플라스 역변환 하여 다음식과 같이 구한다.

$$c(t)=\mathcal{L}^{-1}[G(s)R(s)] \tag{3-3}$$

제어시스템에서 입력 신호원으로서는 **단위 임펄스 함수, 단위 계단 함수, 단위 램프 함수**가 있다.

입력 신호가 단위 임펄스 함수는 $r(t)=\delta(t)$로 라플라스 함수는 다음과 같다.

$$R(s)=\mathcal{L}[\delta(t)]=1 \tag{3-4}$$

이 식에서 출력응답 $c(t)$는 다음과 같이 구한다.

$$c(t)=\mathcal{L}^{-1}[G(s)R(s)]=\mathcal{L}^{-1}[G(s)\cdot 1] \tag{3-5}$$

그리고 단위 계단 함수는 $r(t)=u(t)=1$로 라플라스 함수는 다음과 같다.

$$R(s)=\mathcal{L}[u(t)]=\frac{1}{s} \tag{3-6}$$

이 식의 출력응답은 다음과 같이 구하며, 단위 계단 응답 또는 **인디셜 응답(indicial response)**이라 한다.

$$c(t)=\mathcal{L}^{-1}[G(s)R(s)]=\mathcal{L}^{-1}[G(s)\cdot\frac{1}{s}] \tag{3-7}$$

또, 단위 램프 함수는 $r(t)=tu(t)$로 라플라스 함수는 다음과 같이 나타낸다.

$$R(s)=\mathcal{L}[tu(t)]=\frac{1}{s^2} \tag{3-8}$$

이 식의 출력 응답 $c(t)$는 다음과 같이 구한다.

$$c(t) = \mathcal{L}^{-1}[G(s)R(s)] = \mathcal{L}^{-1}[G(s) \cdot \frac{1}{s^2}] \quad (3\text{-}9)$$

예제 3-1 다음 전달함수에서 단위 임펄스 응답과 단위 계단 응답을 구하라.

단, 입력을 $r(t)$, 출력을 $c(t)$라 한다. $G(s) = \dfrac{1}{(s+1)(s+2)}$

풀이

① 단위 임펄스 응답

입력이 임펄스 함수는 $r(t) = \delta(t)$일 때 라플라스 함수는 $R(s) = \mathcal{L}[\delta(t)] = 1$이다. 출력 $c(t)$는 다음과 같이 구한다.

$$c(t) = \mathcal{L}^{-1}[G(s)R(s)] = \mathcal{L}^{-1}\left[\frac{1}{(s+1)(s+2)} \cdot 1\right] = \mathcal{L}^{-1}\left[\frac{k_1}{s+1} + \frac{k_2}{s+2}\right]$$

이 식에서 분자 $k_1,$ k_2를 구하면 다음과 같다.

$$k_1 = (s+1)G(s)|_{s=-1} = 1$$
$$k_2 = (s+2)G(s)|_{s=-2} = -1$$

임펄스 응답은 라플라스 역변환 하면 다음과 같다.

$$c(t) = \mathcal{L}^{-1}[\frac{1}{s+1} + \frac{-1}{s+2}] = e^{-t} - e^{-2t}$$

② 단위 계단 응답

입력이 단위 계단 함수는 $r(t) = u(t)$일 때 라플라스 함수는 $R(s) = \mathcal{L}[u(t)] = \dfrac{1}{s}$이다. 출력 $c(t)$는 다음과 같이 구한다.

$$c(t) = \mathcal{L}^{-1}[G(s)R(s)] = \mathcal{L}^{-1}\left[\frac{1}{(s+1)(s+2)} \cdot \frac{1}{s}\right] = \mathcal{L}^{-1}\left[\frac{k_1}{s} + \frac{k_2}{s+1} + \frac{k_3}{s+2}\right]\}$$

이 식에서 분자 $k_1,$ $k_2,$ k_3를 구하면 다음과 같다.

$$k_1 = sG(s)|_{s=0} = \frac{1}{2}$$
$$k_2 = (s+1)G(s)|_{s=-1} = -1$$
$$k_3 = (s+2)G(s)|_{s=-2} = \frac{1}{2}$$

단위 계단 응답은 라플라스 역변환 하면 다음과 같다.

$$c(t) = \mathcal{L}^{-1}[\frac{1/2}{s} - \frac{1}{s+1} + \frac{1/2}{s+2}] = \frac{1}{2} - e^{-t} + \frac{1}{2}e^{-2t}$$

3.2 제어요소의 전달함수

제어시스템의 구성요소로서 여러 가지가 있다. 또, 제어시스템의 특성 및 안정도를 결정하기 전에 각 요소들의 특성과 전달함수 표시 방법에 대해서도 잘 알아야 한다.

여기서, 그 중에서도 가장 많이 사용되는 제어요소는 **비례요소, 미분요소, 적분요소, 1차 지연요소, 2차 지연요소, 부동작 시간요소** 등이 있으며 제어대상에 따라 복잡한 제어기를 갖기도 하고 기본 요소가 2개 또는 여러 개의 요소로 조합되기도 한다.

1) 비례요소(proportional element)

입력신호 $x(t)$와 출력신호 $y(t)$의 관계는 다음과 같다.

$$y(t) = Kx(t) \tag{3-10}$$

출력이 입력에 비례하는 요소로 비례요소 혹은 시간 지연이 없다고 0차 요소라 하며 라플라스 변환과 전달함수는 다음과 같다.

$$Y(s) = KX(s) \tag{3-11}$$

$$G(s) = \frac{Y(s)}{X(s)} = K \tag{3-12}$$

여기서, **K를 이득상수(gain constant)**라 한다.
비례요소의 블록선도는 그림 3-2 (a)와 같으며 단위 계단 입력에 대한 출력의 응답은 그림 3-2 (c)와 같다.

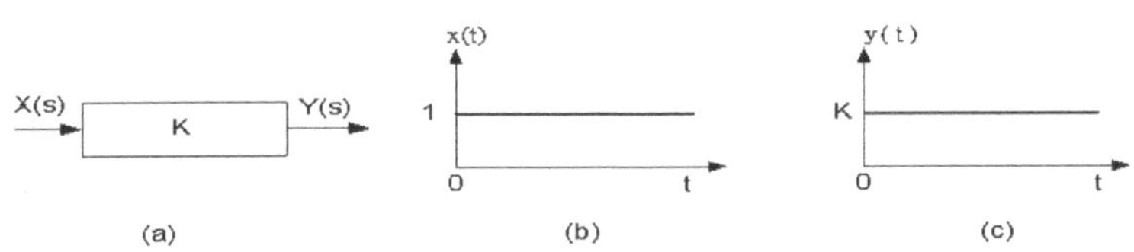

그림 3-2 비례제어요소의 단위 계단 응답

다음은 스프링 시스템에 대해 알아보자. 그림 3-3에서 용수철 변위는 비례관계로 $x(t):y(t)=l:l_1$이므로 출력식은 다음과 같다.

$$y(t)=\frac{l_1}{l}\ x(t) \tag{3-13}$$

그리고 출력식의 라플라스 변환하여 전달함수로 나타내면 다음과 같다.

$$Y(s)=K\ X(s) \tag{3-14}$$

$$G(s)=\frac{Y(s)}{X(s)}=K \tag{3-15}$$

여기서, $K=l_1/l$이다.

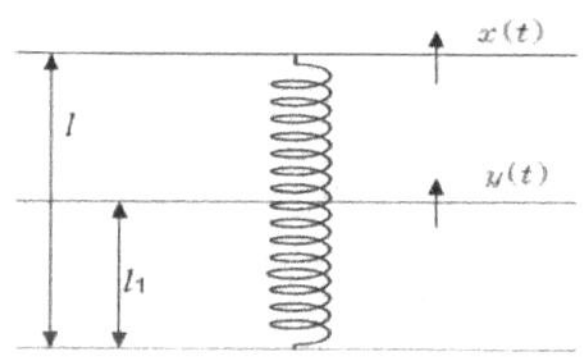

그림 3-3 스프링 시스템

2) 미분요소(derivative element)

미분요소는 입력신호 $x(t)$와 출력신호 $y(t)$의 관계가 다음과 같다.

$$y(t)=K\frac{dx(t)}{dt} \tag{3-16}$$

위의 식을 라플라스 변환하여 전달함수를 구하면 다음과 같다.

$$Y(s)=KsX(s) \tag{3-17}$$

$$G(s)=\frac{Y(s)}{X(s)}=Ks \tag{3-18}$$

미분요소의 블록선도는 그림 3-4 (a)와 같으며 단위계단 입력에 대한 출력의 응답은 그림 3-4 (c)와 같다.

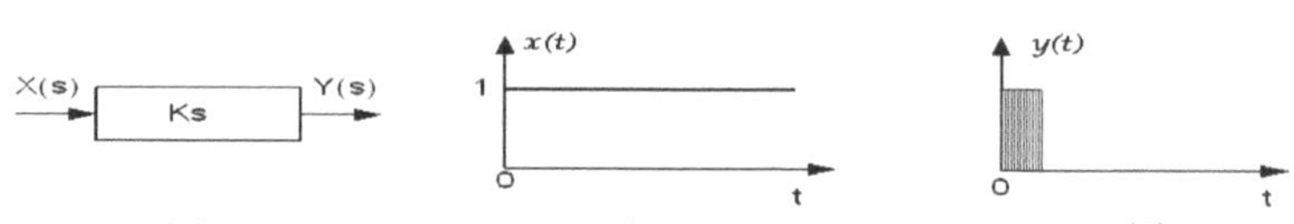

그림 3-4 미분요소의 단위계단 응답

미분요소의 예로 그림 3-5의 타코 발전기에 대해 알아보자.

타코 발전기는 속도에 정비례하는 전압을 발상하는 발전기이다. 타코 발전기의 회전각 $\theta(t)$를 입력, 발생전압 $e(t)$를 출력으로 할 때 발생전압은 다음 식으로 나타낸다.

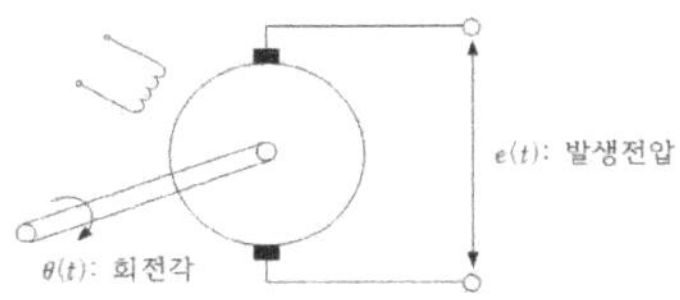

그림 3-5 타코 발전기

$$e(t) = K\frac{d\theta(t)}{dt} \tag{3-19}$$

이 발전기는 발전기의 축과 회전각의 변화에 따라 즉, 회전각속도에 비례하여 전압이 발생한다. 이 식의 라플라스 변환과 전달함수는 다음과 같이 된다.

$$E(s) = Ks\theta(s) \tag{3-20}$$

$$G(s) = \frac{E(s)}{\theta(s)} = Ks \tag{3-21}$$

3) **적분요소**(integrated element)

적분요소는 입력신호 $x(t)$와 출력신호 $y(t)$의 관계가 적분값에 비례하는 요소로 다음 식과 같다.

$$y(t) = K\int_0^t x(t)dt \tag{3-22}$$

이 식의 라플라스 변환과 전달함수는 다음과 같다.

$$Y(s) = \frac{K}{s}X(s) \tag{3-23}$$

$$G(s) = \frac{Y(s)}{X(s)} = \frac{K}{s} \tag{3-24}$$

적분요소의 블록선도는 그림 3-6 (a)와 같으며 단위계단 입력에 대한 출력의 응답은 그림 3-6 (c)와 같다.

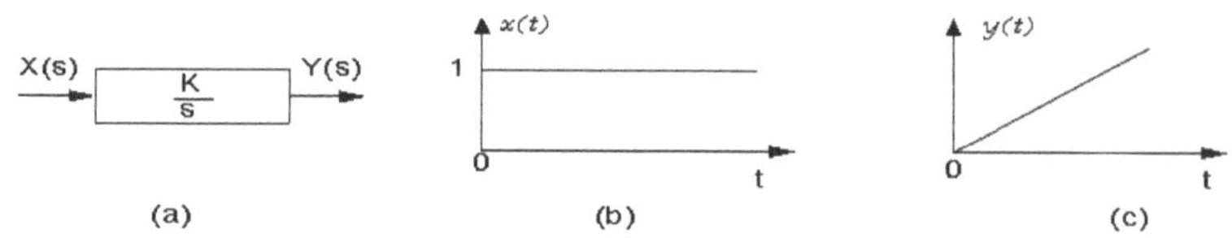

그림 3-6 적분요소의 단위계단 응답

다음은 적분요소의 예로 그림 3-7과 같은 피스톤에서 실린더 내에 유체를 일정한 압력으로 유입시키면 그 유입량에 따라 피스톤이 이동한다. 유체의 유입량에 대한 피스톤 이동거리와의 관계를 식으로 나타내면 다음과 같다.

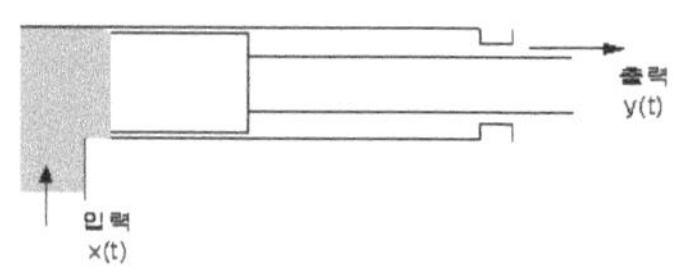

그림 3-7 피스톤

피스톤 내의 총 유입량 Q는 $Q=\int_0^t x(t)dt$ 이고 피스톤의 이동거리 $y(t)$는 다음과 같다.

$$y(t)=\frac{1}{A}Q(t)=\frac{1}{A}\int_0^t x(t)dt=K\int_0^t x(t)dt \tag{3-25}$$

여기서, $K=\frac{1}{A}$, A: 실린더 단면적

이 식의 라플라스 변환과 전달함수는 다음과 같다.

$$Y(s)=\frac{K}{s}X(s) \tag{3-26}$$

$$G(s)=\frac{Y(s)}{X(s)}=\frac{K}{s} \tag{3-27}$$

4) 1차 지연요소(First order Phase lag element)

1차 지연요소는 입력과 출력의 상호 관계가 다음과 같다.

$$b_1\frac{dy(t)}{dt}+b_0y(t)=a_0x(t) \quad (b_1,\ b_0>0) \tag{3-28}$$

이 식의 라플라스 변환식은 다음과 같다.

$$b_1 s Y(s) - b_1 y(0) + b_0 Y(s) = a_0 X(s) \tag{3-29}$$

또는

$$(b_1 s + b_0) Y(s) = a_0 X(s) \tag{3-30}$$

이다. 이 식을 다시 전달함수로 나타내면 다음과 같다.

$$G(s) = \frac{Y(s)}{X(s)} = \frac{a_0}{b_1 s + b_0} = \frac{a_0/b_0}{s(\frac{b_1}{b_0}) + 1} = \frac{K}{Ts+1} \tag{3-31}$$

$$(a_0/b_0 = K,\ \ b_1/b_0 = T)$$

다음은 1차 지연요소의 인디셜 응답을 구하여 보자.

입력이 $X(s) = \frac{1}{s}$ 이므로 출력식은 라플라스 역변환에 하여 시간함수로 구할 수 있다.

$$y(t) = \mathcal{L}^{-1}[G(s)\frac{1}{s}] = \mathcal{L}^{-1}[\frac{K}{s(Ts+1)}] = K(1 - e^{-t/T}) \tag{3-32}$$

1차 지연요소의 블록선도는 그림 3-8 (a)와 같으며 단위 계단 입력에 대한 출력의 응답은 그림 3-8 (c)와 같다.

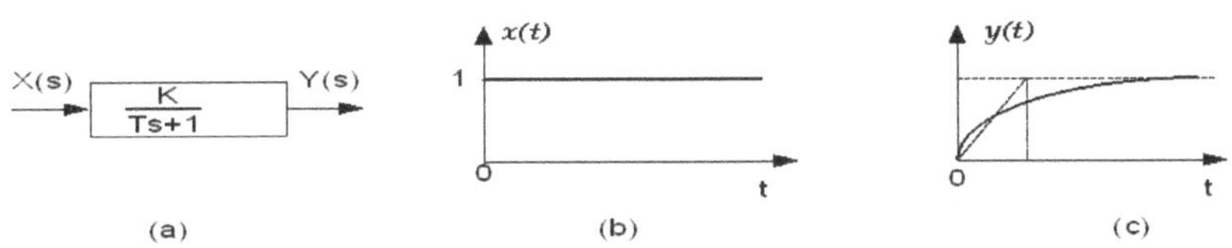

그림 3-8 1차 지연요소의 단위 계단 응답

예제 3-2 다음 그림에서 1차 지연요소의 전달함수로 표현하라.

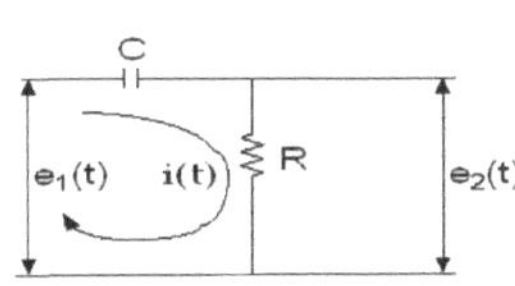

그림 3-9 RC회로

풀이 RC회로에서 회로의 전압방정식과 라플라스 변환식은 다음과 같다.

$$e_1(t) = Ri(t) + \frac{1}{C}\int_0^t i(t)dt$$
$$e_2(t) = Ri(t)$$

$$E_1(s) = RI(s) + \frac{I(s)}{Cs}$$
$$E_2(s) = RI(s)$$

그리고 전달함수를 구하기 위하여 식을 정리하면

$$E_1(s) = E_2(s) + \frac{E_2(s)}{RCs} = (1 + \frac{1}{RCs})E_2(s)$$

이 되고 전달함수는 다음과 같다.

$$G(s) = \frac{E_2(s)}{E_1(s)} = \frac{RCs}{RCs+1}$$

5) 2차 지연요소(2nd order phase lag element)

2차 지연요소의 입출력 신호의 관계는 다음과 같이 표현한다.

$$b_2\frac{d^2y(t)}{dt^2} + b_1\frac{dy(t)}{dt} + b_0y(t) = a_0x(t) \quad (b_2, b_1, b_0 > 0) \tag{3-33}$$

이 식을 라플라스 변환하면 다음 식과 같이 된다.

$$b_2s^2Y(s) + b_1sY(s) + b_0Y(s) = a_0X(s) \tag{3-34}$$

그리고 이 식의 전달함수를 구하면 다음과 같다.

$$G(s) = \frac{Y(s)}{X(s)} = \frac{a_0}{b_2s^2 + b_1s + b_0} = \frac{K}{1 + 2\zeta Ts + T^2s^2} = \frac{\omega_n^2}{s^2 + 2\zeta\omega_n s + \omega_n^2} \tag{3-35}$$

$$\begin{cases} \dfrac{a_0}{b_0} = K,\ \dfrac{b_2}{b_0} = T^2,\ \dfrac{b_1}{b_0} = 2\zeta T,\ \dfrac{1}{T} = \omega_n \\ \omega_n : \text{고유주파수},\ \zeta : \text{감쇠계수} \end{cases}$$

2차 지연요소의 블록선도는 그림 3-10 (a)와 같으며 단위 계단 입력에 대한 출력의 응답은 그림 3-10 (c)와 같다.

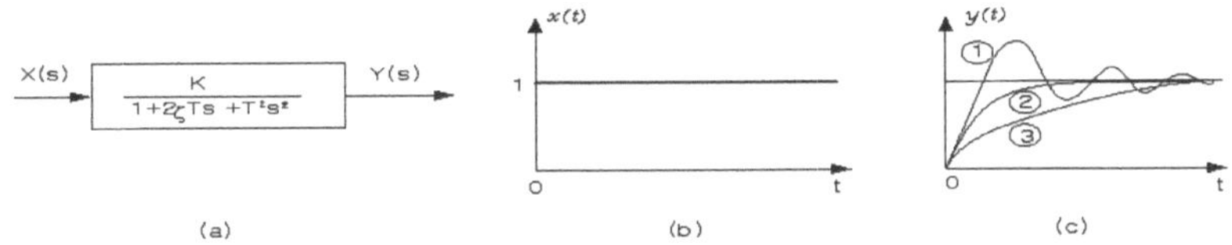

그림 3-10 2차 지연요소의 단위 계단 응답

6) 부동작 시간요소(Dead time element) 혹은 낭비 시간요소

부동작 시간요소는 $t=0$에서 입력의 변화가 있어도 $t=L$까지 출력에 아무런 영향이 없는 요소이며 입출력관계의 식은 다음과 같다.

$$y(t)=Kx(t-L) \tag{3-36}$$

이 식의 라플라스 변환과 전달함수는 다음과 같다.

$$Y(s)=Ke^{-Ls}X(s) \tag{3-37}$$

$$G(s)=\frac{Y(s)}{X(s)}=Ke^{-Ls} \quad L: \text{부동작 시간} \tag{3-38}$$

부동작 시간요소의 블록선도는 그림 3-11 (a)와 같으며 단위 계단 입력에 대한 출력의 응답은 그림 3-11 (c)와 같다.

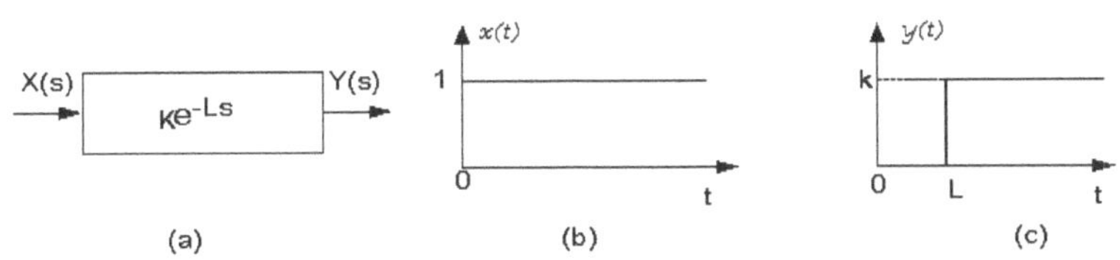

그림 3-11 부동작 시간 요소의 단위 계단 응답

부동작 시간요소의 예로 일정한 시간이 경과한 후 출력이 나오는 것으로 실내의 난방, 우주선을 지상에서 조정, 인공위성을 이용한 방송수신 등이 있다.

그림 3-12와 같은 증기 가열기를 예로 들어 보자.

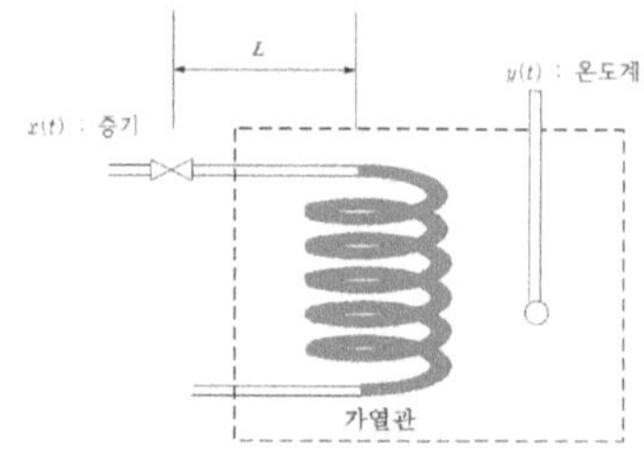

그림 3-12 증기 가열기

밸브를 열어 증기량 $x(t)$를 조절하여 그 영향이 온도계의 눈금의 변화가 있으려면 파이프의 길이 L만큼 비례하여 시간이 흘러야 온도의 변화가 생긴다. 여기서, a=파이프의 단면적[m^2], v=증기류 속도[m/s], C=가열부의 열용량[$Kcal/\deg$]이면 증기의 속도 $v=x(t)/a$의 유속으로 가열부에 전하게 되는 데 온도 $y(t)$의 관계식은 다음과 같다.

$$C\frac{dy(t)}{dt}=Kx(t-\tau) \tag{3-39}$$

이 식의 라플라스 변환과 전달함수는 다음과 같다.

$$CsY(s)=Ke^{-\tau s}X(s)$$

$$Y(s)=\frac{K}{Cs}e^{-\tau s}X(s) \tag{3-40}$$

$$G(s)=\frac{Y(s)}{X(s)}=\frac{K}{Cs}e^{-\tau s} \tag{3-41}$$

여기서, $\frac{L}{v}=\tau$

7) PI(비례적분)요소

비례적분 요소는 비례요소와 적분요소의 조합으로 출력식과 전달함수는 다음과 같다.

$$y(t)=K_1x(t)+K_2\int_0^{\infty}x(t)dt \tag{3-42}$$

$$Y(s)=K_1X(s)+K_2\frac{1}{s}X(s)=(K_1+\frac{K_2}{s})X(s)$$

$$G(s)=\frac{Y(s)}{X(s)}=(K_1+\frac{K_2}{s}) \tag{3-43}$$

8) PD(비례미분)요소

비례미분 요소는 비례요소와 미분요소의 조합으로 출력식과 전달함수는 다음과 같다.

$$y(t) = K_1 x(t) + K_2 \frac{dx(t)}{dt} \tag{3-44}$$

$$Y(s) = K_1 X(s) + K_2 s X(s) = (K_1 + K_2 s) X(s)$$

$$G(s) = \frac{Y(s)}{X(s)} = K_1 + K_2 s \tag{3-45}$$

9) PID(비례적분미분)요소

비례적분미분요소는 비례요소, 적분요소, 미분요소의 조합으로 출력식과 전달함수는 다음과 같이 된다.

$$y(t) = K_1 x(t) + K_2 \int_0^{\infty} x(t) dt + K_3 \frac{dx(t)}{dt} \tag{3-46}$$

$$Y(s) = K_1 X(s) + \frac{K_2}{s} X(s) + K_3 s X(s) = (K_1 + \frac{K_2}{s} + K_3 s) X(s)$$

$$G(s) = \frac{Y(s)}{X(s)} = K_1 + \frac{K_2}{s} + K_3 s \tag{3-47}$$

3.3 제어시스템의 모델링

제어시스템의 모델링에 대해 알아보자. 모델링이란? 제어시스템을 해석하거나 동특성을 평가하기 위하여 수학적으로 표현하는 과정, 즉 제어시스템을 미분방정식이나 전달함수 등으로 나타내어 시스템을 분석하고 설계하는 과정이다.

모델링으로 완벽하게 시스템을 표현하려 하지만 실제로 완벽하게 표현하는 것은 불가능하다. 실제로 모델링하는 과정에서 생기는 어느 정도의 오차는 시스템의 해석 및 설계에 큰 영향을 주지는 않는다. 시스템의 해석 면에서 보면 허용된 모델 오차 범위 안에서 제어시스템을 가장 단순하게 표현하는 것이다.

컴퓨터를 사용하여 제어시스템의 해석 및 설계가 쉬운 모델일수록 좋은 모델이라 할 수 있다. 모델링의 근본적인 목적은 실험을 통하지 않고도 컴퓨터의 모의실험만으로 제어시스템의 특성을 예측하는 것이다.

요즘은 대부분의 공학적 연산은 컴퓨터를 이용하므로 컴퓨터의 프로그램을 사용하여 해석하고 설계를 한다. 제어는 전기, 기계, 화학 등 다양한 분야에서 필요로 하고 있다.

다음 표 3-1은 전기, 기계, 유체, 열 시스템 등의 물리적 상호간의 상대관계를 나타낸다. 물리적 상대관계를 알면 시스템의 방정식을 세우는 데 대단히 편리하게 이용된다.

표 3-1 전기, 기계, 유체계, 열계의 상대관계

전기계	기 계 계		유 체 계		열 계
	직선운동	회전운동	액 면	유압	
전 압 : $E[V]$	힘 $F[N]$	토크 $T[N.m]$	액위 h[m]	압 력 P[kg/m^2]	온 도 $\theta[0^c]$
전 류 : $i[A]$	속도 $v[m/s]$	각속도 $\omega[rad/s]$	유량 $q[m^3/s]$	유량 $q[m^3/s]$	열 유 량 $q[kcal/s]$
전기량 : $q[C]$	위치변위 $x[m]$	각변위 $\theta[rad]$	액체량 $V[m^3]$	액체량 $V[m^3]$	열 량 $Q[kcal]$
전기저항 $R[\Omega]$	제동마찰계수(점성계수) $B[N/m/s]$ 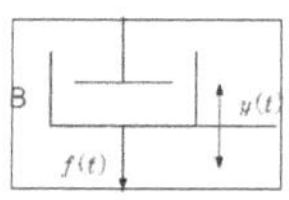 $f(t)=B\frac{dy(t)}{dt}$	제동마찰계수(점성계수) $B[N/m/s]$ 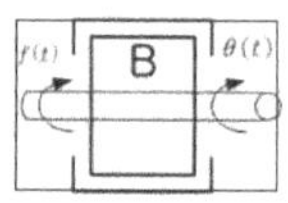 $f(t)=B\frac{d\theta(t)}{dt}$	출구저항 R $[m/m^3/\text{sec}]$	유체저항 R $[atm \cdot s/kg]$	열저항 R $[^oC/kcal/\text{sec}]$
인덕턴스 $L[H]$	질량 M $[kg]$ 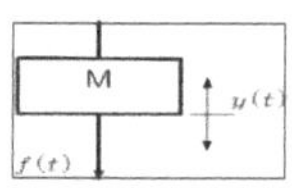 $f(t)=M\frac{d^2y(t)}{dt^2}$	관성모멘트 J $[kg.m^2]$ 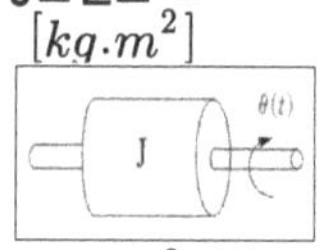 $f(t)=J\frac{d^2\theta(t)}{dt^2}$			
용량 $C[F]$	스프링 탄성계수 $K[N/m]$ 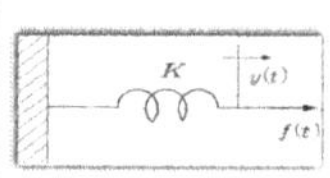 $f(t)=Ky(t)$	비틀림 강도 $K[N.m/rad]$ 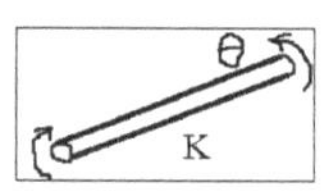 $f(t)=K\theta(t)$	액위면적 $A[m^2]$		열용량 $C[\text{kcal}/^0\text{C}]$

다음은 가장 기초적인 몇 가지의 모델에 대해 알아보기로 한다. 전기 시스템에 대하여 모델링을 하여보자

1) 전기 시스템

① RLC 회로 시스템

그림 3-13은 RLC 회로이다. 이 회로의 입출력 모델을 하여보자.

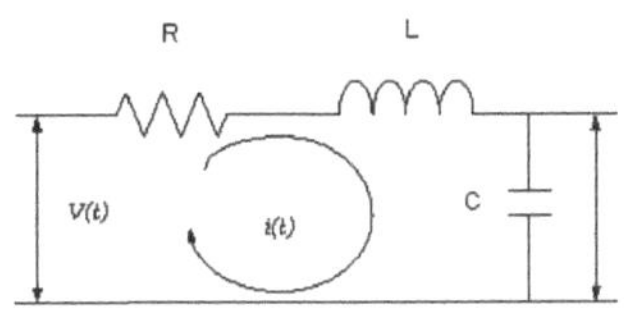

그림 3-13 RLC 직렬회로

여기서, R은 저항, L은 인덕턴스, C는 정전용량이다. 이 회로의 입력전압을 $v(t)$, 출력전압을 $v_0(t)$ 라 하면 회로의 전압 방정식을 세우면 다음과 같다.

$$v(t) = Ri(t) + L\frac{di(t)}{dt} + v_o(t) \tag{3-48}$$

$$v_0(t) = \frac{1}{C}\int i(t)dt$$

위의 두식을 라플라스 변환하고 초기값을 0이라 하면 다음과 같이 된다.

$$V(s) = RI(s) + LsI(s) + \frac{I(s)}{Cs} \tag{3-49}$$

$$V_0(s) = \frac{I(s)}{Cs}$$

따라서 이 시스템의 전달함수는 다음과 같이 된다.

$$G(s) = \frac{V_0(s)}{V(s)} = \frac{\frac{1}{Cs}}{R + Ls + \frac{1}{Cs}} = \frac{\frac{1}{LC}}{s^2 + \frac{R}{L}s + \frac{1}{LC}} \tag{3-50}$$

또, 다른 방법은 $I(s) = CsV_o(s)$ 를 식에 직접 대입하여 정리하면

$V(s) = RCsV_0(s) + LCs^2V_0(s) + V_0(s)$ 이 되어 전달함수는 다음과 같이 된다.

$$G(s) = \frac{V_0(s)}{V(s)} = \frac{1}{RCs + LCs^2 + 1} = \frac{\frac{1}{LC}}{s^2 + \frac{R}{L}s + \frac{1}{LC}}$$

예제 3-3 다음 그림과 같은 지상회로에서 입력을 $e_i(t)$, 출력을 $e_0(t)$라 하면 전달함수 $E_0(s)/E_i(s)$ 를 구하라.

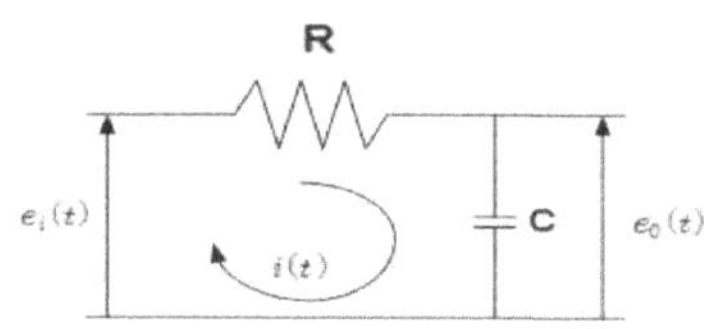

그림 3-14 지상회로

풀이 그림에서 회로 방정식을 세우고 라플라스 변환하면 다음과 같다.

$$e_i(t) = Ri(t) + \frac{1}{C}\int i(t)dt$$

$$e_0(t) = \frac{1}{C}\int i(t)dt$$

$$E_i(s) = \left[R + \frac{1}{Cs}\right]I(s)$$

$$E_0(s) = \left[\frac{1}{Cs}\right]I(s)$$

이 식의 전달함수는 다음과 같다.

$$\frac{E_0(s)}{E_i(s)} = \frac{\left[\frac{1}{Cs}\right]I(s)}{\left[R + \frac{1}{Cs}\right]I(s)} = \frac{1}{RCs + 1} = \frac{1}{Ts + 1}$$

여기서, $T = RC$이며 이 회로의 시정수라 한다.

예제 3-4 다음 그림과 같은 회로망에서 입력을 $e_i(t)$, 출력을 $e_o(t)$ 라 할 때 전달함수를 구하라.

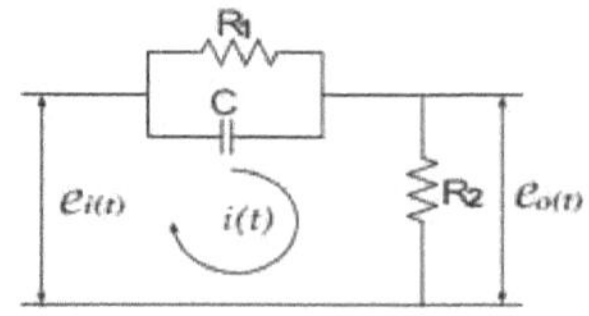

그림 3-15 진-지상회로

풀이 그림에서 회로 방정식을 구하면 마디해석법에 의해 전류는 $i_1(t)+i_2(t)=i(t)$ 이므로

$$\frac{1}{R_1}[e_i(t)-e_0(t)]+C\frac{d}{dt}[e_i(t)-e_0(t)]=\frac{e_0(t)}{R_2}$$

이다. 이 식을 라플라스 변환을 하면

$$\frac{1}{R_1}[E_i(s)-E_0(s)]+Cs[E_i(s)-E_0(s)]=\frac{E_0(s)}{R_2}$$

이다. 그리고 전달함수를 구하면 다음과 같다.

$$E_i(s)\left[\frac{1}{R_1}+Cs\right]=E_o(s)\left[\frac{1}{R_1}+Cs+\frac{1}{R_2}\right]$$

$$E_i(s)\left(\frac{1+R_1Cs}{R_1}\right)=E_o(s)\left(\frac{R_1+CsR_1R_2+R_2}{R_1R_2}\right)$$

$$\frac{E_o(s)}{E_i(s)}=\frac{R_2(1+R_1Cs)}{R_1+R_2+R_1R_2Cs}=\frac{1+R_1Cs}{1+\frac{R_2}{R_1+R_2}R_1Cs}\times\frac{R_2}{R_1+R_2}$$

② 직류발전기

다음 그림 3-16은 직류발전기 시스템의 등가회로이다. 직류 발전기에 대하여 모델링을 하여보자. 직류발전기는 일정속도 n으로 회전하는 전기자는 계자전류 $i_f(t)$의 변화에 따라 제어전류 $i_a(t)$를 발생시킨다. 그리고 $i_a(t)$는 부하회로 임피던스 Z_L에 따라 달라진다.

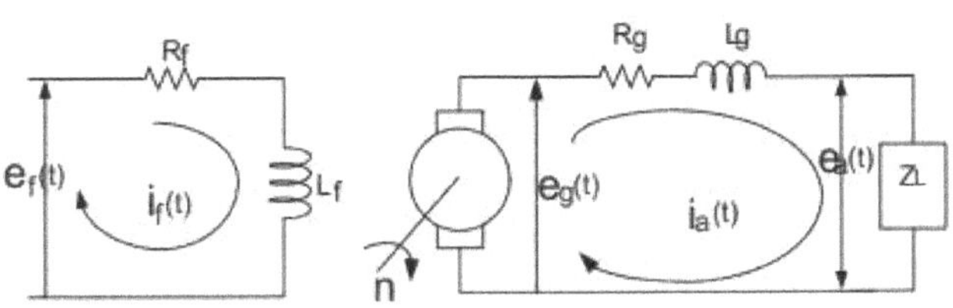

그림 3-16 직류발전기

직류발전기 시스템의 전달함수 $E_a(s)/E_f(s)$에 대해 알아보자.

전기자에 유기된 전압 $e_g(t)$는 전기자의 회전속도 n와 자계에 형성된 자속 ϕ의 함수로 다음 식으로 나타낼 수 있다.

$$e_g(t) = K_1 \cdot n \cdot \phi \tag{3-51}$$

또, 자속은 자계전류와 자계에 사용된 철심의 특성에 의존한다. 이 관계를 식으로 나타내면 다음과 같다.

$$\phi = K_2 \cdot i_f(t) \tag{3-52}$$

위의 두식을 대입하여 정리하면

$$e_g(t) = K_g i_f(t) \tag{3-53}$$

이다. 그리고 계자전압 $e_f(t)$ 의 전압방정식으로 나타내면 다음과 같다.

$$e_f(t) = R_f i_f(t) + L_f \frac{di_f(t)}{dt} \tag{3-54}$$

계자전류 항을 소거하기 위하여 위의 식(3-53)을 대입하여 변형하면 다음식이 성립한다.

$$e_f(t) = \frac{R_f}{K_g} e_g(t) + \frac{L_f}{K_g} \frac{de_g(t)}{dt} \tag{3-55}$$

이 식을 라플라스 변환하면 다음과 같다.

$$E_f(s) = \frac{1}{K_g}(R_f + L_f s)E_g(s) \tag{3-56}$$

이 시스템의 입력 $E_f(s)$ 에 대한 출력 $E_g(s)$ 의 라플라스 변환비는 다음과 같다.

$$\frac{E_g(s)}{E_f(s)} = \frac{K_g/L_f}{s + \frac{R_f}{L_f}} \tag{3-57}$$

전달함수 $\frac{E_a(s)}{E_f(s)}$를 구하기 위하여 먼저 $\frac{E_a(s)}{E_g(s)}$를 구하면 다음과 같다.

여기서, $e_g(t)$ 를 구하면 $e_g(t) = R_g i_a(t) + L_g \frac{di_a(t)}{dt} + Z_L i_a(t)$ 이므로 라플라스 변환을 하면

$$E_g(s) = I_a(s)[R_g + L_g s + Z_L] \tag{3-58}$$

이다. 전달함수 $\frac{E_a(s)}{E_g(s)}$는 다음과 같다.

$$\frac{E_a(s)}{E_g(s)}=\frac{Z_L}{R_g+L_gs+Z_L} \tag{3-59}$$

따라서 직류발전기 전체 시스템의 전달함수는 다음과 같다.

$$\frac{E_a(s)}{E_f(s)}=\frac{E_g(s)}{E_f(s)}\times\frac{E_a(s)}{E_g(s)}=\frac{K_g/L_f}{s+R_f/L_f}\times\frac{Z_L}{R_g+L_gs+Z_L} \tag{3-60}$$

③ 전기자 제어 DC 서어보 전동기

전기자 제어 DC 서어보 전동기는 제어시스템에서 많이 사용된다. 전기자 제어 DC 서어보 전동기를 구동하는 직류발전기를 Ward-Leonard 시스템이라 한다. 이 시스템에서 계자여자는 일정하며 직류전원으로부터 공급된다. 전동기는 관성 J와 감쇠 B를 가진 부하를 구동한다.

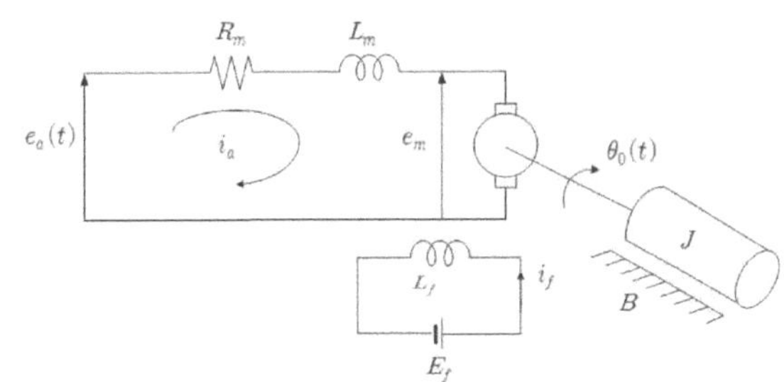

그림 3-17 전기자 제어 DC 서어보 전동기

전기자가 회전함에 따라 $e_a(t)$와 유기전압 $e_m(t)$가 발생하며 유기전압의 크기는 회전속도 n와 계자전류에 의하여 발생한 자속에 비례한다. 계자전류가 일정하면 자속도 일정하다. 유기전기자 전압은 회전속도에 의존하며 다음 식으로 나타낼 수 있다.

$$e_m=K_en=K_e\frac{d\theta_0(t)}{dt} \tag{3-61}$$

여기서, K_e는 전동기의 전압상수이다.

다음은 전기자 회로의 전압방정식을 세워보자.

$$e_a(t)=R_mi_a+L_m\frac{di_a}{dt}+e_m$$

$$= R_m i_a + L_m \frac{di_a}{dt} + K_e \frac{d\theta_0(t)}{dt} \tag{3-62}$$

이 식을 라플라스 변환하면 다음과 같다.

$$E_a(s) = (R_m + L_m s)I_a(s) + K_e s\Theta_0(s) \tag{3-63}$$

전동기의 발생 토오크(T_D) 는 계자전류, 전기자 전류, 도체의 길이와 수에 따라 결정되는 자속의 함수로 계자전류가 일정하다고 가정하면 발생 토오크(T_D)는 다음과 같이 표시된다.

$$T_D = K_T \cdot i_a \tag{3-64}$$

여기서, K_T는 전동기의 토오크 상수이다.

그리고 기계적인 발생 토오크 방정식은 다음과 같다.

$$T_D = J\frac{d^2\theta_0(t)}{dt^2} + B\frac{d\theta_0(t)}{dt} \tag{3-65}$$

$$K_T \cdot i_a = J\frac{d^2\theta_0(t)}{dt^2} + B\frac{d\theta_0(t)}{dt}$$

위 식의 라플라스 변환은 다음 식과 같다.

$$K_T I_a(s) = [Js^2 + Bs]\Theta_0(s) \tag{3-66}$$

전 계통의 전달함수 $\Theta_0(s)/E_a(s)$를 구하기 위하여 식 (3-63)에 (3-66)을 대입하여 나타내면 다음과 같이 표현된다.

$$E_a(s) = \left[\frac{(R_m + L_m s)(Js^2 + Bs)}{K_T} + K_e s\right]\Theta_0(s) \tag{3-67}$$

다시 이 식을 전달함수로 나타내면 다음과 같다.

$$G(s) = \frac{\Theta_0(s)}{E_a(s)} = \frac{K_T}{(R_m + L_m s)(Js^2 + Bs) + K_e K_T s}$$

$$= \frac{K_T}{JL_m s^3 + (R_m J + L_m B)s^2 + (R_m s + K_e K_T)s}$$

$$= \frac{K_T}{\frac{JL_m}{K_eK_T}s^3 + (\frac{R_mJ}{K_eK_T} + \frac{L_mB}{K_eK_T})s^2 + (\frac{R_mB}{K_eK_T} + 1)s} \tag{3-68}$$

$$= \frac{1/K_e}{T_aT_ms^3 + (T_m + \gamma T_a)s^2 + (\gamma + 1)s}$$

여기서, $T_a = \frac{L_m}{R_m}$, $T_m = \frac{JR_m}{K_eK_T}$, $\gamma = \frac{R_mB}{K_eK_T}$

④ 계자제어 DC 서어보 전동기

직류 서어보 전동기는 전기자 전류를 일정하게 하고 계자전류를 변화시켜 제어한다.

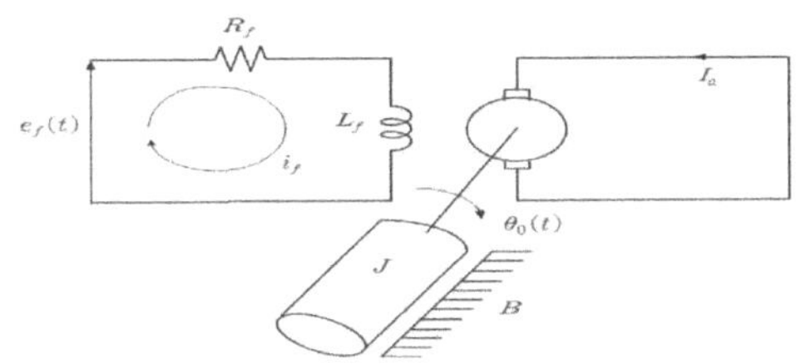

그림 3-18 계자 제어 DC 서어보 전동기

전동기의 발생 토오크는 전기자 전류가 일정하다고 가정하였으므로 다음 식으로 나타낼 수 있다.

$$T_D = K_T \cdot i_f \tag{3-69}$$

발생 토오크는 관성 J와 감쇠 B를 가진 기계적 부하를 구동하는 시스템으로 토오크 방정식은 다음과 같다.

$$T_D = J\frac{d^2\theta_0(t)}{dt^2} + B\frac{d\theta_0(t)}{dt} \tag{3-70}$$

위의 두 식에서 계자전류 i_f 를 구하면 다음 식으로 된다.

$$i_f = \frac{J}{K_T}\frac{d^2\theta_0(t)}{dt^2} + \frac{B}{K_T}\frac{d\theta_0(t)}{dt} \tag{3-71}$$

계자회로의 전압방정식은 다음과 같이 표현된다.

$$e_f(t) = R_f i_f + L_f \frac{di_f}{dt} \tag{3-72}$$

위의 계자 전류식을 전압 방정식에 대입하여 라플라스 변환을 하면 다음과 같다.

$$E_f(s) = (R_f + L_f s)\left(\frac{J}{K_T}s^2 + \frac{B}{K_T}s\right)\Theta_0(s) \tag{3-73}$$

따라서 이 시스템의 전달함수는 다음과 같이 표현된다.

$$G(s) = \frac{\Theta_0(s)}{E_f(s)} = \frac{K_T/R_f B}{s(1+T_f s)(1+T_m s)} \tag{3-74}$$

여기서, $T_f = \frac{L_f}{R_f}$, $T_m = \frac{J}{B}$

2) 기계 시스템

① 질량 스프링 댐퍼 시스템

다음 기계적 시스템의 수학적 모델을 유도하여 보자.

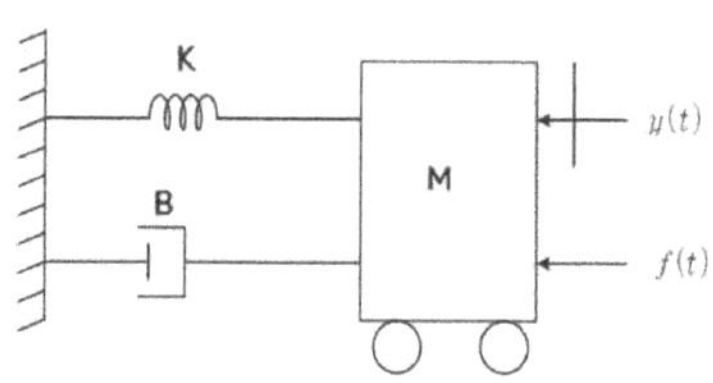

그림 3-19 질량 스프링 댐퍼시스템

이 시스템에서 입력변수를 $f(t)$, 출력변수를 $y(t)$라 할 때 입력 $f(t)$에 힘을 가하면 운동방정식은 다음 식으로 유도할 수 있다. 여기서 질량을 M, 댐퍼의 점성 마찰계수 B, 스프링 탄성계수를 K라 하자.

$$f(t) = M\frac{d^2y(t)}{dt^2} + B\frac{dy(t)}{dt} + Ky(t) \tag{3-75}$$

또, 위 식을 라플라스 변환하면 다음과 같다.

$$F(s) = (Ms^2 + Bs + K)Y(s) \tag{3-76}$$

따라서 이 시스템의 전달함수는 다음과 같이 유도된다.

$$G(s)=\frac{Y(s)}{F(s)}=\frac{1}{Ms^2+Bs+K}=\frac{1/M}{s^2+\frac{B}{M}s+\frac{K}{M}} \tag{3-77}$$

② 회전운동 시스템

다음 그림은 회전운동 시스템으로 관성모멘트 J와 마찰계수 B, 탄성계수 K를 가진 비틀림 회전시스템으로 발생 토오크 T에 의해 회전각 변위 $\theta(t)$가 변화한다.

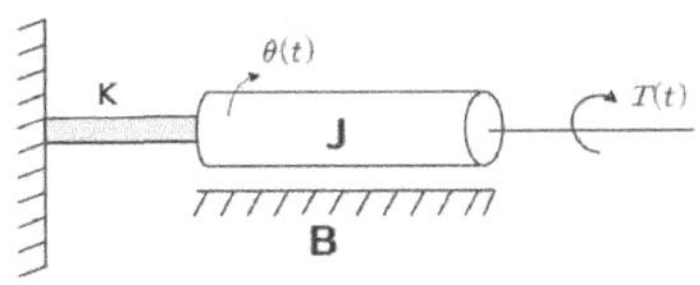

그림 3-20 회전운동 시스템

이 시스템의 관성모멘트와 마찰계수에 의한 회전운동 방정식은 다음 식으로 유도된다.

$$T(t)=J\frac{d^2\theta(t)}{dt^2}+B\frac{d\theta(t)}{dt}+K\theta(t) \tag{3-78}$$

위 식을 라플라스 변환하면 다음과 같다.

$$\begin{aligned}T(s)&=Js^2\Theta(s)+Bs\Theta(s)+K\Theta(s)\\&=(Js^2+Bs+K)\Theta(s)\end{aligned} \tag{3-79}$$

따라서 이 시스템의 전달함수는 다음과 같다.

$$G(s)=\frac{\Theta(s)}{T(s)}=\frac{1}{Js^2+Bs+K} \tag{3-80}$$

3) 액위 시스템

액위 시스템의 수학적 모델에 대해 알아보자. 액위 시스템에 대해 저항과 커패시턴스의 개념을 도입하여 액위 시스템의 동특성을 간단한 형태로 나타낼 수 있다.

유체의 흐름을 해석할 때 유체의 흐름 상태를 Reynolds[1) 수에 따라 층류(laminar flow)와 난류(turbulent flow)로 나눈다. Reynolds수가 약 3000~4000보다 클 때를 난

1) Reynolds란: 유동(流動)하는 유체 내에 물체를 놓거나 관(管) 속을 유체가 흐를 때에 그 흐름의 상태를 특징짓는 수치(數値).영국의 물리학자 Osborne Reynolds 경이 이 현상을 서술

류라 하고 약 2000보다 작을 때를 층류라 한다.

다음 그림과 같은 액위 시스템에서 두 탱크를 연결하는 짧은 파이프 속의 유체 흐름을 고려하여 보자.

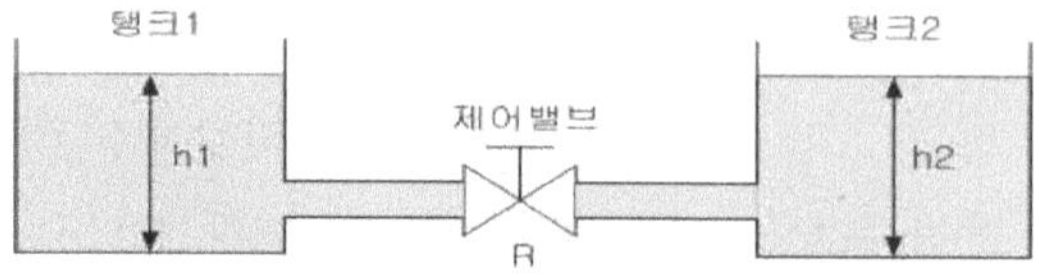

그림 3-21 탱크의 액위 시스템

두 탱크 간에 연결한 파이프 속의 유체흐름에 대한 저항 R(제어밸브)은 단위 유량변화를 일으키는 데 필요한 액위차(수두)의 변위는 다음과 같다.

$$R = \frac{dH}{dQ} = \frac{\text{액위의 변화}[m]}{\text{유량 변화}[m^3/\text{sec}]} \tag{3-81}$$

유량과 액위차 와의 관계는 층류와 난류에 따라 다르기 때문에 각각을 고려해야 한다.

① 밸브에서의 흐름이 층류일 때

그림에서 액위 시스템을 고려하여 보자. 밸브에서의 흐름이 층류일 때 정상상태에서 유량과 수두(head)와의 관계는 다음식과 같다.

$$Q = KH \tag{3-82}$$

여기서, Q=정상상태 유량$[m^3/\text{sec}]$, K=계수$[m^2/\text{sec}]$, H=정상상태 수두$[m]$

층류의 경우는 저항 R_t로 다음과 같다.

$$R_t = \frac{dH}{dQ} = \frac{H}{Q} \tag{3-83}$$

② 밸브에서의 흐름이 난류일 때

그림에서 밸브에서의 흐름이 난류일 때 정상상태 유량은 다음식과 같다.

$$Q = K\sqrt{H} \tag{3-84}$$

여기서, Q=정상상태 유량$[m^3/\text{sec}]$, K=계수$[[m^2/\text{sec}]$, H=정상상태 수두$[m]$

난류일 때 저항 R_t는 다음과 같다.

$$R_t = \frac{dH}{dQ} \tag{3-85}$$

위의 식으로부터 만일 $dQ = \frac{K}{2\sqrt{H}}dH$ 라 하면 다음식과 같다.

$$\frac{dH}{dQ} = \frac{2\sqrt{H}}{K} = \frac{2\sqrt{H}\sqrt{H}}{Q} = \frac{2H}{Q}$$

그리고 만일 유량과 수두가 일정하면 저항은 다음식과 같다.

$$R_t = \frac{2H}{Q} \tag{3-86}$$

탱크의 용량은 단위 액위 변화를 일으키는 데 필요한 저장의 액체량의 변화로 나타낸다.

$$C = \frac{dq}{dh} = \frac{\text{저장 액체량의 변화}[m^3]}{\text{액위변화}[m]} \tag{3-87}$$

다음 그림과 같은 액위 시스템의 입·출력의 변화량 전달함수 $Q_0(s)/Q_i(s)$에 대해 알아보자.

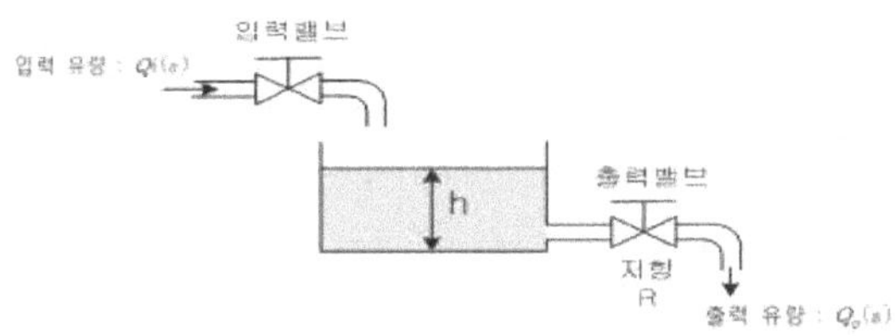

그림 3-22 액위 시스템

저수조(탱크)에서 미소 시간(dt) 동안에 유입되는 유량과 유출되는 유량과의 차가 저수조에 축적되는 유량과 같으므로 다음과 식과 같은 미분방정식을 세울 수 있다.

$$C\,\Delta H = \Delta h \quad \text{또는} \quad C = \frac{\Delta q dt}{\Delta h} = \frac{q dt}{dh} \tag{3-88}$$

여기서, $Q_i(s)$: 입력 유량[m^3/sec], $Q_o(s)$: 출력 유량[m^3/sec], Δq : 변화 유량[m^3/sec], h : 액위[m]

밸브의 저항과의 식은 다음과 같다.

$$\Delta q = \frac{h}{R} \tag{3-89}$$

이 식의 라플라스 변환식은 다음과 같다.

$$Q(s) = \frac{H(s)}{R} \tag{3-90}$$

저수조에 유입되는 액위는 저수조의 액위와 같으므로 따라서 R이 일정한 값을 가질 때 이 시스템의 미분방정식은 다음과 같다.

$$RC\frac{dh}{dt} + h = Rq \tag{3-91}$$

이 식을 라플라스 변환하면 다음과 같다.

$$(RCs+1)H(s) = RQ(s) \tag{3-92}$$

그리고 저수조에 유입되는 입력과 출력 유량은 다음 식과 같다.

$$Q_i(s) = \frac{1}{R}(RCs+1)H(s), \quad Q_o(s) = \frac{H(s)}{R} \tag{3-93}$$

따라서 탱크에 유입되는 입력유량과 출력유량의 전달함수는 다음과 같다.

$$\frac{Q_o(s)}{Q_i(s)} = \frac{1}{RCs+1} \tag{3-94}$$

4) 열 시스템

한 물질에서 다른 물질로 열전달이 되는 시스템이 열 시스템(thermal system) 이다.

열전달 방법에는 전도, 대류, 복사 세 가지가 있다. 여기서는 전도와 대류만을 고려한다.

그 이유는 복사 열전달은 복사체의 온도가 흡수체의 온도보다 훨씬 높을 때 일어나므로 대부분의 열 공정은 복사 열전달을 포함하지 않는다.

전도 혹은 대류 열전달에 대하여 열 흐름은 다음 식으로 나타낸다.

$$q = K\Delta\theta \tag{3-95}$$

여기서, q : 열흐름 률 $[kcal/\sec]$, $\Delta\theta$: 온도차$[^oC]$, K : 계수$[kcal/\sec{}^oC]$

그리고 계수 K는 두 가지로 나타낸다.

$$K = \frac{kA}{\Delta X}(\text{전도의 경우})$$

$$= HA(\text{대류의 경우})$$

여기서, k : 열전도율[$kcal/m\sec^{o}C$], A : 열 흐름의 수직인 단면적[m^2], ΔX : 전도체의 두께[m], H : 대류계수[$kcal/m^2\sec^{o}C$]

다음은 열 저항과 열용량에 대해 알아보자.

두 물질 사이의 열전달에 대한 열 저항 R은 다음과 같이 나타낸다.

$$R = \frac{\text{온도차의 변화}[^{o}C]}{\text{열흐름의 변화}[kcal/\sec]} \tag{3-96}$$

전도 및 대류 열전달에 대한 열 저항식은 다음과 같다.

$$R = \frac{d(\Delta\theta)}{dq} = \frac{1}{K} \tag{3-97}$$

또, 열용량(C)은 다음과 같다.

$$C = \frac{\text{축적된 열의 변화}[kcal]}{\text{온도변화}[^{o}C]} \quad \text{또는} \quad C = mc \tag{3-98}$$

여기서, m : 물질의 질량[kg], c : 물질의 비열[$kcal/kg\ ^{o}C$]

다음 그림과 같은 열 시스템의 전달함수를 구하여 보자.

열 시스템은 주위로부터 열손실과 열 축적은 없다고 가정하고 혼합기 내 액체는 균일한 온도를 유지한다고 가정하여 보자.

그림에서 유입되는 차가운 액체의 온도가 일정하고 가열기를 통하여 열 유입률이 증가하면 열 유출되는 더운 액체는 점점 온도가 올라간다. 즉, 유출액체의 온도($\theta \rightarrow \theta_0$)가 변화한다.

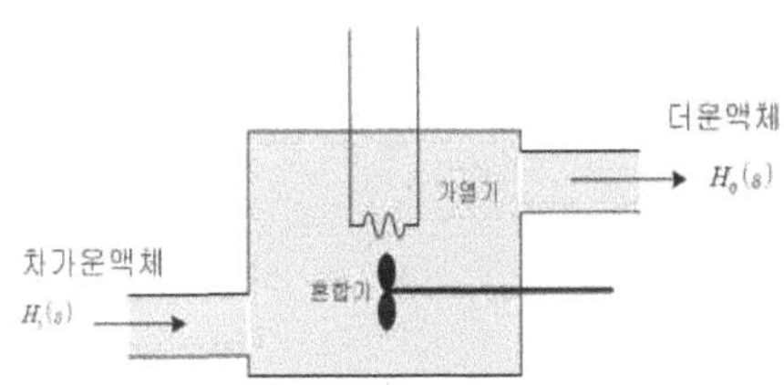

그림 3-23 열 시스템

열의 변화는 다음과 같은 미분방정식을 세울 수 있다.

$$C\frac{d\theta}{dt}=dH=h_i-h_o \tag{3-99}$$

여기서, h_i : 열유입률, h_o : 열 유출률

그리고 열 저항(R)은 다음과 같다.

$$R=\frac{\theta}{h_o} \tag{3-100}$$

유입되는 액체의 열 변화는 다음식과 같이 나타낼 수 있다.

$$RC\frac{d\theta(t)}{dt}+Rh_o=RC\frac{d\theta(t)}{dt}+\theta(t)=RH_i(t) \tag{3-101}$$

다시 이 식을 다시 라플라스 변환하면 다음과 같다.

$$RCs\Theta(s)+\Theta(s)=RH_i(s) \tag{3-102}$$

액체의 유입량에 대한 온도변화의 전달함수는 다음과 같다.

$$\frac{\Theta(s)}{H_i(s)}=\frac{R}{RCs+1} \tag{3-103}$$

열 유입률 H와 액체유량을 일정하게 유지하면서 가열기를 통하여 유입액체의 온도를 증가시킬 때 유출액체의 온도는 $\Delta\theta_i$로 변화할 것이다. 이 경우의 미분방정식은 다음과 같다.

$$RC\frac{d\theta(t)}{dt}+\theta(t)=\theta_i(t) \tag{3-104}$$

이식을 라플라스 변환하여 θ와 θ_i와의 전달함수를 구하면 다음과 같다.

$$RCs\Theta(s)+\Theta(s)=\Theta_i(s)$$

$$\frac{\Theta(s)}{\Theta_i(s)}=\frac{1}{RCs+1} \tag{3-105}$$

3.4 전달함수의 미분 방정식 표현

전달함수의 미분 방정식 표현은 제어시스템의 응답이나 혹은 미분 방정식을 다시 전달함수로 표현하는 것이다. 이러한 변환도 라플라스 변환이나 역 라플라스 변환에서 이루어진다.

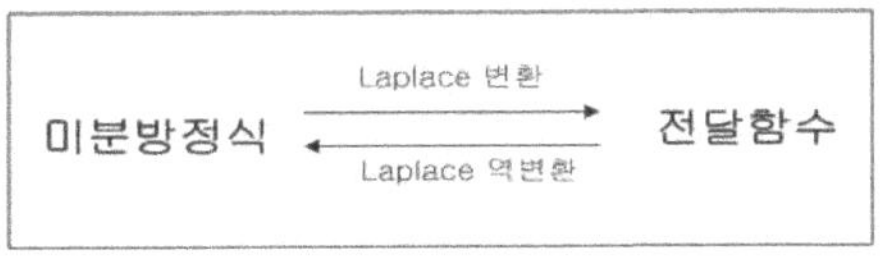

다음은 어떤 제어시스템의 미분 방정식을 전달함수로 표현하여 보자.

$$\frac{d^2c(t)}{dt^2}+3\frac{dc(t)}{dt}+2c(t)=\frac{dx(t)}{dt}+2x(t) \tag{3-106}$$

먼저 이식을 라플라스 변환을 하여 보자.

$$s^2C(s)-sc(0)-c'(0)+3sC(s)-3c(0)+2C(s)=sX(s)-x(0)+2X(s) \tag{3-107}$$

전달함수를 구하기 위해서는 모든 초기값은 0으로 가정하고 정리하면 다음과 같다.

$$C(s)[s^2+3s+2]=X(s)[s+2] \tag{3-108}$$

이 식에서 전달함수 $G(s)$는 다음 식과 같다.

$$G(s)=\frac{C(s)}{X(s)}=\frac{s+2}{s^2+3s+2} \tag{3-109}$$

다음은 전달함수를 미분 방정식으로 표현하여 보자.

전달함수에서 입력을 $x(t)$, 출력을 $y(t)$라 하고 다음 미분 방정식이 있다고 가정하여 보자.

$$G(s)=\frac{2s+1}{s^2+s+1} \tag{3-110}$$

이 식에서 입력과 출력으로 표현하면 다음과 같다.

$$G(s)=\frac{Y(s)}{X(s)}=\frac{2s+1}{s^2+s+1} \tag{3-111}$$

다시 입력과 출력의 관계식으로 나타내면 다음과 같다.

$$Y(s)s^2 + Y(s)s + Y(s) = X(s)2s + X(s) \tag{3-112}$$

따라서 이 식의 라플라스 역변환하면 다음과 같이 된다.

$$\frac{d^2y(t)}{dt^2} + \frac{dy(t)}{dt} + y(t) = 2\frac{dx(t)}{dt} + x(t) \tag{3-113}$$

예제 3-5 다음 미분 방정식을 전달함수로 나타내어라.

$$2\frac{d^2y(t)}{dt^2} + \frac{dy(t)}{dt} + 4y(t) = 3\frac{dx(t)}{dt} + x(t)$$

풀이 이 식을 라플라스 변환하면 다음과 같다.

$$2s^2Y(s) - 2sy(0) - 2y'(0) + sY(s) - y(0) + 4Y(s) = 3sX(s) - 3x(0) + X(s)$$

$$Y(s)[2s^2 + s + 4] = X(s)[3s + 1]$$

그리고 전달함수는 다음과 같다.

$$G(s) = \frac{Y(s)}{X(s)} = \frac{3s+1}{2s^2+s+4}$$

예제 3-6 다음 전달함수를 미분 방정식으로 나타내어라.

$$G(s) = \frac{4}{3s^2+2s+1}$$ 단, 입력은 $x(t)$, 출력은 $y(t)$

풀이 전달함수에 입력과 출력의 관계식은 다음과 같다.

$$G(s) = \frac{Y(s)}{X(s)} = \frac{4}{3s^2+2s+1}$$

이 식의 입출력 관계식으로 나타내면 다음과 같다.

$$3s^2Y(s) + 2sY(s) + Y(s) = 4X(s)$$

다시 이식을 라플라스 역변환하면 다음과 같은 미분 방정식이 된다.

$$3\frac{d^2y(t)}{dt^2} + 2\frac{dy(t)}{dt} + y(t) = 4x(t)$$

연습문제

1. 전달함수에 대해 서술하라.

2. 다음 그림과 같은 회로에서 입력을 $e_i(t)$, 출력을 $e_o(t)$할 경우 전달함수를 구하라.

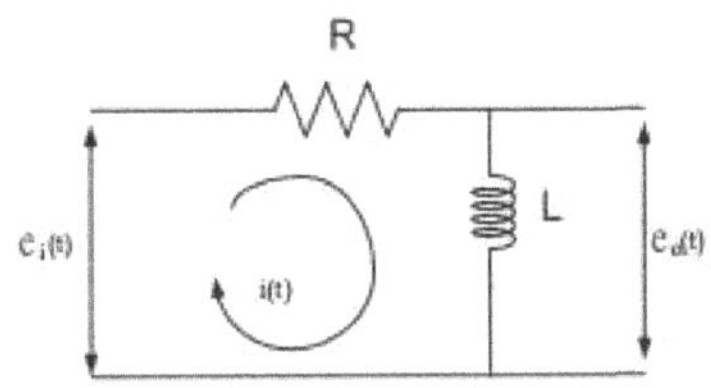

3. 그림과 같은 회로에서 전달함수 $E_o(s)/E_i(s)$를 구하라.

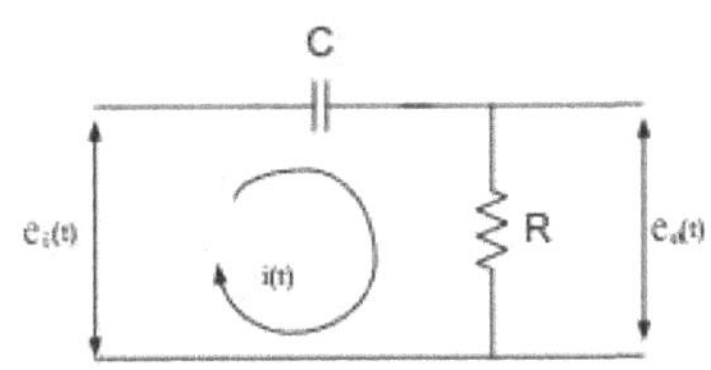

4. 다음 회로에서 전달함수 $V_2(s)/V_1(s)$를 구하라.

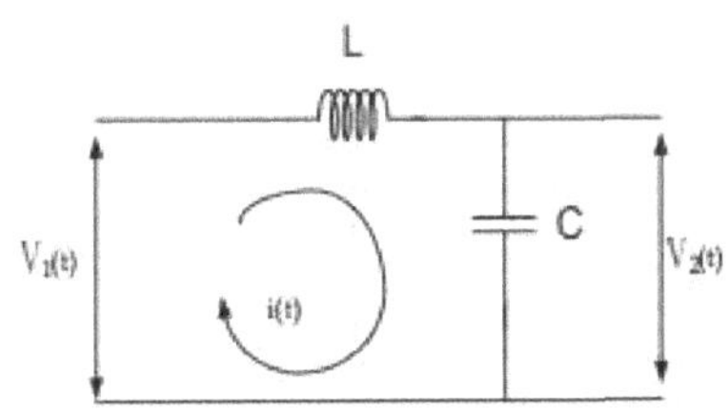

5. 그림과 같은 회로의 전달함수 $V_2(s)/V_1(s)$를 구하라.

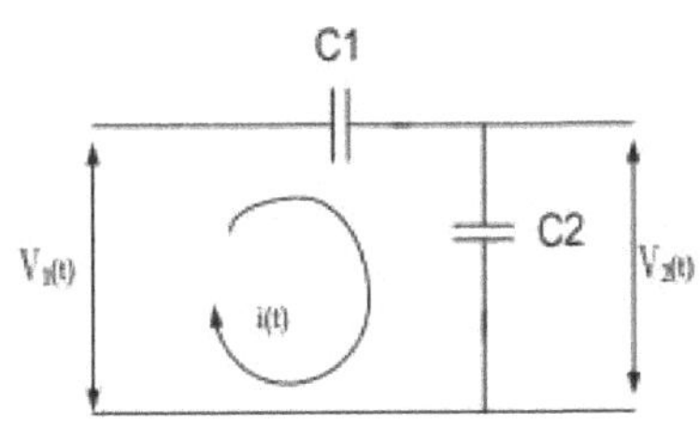

익힘문제

1. 전달함수를 정의할 때 옳게 나타낸 것은?

① 모든 초기값을 0으로 한다. ② 모든 초기값을 고려한다.

③ 입력만을 고려한다. ④ 주파수 특성만을 고려한다.

2. 다음 그림에서 병렬회로의 전달함수 $E_o(s)/I(s)$는?

① $\frac{R}{RCs+1}$ ② $\frac{C}{RCs+1}$ ③ $\frac{RC}{RCs+1}$ ④ $\frac{RCs}{RCs+1}$

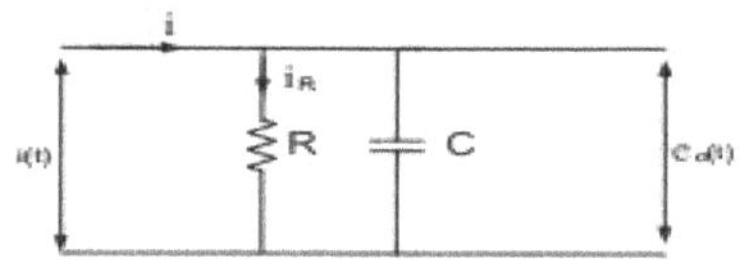

3. 다음 그림의 회로에서 전달함수는?

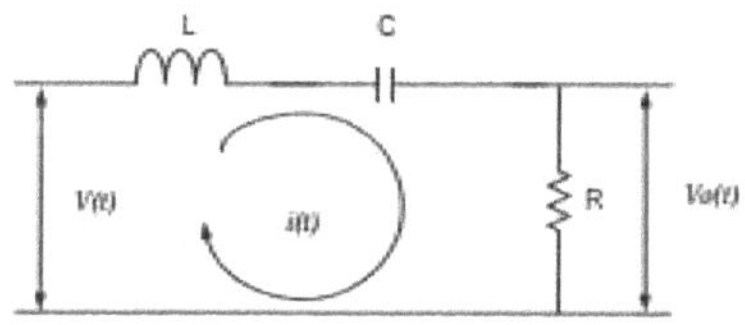

① $\frac{RLs}{LCs^2+RCs+1}$ ② $\frac{Cs}{LCs^2+RCs+1}$ ③ $\frac{RCs}{LCs^2+RCs+1}$ ④ $\frac{RLCs}{LCs^2+RCs+1}$

4. 그림과 같은 회로에서 전달함수는?

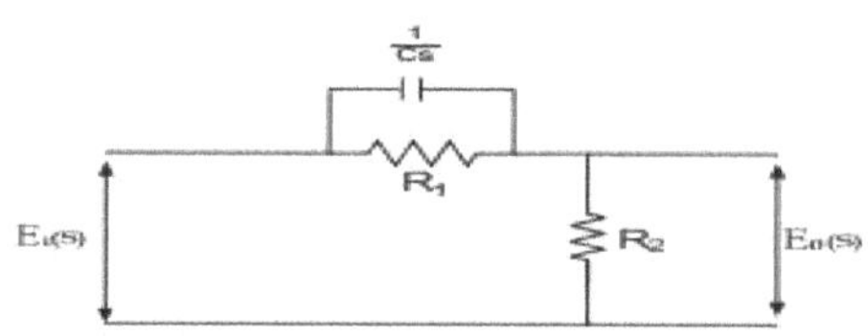

① $\frac{R_1}{R_1Cs+1}$ ② $\frac{s+1}{s+(R_1+R_2)+R_1R_2C}$ ③ $\frac{R_1R_2s+RCs}{R_1Cs+R_1R_2s^2+C}$ ④ $\frac{R_2+R_1R_2Cs}{R_2+R_1R_2Cs+R_1}$

5. 그림과 R-C 회로망에서 전달함수를 구하면?

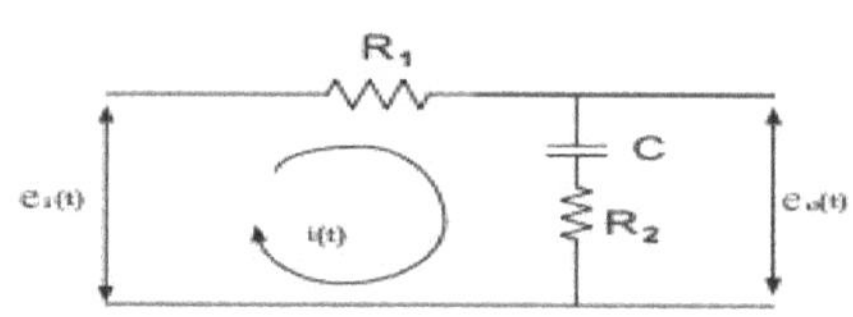

① $\dfrac{R_2 + \dfrac{1}{Cs}}{R_1 + R_2 + \dfrac{1}{Cs}}$ ② $\dfrac{Cs}{Cs + R_1 + R_2}$ ③ $\dfrac{\dfrac{1}{R_1}}{Cs + R_1 + R_2}$ ④ $\dfrac{Cs + \dfrac{1}{R_1}}{Cs + \dfrac{1}{R_1} + \dfrac{1}{R_2}}$

6. 적분요소의 전달함수는?

① K ② $\dfrac{K}{1+Ts}$ ③ $\dfrac{1}{Ts}$ ④ Ts

7. 다음 중 부동작 시간요소의 전달함수는?

① Ks ② $1 + Ks^{-1}$ ③ K/e^{Ls} ④ $T/1 + Ts$

8. 다음 사항 중 옳게 표현된 것은?

①비례요소의 전달함수는 $\dfrac{1}{Ts}$ 이다. ②미분요소의 전달함수는 K이다.

③적분요소의 전달함수는 Ts이다. ④1차지연요소의 전달함수는 $\dfrac{K}{Ts+1}$ 이다.

9. 다음 그림과 같은 질량, 스프링, 마찰계의 전달함수 $G(s) = X(s)/F(s)$는 어느 것인가?

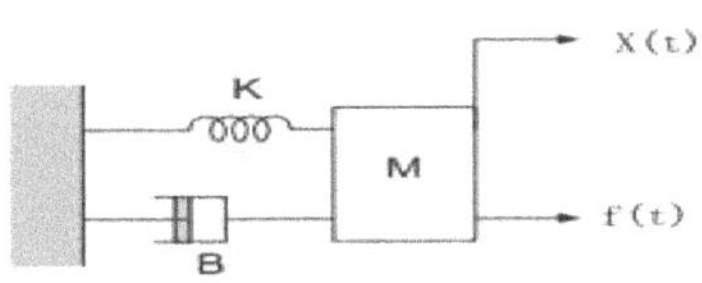

① $\dfrac{1}{Ms^2 + Bs + K}$ ② $\dfrac{1}{Ms^2 - Bs - K}$ ③ $\dfrac{1}{Ms^2 + Bs - K}$ ④ $\dfrac{1}{Ms^2 - Bs + K}$

10. 미분방정식 $\dfrac{d^2y(t)}{dt^2} + 3\dfrac{dy(t)}{dt} + 2y(t) = x(t) + \dfrac{dx(t)}{dt}$ 로 나타낼 수 있는 선형계의 전달함수는?

① $\dfrac{s+2}{3s^2+s+1}$ ② $\dfrac{s+1}{2s^2+s+3}$ ③ $\dfrac{s+1}{s^2+3s+2}$ ④ $\dfrac{s+1}{s^2+s+3}$

11. 입력신호 $x(t)$와 출력신호 $y(t)$의 관계가 다음과 같을 때 전달함수는?

단, $\frac{d^2y(t)}{dt^2}+5\frac{dy(t)}{dt}+6y(t)=x(t)$

① $\frac{1}{(s+2)(s+3)}$ ② $\frac{s+1}{(s+2)(s+3)}$ ③ $\frac{s+4}{(s+2)(s+3)}$ ④ $\frac{s}{(s+2)(s+3)}$

12. $\frac{X(s)}{R(s)}=\frac{1}{s+4}$ 의 전달함수를 미분방정식으로 나타내면?

① $\frac{dr(t)}{dt}+4r(t)=x(t)$ ② $\int r(t)dt+4r(t)=x(t)$

③ $\frac{dx(t)}{dt}+4x(t)=r(t)$ ④ $\int x(t)dt+4x(t)=r(t)$

13. PD제어기는 제어계의 과도특성 개선을 위해 흔히 사용된다. 이것에 대응되는 보상기는?

①지.진상 보상기 ②지상 보상기 ③진상 보상기 ④동상 보상기

14. 전달 함수가 $G(s)=\frac{Y(s)}{X(s)}=\frac{10}{(s+1)(s+2)}$ 인 계를 미분방정식으로 나타내면?

① $\frac{d^2x(t)}{dt^2}+3\frac{dx(t)}{dt}+2x(t)=10y(t)$ ② $\frac{d^2x(t)}{dt^2}+3\frac{dx(t)}{dt}+2x(t)=10$

③ $\frac{d^2y(t)}{dt^2}+3\frac{dy(t)}{dt}+2y(t)=10x(t)$ ④ $\frac{d^2y(t)}{dt^2}+3\frac{dy(t)}{dt}+2y(t)=10$

15. $\frac{A(s)}{B(s)}=\frac{1}{2s+1}$ 의 전달함수를 미분방정식으로 나타내면?

① $\frac{da(t)}{dt}+2a(t)=2b(t)$ ② $2\frac{da(t)}{dt}+a(t)=2b(t)$

③ $\frac{da(t)}{dt}+2a(t)=b(t)$ ④ $2\frac{da(t)}{dt}+a(t)=b(t)$

답 1.① 2.① 3.③ 4.④ 5.① 6.③ 7.③ 8.④ 9.① 10.③ 11.① 12.③ 13.③ 14.③ 15.④

제 4 장
블록선도와 신호흐름선도

제 4 장 블록선도와 신호흐름선도

4.1 블록선도의 정의와 표현

1) 블록선도의 정의

제어시스템 각 요소의 기능과 신호가 어떤 모양으로 연결되어 있는가를 그림으로 나타낸 것이 블록선도(block diagram)이며, 블록선도를 보고 입출력간의 상호관계를 알 수 있다.

그러나 전달요소가 어떠한 물리적 구성을 하고 있는지, 어떠한 작용을 전달하는지는 나타내지 않는다.

블록선도는 제어에 관계되는 신호가 어떠한 모양으로 변하여 어떻게 전달되는가를 표시하는 계통도이며 어떤 물리적 시스템을 수식만으로 표시하면 실제 시스템의 구성과 동작사이의 대응관계를 쉽게 알 수 없으므로 등가회로 또는 블록선도를 사용하여 시스템을 표현하는 경우가 많다.

즉, 자동제어 시스템의 구성과 동작 사이의 대응관계를 등가회로 또는 블록선도를 사용하여 나타낸다. 블록선도는 matlab이나 cemtool에서 직접 블록선도를 작성하여 시스템을 해석하고 설계한다.

전달요소의 블록선도는 입력신호를 받아 출력신호를 만드는 전달요소는 블록으로 신호의 방향은 화살표 (→)로 그림 4-1과 같이 나타낸다.

그림에서 출력신호 $C(s)$는 입력신호 $R(s)$와 $G(s)$의 곱이 됨을 의미하며 수식적으로 표현하면

$$C(s) = R(s) \cdot G(s) \tag{4-1}$$

가 되고 $G(s)$는 전달함수가 된다.

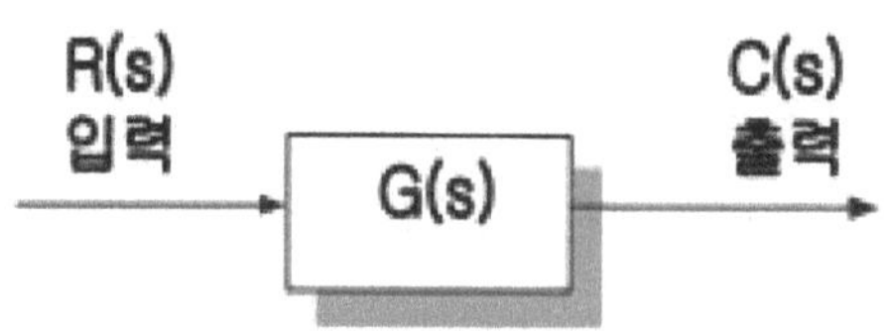

그림 4-1 기본적인 블록선도

2) 블록선도의 표현

블록선도의 표기법은 **전달요소, 화살표, 가산점, 인출점**이 있다.

① 전달요소

입력신호를 받아서 변환된 출력신호를 만드는 신호의 전달요소는 그림 4-1과 같이 블록 속에 표시한다. 여기서 블록은 입력과 출력신호와의 관계를 나타내는 전달요소이다.

② 화살표 표시

신호의 흐름방향을 표시하는 화살표는 전달요소에서 정보나 신호흐름의 방향을 나타낸다.

그림 4-1에서 입력과 출력신호와의 관계를 식으로 나타내면 식 (4-1)과 같다.

③ 가산점

두 가지 이상의 신호가 있을 때 이들 신호의 합과 차를 나타내는 그림은 4-2에서 화살표 옆에 (+), (-)의 기호를 붙여서 나타내며 ⊗은 연산기(비교기)이다.

그림 4-2에 대한 출력 식은 다음과 같다.

$$C(s) = R(s) - B(s), \qquad C(s) = R(s) + B(s) \tag{4-2}$$

그림 4-2 가산점의 합과 차

④ 인출점

하나의 신호를 여러 개로 분기하기 위한 인출점은 그림 4-3과 같이 나타낸다.

$$R(s) = C(s) = B(s) \tag{4-3}$$

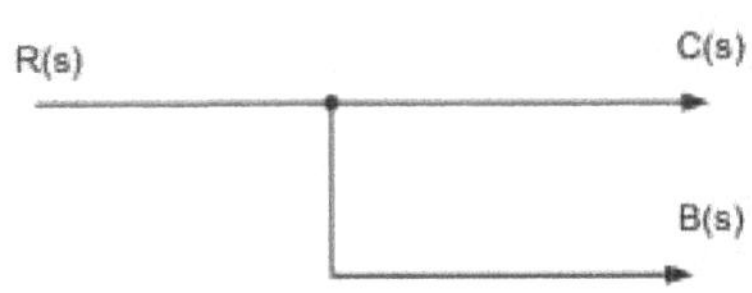

그림 4-3 인출점

4.2 블록선도의 등가변환

시스템의 블록선도가 너무 복잡하면 간단하게 등가 변환하여 시스템의 전달함수를 구하여 그 시스템을 쉽게 이해할 수 있다. 따라서 아무리 복잡한 시스템이라도 간단하게 등가변환하면 시스템의 전체적인 전달함수를 이해할 수 있다.

블록선도의 형태는 **직렬접속, 병렬접속, 궤환접속(피드백 결합)**이 있다.

1) 직렬접속(series connection)

전달함수 $G_1(s)$, $G_2(s)$를 갖는 2개의 전달요소가 그림 4-4 (a)와 같이 직렬로 접속되어 있다면 그림 4-4 (b)와 같이 하나의 블록선도로 만들어 등가변환 할 수 있다. 각 요소의 식은 다음과 같다.

$$E(s) = G_1(s)R(s) \tag{4-4}$$

$$C(s) = G_2(s)E(s) \tag{4-5}$$

식 (4-4)를 (4-5)에 대입하면 다음과 같다.

$$C(s) = G_1(s)G_2(s)R(s) \tag{4-6}$$

직렬접속의 전달함수는 다음과 같다.

$$\frac{C(s)}{R(s)} = G_1(s)G_2(s) \tag{4-7}$$

그림 4-4 직렬접속

일반적으로 직렬접속의 전달함수는 각 전달함수를 곱한 것과 같다.

$$G(s) = G_1(s)G_2(s)G_3(s)\cdots G_n(s) = \prod_{k=1}^{n} G_k(s) \tag{4-8}$$

2) 병렬접속(parallel connection)

다음 그림과 같이 2개 이상의 전달요소가 병렬로 접속되어 있는 것을 병렬접속이라 한다.

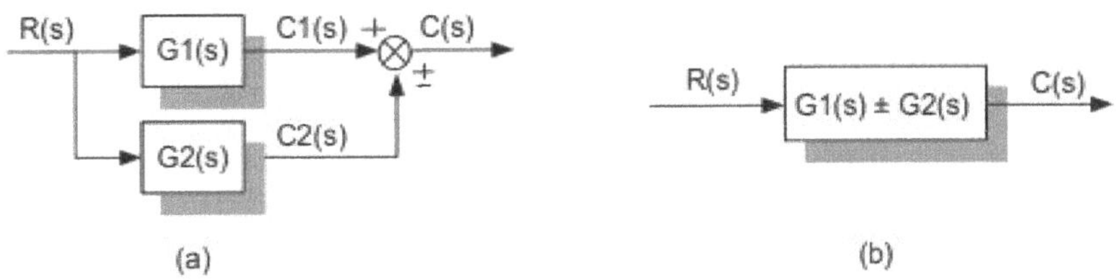

그림 4-5 병렬접속

그림 4-5(a)에서 출력 식은 다음과 같다.

$$C_1(s) = G_1(s)R(s) \quad (4\text{-}9)$$

$$C_2(s) = G_2(s)R(s) \quad (4\text{-}10)$$

$$C(s) = C_1(s) \pm C_2(s) \quad (4\text{-}11)$$

병렬로 접속된 전달요소를 등가변환 하여 하나의 전달요소로 나타내면 다음과 같이 나타낼 수 있다.

$$C(s) = G_1(s)R(s) \pm G_2(s)R(s) = [G_1(s) \pm G_2(s)]R(s) \quad (4\text{-}12)$$

그리고 병렬접속의 전달함수는 다음과 같다.

$$\frac{C(s)}{R(s)} = G_1(s) \pm G_2(s) \quad (4\text{-}13)$$

3) 궤환 접속(feedback connection)

자동제어 시스템에서 주로 사용하고 있는 그림 4-6(a)는 궤환 접속이며 그림 4-6 (b)와 같이 등가변환을 할 수 있다.

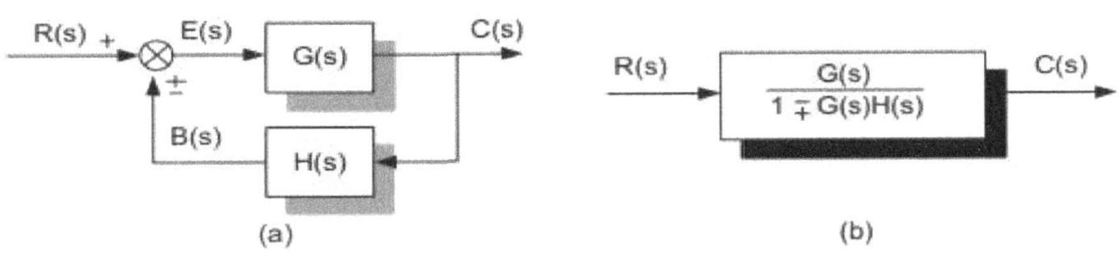

그림 4-6 궤환 접속

그림에서 각 요소의 출력은 다음과 같다.

$$E(s) = R(s) \pm B(s) \tag{4-14}$$

$$B(s) = H(s)C(s) \tag{4-15}$$

$$C(s) = G(s)E(s) \tag{4-16}$$

이 식을 대입하여 출력 식으로 나타내면 다음과 같다.

$$E(s) = R(s) \pm H(s)C(s)$$

$$C(s) = G(s)[R(s) \pm H(s)C(s)]$$

$$= G(s)R(s) \pm G(s)H(s)C(s)$$

$$C(s) \mp G(s)H(s)C(s) = G(s)R(s)$$

$$C(s)[1 \mp G(s)H(s)] = G(s)R(s)$$

$$C(s) = \frac{G(s)}{1 \mp G(s)H(s)} R(s) \tag{4-17}$$

전체 전달함수는 다음과 같다.

$$\frac{C(s)}{R(s)} = \frac{G(s)}{1 \mp G(s)H(s)} \tag{4-18}$$

블록선도의 등가변환을 위한 대표적인 블록선도의 등가변환은 표 4-1에 나타낸다.

표 4-1 블록선도의 등가변환

NO	블록연산	블록선도	등가 블록선도
1	교환	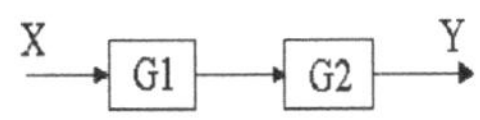	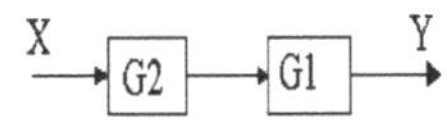
2	직렬결합	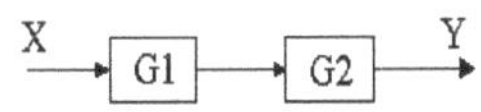	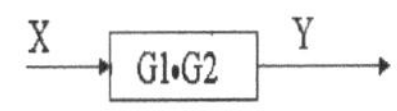
3	병렬결합	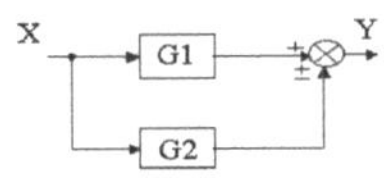	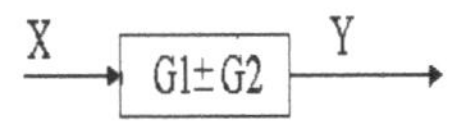
4	가산점이 앞으로 이동	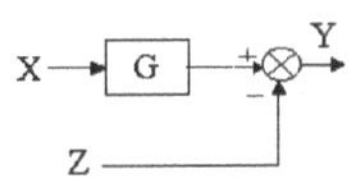	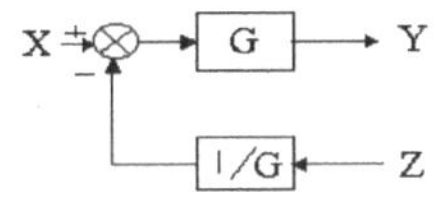
5	가산점이 블록뒤로이동	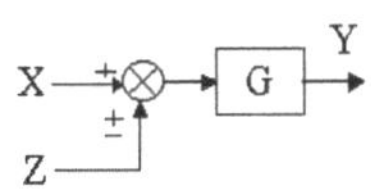	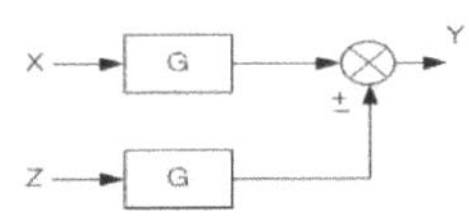
6	인출점이 블록앞으로 이동	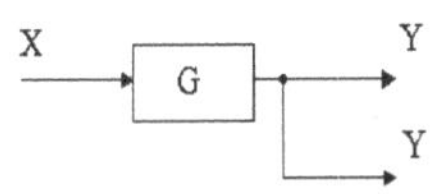	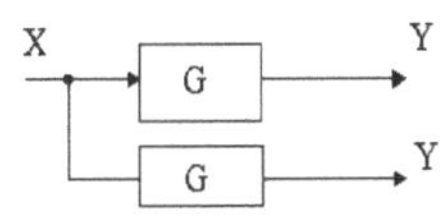
7	인출점이 블록뒤로이동	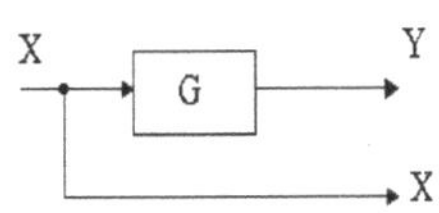	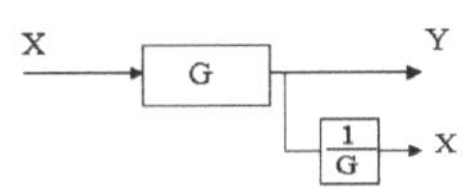
8	궤환결합(피드백 결합)	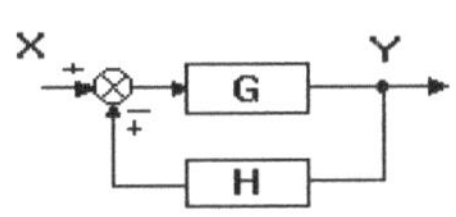	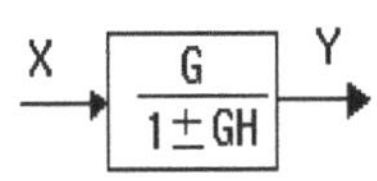

*가산점

블록 앞으로 이동 ÷블록

블록 뒤로 이동 ×블록

*인출점

블록 앞으로 이동 ×블록

블록 뒤로 이동 ÷ 블록

예제 4-1 다음 그림의 블록선도를 간단히 하여 전달함수 $\dfrac{C(s)}{R(s)}$를 구하라.

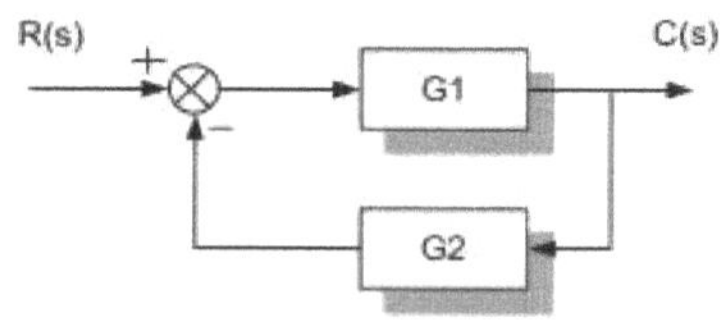

그림 4-7

풀이 그림에서 궤환접속의 등가변환을 적용하면 다음 식과 같다.

$$\frac{C(s)}{R(s)} = \frac{G1}{1 + G1\,G2}$$

예제 4-2 다음 그림에서 블록선도를 간단히 하고 전달함수를 구하라.

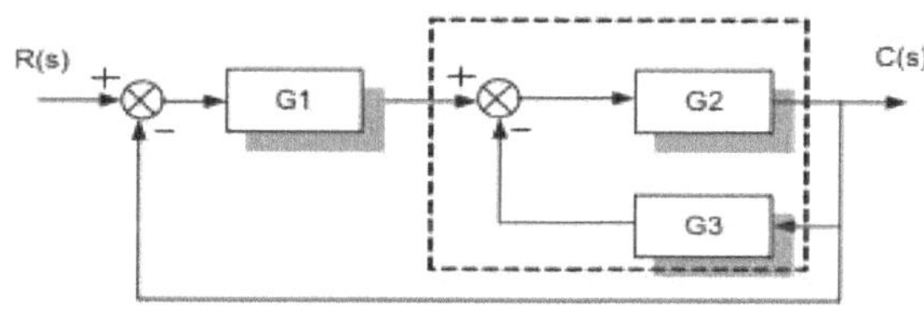

그림 4-8

풀이 그림에서 점선부분이 피드백 결합이므로 간단히 하면

$\dfrac{G2}{1 + G2\,G3}$ 이므로 다시 블록선도로 나타내면 다음과 같다.

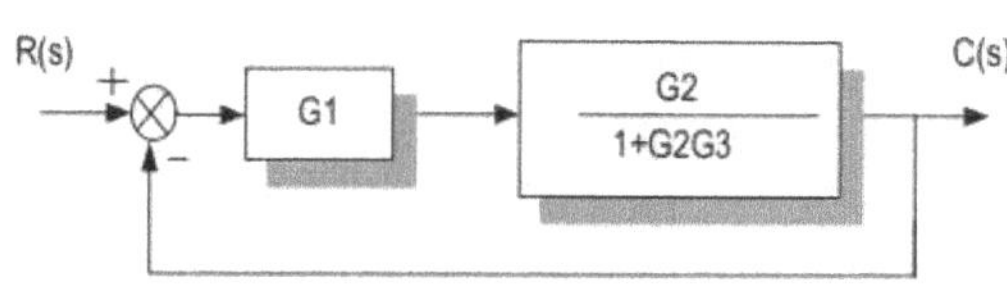

다시 그림을 피드백 전달함수로 구하면 다음과 같다.

$$\frac{C(s)}{R(s)} = \frac{\dfrac{G1\,G2}{1 + G2\,G3}}{1 + \dfrac{G1\,G2}{1 + G2\,G3}} = \frac{G1\,G2}{1 + G1\,G2 + G2\,G3}$$

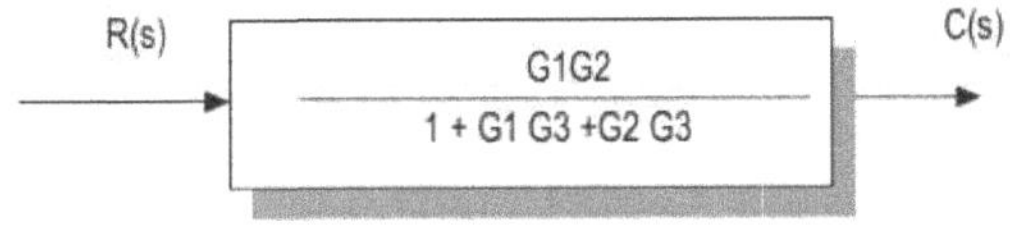

예제 4-3 다음 그림의 전달함수를 구하라.

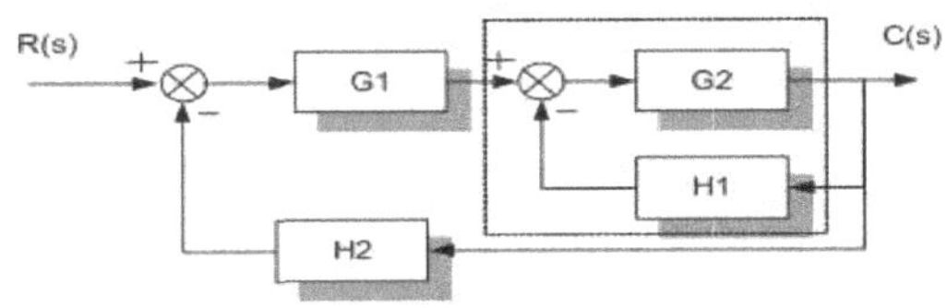

그림 4-9

풀이 점선으로 표시된 부분의 전달함수를 구하면 다음과 같고, 다시 블록선도로 나타내면 다음 그림과 같다.

$$\frac{G2}{1+G2H1}$$

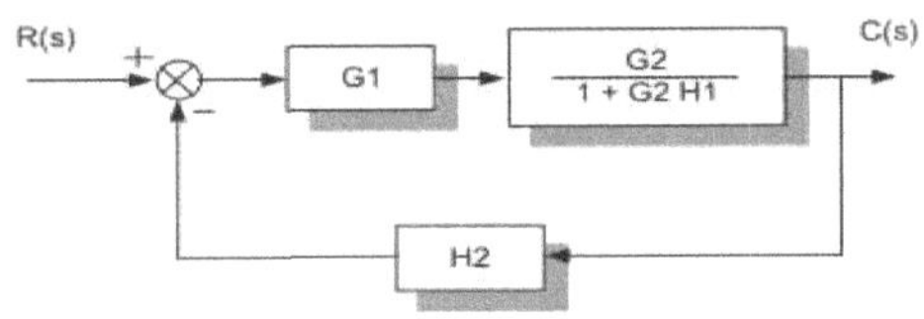

$$\frac{C(s)}{R(s)}=\frac{\dfrac{G1\,G2}{1+G2H1}}{1+\dfrac{G1\,G2}{1+G2H1}H2}=\frac{G1\,G2}{1+G2H1+G1\,G2H2}$$

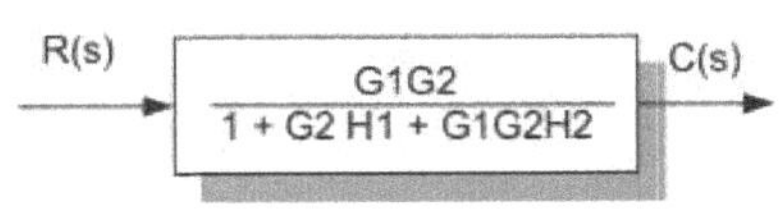

4) 시스템의 블록선도

가장 간단한 전기 시스템의 기본요소인 저항, 인덕턴스, 정전용량에 대한 블록선도로 나타내는 방법에 대해 알아보자.

단, 여기서, 모든 초기값은 0으로 한다.

표 4-2는 저항, 인덕턴스, 정전용량에 대한 전압-전류와의 관계식과 라플라스변환에 대한 방정식을 나타낸다.

표 4-2 전기 시스템 기본요소들의 전압-전류 관계식

전기계의 기본요소	전압-전류의 시간함수	전압-전류의 Laplace변환식
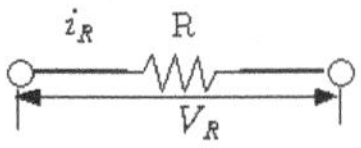	$V_R(t) = Ri_R(t)$	$V_R(s) = R \cdot I_R(s)$
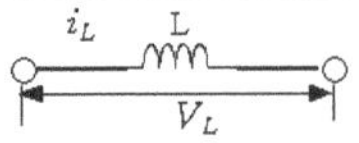	$V_L(t) = L\dfrac{di_L(t)}{dt}$	$V_L(s) = Ls\ I_L(s)$
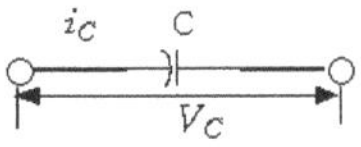	$V_c(t) = \dfrac{1}{C}\int i_c(t)dt$	$V_c(s) = \dfrac{1}{Cs}I_c(s)$

전기 시스템의 기본요소들에 대한 블록선도를 그리면 그림 4-10과 같이 나타내며 각 요소의 출력의 라플라스 변환식은 입력의 라플라스 변환식의 블록 안에 나타내어 있는 요소의 전달함수를 곱한 것과 같다.

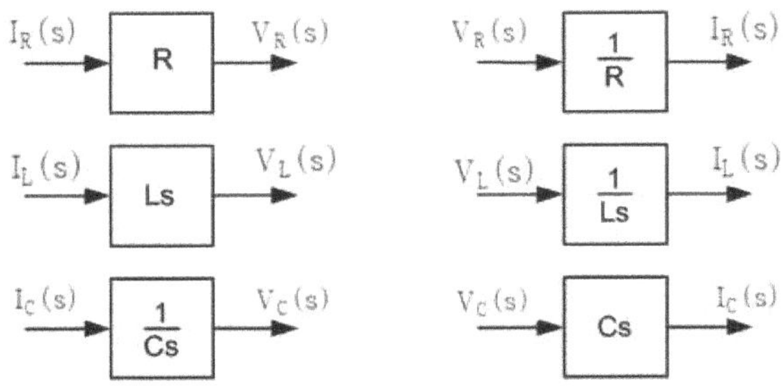

그림 4-10 저항, 인덕턴스, 정전용량

다음 그림과 같은 RC회로에 대한 블록선도의 작성에 대해 알아보자.

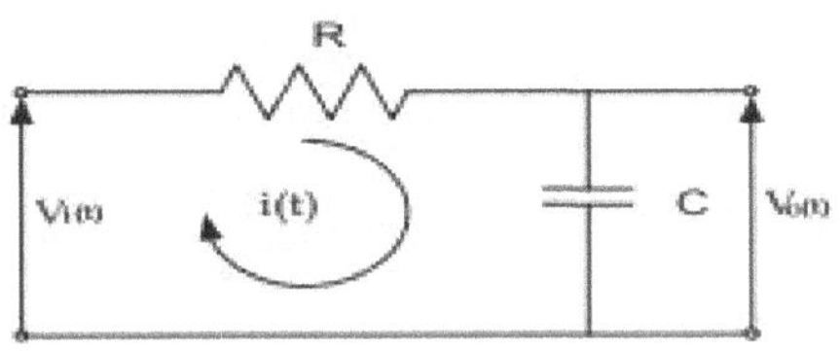

그림 4-11 RC회로망

그림에서 회로망에 흐르는 전류는 입력신호와 출력신호 사이의 중간매개 변수로 작용한다. 먼저 이 회로망에 대한 회로방정식을 세우면 다음과 같다.

$$V_i(t) = Ri(t) + V_0(t) \tag{4-19}$$
$$V_o(t) = \frac{1}{C}\int i(t)dt$$

그리고 이 회로방정식의 라플라스 변환은 다음과 같다.

$$V_i(s) = RI(s) + V_0(s) \tag{4-20}$$
$$V_0(s) = \frac{I(s)}{Cs}$$

위 식을 입력과 출력식으로 나타내면 다음과 같다.

R에 대해서 : $I(s) = \frac{1}{R}[V_i(s) - V_0(s)]$ (4-21)

C에 대해서 : $V_0(s) = \frac{I(s)}{Cs}$ (4-22)

식 (4-21)의 우변에서 $V_i(s)$와 $V_0(s)$는 가산점이 있어야 하며 이 식에서 $\frac{1}{R}$을 곱하면 $I(s)$가 출력식이 된다. 이 출력식에 (4-22)의 $\frac{1}{Cs}$를 곱하면 출력식 $V_0(s)$가 된다. 이와 같은 흐름을 블록선도로 나타내면 그림 4-12와 같다.

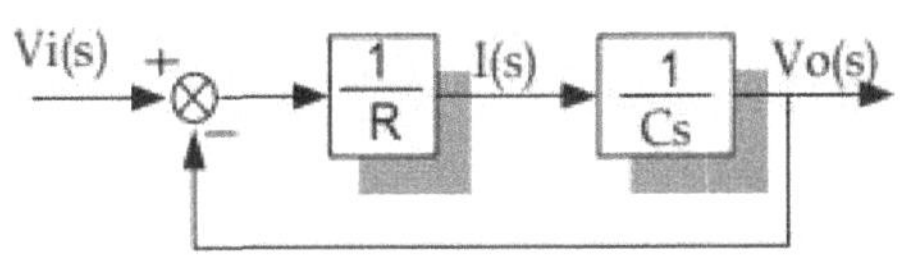

그림 4-12 RC회로의 블록선도

그리고 이 회로의 전달함수와 블록선도는 다음과 같이 표현된다.

$$\frac{V_o(s)}{V_i(s)} = \frac{\frac{1}{R}\cdot\frac{1}{Cs}}{1+\frac{1}{R}\cdot\frac{1}{Cs}} = \frac{\frac{1}{RCs}}{1+\frac{1}{RCs}} = \frac{1}{1+RCs} \tag{4-23}$$

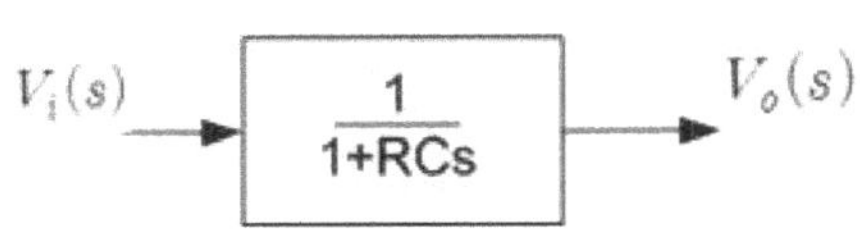

예제 4-4 다음 그림과 같은 회로망에서 블록선도를 작성하라.

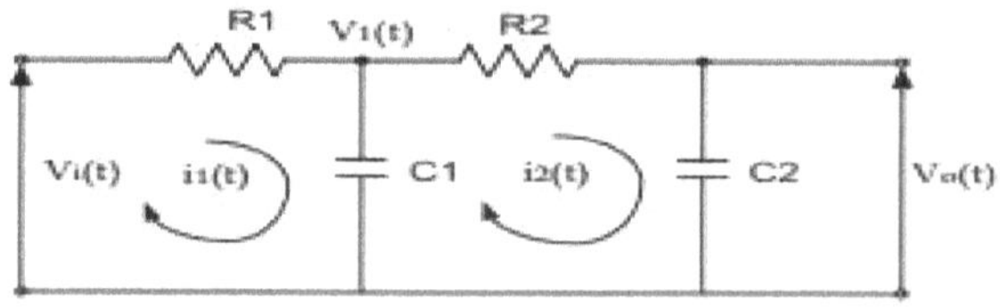

그림 4-13 2단 RC회로

풀이 그림에서 먼저 각 회로망의 전압, 전류의 방정식을 세우고 라플라스 변환을 하면 다음과 같다. 여기서 중간매개 신호로 $i_1(t), V_1(t),\ i_2(t)$로 한다.

R_1에 대해서:

$$V_i(t) = R_1 i_1(t) + V_1(t)$$
$$V_i(s) = R_1 I_1(s) + V_1(s)$$

$$I_1(s) = \frac{1}{R}[V_i(s) - V_1(s)] \cdots\cdots ①$$

C_1에 대해서:

$$V_1(t) = \frac{1}{C_1}\int (i_1(t) - i_2(t))dt$$

$$V_1(s) = \frac{1}{C_1 s}[I_1(s) - I_2(s)] \cdots\cdots ②$$

R_2에 대해서:

$$V_1(t) = R_2 i_2(t) + V_o(t)$$
$$V_1(s) = R_2 I_2(s) + V_o(s)$$

$$I_2(s) = \frac{1}{R_2}[V_1(s) - V_o(s)] \cdots\cdots ③$$

C_2에 대해서:

$$V_o(t) = \frac{1}{C_2}\int i_2(t)dt$$

$$V_o(s) = \frac{1}{C_2 s} I_2(s) \cdots\cdots ④$$

식 ①~④에 대해 블록선도를 작성하면 다음과 같다.

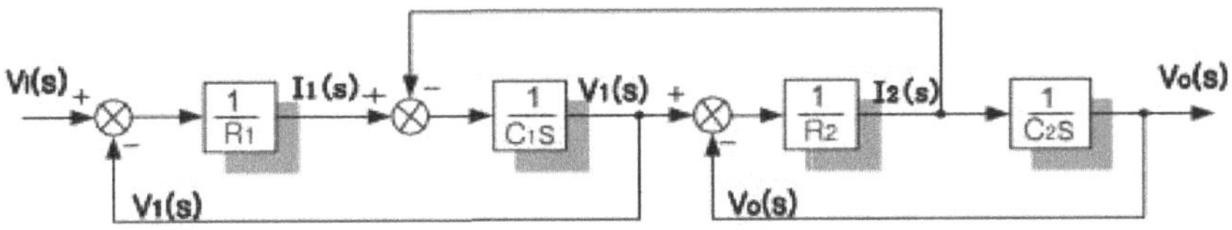

$$\frac{V_0(s)}{V_i(s)} = \frac{1}{R_1R_2C_1C_2s^2 + (R_1C_1 + R_1C_2 + R_2C_2)s + 1}$$

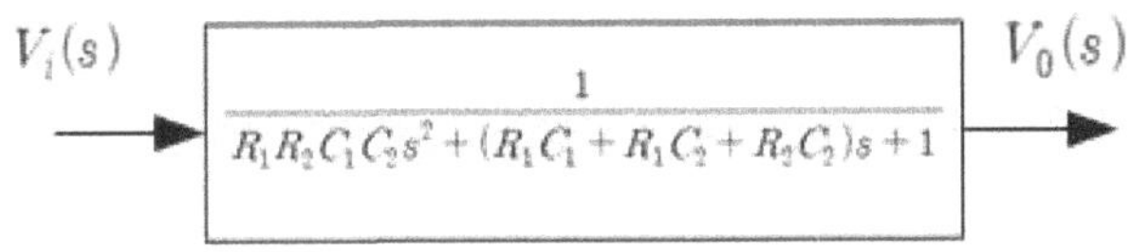

예제 4-5 다음과 같은 블록선도의 등가합성 전달함수를 구하라.

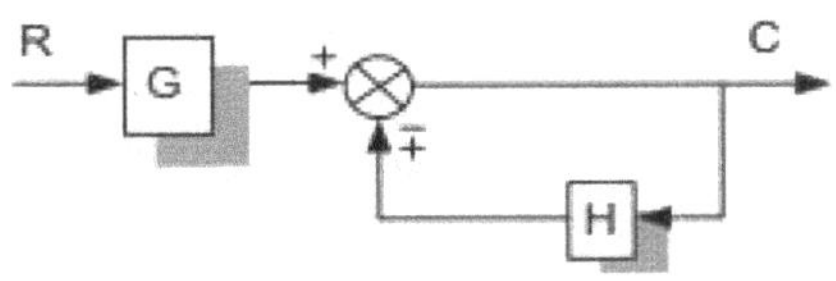

그림 4-14

풀이

$$C = RG \mp CH$$
$$C(1 \pm H) = RG$$

$$\therefore \frac{C}{R} = \frac{G}{1 \pm H}$$

예제 4-6 다음 그림과 같은 dashport가 있는 탄성계의 블록선도와 전달함수를 구하라. 단, 입력은 $x(t)$, 출력은 $y(t)$

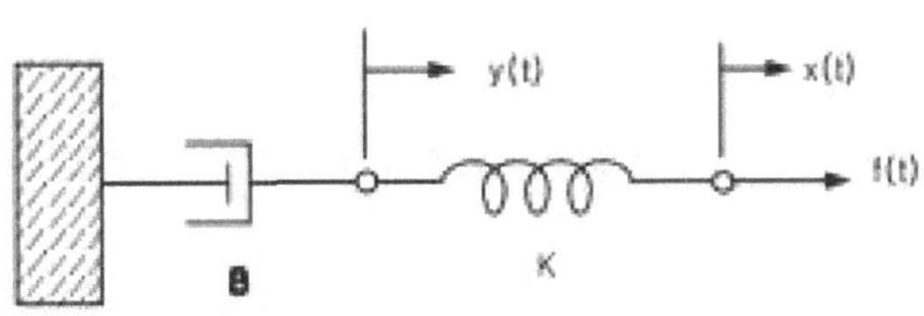

그림 4-15 Dashport가 있는 탄성계

풀이

K에 대해서:

$$f(t) = K[x(t) - y(t)]$$

$$F(s) = K[X(s) - Y(s)] \qquad \cdots\cdots ①$$

B에 대해서

$$B\frac{dy(t)}{dt} = K[x(t) - y(t)] = f(t)$$

$$y(t) = \frac{1}{B}\int f(t)$$

$$Y(s) = \frac{1}{Bs}F(s) \qquad \cdots\cdots ②$$

식 ①, ②에 대해서 블록선도를 작성하면 다음과 같다.

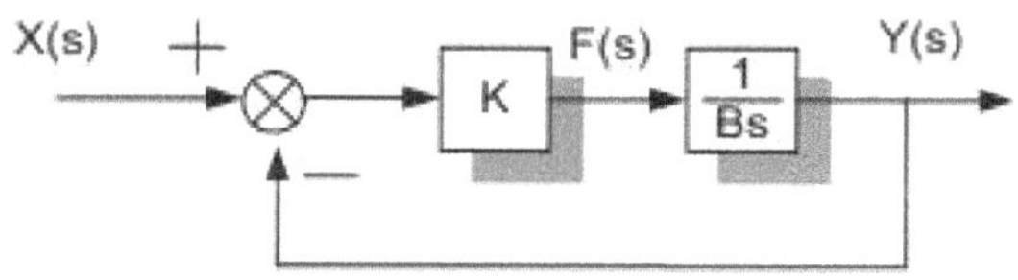

이 시스템의 블록선도와 전달함수를 구하면 다음과 같다.

$$\frac{Y(s)}{X(s)} = \frac{\frac{K}{Bs}}{1 + \frac{K}{Bs}} = \frac{K}{Bs + K}$$

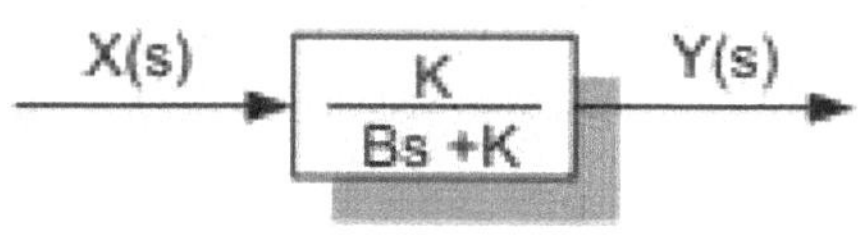

예제 4-7 다음 블록선도의 등가변환을 하고 전체의 입력과 출력의 관계를 구하여 보자.

1) 외란이 없는 경우

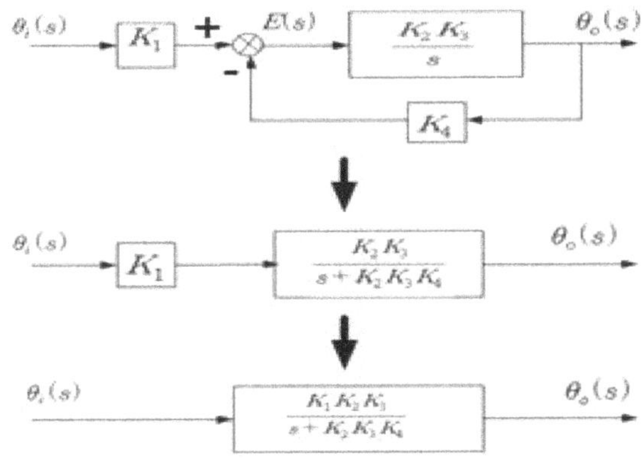

그림 4-16 블록선도의 등가변환

풀이 $$\frac{G}{1+GH}=\frac{K_2K_3/s}{1+\frac{K_2K_3}{s}K_4}=\frac{K_2K_3}{s+K_2K_3K_4}$$

2) 외란이 존재하는 경우

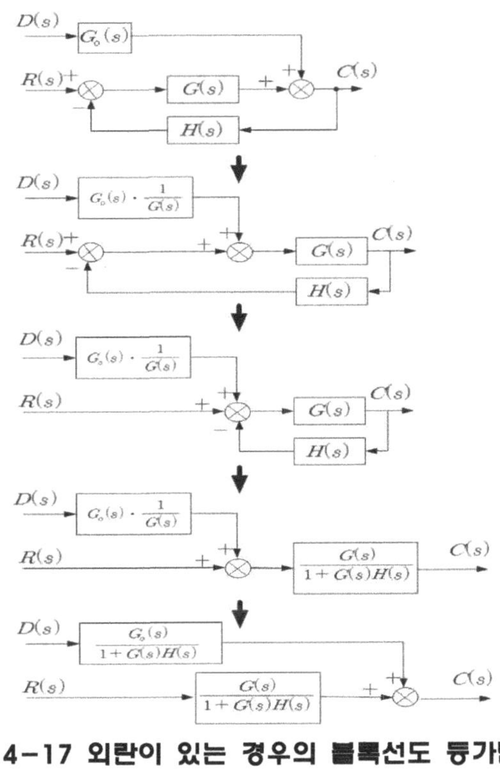

그림 4-17 외란이 있는 경우의 블록선도 등가변환

풀이 $\dfrac{Go(s)}{G(s)} \times \dfrac{G(s)}{1+G(s)H(s)} = \dfrac{Go(s)}{1+G(s)H(s)}$

출력식은 다음과 같다.

$$C(s) = \frac{G(s)}{1+G(s)H(s)}R(s) + \frac{Go(s)}{1+G(s)H(s)}D(s)$$

예제 4-8 다음 그림과 같은 제어시스템의 블록선도를 간략화하여 전달함수 $G(s) = \dfrac{C(s)}{R(s)}$를 구하라.

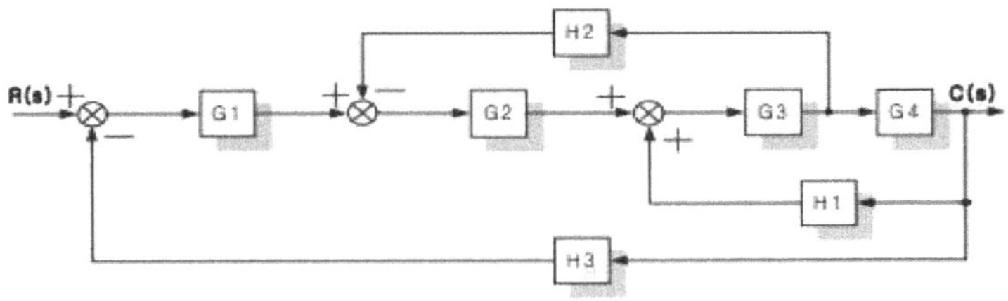

그림 4-18

풀이 블록선도의 간략화

1) 루프 $G1, G4, H1$의 간략화 : 인출점을 $G4$뒤로 이동 : $\Rightarrow \dfrac{H2}{G4}$

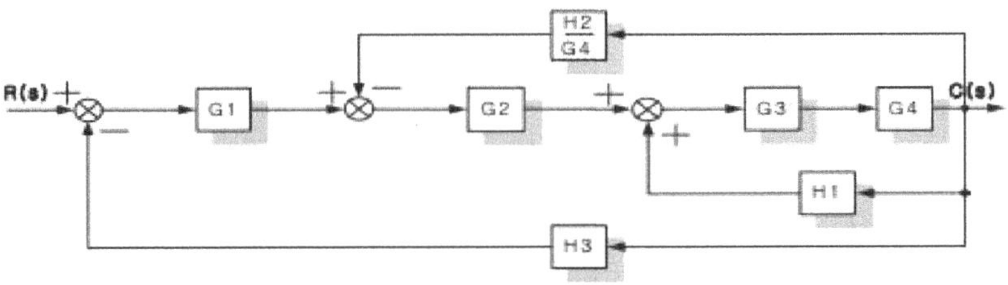

2) 궤환 루프 $G3, G4, H1$의 전달함수: $\dfrac{G3\,G4}{1-G3\,G4\,H1}$

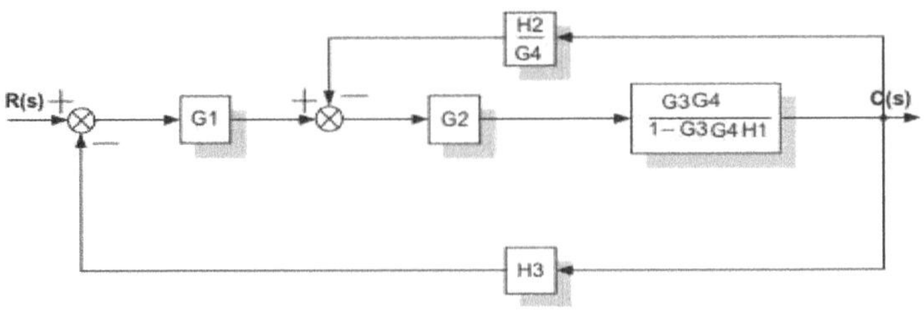

3) $H2$에 대한 궤환 루프 :

$$\frac{\dfrac{G2\,G3\,G4}{1-G3\,G4H1}}{1+\dfrac{G2\,G3\,G4}{1-G3\,G4H1}\cdot\dfrac{H2}{G4}}=\frac{\dfrac{G2\,G3\,G4}{1-G3\,G4H1}}{1+\dfrac{G2\,G3H2}{1-G3\,G4H1}}=\frac{G2\,G3\,G4}{1-G3\,G4H1+G2\,G3H2}$$

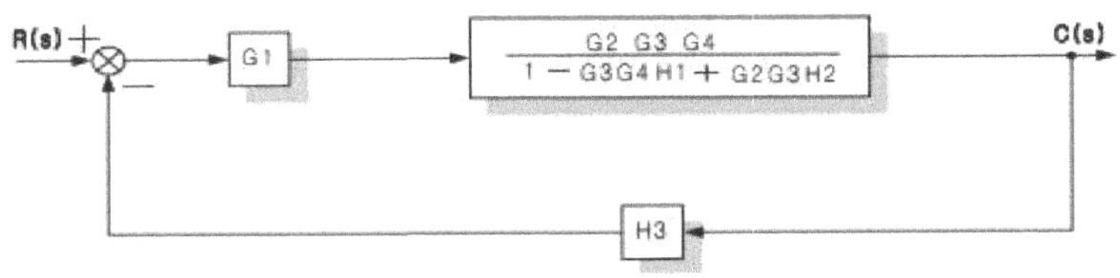

4) $H3$에 대한 루프 :

$$\frac{\dfrac{G1\,G2\,G3\,G4}{1-G3\,G4H1+G2\,G3H2}}{1+\dfrac{G1\,G2\,G3\,G4}{1-G3\,G4H1+G2\,G3H2}\cdot H3}=\frac{G1\,G2\,G3\,G4}{1-G3\,G4H1+G2\,G3H2+G1\,G2\,G3\,G4H3}$$

이 블록선도의 전달함수는 다음과 같다.

$$\frac{C(s)}{R(s)}=\frac{G1\,G2\,G3\,G4}{1-G3\,G4H1+G2\,G3H2+G1\,G2\,G3\,G4H3}$$

예제 4-9 다음 그림과 같은 제어시스템의 블록선도를 간략화하라.

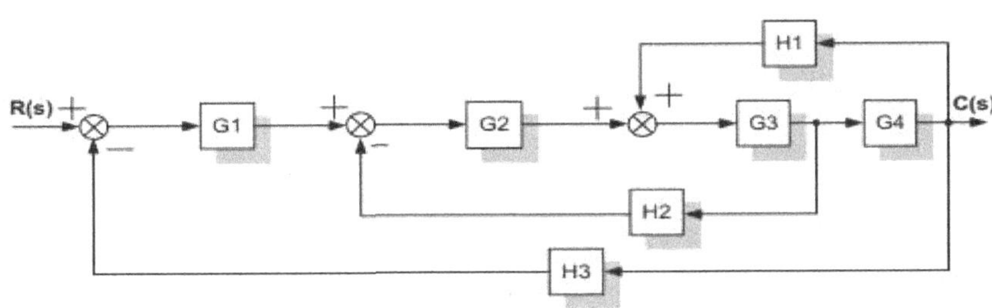

그림 4-19

풀이

1) 루프 $G3G4H1$을 간략화하기 위해 인출점을 $G4$뒤로 이동 : $\Rightarrow \dfrac{H2}{G4}$

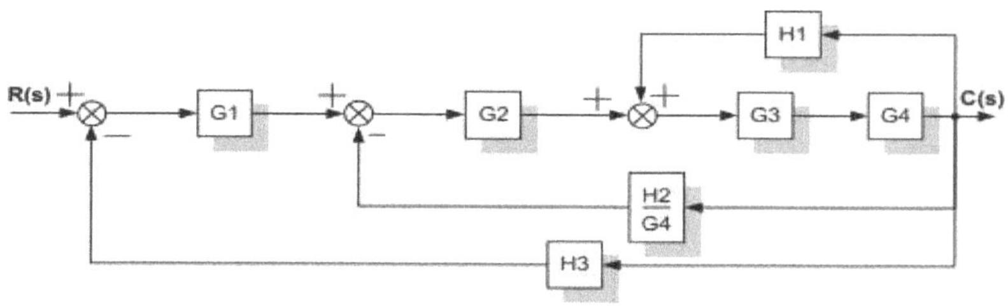

2) 궤환루프 $G3G4H1$의 루프 : $\dfrac{G3G4}{1-G3G4H1}$

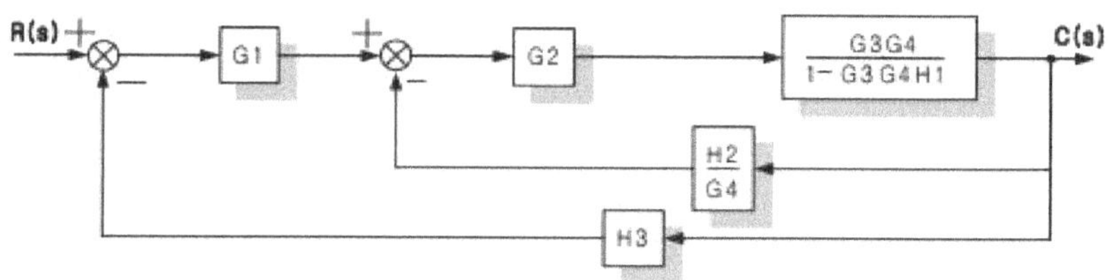

3) $H2$에 대한 루프 :

$$G(s)=\frac{\dfrac{G2G3G4}{1-G3G4H1}}{1+\dfrac{G2G3G4}{1-G3G4H1}\cdot\dfrac{H2}{G4}}=\frac{G2G3G4}{1-G3G4H1+G2G3H2}$$

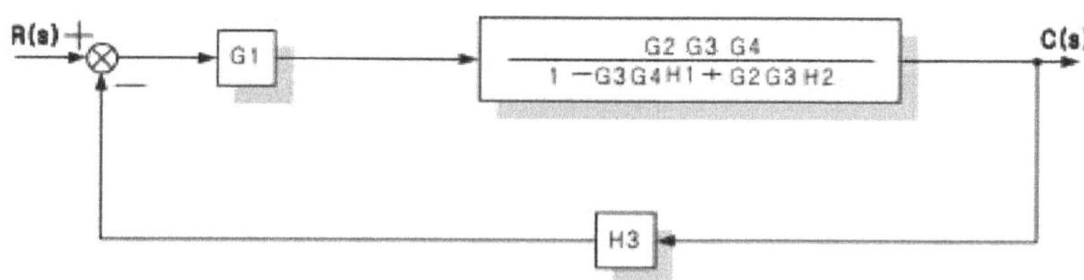

4) $H3$에 대한 루프 :

$$G(s)=\frac{\dfrac{G1G2G3G4}{1-G3G4H1+G2G3H2}}{1+\dfrac{G1G2G3G4}{1-G3G4H1+G2G3H2}\cdot H3}=\frac{G1G2G3G4}{1-G3G4H1+G2G3H2+G1G2G3G4}$$

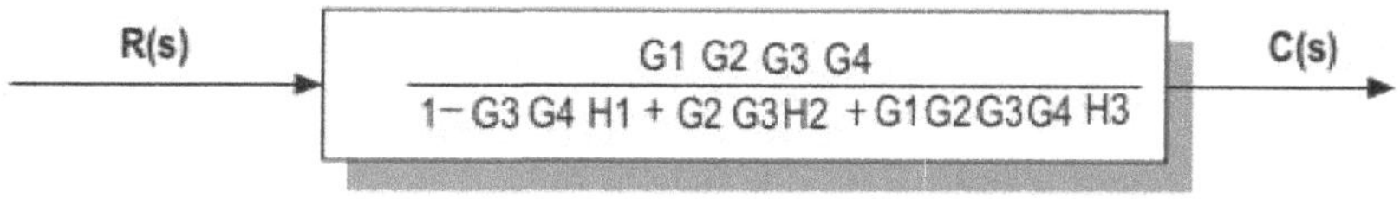

5) 다변수 제어시스템의 블록선도

다변수 제어시스템의 블록선도에 대해 알아보자.

그림 4-20은 다변수 제어시스템의 블록선도이다.

다변수 제어시스템이란 2개 이상의 입력과 2개 이상의 출력을 가진 시스템이라 한다.

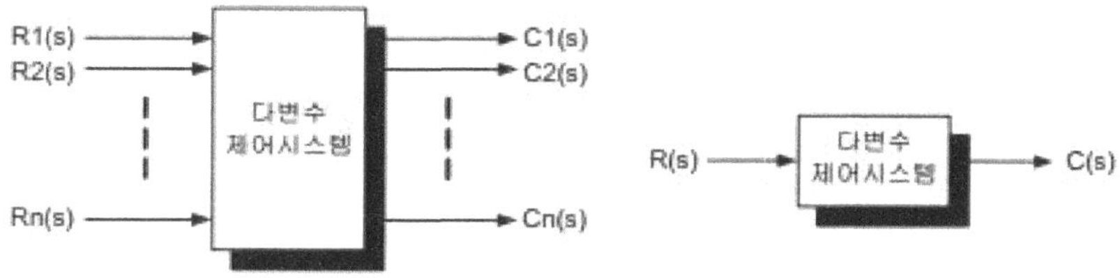

그림 4-20 다변수 제어시스템의 블록선도

선형 제어시스템이 다변수 입력일 경우 각 입력은 다른 입력과 독립적으로 다룬다.

모든 입력이 동시에 작용했을 때는 출력을 구하는 순서는 각 단일 입력을 제외한 나머지 입력은 전부 0으로 하고 다시 합으로 하여 구한다.

다음 다입력 전달함수의 예를 들어보자.

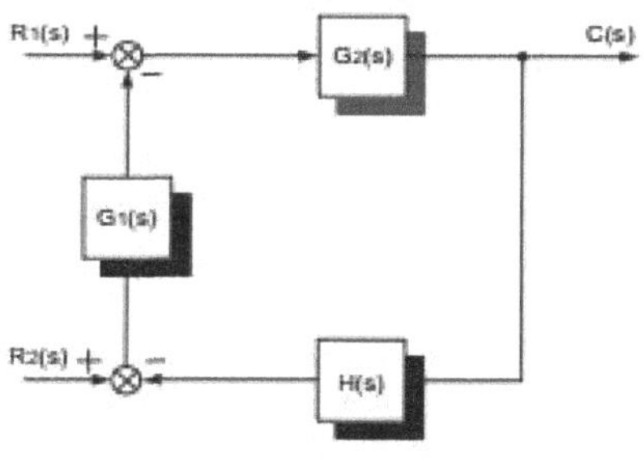

그림 4-21 다입력 제어시스템

먼저 다입력 제어시스템의 입력을 각각 분리하여 생각하자. 그림으로 나타내면 2개의 시스템으로 나누어진다.

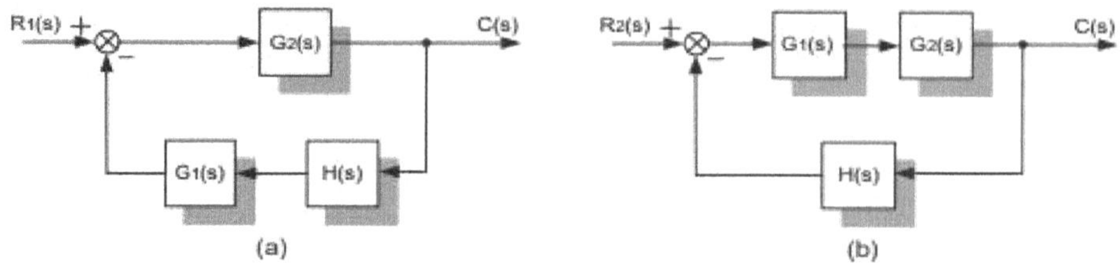

그림 4-22 분리된 각각의 제어시스템

그림에서 각각의 전달함수를 구하면 다음과 같다.
그림(a)에서:

$$\frac{C(s)}{R_1(s)} = \frac{G_2(s)}{1+G_1(s)G_2(s)H(s)} \tag{4-24}$$

그림(b)에서:

$$\frac{C(s)}{R_2(s)} = \frac{G_1(s)G_2(s)}{1+G_1(s)G_2(s)H(s)} \tag{4-25}$$

위 두식에서 출력식을 구하면 다음과 같다.

$$C(s) = \frac{G_2(s)R_1(s)+G_1(s)G_2(s)R_2(s)}{1+G_1(s)G_2(s)H(s)} \tag{4-26}$$

4.3 신호흐름선도의 개념

블록선도는 시스템의 전달함수를 간략화 하는 과정에서 입·출력 변수간의 관계를 나타내는데 편리하지만 복잡한 시스템의 변수 사이와의 전달함수를 구할 때에는 번거롭고 어렵다.

이러한 방법으로 쉽게 구할 수 있는 방법이 **메이슨(Mason)공식**이다.

1) 신호흐름선도의 정의

신호흐름선도는 블록선도를 그림으로 나타내는 방법으로서 신호의 흐름을 가진 여러 **가지(branch)와 마디(node)**를 사용하여 전달함수를 표현한다. 이 신호흐름선도는 어떠한 입력에 대해서도 복잡한 선형 다중 루프의 응답(전달함수)을 보다 쉽게 구할 수가 있다.

특히, 피드백 제어시스템에 유용하며 피드백 시스템에 적용이 유리하다.

블록선도와 다른 것은 신호(→)는 작은 원(◯)으로 나타내며 블록(□)은 방향(→)으로 나타낸다.

표 4-3은 블록선도와 신호흐름선도를 비교하고 있다.

표 4-3 블록선도와 신호흐름선도의 비교

	블록선도	신호흐름선도
신호	→	○
블록	□	→
전달요소	→□→	○→○

2) 신호흐름선도의 기본 연산

다음의 신호흐름선도에도 덧셈, 곱셈, 피드백 결합이 적용된다.

복잡한 제어시스템도 신호흐름선도를 이용하여 간단히 할 수 있다.

① 덧셈

어떤 마디에서 변수의 값은 그 마디에서 들어오는 모든 신호의 합과 같이 볼 수 있다.

$$y_3 = ay_1 + by_2 \qquad (4\text{-}27)$$

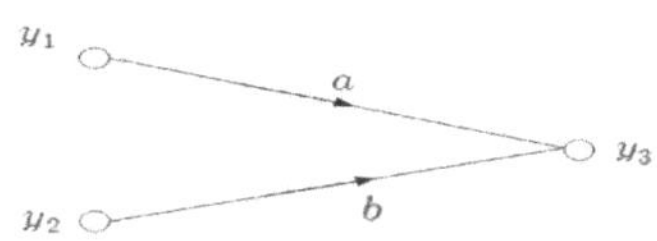

그림 4-23

두 마디 사이에 같은 방향으로 연결된 병렬가지는 두 가지의 이득이 합인 새로운 전송함수로 대치할 수 있다.

$$y_2 = (a+b)y_1 \qquad (4\text{-}28)$$

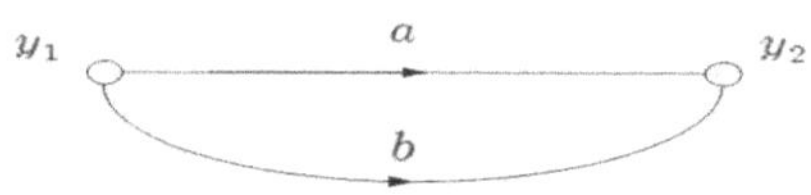

그림 4-24

② 곱셈

전송함수가 직렬로 접속될 때 이것은 전송함수를 모두 곱한 것과 같다.

$$y_4 = abcy_1 \tag{4-29}$$

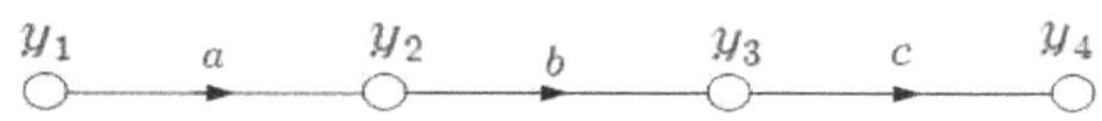

그림 4-25

③ 피드백 루프와 자기 루프

피드백 결합은 그림(a)에서 다음식과 같이 나타낸다.

$$y_2 = (y_1 - by_2)a = ay_1 - aby_2$$

$$y_2 + aby_2 = ay_1$$

$$y_2 = \frac{a}{1+ab}y_1 \tag{4-30}$$

자기 루프는 그림(b)에서 다음식과 같이 표현된다.

$$y_2 = ay_1 - by_2$$

$$y_2 + by_2 = ay_1$$

$$y_2 = \frac{a}{1+b}y_1 \tag{4-31}$$

그림 4-26 피드백 루프

4.4 신호흐름선도의 용어와 일반이득공식

다음은 신호흐름선도에 사용되는 용어와 메이슨공식에 대해 알아보자.

1) 신호흐름선도에 사용되는 용어

다음 그림을 신호흐름선도로 나타내기 위해 방정식으로 나타내면 다음과 같다.

$$\begin{aligned} y_2 &= ay_1 + by_2 + cy_4 \\ y_3 &= dy_2 \\ y_4 &= ey_1 + fy_3 \\ y_5 &= gy_3 + hy_4 \end{aligned} \qquad (4\text{-}32)$$

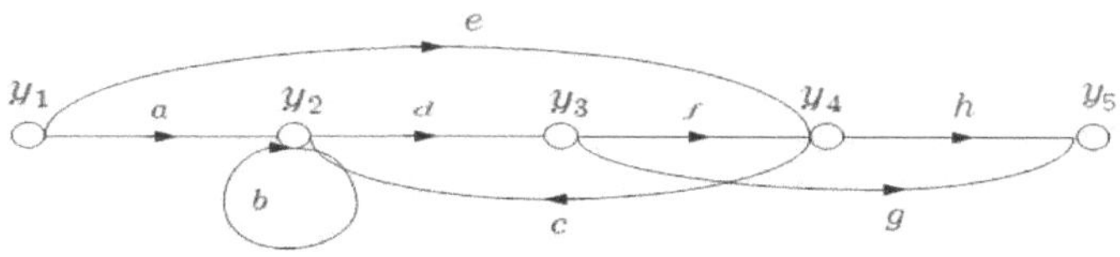

그림 4-27 신호흐름선도

마디(node) ; 변수를 나타내는 원 표시
가지(branch) ; 마디와 마디를 연결하는 선분
경로(path) ; 동일한 진행방향을 갖는 연결가지의 집합(eh, adfh, b, adg)
전방경로(forward path) ; 입력마디에서 출력마디까지의 경로를 의미, 한번 거친 마디는 두 번거치지 않음.(adfh, eh, adg,)
궤환루프(feedback loop) ; 동일마디에서 출발하여 동일마디에서 끝나는 경로(b, dfc)
루프 이득(loop gain) ; 피드백 루프를 형성하는 가지에 관계되는 계수들의 곱(경로의 이득)

2) 신호흐름선도의 일반 이득공식(전달함수) ; Mason공식

제어시스템의 입력과 출력과의 관계, 즉 제어시스템의 이득 또는 전달함수 $G(s)$는 다음의 메이슨(Mason)의 정리에 의하여 쉽게 구할 수 있다.

전달함수 : $$G(s) = \frac{C(s)}{R(s)} = \frac{\sum_{k=1}^{n} G_k \triangle_k}{\triangle} = M(s) \qquad (4\text{-}33)$$

여기서,

△ = 1-Σ(각 루프의 이득의 합) +Σ(서로 접촉하지 않은 <u>2개 루프</u>의 이득의 곱)

-Σ(서로 접촉하지 않은 3개 루프의 이득의 곱)+ ……

= $1-\sum L_1 + \sum L_2 - \sum L_3 + \cdots + (-1)^n \sum L_n$

n = 전방향 경로의 총수

G_k = k번째 전방향 경로의 이득

$\triangle_K$ = k번째 전방경로에 접촉하지 않는 신호흐름선도의 △의 값

(G_k를 형성하는 경로를 제거할 때 나머지 △의 값)

다음 그림의 신호흐름선도를 메이슨 공식을 이용하여 전달함수를 구하는 방법을 고려해 보자.

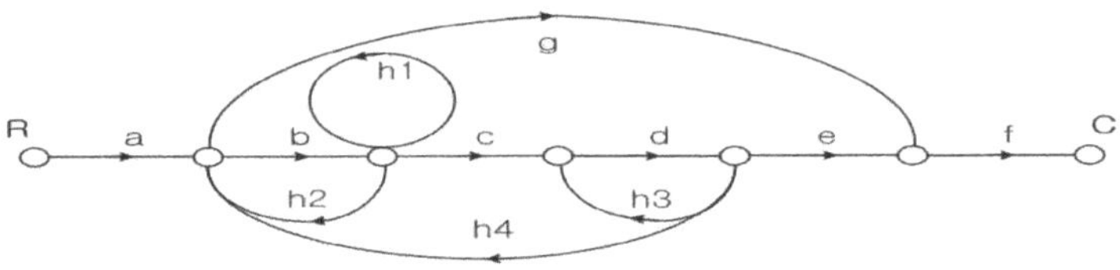

그림 4-28 신호흐름선도의 예

그림에서 입력은 R, 출력은 C라 할 때 2개의 전방향 경로가 존재하며 전방향 경로의 이득은 $abcdef$, agf이다. 그리고 피드백 루프는 4개 존재하고 여기에서 자기 루프 h_1이 있다.

각각의 피드백 루프는 h_1, bh_2, dh_3, $bcdh_4$ 이고 메이슨 공식을 적용하여 구하면 다음과 같다.

$$\triangle = 1-(h_1+bh_2+dh_3+bcdh_4)+(h_1 \cdot dh_3+bh_2 \cdot dh_3)$$

$$= 1-h_1-bh_2-dh_3-bcdh_4+dh_1h_3+bdh_2h_3$$

$$G_1 = abcdef, \quad G_2 = agf$$

$$\triangle_1 = 1, \quad \triangle_2 = 1-(h_1+dh_3)+(h_1 \cdot dh_3) = 1-h_1-dh_3+dh_1h_3$$

여기서, $\triangle_1$ 에서 다른 루프는 접촉하고 $\triangle_2$ 는 bh_2, $bcdh_4$는 접촉

따라서 이 신호흐름선도의 전달함수는 다음과 같이 구할 수 있다.

$$\frac{C(s)}{R(s)} = \frac{G_1\triangle_1+G_2\triangle_2}{\triangle} = \frac{abcdef+agf(1-h_1-dh_3+dh_1h_3)}{1-h_1-bh_2-dh_3-bcdh_4+dh_1h_3+bdh_2h_3} \quad (4\text{-}34)$$

표 4-4는 블록선도와 신호흐름선도를 비교한다.

제어시스템의 블록선도를 전달함수로 나타내기 위하여 시스템의 신호흐름선도로 등가변환을 하여 나타낼 수 있다.

표 4-4 블록선도와 신호흐름선도

종 류	블록선도	신호흐름선도
신호	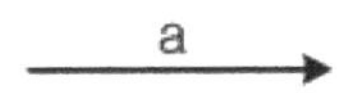	
전달요소 $C(s)=G(s)R(s)$		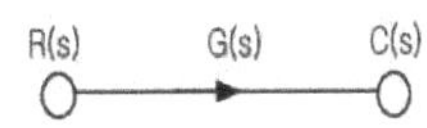
가산점 $X3=X1\pm X2$	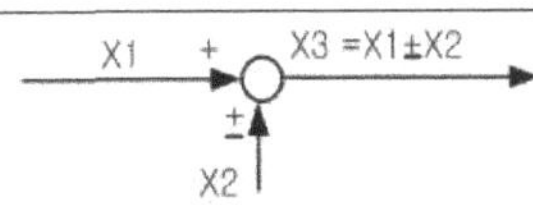	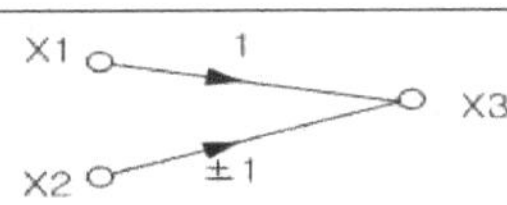
인출점 $X1=X2=X3$	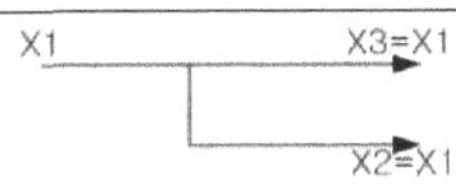	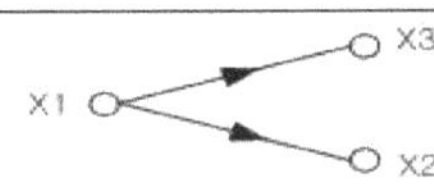
직렬접속 $C=a\cdot G1\cdot G2$	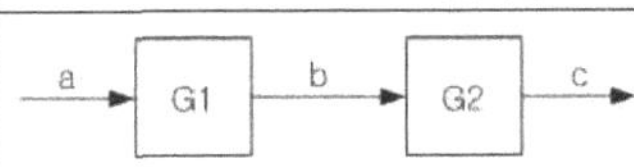	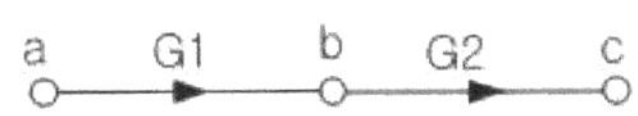
병렬접속 $C=a\cdot(G1\pm G2)$	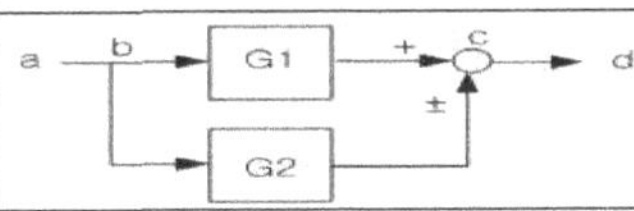	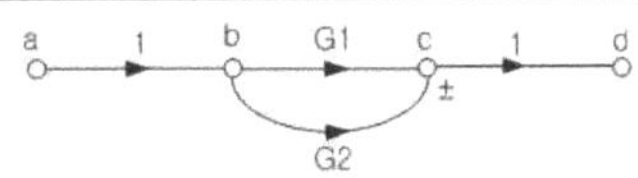
피드백 접속 $C(s)=\dfrac{G(s)}{1\pm G(s)H(s)}R(s)$	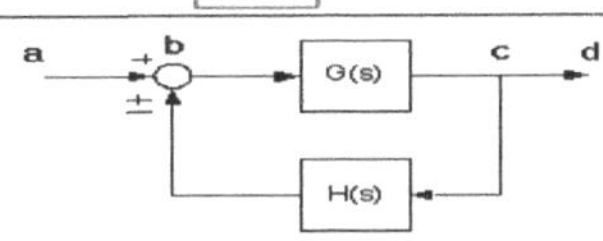	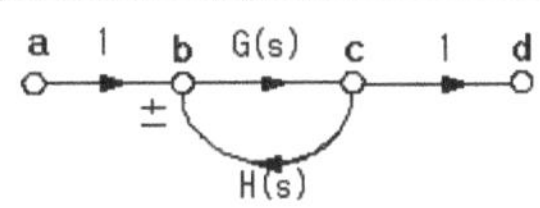

예제 4-10 다음 신호흐름선도의 전달함수를 구하라.

1)

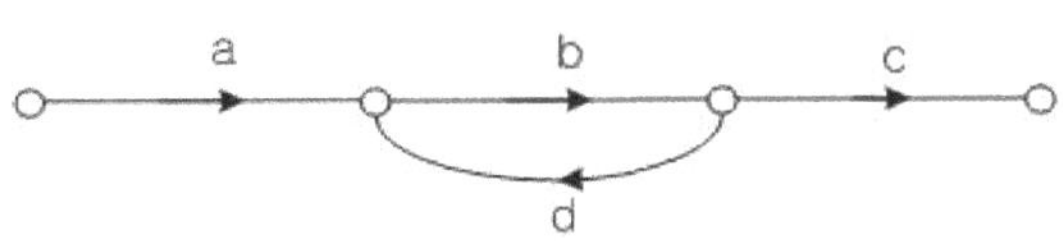

풀이 $\triangle=1-bd \quad G_1=abc \quad \triangle_1=1 \qquad \therefore G=\dfrac{abc}{1-bd}$

2)

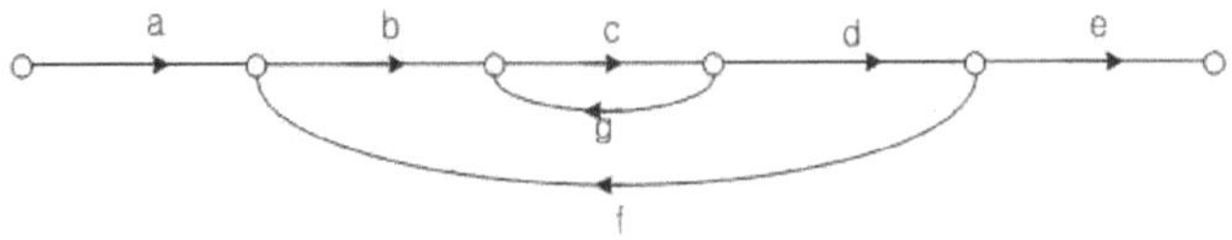

풀이 $\triangle = 1 - cg - bcdf \quad G_1 = abcde \quad \triangle_1 = 1 \quad \therefore G = \dfrac{abcde}{1 - cg - bcdf}$

3)

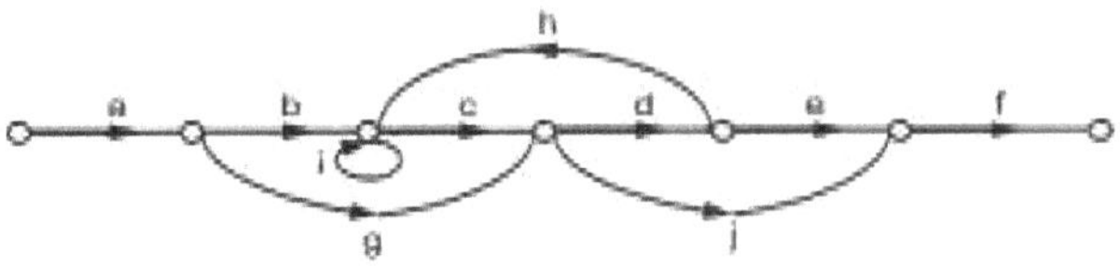

풀이

$\triangle = 1 - i - cdh \quad G_1 = abcdef \quad G_2 = agdef \quad G_3 = agjf \quad G_4 = abcjf$

$\triangle_1 = 1 \quad \triangle_2 = 1 - i \quad \triangle_3 = 1 - i \quad \triangle_4 = 1$

$$\therefore G = \frac{abcdef + agdef(1-i) + agjf(1-i) + abcjf}{1 - i - cdh}$$

4)

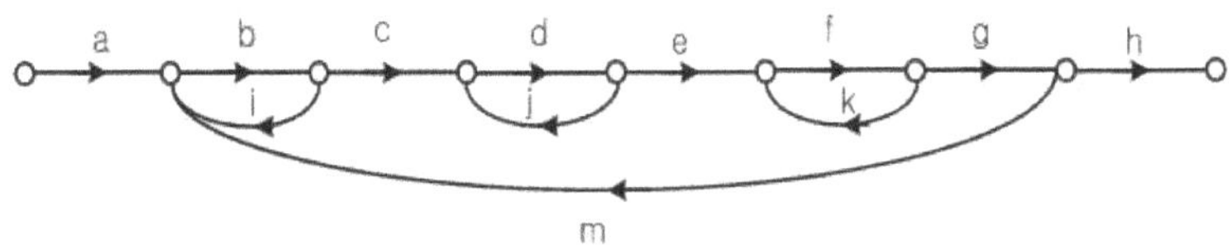

풀이 $\triangle = 1 - (bi + dj + fk + bcdefgm) + (bidj + bifk + djfk) - (bidjfk)$

$G_1 = abcdefgh$

$\triangle_1 = 1$ 다른루프는 접촉하므로

$$\therefore G = \frac{abcdefgh}{1 - (bi + dj + fk + bcdefgm) + (bidj + bifk + djfk) - (bidjfk)}$$

4.5 미분방정식의 신호흐름선도 표현

고차로 이루어진 미분방정식으로 나타낸 선형 미분 시스템을 미분방정식으로부터 직접 신호흐름선도(상태선도)를 구할 수 있다. 상태선도는 상태 공간 개념을 이해하는데 용이하며, 상태방정식, 컴퓨터 시뮬레이션, 전달함수와 밀접한 관계를 갖고 있다.

예를 들어 다음 식과 같은 n차 미분방정식이 있을 경우 신호흐름선도를 그리기 위하여 다음과 같은 n차 미분방정식을 가정하자..

$$\frac{d^n c(t)}{dt^n} + a_n \frac{d^{n-1} c(t)}{dt^{n-1}} + \cdots + a_1 \frac{dc(t)}{dt} + a_0 c(t) = r(t) \tag{4-35}$$

여기서, 상태변수는 $x_1(t), x_2(t), x_3(t), \cdots, x_n(t)$이므로 n차 미분방정식을 상태변수로 나타내면 다음과 같이 표현된다.

$$\begin{cases} x_1(t) = c(t) \\ x_2(t) = \dfrac{dx_1(t)}{dt} = x'_1(t) \\ x_3(t) = \dfrac{d^2 x_1(t)}{dt^2} = x'_2(t) = \dfrac{dx_2(t)}{dt} \\ \quad \cdots\cdots \\ x_{n-1}(t) = \dfrac{d^{n-2} x_1(t)}{dt^{n-2}} = x'_{n-2}(t) = \dfrac{dx_{n-2}(t)}{dt} \\ x_n(t) = \dfrac{d^{n-1} x_1(t)}{dt^{n-1}} = x'_{n-1}(t) = \dfrac{dx_{n-1}(t)}{dt} \end{cases} \tag{4-36}$$

여기서, $\dot{} = \dfrac{d}{dt}$

n차의 미분방정식의 최고 차수항으로 변환하면 다음 식으로 된다.

$$\frac{d^n c(t)}{dt^n} = - a_0 c(t) - a_1 \frac{dc(t)}{dt} - a_2 \frac{d^2 c(t)}{dt^2} - \cdots\cdots - a_n \frac{d^{n-1} c(t)}{dt^{n-1}} + r(t) \tag{4-37}$$

위 식을 상태 미분형으로 나타내면 다음식과 같이 된다.

$$x'_n(t) = r(t) - a_0 x_1(t) - a_1 x_2(t) - a_2 x_3(t) - \cdots\cdots - a_{n-1} x_n(t) - a_n x_{n+1}(t) \tag{4-38}$$

그리고 각 상태변수의 초기상태는 다음과 같다.

$$x_1(t_0), x_2(t_0), x_3(t_0), \cdots\cdots x_n(t_0) \tag{4-39}$$

또, 미분방정식을 라플라스 변환상태로 만들면 위의 상태변수 식 (4-36)는 다음과 같이 나타낸다.

$$\begin{cases} X_1(s) = C(s) \\ X_2(s) = sX_1(s) - x_1(t_0) \\ X_3(s) = sX_2(s) - x_2(t_0) \\ \quad \cdots\cdots \\ X_{n-1}(s) = sX_{n-2}(s) - x_{n-2}(t_0) \\ X_n(s) = sX_{n-1}(s) - x_{n-1}(t_0) \\ X_{n+1}(s) = sX_n(s) - x_n(t_0) \end{cases} \tag{4-40}$$

다시 이 식은 다음 식으로 변형할 수 있다.

$$\begin{cases} X_1(s) = C(s) \\ X_1(s) = s^{-1}X_2(s) + s^{-1}x_1(t_0) \\ X_2(s) = s^{-1}X_3(s) + s^{-1}x_2(t_0) \\ \quad \cdots\cdots \\ X_{n-2}(s) = s^{-1}X_{n-1}(s) + s^{-1}x_{n-2}(t_0) \\ X_{n-1}(s) = s^{-1}X_n(s) + s^{-1}x_{n-1}(t_0) \\ X_n(s) = s^{-1}X_{n+1}(s) + s^{-1}x_n(t_0) \end{cases} \tag{4-41}$$

n차 미분방정식의 라플라스 변환식은 다음과 같이 된다.

$$sX_n(s) = R(s) - a_0X_1(s) - a_1X_2(s) - a_2X_3(s) - \cdots\cdots - a_{n-1}X_n(s) - a_nX_{n+1}(s) \tag{4-42}$$

위의 식 (4-38)과 (4-42)을 가지고 입력은 제일 왼쪽에 출력은 제일 오른쪽에 배치시키고 상태변수는 식(4-40)와 (4-41)에서

$$\begin{cases} X_n(s) \times \dfrac{1}{s} = X_{n-1}(s), \\ X_{n-1}(s) \times \dfrac{1}{s} = X_{n-2}(s), \\ \cdots \\ X_3(s) \times \dfrac{1}{s} = X_2(s), \\ X_2(s) \times \dfrac{1}{s} = X_1(s), \\ X_1(s) \times 1 = C(s) \end{cases} \tag{4-42}$$

로 나타내며 예를 들어 상태변수식에서 $X_1(s) = \dfrac{X_2(s)}{s} + \dfrac{x_1(t_0)}{s}$ 이면 그림으로 나타내

면 다음과 같이 나타낸다.

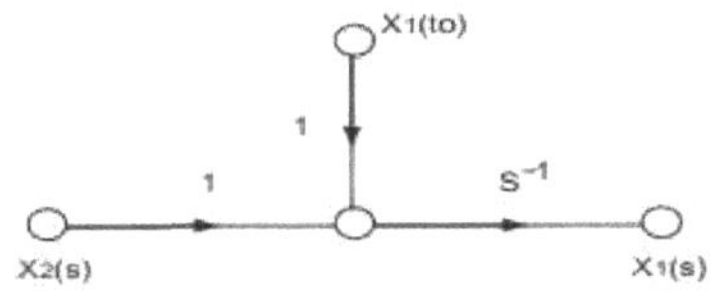

그림 4-29 상태선도

n차 미분방정식을 상태선도(신호흐름선도)로 나타내면 다음과 같이 된다. 신호흐름선도를 상태선도라고 한다.

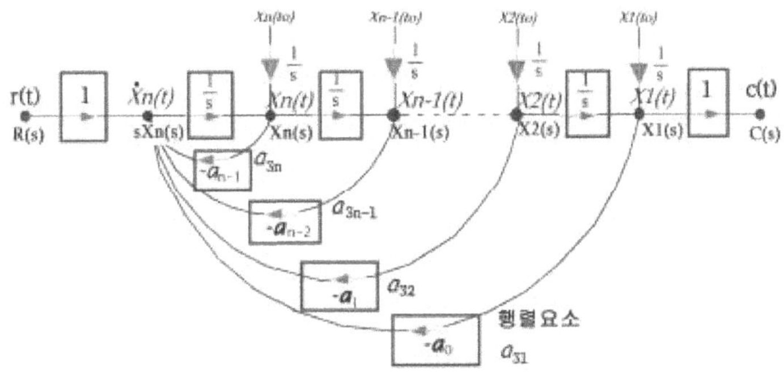

그림 4-30 n차 미분방정식의 상태선도

그리고 신호흐름선도는 다시 블록선도로 나타낼 수 있다.

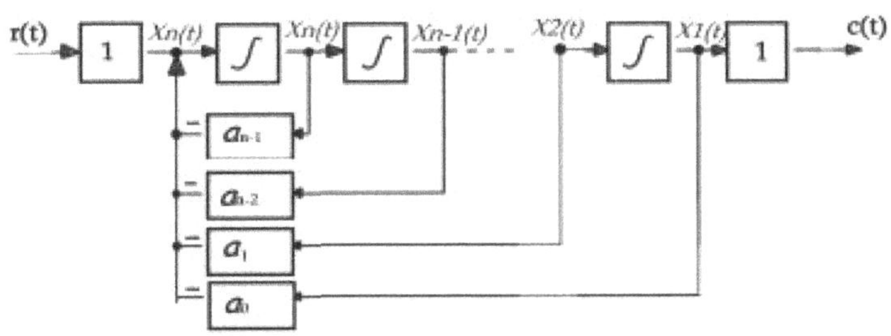

그림 4-31 n차 미분방정식의 블록선도

예제 4-11 다음 전달함수에서 신호흐름선도로 나타내어라.

$$G(s) = \frac{C(s)}{R(s)} = \frac{1}{s^2 + 4s + 3}$$

풀이 먼저 전달함수를 미분방정식으로 고치면 다음과 같다.

$$\frac{d^2c(t)}{dt^2}+4\frac{c(t)}{dt}+3c(t)=r(t)$$

이 식에서 상태변수를 $x_1(t), x_2(t)$라 하면 다음과 같은 상태변수 형태로 나타내고 라플라스변환하면 다음과 같다.

$$\begin{cases} x_1(t)=c(t) \\ x_2(t)=\frac{dc(t)}{dt}=\dot{x}_1(t) \\ x_3(t)=\frac{d^2c(t)}{dt^2}=\dot{x}_2(t)=r(t)-4\frac{dc(t)}{dt}-3c(t) \\ \qquad =r(t)-4x_2(t)-3x_1(t) \end{cases}$$

$$\begin{cases} X_1(s)=C(s) \\ X_2(s)=sX_1(s)-x_1(t_o) \\ X_3(s)=sX_2(s)-x_2(t_o)=R(s)-4X_2(s)-3X_1(s) \end{cases}$$

여기서, $X_1(s)=s^{-1}X_2(s)+s^{-1}x_1(t_o)$, $X_2(s)=s^{-1}X_3(s)+s^{-1}x_2(t_0)$

따라서 미분방정식의 상태변수형은 다음과 같다.

$$X_3(s)=R(s)-4X_2(s)-3X_1(s),$$

즉, 위의 식으로부터 다음 식으로 변형할 수 있다.

$$X_3(s)=\dot{X_2(s)}=R(s)-4\left(\frac{1}{s}X_3(s)+\frac{1}{s}x_2(t_o)\right)-3\left(\frac{1}{s}X_2(s)+\frac{1}{s}x_1(t_o)\right)$$

이 변형 식에서 신호흐름선도를 나타내면 다음 그림과 같이 나타낼 수 있다.

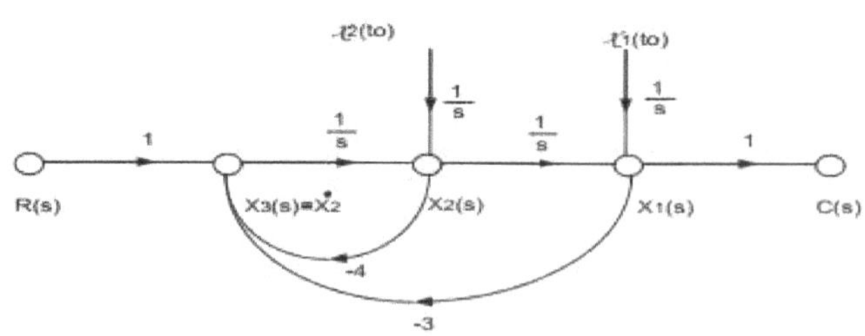

그림 4-32 신호흐름선도

예제 4-12 다음 시스템의 미분방정식이 있을 때 상태선도를 구하라.
단, 초기상태는 0이다.

$$\frac{d^3c(t)}{dt^3}+4\frac{d^2c(t)}{dt^2}+2\frac{dc(t)}{dt}+10c(t)=r(t)$$

풀이 위의 식을 다시 표현하면 다음과 같다.

$$\frac{d^3c(t)}{dt^3}=-4\frac{d^2c(t)}{dt^2}-2\frac{dc(t)}{dt}-10c(t)+r(t)$$

이 식에서 미분방정식이 3차이므로 상태변수는 $x_1(t), x_2(t), x_3(t)$이므로 다음과 같이 나타낸다.

$$\begin{cases} x_1(t)=c(t) \\ x_2(t)=\dot{x}_1(t)=\dfrac{dc(t)}{dt} \\ x_3(t)=\dot{x}_2(t)=\dfrac{d^2c(t)}{dt^2} \\ x_4(t)=\dot{x}_3(t)=\dfrac{d^3c(t)}{dt^3} \end{cases}$$

고차 미분방정식은 다음과 같은 상태변수로 나타낼 수 있다.

$$x_4(t)=\dot{x}_3(t)=\frac{d^3c(t)}{dt^3}=-10x_1(t)-2x_2(t)-4x_3(t)+r(t)$$

따라서 상태변수 식을 상태선도로 나타내면 다음과 같다.

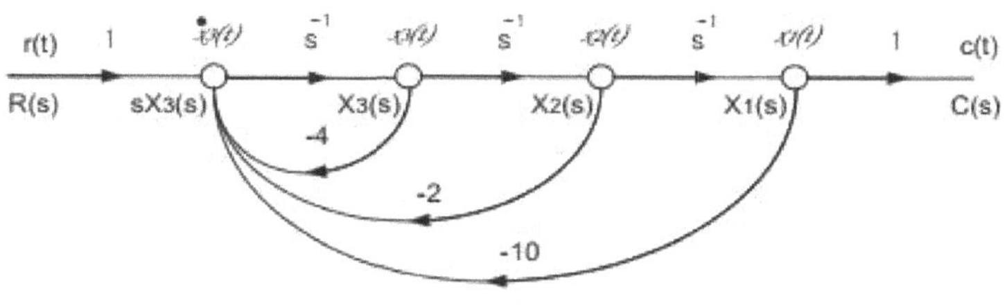

그림 4-33 상태선도

연습문제

1. 블록선도에 대해서 서술하라.

2. 다음 블록선도의 직렬접속에서 전달함수를 구하라.

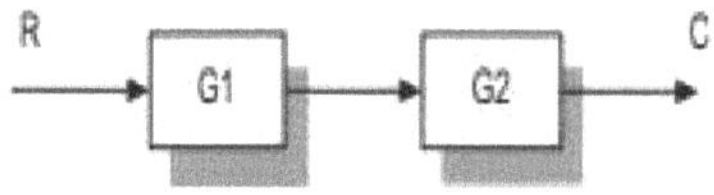

3. 다음 블록선도의 병렬접속에서 전달함수를 구하라.

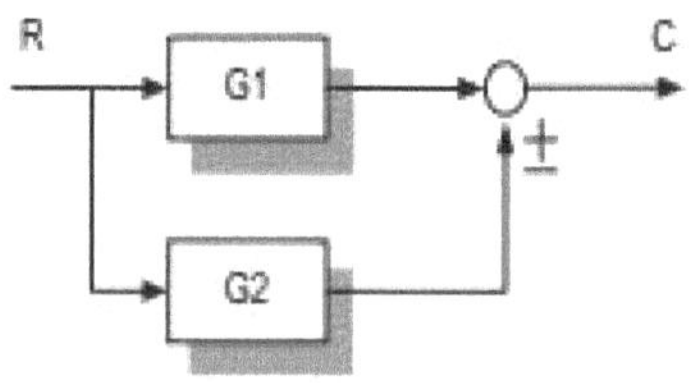

4. 다음 블록선도의 피드백 접속에서 전달함수를 구하라.

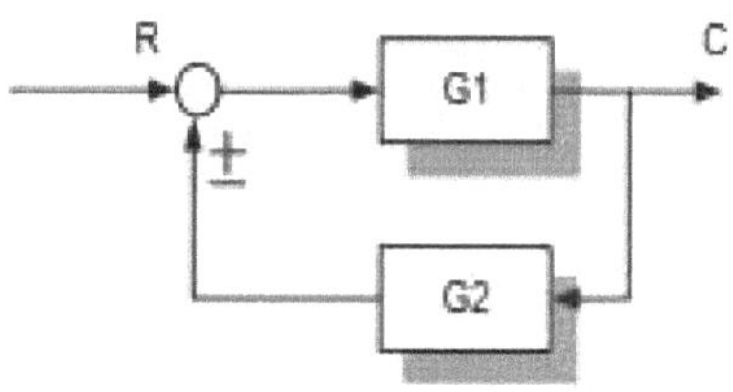

5. 다음 블록선도에서 합성 전달함수를 구하라.

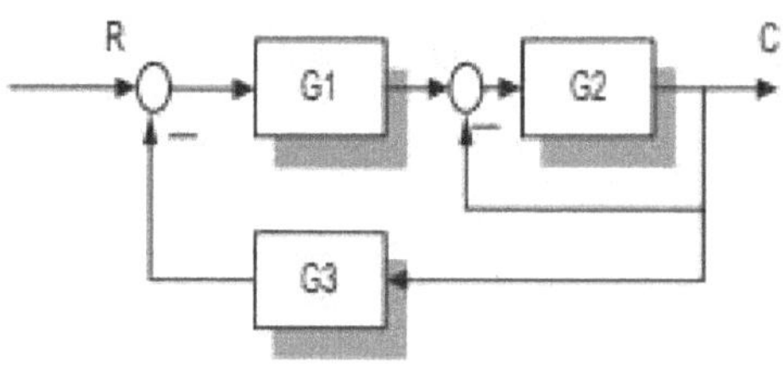

6. 다음 피드백 시스템에서 전달함수를 구하라.

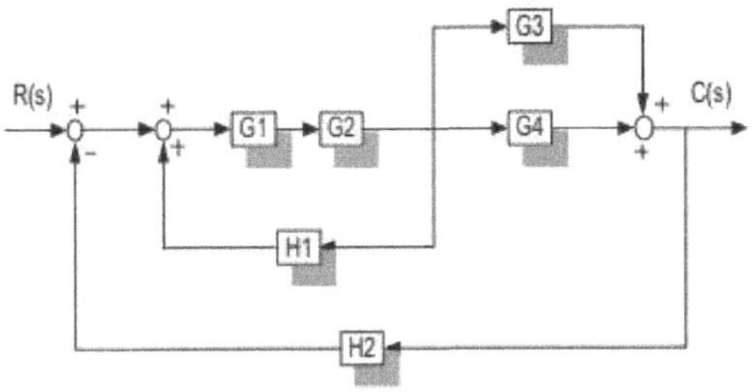

7. 다음과 같은 미분방정식을 신호흐름선도로 나타내어라. 단 초기조건은 0이다.

$$\frac{d^2c(t)}{dt^2}+6\frac{dc(t)}{dt}+5c(t)=r(t)$$

8. 다음 신호흐름선도에서 이득공식을 적용하여 이득을 구하라.

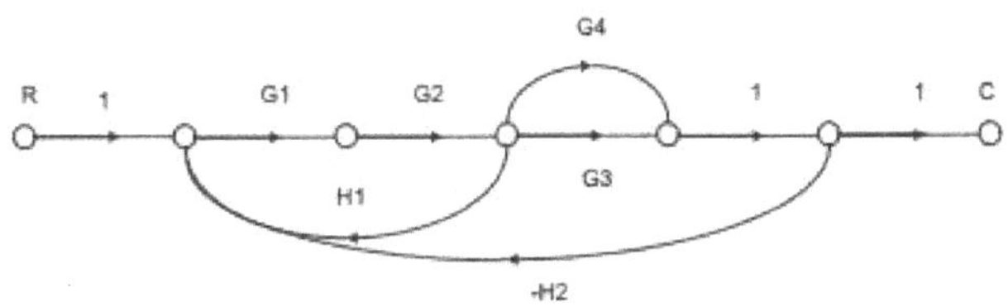

9. Mason 정리에 대해서 서술하여라.

10. 다음 회로에서 입력을 $e_i(t)$, 출력을 $i(t)$라 할 때 블록선도를 작성하라.

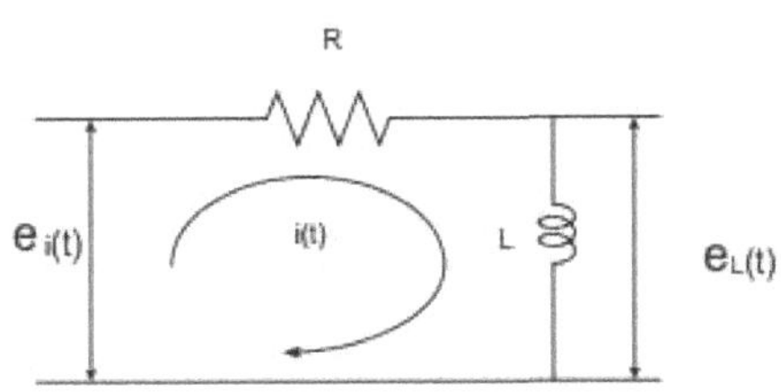

익힘문제

1. 다음 그림에서 제어시스템의 전달함수는?

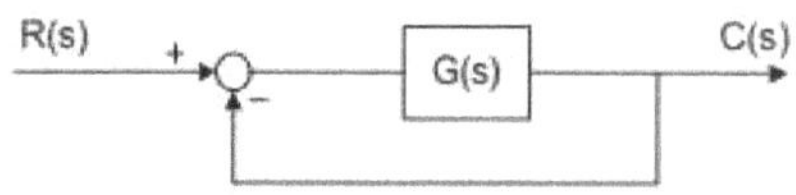

① $\dfrac{R(s)C(s)}{1+G(s)}$ ② $\dfrac{G(s)}{1+R(s)}$ ③ $\dfrac{G(s)}{1+G(s)}$ ④ $\dfrac{C(s)}{1+R(s)}$

2. 다음 그림과 같은 블록선도로 나타내는 제어시스템의 전달함수는?

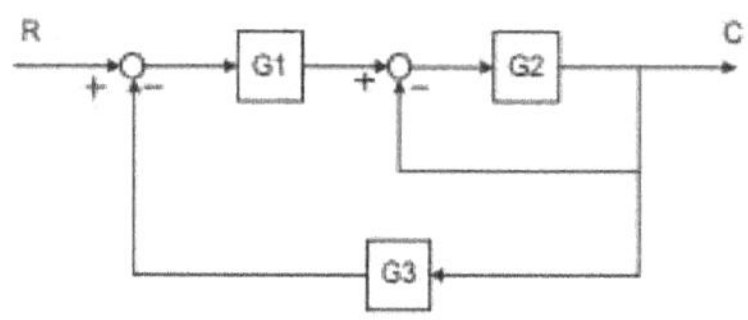

① $\dfrac{G1G2}{1+G2G3}$ ② $\dfrac{G1G2}{1+G1+G2G3}$ ③ $\dfrac{G1G2}{1+G2+G1G2G3}$ ④ $\dfrac{G1G2}{1+G1G2+G2G3}$

3. 다음과 같은 블록선도에서 출력은?

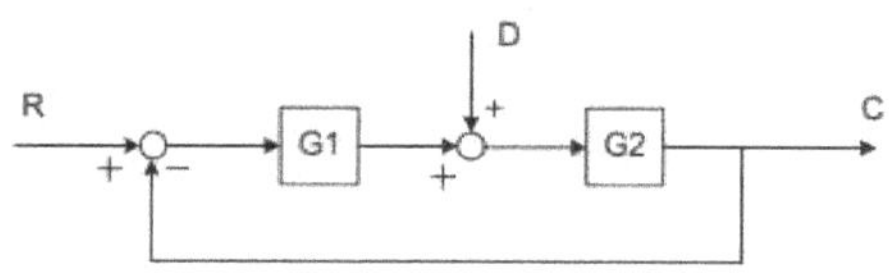

① $C=\dfrac{G1G2}{1+G1G2}R+\dfrac{G2}{1+G1G2}D$ ② $C=\dfrac{G1G2}{1+G1G2}R-\dfrac{G2}{1+G1G2}D$

③ $C=\dfrac{G1G2}{1+G1G2}R+\dfrac{G1G2}{1+G1G2}D$ ④ $C=\dfrac{G1G2}{1+G1G2}R+\dfrac{G1G2}{1-G1G2}D$

4. 다음 그림과 같은 신호흐름선도에서 전달함수는?

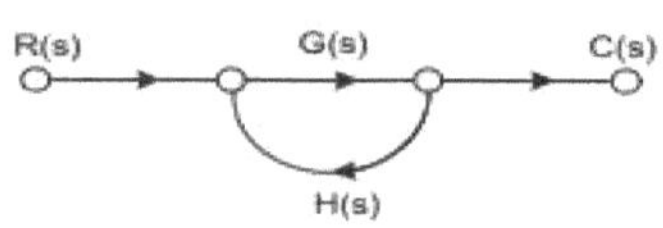

① $\dfrac{G(s)}{1+G(s)H(s)}$ ② $\dfrac{H(s)}{1+G(s)H(s)}$ ③ $\dfrac{H(s)}{1-G(s)H(s)}$ ④ $\dfrac{G(s)}{1-G(s)H(s)}$

5. 다음 그림과 같은 신호흐름선도에서 전달함수는?

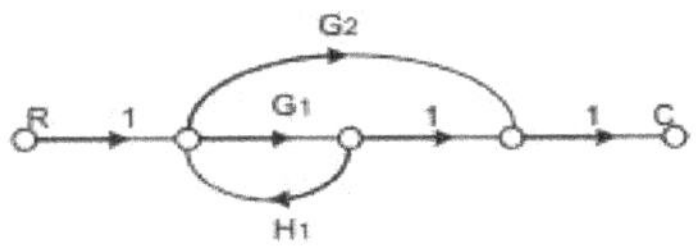

① $\frac{G1+G2}{1-G1H1}$ ② $\frac{G1G2}{1-G1H1}$ ③ $\frac{G1+G2}{1+G1H1}$ ④ $\frac{G1G2}{1+G1H1}$

6. 다음 시스템의 전달함수는?

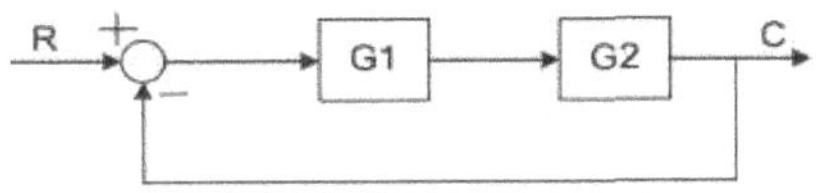

① $\frac{G1G2}{1+G1G2}$ ② $\frac{G1G2}{1-G1G2}$ ③ $\frac{1+G1G2}{G1G2}$ ④ $\frac{1-G1G2}{G1G2}$

7. 다음과 같은 블록선도의 등가합성 전달함수는?

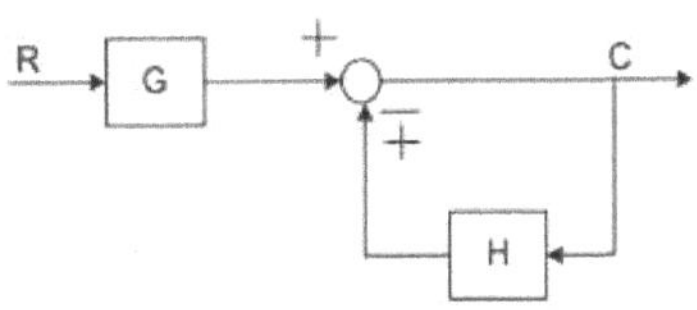

① $\frac{1}{1\pm GH}$ ② $\frac{G}{1\pm GH}$ ③ $\frac{G}{1\pm H}$ ④ $\frac{1}{1\pm H}$

8. 그림의 블록선도에서 전달함수를 구하면?

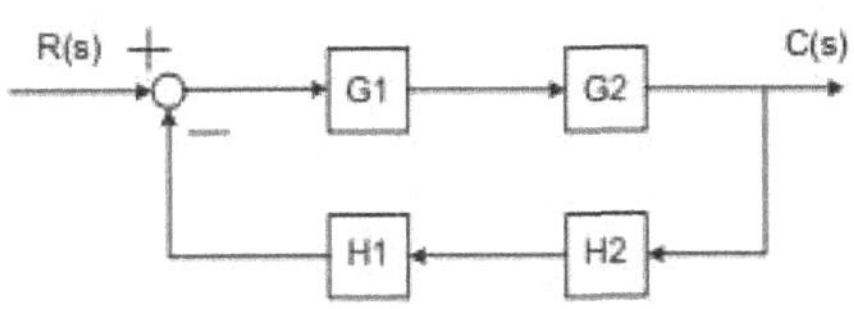

① $\frac{C(s)}{R(s)}=\frac{G1+G2}{1+G1G2+H1H2}$ ② $\frac{C(s)}{R(s)}=\frac{G1G2}{1+G1G2H1H2}$

③ $\frac{C(s)}{R(s)}=\frac{H1H2}{1+G1G2H1H2}$ ④ $\frac{C(s)}{R(s)}=\frac{G1G2}{1+G1G2+H1H2}$

9. 다음 그림과 같은 블록선도에서 $\frac{C}{R}$의 값은?

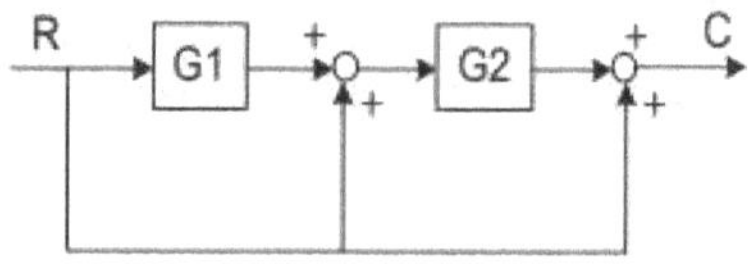

① $1+G1+G1G2$ ② $1+G2+G1G2$ ③ $\frac{G1+G2}{1-G2-G1G2}$ ④ $\frac{(1+G1)G2}{1-G2}$

10. 다음 그림과 같은 블록선도에서 등가전달함수는?

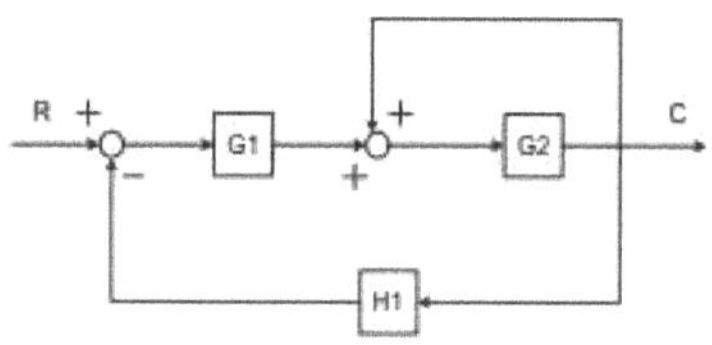

① $\frac{G1G2}{1+G2+G1G2H1}$ ② $\frac{G1G2}{1-G2+G1G2H1}$ ③ $\frac{G1H1}{1+G2+G1G2H1}$ ④ $\frac{G2H1}{1-G2+G1G2H1}$

11. 다음 그림의 블록선도에서 전달함수는?

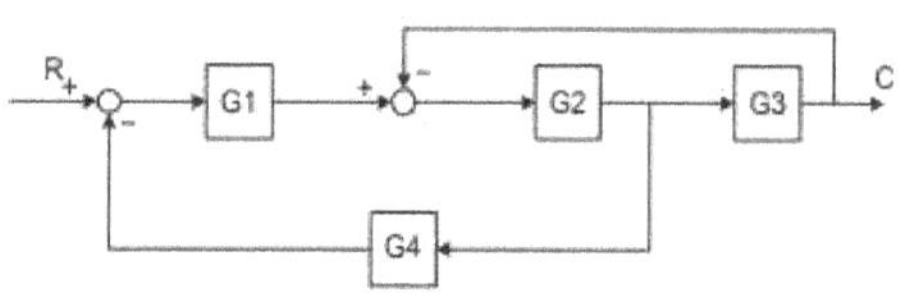

① $\frac{G3G4}{1+G1G2G3}$ ② $\frac{G1G3}{1+G1G2+G3G4}$ ③ $\frac{G1G2G3}{1+G2G3+G1G2G4}$ ④ $\frac{G1G2}{1+G2G3+G1G4}$

12. 다음 그림의 신호흐름선도에서 전달함수 C/R는?

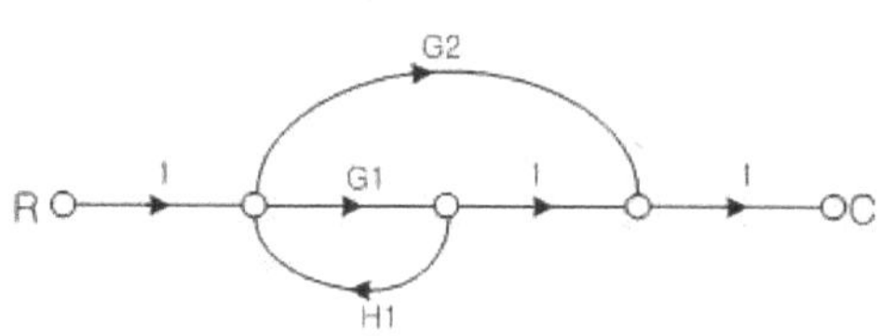

① $\frac{G1+G2}{1-G1H1}$ ② $\frac{G1+G2}{1+G1H1}$ ③ $\frac{G1G2}{1-G1H1}$ ④ $\frac{G1G2}{1+G1H1}$

13. 다음 그림과 같은 신호흐름선도의 전달함수는?

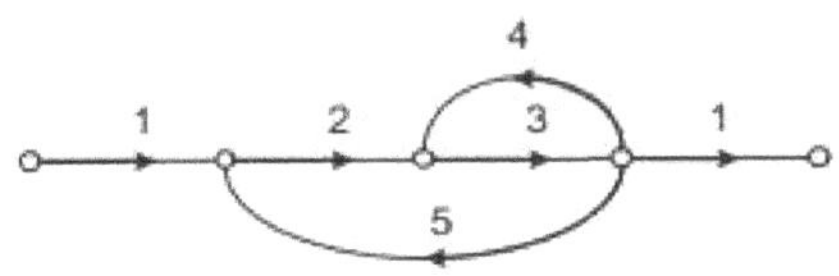

①$-\frac{1}{41}$ ②$-\frac{6}{41}$ ③$-\frac{5}{41}$ ④$-\frac{3}{41}$

14. 다음 신호흐름선도의 전달함수를 구하면?

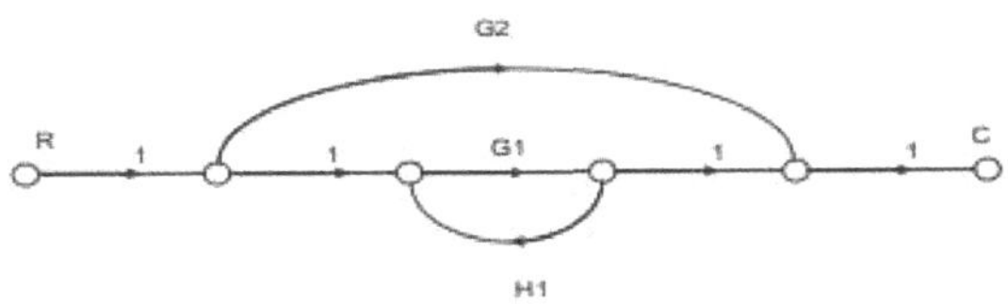

①$\frac{G1+G2}{1-G1H1}$ ②$\frac{G1+G2}{1-G1H1-G2H1}$ ③$\frac{G1+G2(1-G1H1)}{1-G1H1}$ ④$\frac{G1G2}{1-G1H1}$

15. 다음 상태선도에서 나타내는 미분방정식은?

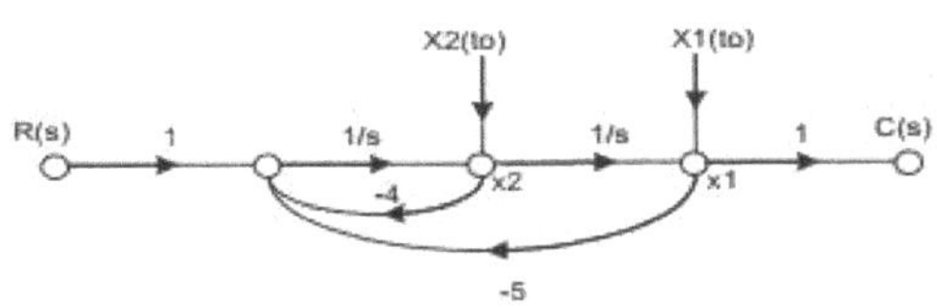

①$\frac{d^2c(t)}{dt^2}+5\frac{dc(t)}{dt}+4c(t)=r(t)$ ②$\frac{d^2c(t)}{dt^2}-5\frac{dc(t)}{dt}-4c(t)=r(t)$

③$\frac{d^2c(t)}{dt^2}+4\frac{dc(t)}{dt}+5c(t)=r(t)$ ④ $\frac{d^2c(t)}{dt^2}-4\frac{dc(t)}{dt}-5c(t)=r(t)$

답 1.③ 2.③ 3.① 4.④ 5.① 6.① 7.③ 8.② 9.② 10.② 11.③ 12.① 13.② 14.① 15.③

제 5 장

시간 영역 해석

5.1 개요

5.2 제어시스템의 시간응답 특성

5.3 1차 시스템의 과도상태 응답 특성

5.4 2차 시스템의 과도상태 응답 특성

5.5 특성방정식에서 근의 위치와 안정

5.6 정상상태 편차

5.7 감도

연습문제

익힘문제

제 5 장 시간 영역 해석

5.1 개요

제어시스템에서 특성이란 응답 특성을 의미하며 **과도상태 응답(transient response)** 과 **정상상태 응답(steady state response)**으로 구분한다.

시간 영역에서의 해석이란 입력 신호에 대하여 어떤 제어대상 시스템의 출력 신호가 시간에 따라 시스템이 어떻게 변화하는가를 분석하는 것, 즉 과도상태와 정상상태의 특성을 파악하는 것을 의미한다.

응답 특성을 해석하는 목적은 기준입력에 대해 출력의 정상응답이 그 시스템의 정확도와 직접적인 관계가 있기 때문이다. 실제로 정상응답이 기준입력과 완전히 일치하지 않으면 정상상태 오차가 발생한다. 가장 이상적인 것은 제어 시스템이 기준입력과 응답이 완전히 일치하는 것이다. 그러나 모든 물리 장치는 관성과 저항 등을 갖고 있으므로 정상상태에 도달하기 전에 과도상태가 존재하며 외란의 영향으로 완전히 일치시키기가 쉽지 않다.

시간응답(time response)을 분석하기 위하여 많이 사용되는 기준입력에는 단위 계단 입력, 단위 램프 입력, 단위 임펄스 입력 등이 있는데 주로 가장 많이 사용하는 입력이 단위 계단 입력이다. 실제로 제어시스템의 명령신호로 많이 쓰인다.

과도상태 응답은 기준입력이 가해진 후의 시간응답이며, 정상상태 응답은 입력이 가해진 다음 일정한 시간이 경과한 후의 시간응답을 말한다.

특히 시간응답 특성 가운데 과도상태 응답은 폐루프 시스템의 극점, 영점의 위치와 관련이 있으며, 정상상태응답은 전달함수의 형번호(type number)와 관련이 있다.

5.2 제어시스템의 시간응답 특성

제어시스템의 시간응답에 대해 알아보자. 시스템의 응답에는 정상상태 응답과 과도상태 응답으로 나눌 수 있다.

1) **정상상태 응답**(steady state response)

일반적으로 안정한 시스템이란 제어시스템이 일정한 시간이 경과한 후 일정 범위 내에서 영으로 수렴하거나 정상상태 오차가 거의 0이 되어야 한다.

즉, 시스템이 일정한 시간이 지나면 기준입력에 대해 정상상태 오차가 거의 0으로 수렴되어야 한다는 의미이다. 정상상태란 다음 그림 5-1에서 정착시간(ts) 이후의 값을 측정하여 판단한다.

2) **과도상태 응답**(transient response)

제어시스템의 가장 중요한 특성 중에 하나가 과도상태 응답이다.

제어시스템의 과도상태 응답 특성의 평가는 속응성과 안정성에 있다. 속응성은 제어시스템이 어느 정도 빨리 목표값에 도달하는가를 나타내는 것이고, 안정성은 제어량이 정상값에 도달할 때까지의 감쇠 특성을 나타내어 안정되게 동작하는 것이다. 일반적으로 단위 계단 입력에 대한 응답으로 제어시스템의 과도특성을 평가한다.

실제로 단위 계단 입력에 대한 출력신호는 그림 5-1과 같이 진동하면서 진폭이 점차로 감소하여 목표값에 가까이 가는 경우가 많다.

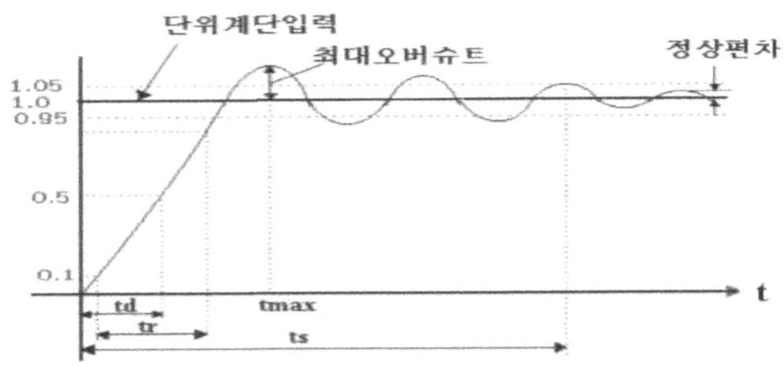

그림 5-1 단위 입력에 대한 시간응답

시스템에서 성능평가 기준은 다음과 같이 나타낸다.

① **상승시간**(rise time) t_r : 계단 응답이 최종값의 10%~90%까지 도달하는 데 필요한 시간

② **지연시간** (time delay) t_d : 계단 응답이 최종값의 50%에 도달하는 데 필요한 시간

③ **정착시간**(settling time) t_s : 계단 응답이 감소하여 최종값의 ±2 ~ 5%범위 안에 들기 시작하는 시점. 일반적으로 2차 시스템은 시정수의 4배가 된다. ($t_s = 4\tau = \frac{4}{\zeta\omega_n}$)

④ **최대 오버슈트**(maximum overshoot) **또는 최대초과** M_p : 과도응답 중에 생기는 입력과 출력과의 최대 편차량

최대 오버슈트 값은 제어시스템의 안정성의 척도가 되는 양이다.

$$\text{백분율 최대 오버슈트} = \frac{\text{최대 오버슈트}}{\text{최종값}} \times 100\%$$

$$Mp[\%] = \frac{y(t_p) - R}{R} \times 100 \tag{5-1}$$

여기서, $y(t_p)$: 최대 오버슈트 R: 희망값

⑤ **정점시간**(peak time) tp : 최대 오버슈트가 일어나는 시간

⑥ **정상상태 오차**(Steady-state error) Es : 기준 입력에 대한 출력 정상상태 값의 오차

$$Es[\%] = \frac{Ys - R}{R} \times 100 \tag{5-2}$$

여기서, Ys: 정상상태 값

⑦ **감쇠비**(decay ratio) : 감쇠비는 과도응답의 소멸되는 정도를 나타내는 양으로 다음과 같이 정의한다.

$$\text{감쇠비} = \frac{\text{제2의 오버슈트}}{\text{최대 오버슈트}} \tag{5-3}$$

최대 오버슈트와 상승시간은 일반적으로 상충되며, 상승시간을 줄이면 최대 오버슈트는 커지고 최대 오버슈트를 줄이려면 상승시간이 길어지는 단점이 있다.

5.3 1차 시스템의 과도상태 응답 특성

입력을 $r(t)$, 출력을 $c(t)$라 할 때 1차 시스템의 미분 방정식은 다음과 같다.

$$T\frac{dc(t)}{dt} + c(t) = Kr(t) \tag{5-4}$$

그리고 전달함수는 다음과 같이 표현된다.

$$\frac{C(s)}{R(s)} = \frac{K}{Ts+1} \tag{5-5}$$

특성방정식이란 전달함수 식에서 분모=0 이다.

여기서, 특성방정식 : $Ts + 1 = 0$, 특성근 : $s = -\frac{1}{T}$, T: 시정수(τ), K:이득

이러한 시스템을 **1차 시스템(1st order system)**이라 한다.

다음은 이러한 시스템의 입력에 따라 출력 특성이 어떻게 나타나는가를 알아보자.

이 시스템의 단위 계단 입력에 대한 응답을 구하여 보자.

출력 $C(s)$는 다음과 같다.

$$C(s) = \frac{K}{Ts+1} \cdot \frac{1}{s} \tag{5-6}$$

이 식을 부분분수 전개하면 다음과 같다.

$$C(s) = \frac{K_1}{s} + \frac{K_2}{Ts+1} \tag{5-7}$$

부분분수의 분자 K_1, K_2를 구하면

$$K_1 = \left.\frac{K}{Ts+1}\right|_{s=0} = K \tag{5-8}$$

$$K_2 = \left.\frac{K}{s}\right|_{s=-1/T} = -KT$$

이다. 이 식의 분자를 대입하면 다음과 같다.

$$C(s) = \frac{K}{s} - \frac{KT}{Ts+1} = K\left(\frac{1}{s} - \frac{1}{s+\frac{1}{T}}\right) \tag{5-9}$$

다시 식을 라플라스 역변환하면 출력은 다음과 같다.

$$c(t) = \mathcal{L}^{-1}[C(s)] = K(1-e^{-\frac{t}{T}}) \tag{5-10}$$

시스템의 출력식에서 시간 t의 변화에 대한 과도응답과 특성 곡선을 나타내면 다음과 같다.

표 5-1 1차 시스템의 과도응답

시간(t)	0	0.2T	0.4T	0.8T	T	2T	3T	4T	5T
출력 $c(t)$	0	0.18K	0.33K	0.55K	0.63K	0.86K	0.95K	0.98K	0.993K

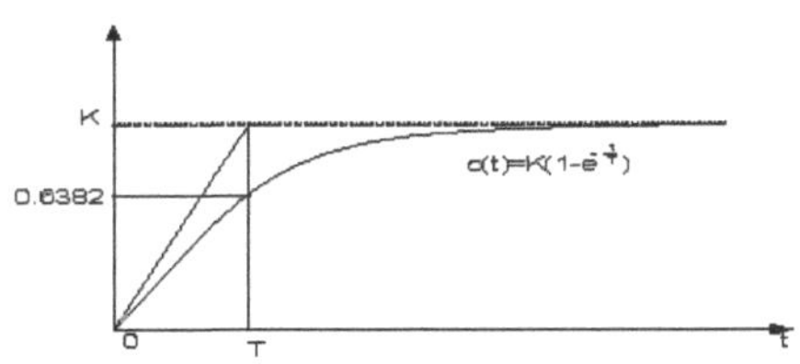

그림 5-2 1차 시스템의 단위 계단 응답특성

이 그림에서 시간 $t=0$에서 출력 $c(t)=0$이며 시간이 경과할수록 출력 특성은 최종값 K에 가까워지고 있다. 시간 $t=T$일 때의 응답은 $t=0$ 일 때의 값의 대략 63[%]로 되며 이 때 T를 **시정수(time constant)**라 하며 기호로 $\tau(tau)$라 한다.

즉 이 값은 $(1-\frac{1}{e})\times 100=63[\%]$로 계산한다.

1차 시스템의 시간 응답 특성 :

① 과도응답 특성은 시정수(τ)에 전적으로 의존하고 있으며 과도응답 특성을 개선하려면 이 시정수를 줄이면 된다. 시정수가 작으면 응답속도는 빨라지고 시정수가 클수록 응답속도는 느려진다.

② 정상상태 특성은 직류 이득 K에 의해 결정되고 K가 1일 때 출력은 기준 입력과 같아지고 정상상태의 오차는 0이 된다.

1차 시스템의 시간응답 성능지표를 나타내면 표 5-2와 같다.

표 5-2 1차 시스템의 시간응답 성능지표

상승시간	$t_r \approx 2.2T$
지연시간	$t_d \approx 0.1T$
최대초과	$M_P=0$
정착시간	$t_s \approx 4T$
정상상태오차	$E_s=\lvert 1-K\rvert$

시정수(time constant): $\tau=\frac{1}{|\text{특성근}|}[\sec]$

: 1차 시스템 모델에 정의되는 응답 특성의 지표

: 최종값의 63[%]에 이르는 시간(초기치의 37[%] 가 되는 시간)

5.4 2차 시스템의 과도상태 응답 특성

2차 시스템의 피드백 제어시스템은 다음과 같은 미분 방정식을 갖는다.

$$\tau\frac{d^2c(t)}{dt^2}+\frac{dc(t)}{dt}+Kc(t)=Kr(t) \tag{5-11}$$

위와 같은 2차 미분형으로 나타내는 시스템을 2차 시스템(2nd order system)이라 한다.

2차 시스템을 전달함수로 나타내면 다음과 같다.

$$\frac{C(s)}{R(s)} = \frac{K}{\tau s^2 + s + K} = \frac{\omega_n^2}{s^2 + 2\zeta\omega_n s + \omega_n^2} \quad (5-12)$$

이 시스템의 과도응답 특성을 알려면 이 시스템의 특성방정식을 알아야 한다. 이 시스템의 특성방정식은 위의 식에서 분모를 0으로 놓으면 얻어진다. 그러므로 특성방정식은 다음과 같다.

$$s^2 + 2\zeta\omega_n s + \omega_n^2 = 0 \quad (5-13)$$

이 식의 특성근(해)을 구하면 다음과 같다.

$$s_1,\ s_2 = -\zeta\omega_n \pm j\omega_n\sqrt{1-\zeta^2} = -\delta \pm j\omega \quad (5-14)$$

여기서, ζ: 제동비(damping ratio)

w_n : 고유 주파수 또는 자연 주파수(natural frequency)

$\delta = \zeta w_n$: 제동계수(damping factor)

$w = w_n\sqrt{1-\zeta^2}$: 실제 주파수(actual frequency)

$\tau = \frac{1}{\delta} = \frac{1}{\zeta w_n}$: 시정수

1) 2차 시스템의 과도응답 종류

2차 시스템의 특성방정식에서 특성근의 위치는 제동비(ζ)에 따라 다음과 같이 분류하며 응답특성은 다음과 같다.

① $0 < \zeta < 1$ **인 경우 : 부족제동**(under damped)

특성근 : 공액 복소근 $s = -\zeta\omega_n \pm j\omega_n\sqrt{1-\zeta^2} = -\delta \pm j\omega$ (5-15)

감쇠진동을 하며 좀 더 짧은 시간에 최종값에 이르지만 진동 특성에 의해 정착 시간이 길어짐

② $\zeta = 1$ **인 경우 : 임계제동**(critically damped)

특성근 : 중복근 $s = -\zeta\omega_n = -\delta$ (5-16)

최단시간에 정상응답이 주어지며, 오버슈트는 나타나지 않는다.

③ $\zeta > 1$ **인 경우 : 과제동**(over damped)

특성근 : 서로 다른 실근 $s = -\zeta\omega_n \pm \omega_n\sqrt{\zeta^2 - 1}$ (5-17)

$\zeta = 1$일 때 보다 응답시간이 늦어짐

④ $\zeta = 0$ **인 경우 : 비제동**(undamped)

특성근 : 공액 허수근 $s = \pm j\omega_n = \pm j\omega$ (5-18)

허근을 가지므로 일정한 진폭으로 연속하여 진동

특성방정식에서 제동비(ζ)에 대한 특성근의 근궤적에 대해 알아보자.

다음 그림에서 고유 주파수(w_n)을 일정하게 하고 제동비(ζ)를 0에서부터 ∞까지 변화시키면서 특성방정식의 근의 위치는 허수축을 떠나 반지름 w_n으로 하는 원을 따라 이동하게 된다. 2차 시스템에서 제동비에 따라 s- 평면상에 특성근의 근궤적을 그리면 그림 5-3과 같다.

그림 5-3에서 $\zeta = 1$일 때는 $s = -w_n$에서는 실수축과 만난다. 다시 ζ가 증가하면 실수축을 따라 원점과 무한대의 방향으로 분리되어 이동한다.

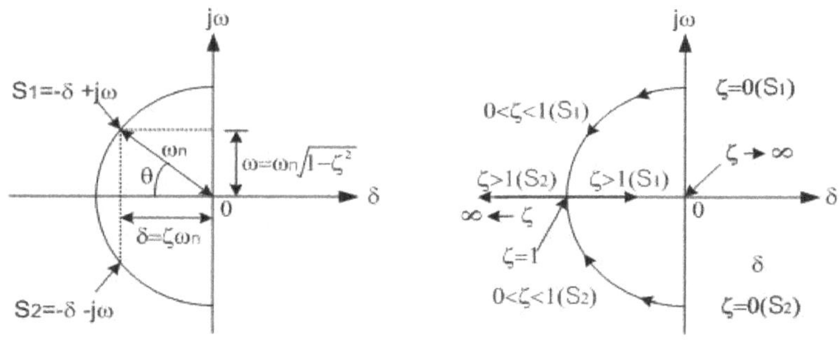

그림 5-3 s-평면상에서 ζ의 변화에 대한 특성방정식의 근궤적

그림의 공액 복소근에서 임의의 한점 s_1과 원점과의 이루는 각을 θ라고 하면 다음과 같이 나타낼 수 있다.

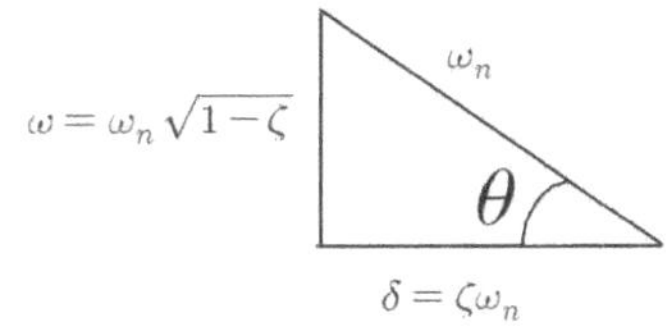

그림 5-4 s-평면상에서 반지름과 실수축이 이루는 각

ω_n은 원점과 특성근 사이의 반지름이 되고 그림에서 반지름(ω_n)과 부의 실수축(δ)과 이루는 각은 코사인 값이 된다.

즉, 반지름과 부의 각 코사인 θ는 다음과 같다.

$$\cos\theta = \frac{\delta}{w_n} = \frac{\zeta w_n}{w_n} = \zeta \tag{5-19}$$

이 값은 근궤적의 위치에 따른 다음 장의 근궤적 제어기 설계에 활용된다.

제동비 (ζ)에 따라 각 제동의 특성근과 시간응답 및 안정도에 대해 나타내면 표 5-3 과 같다.

표 5-3 특성근, 시간응답 및 안정도

No	제 동 비	특성근의 종류	s평면상의 위치	안정도	시간응답 특성
1	부족제동 $(0<\zeta<1)$	공액 복소근 $(s=-\delta\pm j\omega)$	2, 3 상한	안정	감쇠 진동
2	임계제동 $(\zeta=1)$	중복근 $(s=-\delta)$	부의 실수축	안정	지수적 감쇠
3	과제동 $(\zeta>1)$	서로 다른 실근 $(s=-\delta,\ -\omega)$	부의 실수축	안정	지수적 감쇠
4	비제동 $(\zeta=0)$	공액 허수근 $(s=\pm j\omega)$	허수축	임계안정	지속 진동

2) 2차 시스템의 단위 계단 응답

초기조건이 0이고 입력이 단위 계단 입력 함수는 $r(t)=u(t)$라 할 때 2차 시스템의 인디셜 응답(단위계단응답)을 구하여보자. 식 (5-12)에서 출력 응답은 다음과 같다.

$$C(s) = \frac{\omega_n^{\ 2}}{s^2+2\zeta\omega_n s+\omega_n^{\ 2}} \cdot R(s) = \frac{\omega_n^{\ 2}}{s^2+2\zeta\omega_n s+\omega_n^{\ 2}} \cdot \frac{1}{s}$$

$$C(s)=\frac{\omega_n{}^2}{s(s^2+2\zeta\omega_n s+\omega_n{}^2)}=\frac{\omega_n{}^2}{s(s+\zeta\omega_n+\omega_n\sqrt{\zeta^2-1})(s+\zeta\omega_n-\omega_n\sqrt{\zeta^2-1})}$$

$$\therefore c(t)=\mathcal{L}^{-1}[C(s)]=\mathcal{L}^{-1}\left(\frac{w_n^2}{s(s^2+2\zeta w_n s+w_n^2)}\right)=\left(\frac{1}{s}-\frac{s+2\zeta w_n}{s^2+2\zeta w_n s+w_n^2}\right)$$

(5-20)

이 식의 역 라플라스 변환을 하여 각 제동에 대한 출력 응답을 구하면 다음과 같다.

① $0<\zeta<1$ **인 경우 : 부족제동**(under damped)

$$c(t)=1-\frac{e^{-\zeta w_n t}}{\sqrt{1-\zeta^2}}\sin\left[w_n\sqrt{1-\zeta^2}\,t+\phi\right]=1-\frac{e^{-\alpha t}}{\beta}\sin(wt+\phi) \qquad (5\text{-}21)$$

여기서, $\alpha=\zeta w_n$, $\beta=\sqrt{1-\zeta^2}$, $w=\beta w_n$, $\phi=\tan^{-1}\frac{\sqrt{1-\zeta^2}}{\zeta}=\cos^{-1}\zeta$

② $\zeta=1$ **인 경우 : 임계제동**(critically damped)

$$c(t)=1-(1+w_n t)e^{-w_n t} \qquad (5\text{-}22)$$

③ $\zeta>1$ **인 경우 : 과제동**(over damped)

$$c(t)=[1+K_2e^{-(\zeta-\sqrt{\zeta^2-1})w_n t}+K_3e^{-(\zeta-1)w_n t}] \qquad (5\text{-}23)$$

$$K_2=\frac{1}{2(\zeta^2-\zeta\sqrt{\zeta^2-1}-1)} \qquad K_3=\frac{1}{2(\zeta^2+\zeta\sqrt{\zeta^2-1}-1)}$$

④ $\zeta=0$ **인 경우 : 비제동**(undamped)

$$c(t)=1-\frac{1}{2}e^{-jw_n t}-\frac{1}{2}e^{jw_n t}=1-\frac{1}{2}(e^{-jw_n t}+e^{jw_n t})=1-\cos w_n t \qquad (5\text{-}24)$$

다음 그림은 제동비 (ζ)에 따라 2차 시스템의 응답 특성을 나타낸다.

그림에서 알 수 있듯이 ζ가 작아지면 작아질수록 출력 응답의 진동은 커지고 오버슈트도 커진다.

또, $\zeta>1$인 경우의 출력 응답은 진동 없이 서서히 정상값에 도달함을 볼 수 있다.

제동비가 작아지면 오버슈트는 증가하고, 제동비가 커지면 오버슈트는 감소한다.

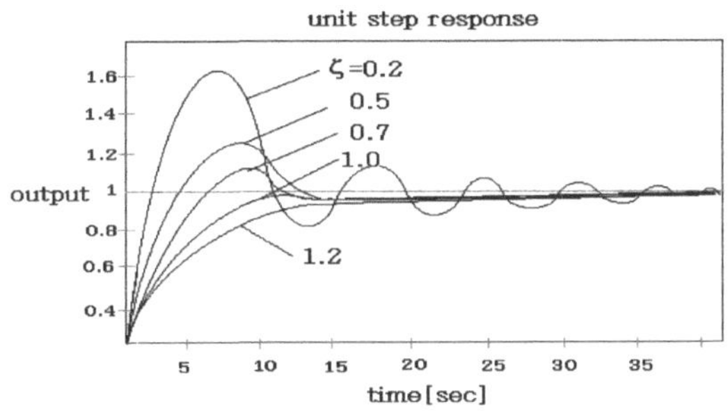

그림 5-5 2차 시스템의 계단 응답 특성($w_n = 1$)

3) 2차 시스템의 과도응답 성능지표

2차 시스템의 과도응답 특성에서 성능지표를 알아보기 위하여 최대 오버슈트에 대해 알아보자. 최대 오버슈트의 결정은 일반적으로 출력 응답을 미분하여 0으로 놓고 그 때 해를 구하면 그때 시간이 최대 또는 최소값이 된다. 즉, 식 (5-21)을 미분하면 미분방정식은 다음과 같다.

$$\frac{dc(t)}{dt} = \frac{w_n e^{-\alpha t}}{\beta}[\zeta \sin(wt+\phi) - \beta \cos(wt+\phi)] = \frac{w_n}{\beta} e^{-\alpha t} \sin(wt+\phi) \quad (5\text{-}25)$$

여기서, $\cos\phi = \frac{\zeta}{\sqrt{\zeta^2+\beta^2}} = \zeta$, $\sin\phi = \frac{\beta}{\sqrt{\zeta^2+\beta^2}}$, $\phi = \tan^{-1}\frac{\beta}{\zeta} = \tan^{-1}\frac{\sqrt{1-\zeta^2}}{\zeta}$

$$\sqrt{\zeta^2+\beta^2}\left[\frac{\zeta}{\sqrt{\zeta^2+\beta^2}} sin(wt+\phi) - \frac{\beta}{\sqrt{\zeta^2+\beta^2}} cos(wt+\phi)\right]$$

$$= \sqrt{\zeta^2+\beta^2}\,[\cos\phi \sin(wt+\phi) - \sin\phi \cos(wt+\phi)]$$

$$= \sqrt{\zeta^2+\beta^2} \sin(wt+\phi-\phi) = \sqrt{\zeta^2+\beta^2} \sin wt$$

이 식의 해를 구하기 위하여 간단히 정리하면 다음과 같다.

$$\frac{dc(t)}{dt} = \frac{w_n}{\sqrt{1-\zeta^2}} e^{-\alpha t} \sin wt \quad (5\text{-}26)$$

식에서 $\frac{dc(t)}{dt} = 0$으로 놓고 해를 구하면 다음과 같다.

$$t = \infty,\ w_n\sqrt{1-\zeta^2}\,t = n\pi,\ n = 0,1,2,3,\cdots \quad (5\text{-}27)$$

$t = \infty$에서 해는 $\zeta \geq 1$일 때 $c(t)$의 최대값을 나타낸다.

즉, 시간 t는 다음과 같다.

$$t = \frac{n\pi}{w_n\sqrt{1-\zeta^2}} \tag{5-28}$$

이 식을 시간에 대한 응답으로 나타내면 그림과 같다.

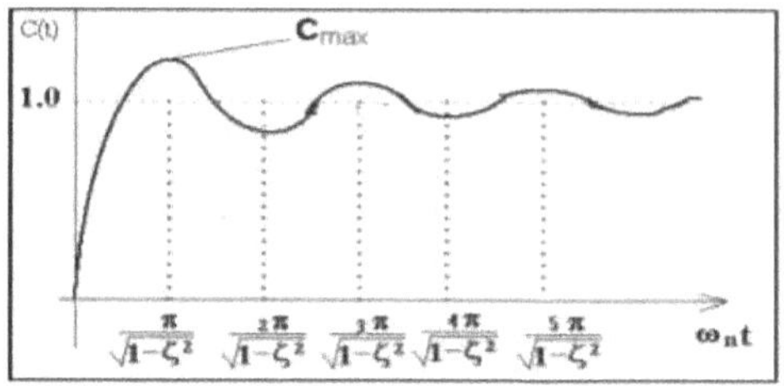

그림 5-6 2차 시스템의 최대, 최소응답

그림에서 최대 오버슈트 시간은 $n=1$일 때 즉, 첫 번째가 최대가 된다. 일반적으로 n이 홀수일 때 $(n=1,3,5,\cdots)$ 양의 오버슈트가 일어나는 시간이 된다.

최대 오버슈트 시간은 다음과 같다.

$$t_{\max} = \frac{\pi}{w_n\sqrt{1-\zeta^2}} \tag{5-29}$$

최대 오버슈트를 결정하기 위하여 출력식에 시간 t를 대입하면 다음과 같다.

$$c(t)_{\max\ \mathrm{or}\ \min} = 1 + \frac{e^{-n\pi\zeta/\sqrt{1-\zeta^2}}}{\sqrt{1-\zeta^2}}\sin(\mathrm{n}\pi - \tan^{-1}\frac{\sqrt{1-\zeta^2}}{\zeta})$$

또는,

$$c(t)_{\max\ \mathrm{or}\ \min} = 1 + (-1)^{n-1}e^{-n\pi\tau/\sqrt{1-\zeta}} \tag{5-30}$$

최대 오버슈트는 그림에서 $n=1$일 때 나타나므로 위의 식에 대입하여 풀면 다음과 같다.

$$c_{\max} - 1 = e^{-\pi\zeta/\sqrt{1-\zeta^2}} \tag{5-31}$$

그리고 최대 백분율 오버슈트를 구하면 다음과 같다.

$$\epsilon_p = e^{-\frac{\zeta\pi}{\sqrt{1-\zeta^2}}} \times 100[\%] \tag{5-32}$$

2차 시스템의 응답 특성 :

2차 시스템에서 제동비(ζ)가 작아지면 진동은 커지고 오버슈트도 커진다. 반면에 제동비가 커지면 오버슈트는 감소하고 출력 응답은 늦어지게 된다.

2차 시스템의 시간응답 성능지표를 나타내면 표 5-4와 같다.

표 5-4 2차 시스템의 성능지표

상승시간	$t_r \approx 0.75\frac{\sin^{-1}\zeta+\pi/2}{\omega_n\sqrt{1-\zeta^2}} = \frac{1.8}{\omega_n}\vert_{\zeta=0.5}$
정점시간	$t_p = \frac{\pi}{\omega_d} = \frac{\pi}{\omega_n\sqrt{1-\zeta^2}}$
최대초과	$M_P = e^{-\pi\zeta/\sqrt{1-\zeta^2}}$
정착시간	$t_s \approx \frac{4}{\zeta\omega_n} = \frac{4}{\sigma}$
정상상태오차	$E_s = \vert 1-K\vert = 0$

예제 5-1 다음 전달함수가 $G(s) = \frac{100}{s^2+15s+100}$ 일 때 정점시간, 백분율 오버슈트, 상승시간, 정착시간을 구하라.

풀이

- 자연주파수 : $\omega_n = \sqrt{100} = 10[rad/\sec]$
- 제동비 : $2\zeta w_n = 15,\ \zeta = \frac{15}{2\omega_n} = \frac{15}{2 \cdot 10} = 0.75$
- 정점시간 : $t_p = \frac{\pi}{\omega_n\sqrt{1-\zeta^2}} = \frac{\pi}{10\sqrt{1-0.75^2}} = 0.475[\sec]$
- 백분율 오버슈트 : $\epsilon_p = e^{-\frac{\zeta\pi}{\sqrt{1-\zeta^2}}} \times 100 = 100e^{-\frac{0.75\pi}{\sqrt{1-0.75^2}}} = 2.838[\%]$
- 정착시간 : $t_s = \frac{4}{\zeta w_n} = \frac{4}{0.75\times 10} = \frac{4}{7.5} = 0.533[\sec]$

예제 5-2 다음 그림에서 입력 전압에 대한 출력 전압의 전달함수를 구하고 고유주파수 w_n, 감쇠비 ζ를 구하라. 단, $R=28[\Omega]$, $L=0.1[H]$, $C=250[\mu F]$이다.

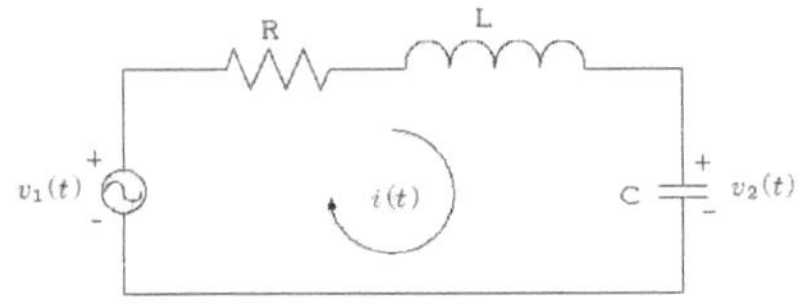

그림 5-7 R-L-C 회로

풀이 그림에서 회로방정식을 세우면 다음과 같다.

$$L\frac{di(t)}{dt}+Ri(t)+\frac{1}{C}\int i(t)dt=v_1(t)$$

$$v_2(t)=\frac{1}{C}\int i(t)dt$$

이 식의 초기값을 0으로 하고 라플라스 변환을 하면 다음과 같다.

$$LsI(s)+RI(s)+\frac{I(s)}{Cs}=V_1(s)$$

$$V_2(s)=\frac{I(s)}{Cs}$$

따라서 전달함수를 구하면 다음과 같다.

$$\frac{V_2(s)}{V_1(s)}=\frac{\frac{1}{LC}}{s^2+\frac{R}{L}s+\frac{1}{LC}}$$

이 식에 회로의 소자 값을 대입하면 다음과 같다.

$$\frac{V_2(s)}{V_1(s)}=\frac{\frac{1}{0.1\times 250\times 10^{-6}}}{s^2+\frac{28}{0.1}s+\frac{1}{0.1\times 250\times 10^{-6}}}=\frac{40000}{s^2+280s+40000}$$

여기서, $w_n^2=40000,\ w_n=200[rad/\sec]$

$$2\zeta w_n=280,\quad \zeta=\frac{280}{2w_n}=\frac{280}{2\times 200}=0.7$$

예제 5-3 다음 1차 시스템의 단위 계단 응답을 프로그램을 이용하여 구하라.

$$G(s)=\frac{1}{s+1}$$

풀이 먼저 프로그램을 이용하여 응답을 구하면 다음과 같다.

```
C>>num = [1];
C>>den = [1 1];
C>>t=0:5:0.1;
C>>step(num,den,t);
```

직류이득은 $G_p = 1$ 이고 시정수는 $T_c = 1$ [sec]이므로,

- 상승시간 : $t_r \approx 2.2$[sec]
- 지연시간 : $t_d \approx 0.1$[sec]
- 초과 : $M_p = 0$
- 정착시간 : $t_s \approx 4$[sec]
- 정상상태 오차 : $E_s = 0$

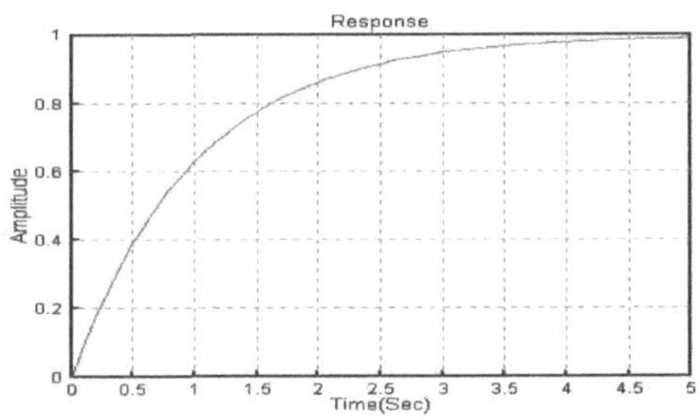

그림 5-8 단위 계단 입력에 대한 1차 시스템의 과도응답 특성

예제 5-4 다음 2차 시스템의 단위 계단 응답을 나타내고 상승시간, 최대 오버슈트, 정점시간, 정착시간, 정상상태 오차 등을 구하라.

$$G(s) = \frac{9}{s^2 + 3s + 9}$$

풀이 계단 응답을 얻기 위한 명령어 :

```
C>>num = 9;
C>>den = [1 3 9];
C>>step(num,den);
```

- 상승시간 : $t_r = \frac{1.8}{3} = 0.6$[sec]

- 최대 오버슈트: $M_p = e^{-(0.5\pi/\sqrt{1-0.5^2})} \times 100 \simeq 16.3033\,[\%]$

- 최대 오버슈트 시간 : $t_p = \dfrac{\pi}{3\sqrt{1-0.5^2}} = 1.2092\,[\text{sec}]$

- 정착시간 : $t_s \approx \dfrac{4}{1.5} = 2.6667\,[\text{sec}]$

- 정상상태 오차 : $E_s = 1 - G(0) = 0$

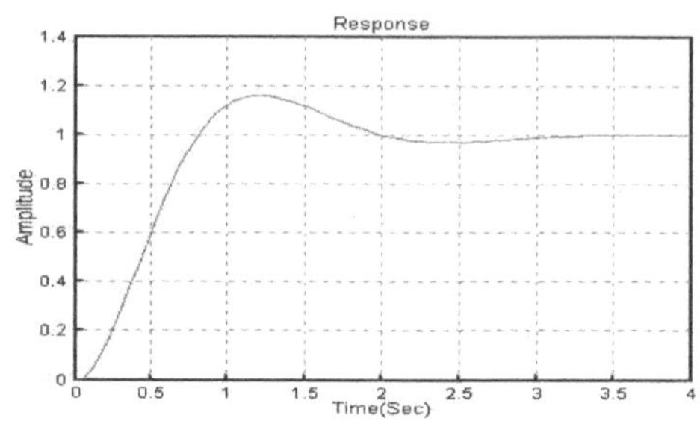

그림 5-9 2차 시스템의 단위 계단 응답

5.5 특성방정식에서 근의 위치와 응답

피드백 제어시스템의 블록선도는 그림 5-10과 같이 나타낼 때 이 시스템의 전달함수는 다음과 같다.

$$\frac{C(s)}{R(s)} = \frac{G(s)}{1+G(s)H(s)} \tag{5-33}$$

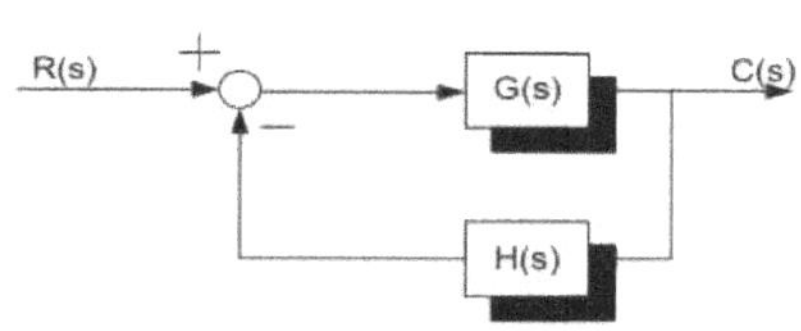

그림 5-10 기본적인 피드백 제어시스템

피드백 전달함수 식에서 분모=0으로 할 때 시스템의 특성방정식이 된다. 즉 분모를 0으로 놓으면 특성방정식은 다음과 같다.

$$1 + G(s)H(s) = 0 \tag{5-34}$$

이 식을 특성방정식(characteristic equation)이라 한다. 특성방정식은 자동제어시스템에서 매우 중요한 요소가 된다. 특성방정식에서 특성방정식의 근을 **특성근**(characteristic root) **또는 극점**이라 한다.

전달함수에서 분자의 해를 **영점**(zero point)이라 하며 분모의 해를 **극점**(pole point)이라 한다.

극점과 영점은 2개의 실변수로 정해지는 복소수이며, 극점과 영점은 직각좌표의 한 점으로 표시할 수 있으며 s-평면상에 극점은 (X)로 영점은 (O)로 나타내며 그림과 같이 나타낸다.

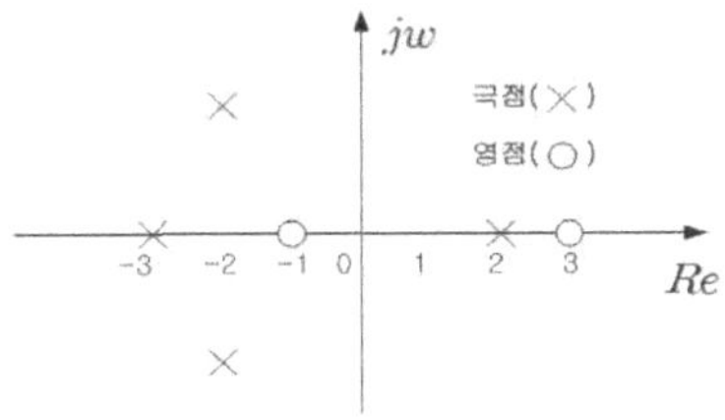

그림 5-11 s 평면상의 극점과 영점의 표현

1) 극점의 위치와 과도응답

시스템에서 극점은 s 평면상의 위치에 따라 응답이 달라진다.

과도응답 중 정(+)의 실근, 즉 s 평면상 우반면에 존재하는 경우 실근에 대응하는 지수항의 응답은 시간과 함께 단조 증가하는데 이러한 시스템은 불안정하다.

또한 부(-)의 실근, 즉 s 평면상의 좌반면에 있는 경우는 지수항의 응답은 시간이 경과함에 따라 감소하는 데 이러한 시스템은 안정하다.

극점의 특징을 요약하면 다음과 같다.

· 과도응답이 시간과 더불어 소멸하는 정도는 허수축에 가까울수록 빨리 소멸한다.

· 극점이 좌(우)반면에 있으면서 허수축으로부터 멀어질수록 출력 신호의 수렴(발산)속도가 빨라진다.

· 극점이 실수축으로부터 멀어질수록 출력 신호의 진동 주파수가 높아진다.

다음은 어떤 제어시스템의 극점의 위치에 따라 응답과의 관계를 알아보자.

$$F(s) = \frac{A}{s - s_1} \qquad s_1 = \zeta w_n \pm j w_n \sqrt{1-\zeta^2} = \delta \pm j\omega \tag{5-35}$$

이 식의 시간에 대한 응답을 구하면 다음과 같다.

$$\begin{aligned} f(t) &= Ae^{s_1 t} \\ &= Ae^{(\delta \pm jw)t} \\ &= Ae^{\delta t} \cdot e^{\pm jwt} \\ &= Ae^{\delta t} \cdot (\cos wt \pm j\sin wt) \end{aligned} \tag{5-36}$$

여기서, $e^{\pm jwt}$는 오일러 공식에서 $e^{\pm jwt} = \cos wt \pm jsinwt$

근의 위치에 따라 응답과의 관계를 나타내면 다음과 같다.

① $\zeta = 0$인 경우(불안정) : 비제동, 공액허수근 존재

$s_1 = \pm jw$이므로 시간응답은 $f(t) = Ae^{\pm jwt} = A(\cos wt \pm jsinwt)$이다.

시간에 관계없이 진폭의 크기는 일정하고 진폭의 증폭이나 감쇠가 일어나지 않음

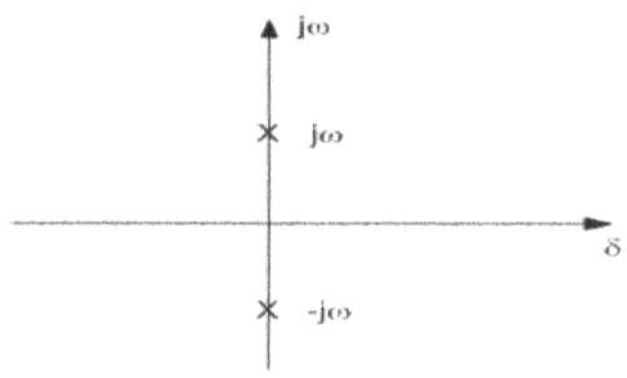

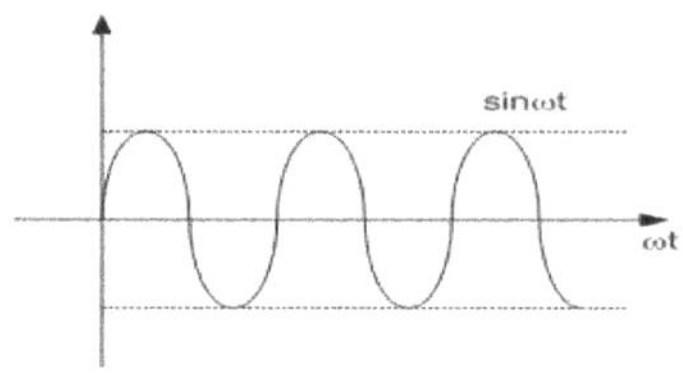

② $0 < \zeta < 1$인 경우(안정) : 부족제동, 공액복소근 존재

$s_1 = -\delta \pm jw$이므로 시간응답은 $f(t) = Ae^{-(\delta \pm jwt)} = Ae^{-\delta t}\sin wt$이다.

시간이 증가함에 따라 진폭이 지수적으로 감쇠

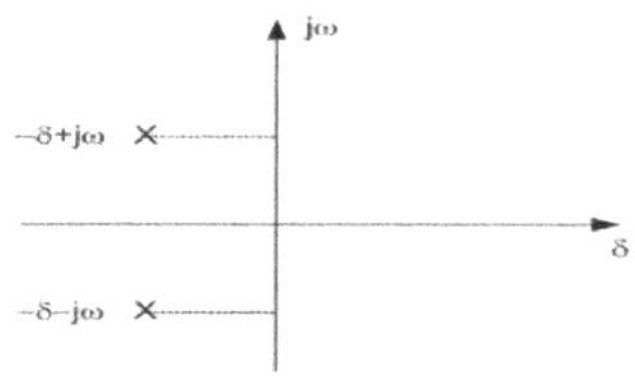

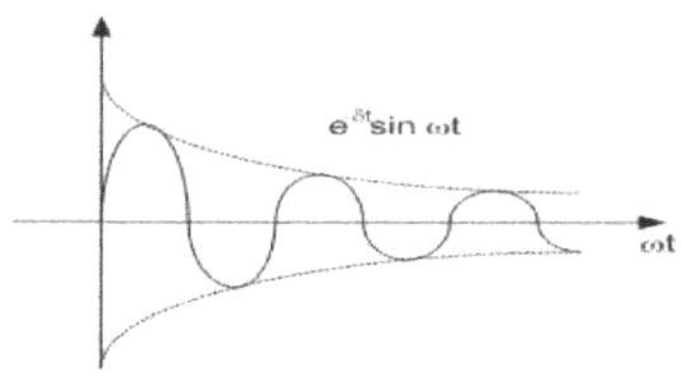

③ $\zeta < 1$인 경우(불안정) : 공액복소근 존재

$s_1 = \delta \pm jw$이므로 시간응답은 $f(t) = Ae^{(\delta \pm jwt)} = Ae^{\delta t}\sin wt$이다.

시간에 따라 진폭이 증가하여 발산

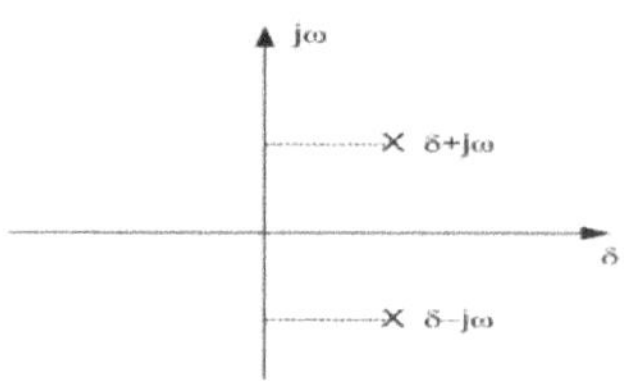

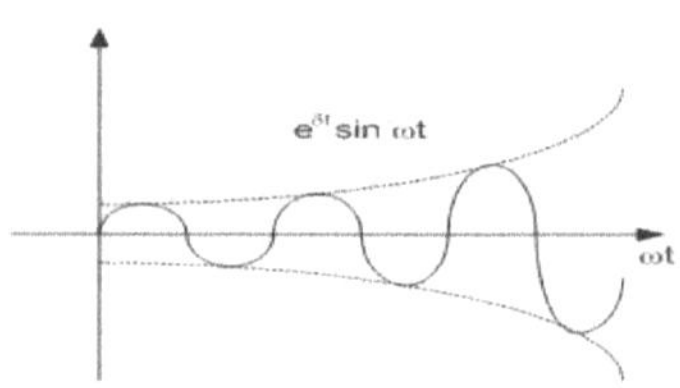

④ $\zeta > 1$인 경우(안정 또는 불안정) : 과제동, 서로 다른실근 존재

$s_1 = \pm\delta$이므로 시간응답은 $f(t) = Ae^{\pm\delta t}$이다.

시간에 따라 지수함수로 감소 또는 증가

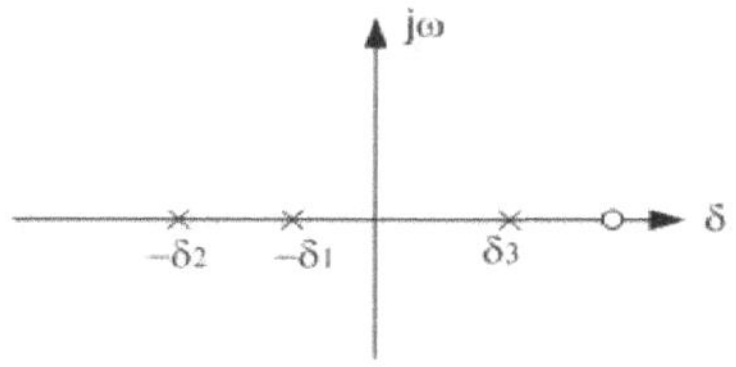

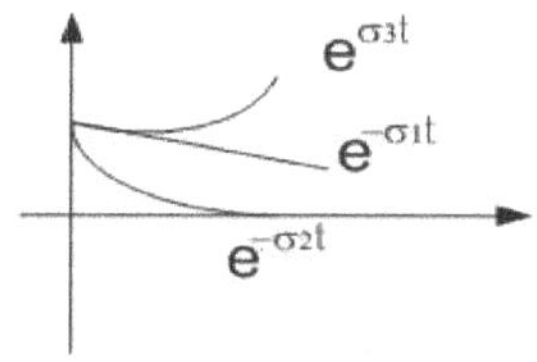

영점이 없는 경우 극점의 위치에 따라 임펄스 응답의 파형은 다음 그림과 같이 요약할 수 있다. 이 그림에서 극점이 좌(우)반면에 있으면서 허수축으로부터 멀어질수록 수렴(발산)속도는 빨라지며, 실수축으로부터 멀어질수록 진동주파수는 높아짐을 알 수 있다.

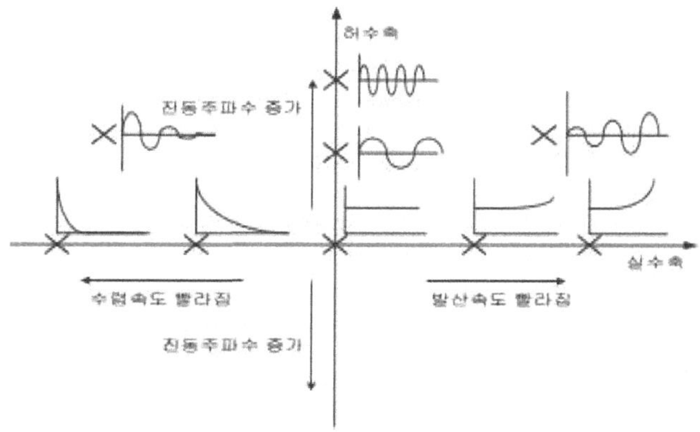

그림 5-12 극점의 위치에 따른 응답

2) 영점의 위치와 과도응답

극점은 시스템의 안정성에 연관되어 있으며, 정상상태와 과도상태 모두가 시스템의 출력응답에 대단히 큰 영향을 미친다.

반면에 영점은 정상상태 응답에 영향을 미치지 않는다. 뿐만 아니라 영점이 시스템의 안정성에는 직접적인 영향을 미치지 않는다.

영점은 이러한 극점처럼 시스템의 응답 특성에 결정적인 영향을 주지는 않지만 영점도 위치에 따라서 과도상태에서 시스템 출력에 영향을 준다.

영점의 특징을 요약하면 다음과 같다.

• 영점이 원점으로부터 멀리 떨어져 있으면 시스템의 출력에 영향을 주지 않음

• 영점이 s 평면상의 좌반면에 있으면서 허수축에 가까워질수록 출력신호의 오버슈트는 커짐

• 영점이 우반면에 있으면 하향 오버슈트가 생기며 하향 오버슈트의 크기는 영점이 허수축에 가까워질수록 커진다.

일반적으로 시스템에 영점이 있는 경우, 극점이 원점 및 허수축에서 멀어질수록 정착시간은 짧아지지만 최대 오버슈트 및 하향 오버슈트는 작아지며, 극점이 원점 근처로 가면 정착시간은 길어지지만 최대 오버슈트 및 하향 오버슈트는 커진다.

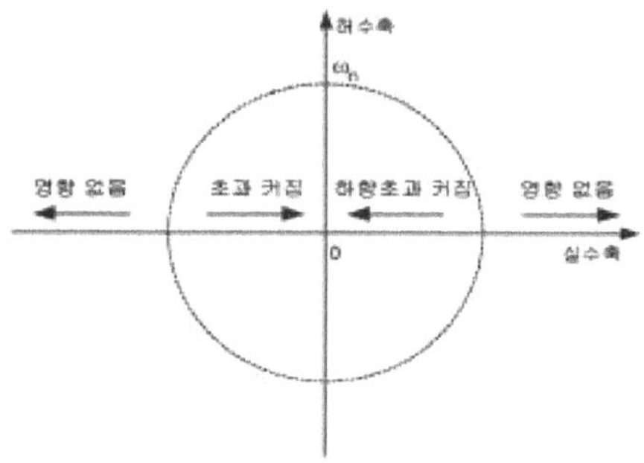

그림 5-13 영점위치와 과도응답에 미치는 영향

예제 5-5 다음 전달함수에서 극점과 영점을 구하고 s 평면상에 나타내어라.

$$G(s) = \frac{(s-1)(s+2)}{(s+3)(s+5)}$$

풀이 전달함수에서 극점 및 영점을 구하면 다음과 같다.

극점 : s=-3, -5

영점 : s=1, -2

s 평면상에 나타내면 다음 그림과 같다.

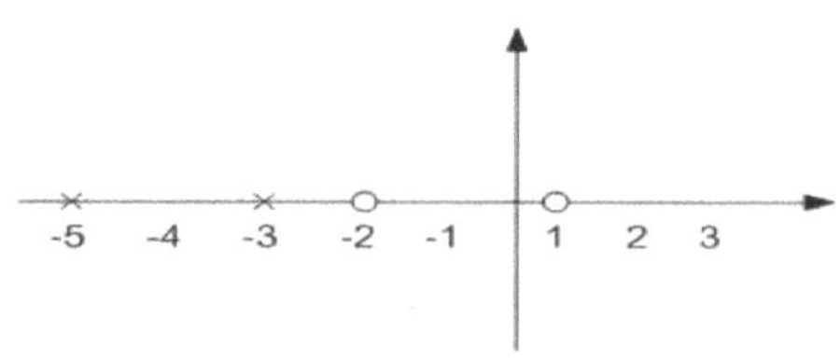

그림 5-14 극점과 영점의 위치

예제 5-6 다음 전달함수에서 단위 계단 응답, 단위 임펄스 응답, 단위 램프 응답을 구하라. $G(s)=\frac{5}{s^3+2s^2+3s+3}$

풀이 응답을 얻기 위한 명령어:

단위 계단 응답 :'step',

단위 임펄스 응답:'impulse',

단위 계단 응답, 단위 임펄스 응답, 단위 램프 응답은 다음과 같이 구할 수 있다.

```
C>>num=5;
C>>den=[1 2 3 3];
C>>step(num,den);
C>>impulse(num,den);
```

단위 램프 응답은 단위 계단 응답을 적분하여 구해지므로 대상 시스템 전달함수의 분모항의 차수를 하나 올린 다음에 계산하여 응답을 구한다.

$c(t)=\mathcal{L}^{-1}[\frac{G(s)}{s^2}]=\mathcal{L}^{-1}[\frac{1}{s}\frac{G(s)}{s}]$ 이므로 분모는 $(s^4+2s^3+3s^2+3s+0)$이다.

```
C>>den=[1 2 3 3 0];
C>>step(num,den);
```

또, 다른 방법으로 램프 응답은 시간이 증가함에 따라 같이 증가하는 입력함수 이다. 따라서 시간에 증가하는 램프 입력을 만든다. 주어진 입력으로 "lsim" 을 사용한다.

```
C>>t=[0:10:0.1];
C>>num=5;
C>>den=[1 2 3 3];
C>>r=t; //램프 입력 설정
C>>lsim(num,den,r,t);
```

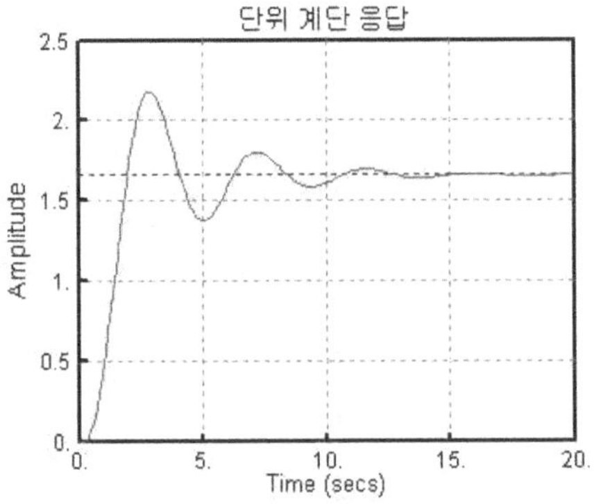

(a) 단위 계단 응답

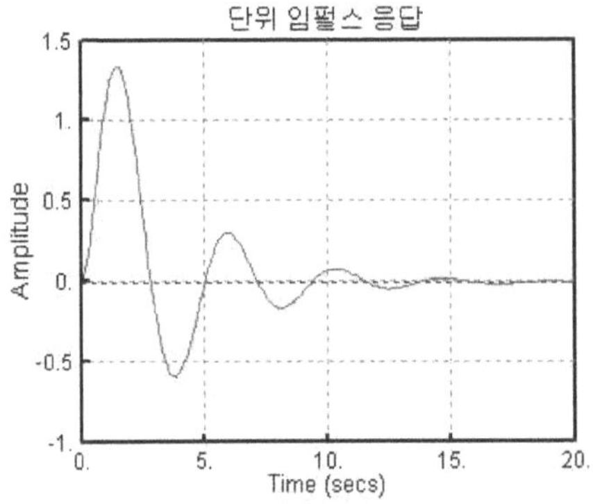

(b) 단위 임펄스 응답

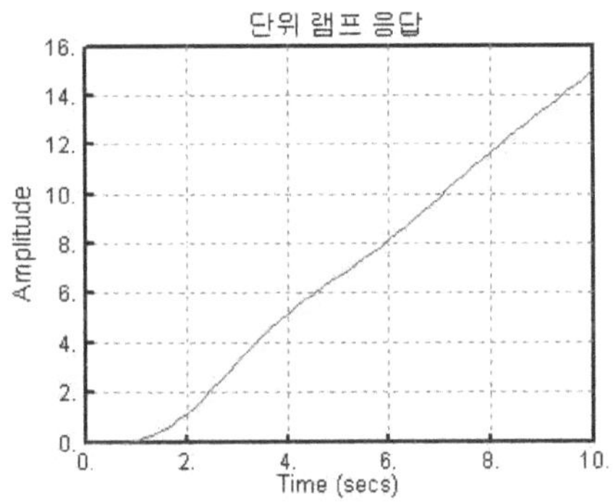

(c) 단위 램프 응답

그림 5-15 응답

5.6 정상상태 편차

제어시스템에서 궁극적인 목적은 시스템의 출력이 우리가 원하는 응답이 되도록 하는 것이다. 시스템의 응답에서 정상상태 편차는 특정입력에 대한 출력의 정확도를 나타내는 척도이다.

따라서 정상상태 편차는 출력이 원하는 범위내로 유지하기 위한 정보를 얻는 것이다.

실제로 시스템의 내부 파라메타의 부정확성, 부품의 결함, 센서에 의한 잡음의 발생으로 정상상태 편차를 피할 수는 없다.

이상적인 시스템에서는 입력과 출력이 완전히 일치하겠지만 물리계의 특수한 성질과 관성, 저항 등의 영향으로 입력과 출력이 완전히 일치하기가 어렵다.

제어시스템의 기준입력 $r(t)$와 출력 응답 $c(t)$라 할 때 기준입력과 출력 응답과의 차를 알아야 하는데 정상응답에서 그 차의 값을 **정상상태 편차(steady state error)**라고 한다. 편차의 신호는 시스템의 입력신호와 직접적인 관계가 있으므로 이 편차를 줄임으로써 시스템의 오차를 최소화 할 수 있다.

가장 기본적인 제어시스템에서 기준입력 $r(t)$, 출력 $c(t)$라 하면 편차는 다음과 같다.

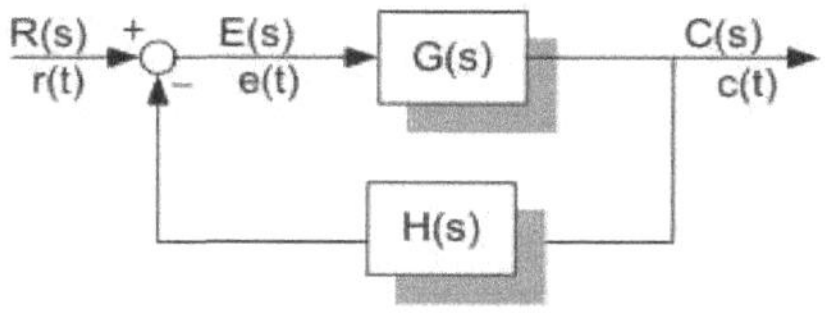

그림 5-16 기본적인 피드백 제어시스템

$$e(t) = r(t) - c(t)$$

또는, $E(s) = R(s) - C(s)$ (5-37)

제어시스템의 정상편차는 시간(t)이 ∞로 접근할 때의 편차로 정의하며, 라플라스 변환을 이용한 최종값 정리에 의하여 다음과 같이 나타낸다.

$$\begin{aligned} e_{ss} &= e(\infty) = \lim_{t\to\infty} e(t) = \lim_{s\to 0} sE(s) \\ &= \lim_{s\to 0} \frac{sR(s)}{1+G(s)H(s)} \end{aligned} \qquad (5\text{-}38)$$

그리고 $E(s)$는 그림에서 다음과 같이 구해진다.

$$\begin{cases} E(s) = R(s) - H(s)C(s) \qquad C(s) = G(s)E(s) \\ \qquad = R(s) - H(s)G(s)E(s) \\ E(s)[1+G(s)H(s)] = R(s) \\ E(s) = \dfrac{R(s)}{1+G(s)H(s)} \end{cases} \qquad (5\text{-}39)$$

여기서, $sE(s)$는 s 평면상의 우반면이나 허수축 상에 극점을 가질 수 없다. 즉, s 평면상의 우반면이나 허수축 상에 극점이 있으면 시스템은 불안정하다.

정상상태 편차는 기준입력 $R(s)$와 전달함수 $G(s)H(s)$에 따라 그 성질이 변함을 알 수 있다. 기준입력으로 사용되는 신호와 $GH(s)$의 형태는 시스템에 따라 다양하므로 모든 경우마다 나타내는 대표적인 특성을 정량화할 수는 없다. 몇 가지 기본이 되는 입력

신호와 $GH(s)$의 형(type)의 종류에 따라 척도를 정의함으로써 정상상태 편차를 구하여 제어기를 해석 및 설계하는 데 사용할 수 있다.

예제 5-7 다음 그림에서 220[V]의 전압을 입력하였다고 가정하여 정상상태 편차를 구하라.

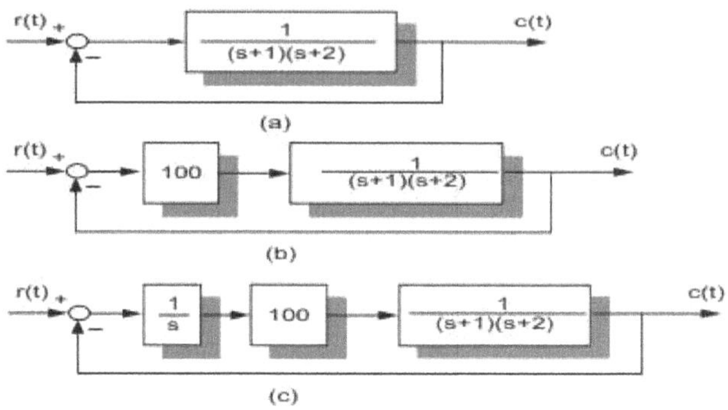

그림 5-17 피드백 제어시스템

풀이 그림에서 정상상태 편차를 적용하면 다음과 같다.

그림 (a)는

$$e_{ss} = \lim_{s\to 0} sE(s) = \lim_{s\to 0}\frac{sR(s)}{1+G(s)}$$
$$= \lim_{s\to 0} s\left\{\frac{1}{1+\dfrac{1}{(s+1)(s+2)}}\cdot\frac{220}{s}\right\} = \frac{220}{1.5} = 146.6[V]$$

그림 (b)는

$$e_{ss} = \lim_{s\to 0} sE(s) = \lim_{s\to 0}\frac{sR(s)}{1+G(s)}$$
$$= \lim_{s\to 0} s\left\{\frac{1}{1+\dfrac{100}{(s+1)(s+2)}}\cdot\frac{220}{s}\right\} = \frac{220}{51} = 4.31[V]$$

그림 (c)는

$$e_{ss} = \lim_{s\to 0} sE(s) = \lim_{s\to 0}\frac{sR(s)}{1+G(s)}$$
$$= \lim_{s\to 0} s\left\{\frac{1}{1+\dfrac{100}{s(s+1)(s+2)}}\cdot\frac{220}{s}\right\} = 0[V]$$

이다.

따라서 그림(a)는 정상상태 편차가 146.6[V]이지만, 비례 제어기를 100으로 하였을 경우 정상상태 편차가 4.31[V]로 감소하고, 다시 적분기를 직렬로 적용하였더니 정상상태 편차가 0으로 감소하였다.

1) 형에 의한 시스템 분류

시스템의 형은 시험신호가 사용되는 시스템의 정상상태를 계산하거나 성질을 분류하는데 사용된다. 제어시스템의 형은 기본적인 피드백 제어시스템에서 편차신호가 주어질 때 나타나는 개루프 전달함수 $GH(s)$의 성질을 표시한다.

피드백 제어시스템의 전달함수는 다음과 같다.

$$G(s) = \frac{K(s+z_1)(s+z_2)....(s+z_m)}{s^N(s+p_1)(s+p_2)....(s+p_n)} = \frac{\prod_{i=1}^{m} K(s+z_i)}{\prod_{i=1}^{n} s^N(s+p_i)} \quad (5\text{-}40)$$

여기서, K는 전향 경로 이득, $-z_{i,} - p_i$ 는 각각 $G(s)$의 유한 영점과 극점이다.

만일 a개의 영점과 b개의 **극점이 원점에 있다**면 다음과 같다.

$$N = b - a : \begin{cases} a : \text{영점의 갯수} \\ b : \text{극점의 수(원점에 있는 극점만)} \\ N : \text{형}\,(Type) \end{cases} \quad (5\text{-}41)$$

제어시스템의 형(type)을 결정하는 데 **원점에서의 극점의 $s^N(N=0,1,2\cdots)$의 수(차수)**, 즉, N의 값에 의존한다. 적분기의 숫자로서 결정한다.

$$\lim_{s\to 0} G(s)H(s) = \lim_{s\to 0} \frac{K}{s^N} \quad (5\text{-}42)$$

여기서, 제어시스템의 형을 분류하면 다음과 같다.

N=0일 때 : 0형 제어시스템

N=1일 때 : 1형 제어시스템

N=2일 때 : 2형 제어시스템

2) 기준 입력(시험신호)에 대한 정상상태 편차

입력의 형태의 변화에 따라 정상상태 오차에 미치는 영향을 기준입력 함수로 3개의 기준 입력신호가 사용된다.

단위 계단 입력: $r(t) = u(t) \quad R(s) = \frac{1}{s}$

단위 램프 입력: $r(t) = tu(t) \quad R(s) = \frac{1}{s^2}$

단위 포물선 입력: $r(t) = \frac{1}{2}t^2u(t) \quad R(s) = \frac{1}{s^3}$

① 단위 계단 입력인 경우 :($r(t) = u(t) \quad R(s) = \frac{1}{s}$)

제어시스템에 단위 계단입력에 대한 정상상태 편차를 구하면 다음과 같다.

$$e_{ss} = \lim_{s\to 0} sE(s) = \lim_{s\to 0} \frac{sR(s)}{1+G(s)H(s)} = \lim_{s\to 0} s\frac{1}{1+G(s)H(s)}\frac{1}{s} = \frac{1}{1+\lim_{s\to 0} G(s)H(s)} = \frac{1}{1+K_p} \tag{5-43}$$

여기서, $k_p = \lim_{s\to 0} G(s)H(s)$

K_p를 **위치 편차 상수(positional error constant)**라고 정의한다.

K_p는 $GH(s)$의 형에 따라 극한값이 변화한다.

정상 위치 편차를 구하면 다음 식과 같이 표현된다.

$$e_{ssp} = \frac{1}{1+\lim_{s\to 0} GH(s)} = \frac{1}{1+\lim_{s\to 0}\frac{K}{s^N}} \tag{5-44}$$

이 식에서 N=0이면 K_p는 유한값으로 K이고, N=1이면 무한대가 되며 그 이상은 무한대가 된다.

표 5-5 정상 위치 편차 상수

형(type)	Kp
0	K
1	∞
2	∞
⋮	⋮
n	∞

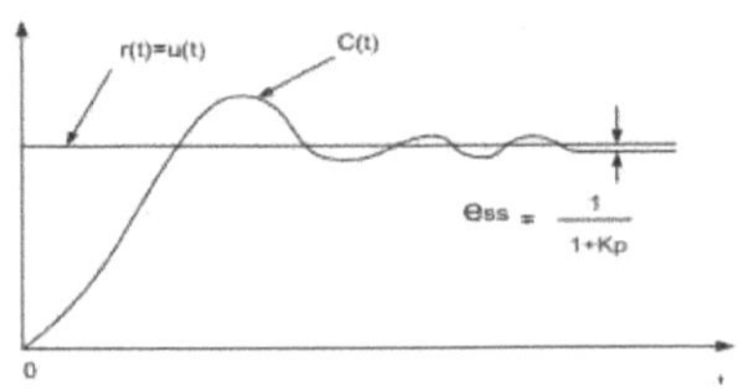

그림 5-18 단위 계단 입력에 대한 정상상태 편차

예제 5-8 다음의 전달함수에서 위치 편차 상수 K_p를 구하라.

$$G(s)H(s) = \frac{20}{(0.1s+1)(10s+1)}$$

풀이 위치 편차 상수를 구하면 다음과 같다.

$$k_p = \lim_{s\to 0} G(s)H(s) = \lim_{s\to 0}\frac{20}{(0.1s+1)(10s+1)} = 20$$

② 단위 램프 입력인 경우 :$(r(t) = tu(t) \quad R(s) = \frac{1}{s^2})$

제어시스템에 단위 램프 입력 $r(t) = tu(t)$를 가했을 때의 정상상태편차를 구하면 다음과 같다.

$$\begin{aligned} e_{ss} &= \lim_{t\to\infty} e(t) = \lim_{s\to 0} sE(s) = \lim_{s\to 0} s \cdot \frac{1}{1+GH(s)} \cdot \frac{1}{s^2} \\ &= \lim_{s\to 0}\frac{1}{s+sGH(s)} = \frac{1}{\lim_{s\to 0} sGH(s)} = \frac{1}{K_v} \end{aligned} \qquad (5\text{-}45)$$

여기서, $K_v = \lim_{s\to 0} sGH(s)$

K_v를 **속도 편차 상수(velocity error constant)**라고 정의한다.

K_v는 $GH(s)$의 형에 따라 극한값이 변화한다.

정상속도 편차를 구하면 다음 식과 같이 표현된다.

$$e_{ssv} = \frac{1}{\lim_{s\to 0} s\, GH(s)} = \frac{1}{\lim_{s\to 0} s\, \frac{K}{s^N}} \qquad (5\text{-}46)$$

이 식에서 N=0이면 K_v는 0이고 N=1이면 K이고, N=2이상이면 무한대가 된다.

표 5-6 정상 속도 편차 상수

형(type)	Kv
0	0
1	K
2	∞
⋮	⋮
n	∞

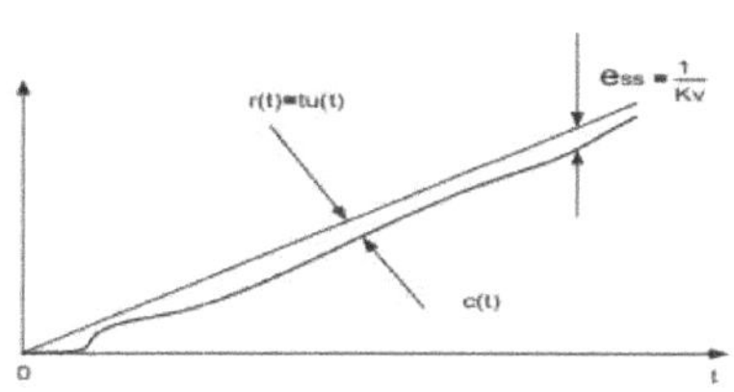

그림 5-19 단위 램프 입력에 대한 정상상태 편차

예제 5-9 제어시스템의 전달함수가 다음과 같을 때 K_v를 구하라.

$$G(s)H(s) = \frac{100}{s(s+1)(s+2)}$$

풀이 속도 편차 상수는 $K_v = \lim_{s\to 0} sGH(s)$ 이다.

$$K_v = \lim_{s\to 0} sG(s)H(s)$$
$$= \lim_{s\to 0} s \cdot \frac{100}{s(s+1)(s+2)}$$
$$= 50$$

③ 단위 포물선 입력인 경우 :($r(t) = \frac{1}{2}t^2u(t) \quad R(s) = \frac{1}{s^3}$)

제어시스템에 단위 포물선 입력 $r(t) = \frac{1}{2}t^2u(t)$를 가했을 때의 정상상태 편차를 구하면 다음 식과 같다.

$$e_{ss} = \lim_{t\to\infty} e(t) = \lim_{s\to 0} sE(s) = \lim_{s\to 0} s \cdot \frac{1}{1+GH(s)} \cdot \frac{1}{s^3} \tag{5-47}$$

$$= \lim_{s\to 0} \frac{1}{s^2 + s^2 GH(s)} = \frac{1}{\lim_{s\to 0} s^2 GH(s)} = \frac{1}{K_a}$$

여기서, $K_a = \lim_{s\to 0} s^2 GH(s)$

K_a를 **가속도 편차 상수(acceleration error constant)**라고 정의한다.

K_a는 $GH(s)$의 형에 따라 극한값이 변화한다.

정상 가속도 편차를 구하면 다음 식과 같이 표현된다.

$$e_{ssa} = \frac{1}{\lim_{s\to 0} s^2 GH(s)} = \frac{1}{\lim_{s\to 0} s^2 \cdot \frac{K}{s^N}} \tag{5-48}$$

이 식에서 N=0이면 K_a는 0이고 N=1일 때 0이고, N=2이면 K이고 그 이상은 무한대가 된다.

표 5-7 정상 가속도 편차 상수

형(type)	Ka
0	0
1	0
2	K
⋮	⋮
n	∞

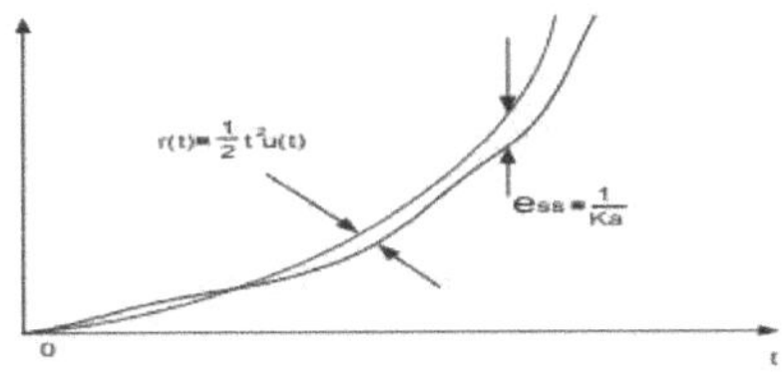

그림 5-20 단위 포물선 입력에 대한 정상상태 편차

예제 5-10 제어시스템의 전달함수가 다음과 같을 때 K_a의 값을 구하라.

$$G(s)H(s)=\frac{100}{s^2(s+1)(s+2)}$$

풀이 가속도 편차 상수에 대입하면 다음과 같다.

$$K_a=\lim_{s\to 0}s^2\cdot\frac{100}{s^2(s+1)(s+2)}=50$$

또한, 폐루프 제어시스템에서 단위 계단, 단위 램프, 단위 포물선 입력 함수에 대한 정상상태 편차를 종합하면 다음과 같다.

표 5-8 단위 계단, 단위 램프, 단위 포물선 입력함수의 정상상태 편차

시스템 형	단위 계단 입력		단위 램프 입력		단위 포물선 입력	
	Kp	e_{ssp}	Kv	e_{ssv}	Ka	e_{ssa}
0	k	$\frac{1}{1+K}$	0	∞	0	∞
1	∞	0	K	1/K	0	∞
2	∞	0	∞	0	K	1/K
3	∞	0	∞	0	∞	0

예제 5-11 다음 그림에서 단위 계단 입력에 대한 출력의 정상상태 편차를 구하고 피드백 시스템의 형식을 판별하라.

$$G(s)=\frac{1}{s+1},\ H(s)=\frac{2}{s+2}$$

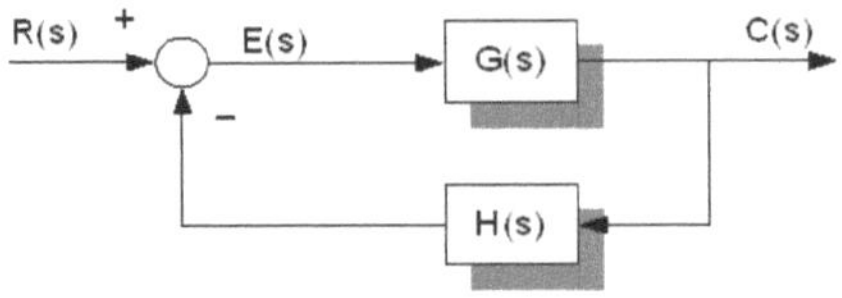

그림 5-21 피드백 시스템

풀이 그림에서 편차를 구하면 다음과 같다.

$$E(s) = \frac{R(s)}{1+GH(s)}$$

$$e_{ss} = \lim_{s\to 0} sE(s) = \lim_{s\to 0} \frac{sR(s)}{1+G(s)H(s)} = \lim_{s\to 0} s\frac{1}{1+G(s)H(s)}\frac{1}{s}$$
$$= \frac{1}{1+\lim_{s\to 0} G(s)H(s)} = \frac{1}{1+K_p}$$

여기서 위치 편차 상수 K_p를 구하면 다음과 같다.

$$k_p = \lim_{s\to 0} G(s)H(s) = \lim_{s\to 0} \frac{2}{(s+1)(s+2)} = \frac{2}{2} = 1$$

정상상태 속도 편차를 구하면 다음과 같다.

$$e_{ssp} = \frac{1}{1+\lim_{s\to 0} GH(s)} = \frac{1}{1+1} = 0.5$$

따라서 이 시스템의 형은 0형이다.

다음은 입력함수가 계단, 램프 포물선 함수가 포함되어 있을 경우의 이 시스템의 출력응답에 대한 정상상태 편차에 대해서 알아보자.

$$u(t) = A + Bt + \frac{1}{2}Ct^2 \tag{5-49}$$

이 시스템의 정상상태 편차는 다음과 같다.

$$e_{ss} = \frac{A}{1+K_p} + \frac{B}{K_v} + \frac{C}{K_a} \tag{5-50}$$

(1) 0형 제어시스템

이 시스템에 0형 제어시스템을 적용하면 다음과 같다.

$$e_{ss} = \frac{A}{1+K_p} + \infty + \infty \tag{5-51}$$

정상상태 편차는 $\dfrac{A}{1+K_p}$ 로 계단입력은 따라가고 램프 및 포물선 입력은 따라가지 못한다.

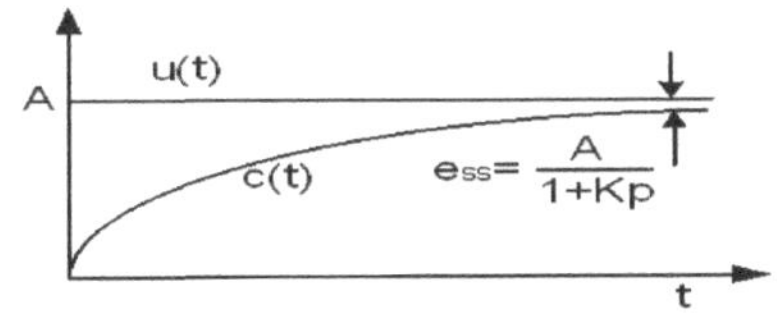

그림 5-22 0형 제어시스템의 응답

(2) 1형 제어시스템

1형 제어시스템일 경우의 정상상태 편차는 다음과 같다.

$$e_{ss} = 0 + \frac{B}{K_v} + \infty \tag{5-52}$$

출력은 계단 입력이 편차가 0이고 램프 입력은 $\dfrac{B}{K_v}$ 로 따라가고 포물선 입력은 따라가지 못한다.

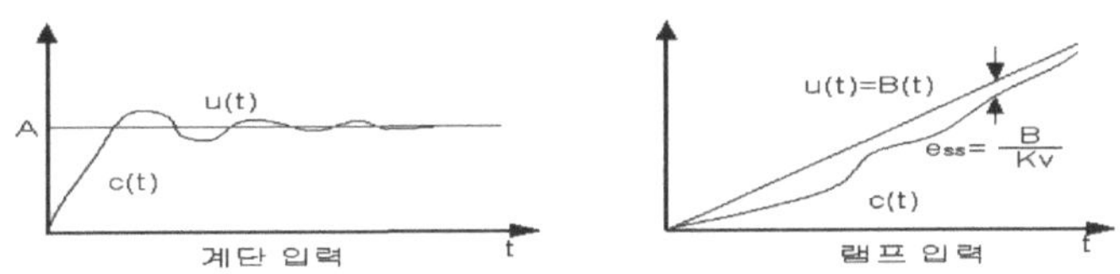

그림 5-23 1형 제어시스템의 응답

(3) 2형 제어시스템

다음은 2형 제어시스템에 대해 알아보자. 이 때 정상상태 편차는 다음과 같다.

$$e_{ss} = 0 + 0 + \frac{C}{K_a} \tag{5-53}$$

이 때 시스템의 출력은 계단, 램프 입력의 편차는 0이고 포물선 입력은 $\dfrac{\mathrm{C}}{\mathrm{K_a}}$ 로 추종할 수 있다.

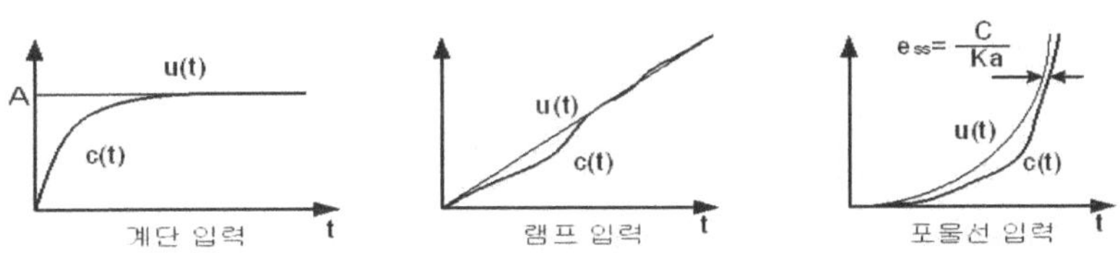

그림 5-24 2형 제어시스템의 응답

예제 5-12 다음 그림에서 위치, 속도, 가속도 편차 상수와 정상상태 편차를 구하라.

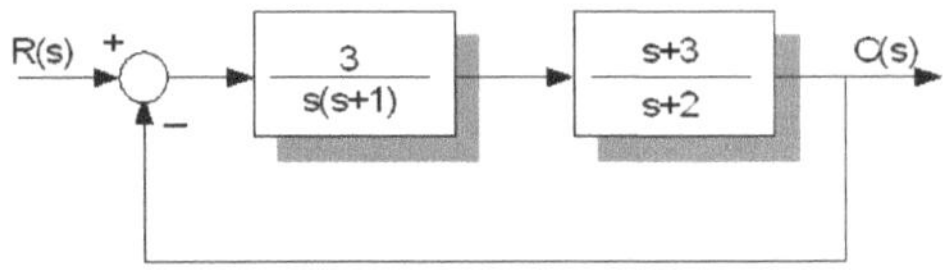

그림 5-25 피드백 시스템

풀이 위치 편차 상수 K_p, 속도 편차 상수 K_v, 가속도 편차 상수 K_a는 다음과 같다.

$$K_p = \lim_{s\to 0} G(s) = \lim_{s\to 0} \frac{3(s+3)}{s(s+1)(s+2)} = \infty$$

$$K_v = \lim_{s\to 0} s\,G(s) = \lim_{s\to 0} s \cdot \frac{3(s+3)}{s(s+1)(s+2)} = \frac{9}{2}$$

$$K_a = \lim_{s\to 0} s^2 G(s) = \lim_{s\to 0} s\frac{3(s+3)}{(s+1)(s+2)} = 0$$

또 정상 위치 편차, 정상 속도 편차, 정상 가속도 편차는 다음과 같다.

$$e_{ssp} = \frac{1}{1+K_p} = \frac{1}{1+\infty} = 0$$

$$e_{ssv} = \frac{1}{K_v} = \frac{1}{\frac{9}{2}} = \frac{2}{9}$$

$$e_{ssa} = \frac{1}{K_a} = \frac{1}{0} = \infty$$

예제 5-13 다음과 같은 시스템의 전달함수를 구하고 단위 계단 입력, 단위 램프 입력, 단위 포물선 입력에 대한 정상상태 오차를 그래프로 그려 확인하여라.

$$G(s) = \frac{1}{s^2(s+12)}, \quad H(s) = \frac{5(s+1)}{s+5}$$

풀이 시스템의 폐루프 전달함수는 다음과 같다.

$$\frac{C(s)}{R(s)} = \frac{G(s)}{1+G(s)H(s)} = \frac{s+5}{s^4+17s^3+60s^2+5s+5}$$

각 단위입력에 대한 응답을 다음과 같은 프로그램으로 구할 수 있다.

단위 계단 응답 :

```
C>>numu = [1 5];
C>>denu = [1 17 60 5 5];
C>>step(numu, denu)
```

단위 램프 응답 :

```
C>>numr = [1 5];
C>>denr = [1 17 60 5 5];
C>>t = 0:100:0.1;
C>>r=t;
C>>lsim(numr, denr, r, t)
```

단위 포물선 응답 :

```
C>>nump = [1 5];
C>>denp = [1 17 60 5 5];
C>>t = 0:100:0.1;
C>>r=t.^2;
C>>lsim(nump, denp, r, t)
```

단위 계단 응답 곡선을 보면 시간이 오래 걸리기는 하지만 기준입력에 수렴함을 알 수 있다. 따라서 정상상태 편차는 없다.

단위 램프 응답 곡선도 거의 기준입력에 수렴하지만 실제로는 정상상태 편차가 조금 발생한다. 그러나 그 값이 작기 때문에 그림 상으로는 정상상태 편차가 실제로 발생하는지 구분할 수 없음에 주의하라.

단위 포물선 응답 곡선을 보면 정상상태 편차가 그래프를 확대하여 보면 편차가 발생함을 알 수 있다.

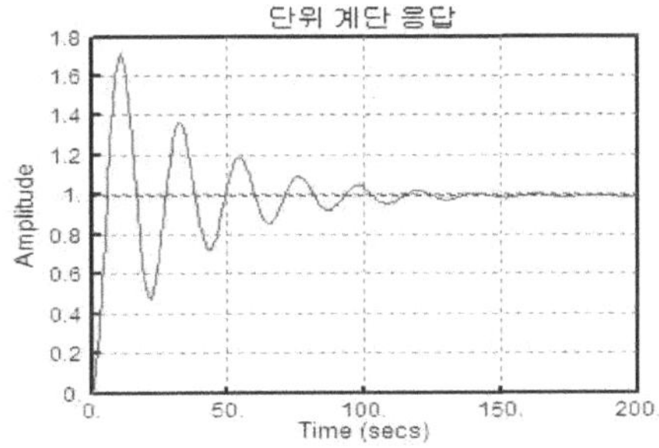

(a) 단위 계단 응답 곡선

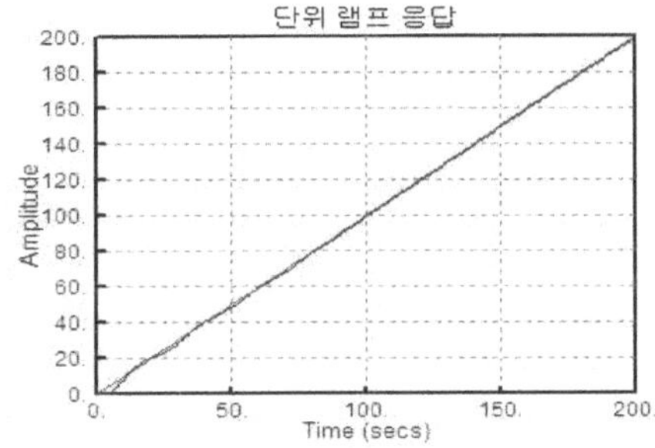

(b) 단위 램프 응답 곡선

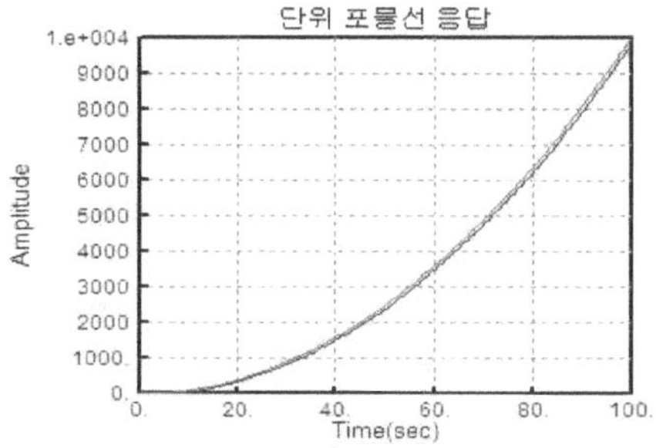

(c) 단위 포물선 응답 곡선

그림 5-26 응답곡선

3) 개루프와 폐루프 제어시스템의 비교

다음 그림과 같은 개루프(피드 포워드), 폐루프(피드백)제어시스템의 편차에 대해 알아보자.

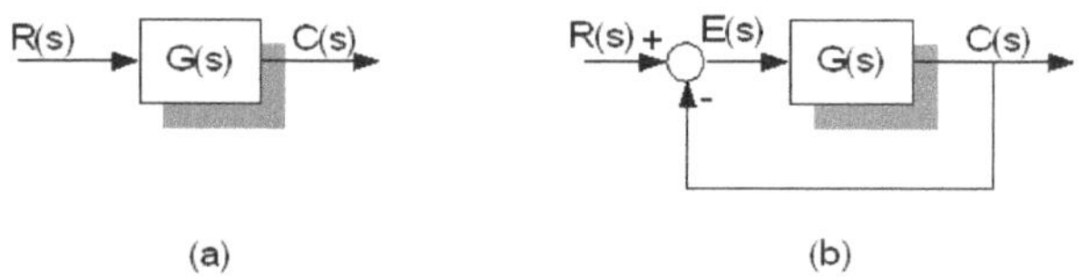

그림 5-27 개 · 폐루프 제어시스템

그림에서 개루프, 폐루프에 대한 정상상태 편차를 구하면 다음 식과 같이 나타낼 수 있다.

개루프 제어 :

$$e_o(\infty) = 1 - G(o) = 1 - K \qquad E_o(s) = R(s) - C(s) = [1 - G(s)]R(s) \qquad (5\text{-}54)$$

폐루프 제어 :

$$e_c(\infty) = \frac{1}{1+G(o)} = \frac{1}{1+K} \qquad E_c(s) = \frac{1}{1+G(s)}R(s) \qquad (5\text{-}55)$$

이 시스템에서 이득 K를 각각 개루프 제어는 $K=1$, 폐루프 제어는 $K=100$으로 하면 정상상태 편차는 각각 0, 1/101 이 된다.

만일 이득(K)의 변화를 10[%]로 하면 정상상태 편차 및 기준입력에 대한 편차의 상태 변화는 다음 표 5-9와 같다.

표에서 알 수 있듯이 개루프 시스템에 비해 폐루프 시스템의 정상상태 편차가 훨씬 적어 월등히 우수함을 알 수 있다.

표 5-9 개루프, 폐루프 제어의 편차비교

	개루프	폐루프
이득변화[10%변화]	$K=1\rightarrow 0.9$	$K=100\rightarrow 90$
정상상태 편차의 변화	$e_0(\infty)=0\rightarrow e_0(\infty)=0.1$	$e_c(\infty)=\frac{1}{101}\rightarrow e_c(\infty)=\frac{1}{91}$
편차변화	$\Delta e_0(\infty)=0.1-0=0.1$	$\Delta e_0(\infty)=\frac{1}{91}-\frac{1}{101}=0.0011$
기준입력에 대한 편차의 상태변화	$\frac{\Delta e_0(\infty)}{\lvert r(t)\rvert}=0.1/1=0.1$	$\frac{\Delta e_0(\infty)}{\lvert r(t)\rvert}=0.0011/1=0.0011$

4) 외란이 있는 경우의 편차

제어시스템에서 제어량을 변화시키는 외란이 있는 경우의 편차에 미치는 영향을 고려해 보자.

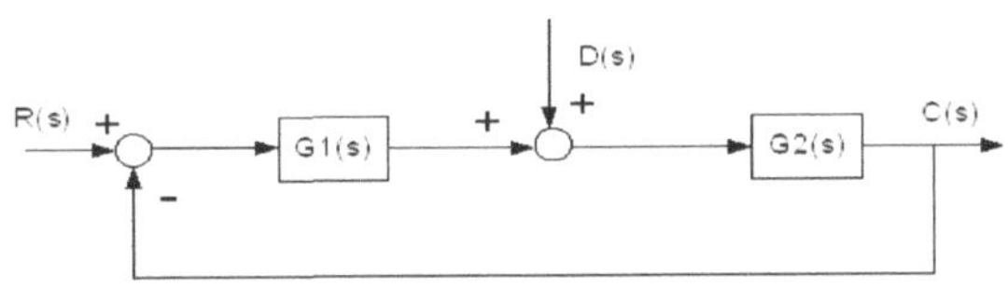

그림 5-28 외란이 있는 제어시스템

그림에서 제어시스템의 출력응답은 다음 식으로 나타낼 수 있다.

여기서, $D(s)$는 외란

$$C(s)=\frac{G1(s)G2(s)}{1+G1(s)G2(s)}R(s)+\frac{G2(s)}{1+G1(s)G2(s)}D(s) \tag{5-56}$$

정상상태 편차는 $R(s)-C(s)$이므로

$$E(s)=\frac{1}{1+G1(s)G2(s)}R(s)-\frac{G2(s)}{1+G1(s)G2(s)}D(s) \tag{5-57}$$

와 같이 나타낸다.

위 식에서 오차($E(s)$를 줄이려면 분모를 크게 해야 한다. 즉, $G(s)=G1(s)G2(s)$를 크게 해야 한다. 그러나 $G2(s)$를 크게 하면 외란의 영향을 크게 받게 된다. 그러므로 외란의 영향을 적게 받고 시스템의 정상상태 편차를 경감시키려면 $G2(s)$ 에 비해 $G1(s)$를 충분히 크게 할 필요가 있다.

외란에 대한 정상상태 편차는 다음과 같다.

$$e_{sd} = \lim_{t \to \infty} e_d(t) = \lim_{s \to 0} \frac{sG2(s)}{1+G1(s)G2(s)} D(s) \tag{5-58}$$

예제 5-14 다음 그림과 같은 제어시스템에서 외란이 있을 경우 단위 계단 입력에 대한 정상상태 편차를 구하라.

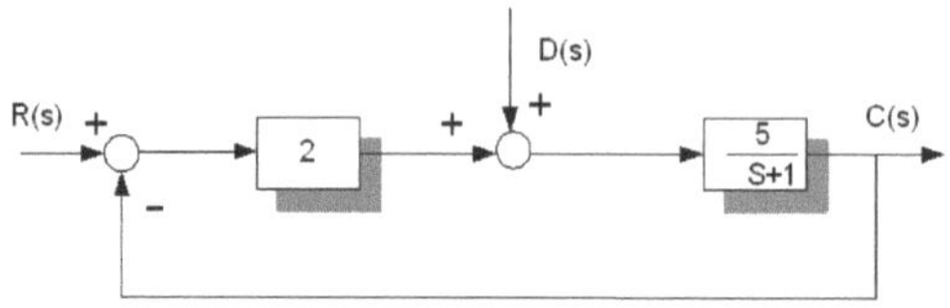

그림 5-29

풀이 외란이 가해진 후 시간(t)이 ∞에서 외란에 의한 출력의 정상상태 편차는 다음과 같다.

$$E(s) = \frac{G2(s)}{1+G1(s)G2(s)} D(s) = \frac{\frac{5}{s+1}}{1+2 \cdot \frac{5}{s+1}} \cdot \frac{1}{s}$$

$$= \frac{5}{s(s+11)}$$

$$e_{sd} = \lim_{s \to 0} sE(s) = \lim_{s \to 0} s \frac{5}{s(s+11)} = \frac{5}{11}$$

5.7 감도

시스템에서 감도란 시스템의 전달함수 중 파라메타가 지정값에서 벗어났을 때의 전달함수가 지정값에서 벗어난 양의 크기로 정의한다. 즉, 시스템을 구성하는 한 요소의 특성변화가 시스템 전체의 특성 변화에 미치는 정도를 **감도(sensitivity)**라 한다.

예로 전동기를 장시간 사용하면 온도상승에 의한 권선 저항이 변화한다. 피드백 시스템은 이러한 변화에 따라 출력 변화를 검출하여 출력을 수정하려고 한다.

전달함수로 표현되는 전달 요소들은 주위 환경에 따라 특성이 변하므로 제어시스템의 파라메타들도 변한다. 모델의 정확도는 명확히 지정 파라메타 값이 얼마나 실제의 파라메타 값에서 일치하는가에 달려 있다. 시스템의 감도는 시스템의 전달함수의 한 파라메타가 지정값에서 벗어났을 때의 전달함수가 제어시스템 전체의 특성변화에 미치는 영향을 말한다.

제어시스템에서 주어진 요소 K에 대한 시스템의 전달함수 T의 미분감도는 다음과 같다.

$$S_K^T = \frac{dT/T}{dK/K} = \frac{K}{T} \cdot \frac{dT}{dK} \tag{5-59}$$

예제 5-15 다음 그림에서 제어시스템의 K_1에 대한 피드백 시스템의 전달함수 $T = \frac{C}{R}$의 감도 $S_{K_1}^T$를 구하라.

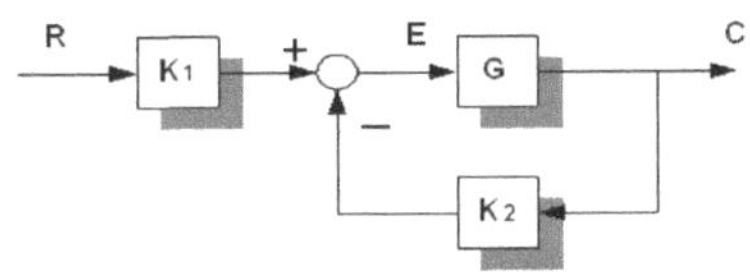

그림 5-30

풀이 그림에서 전달함수를 먼저 구하고 감도를 구하면 다음과 같다.

$$\frac{C}{R} = K_1 \frac{G}{1+GK_2} = \frac{GK_1}{1+GK_2} = T$$

$$S_{K_1}^T = \frac{K_1}{T} \cdot \frac{dT}{dK_1}$$

$$S_{K_1}^T = \frac{\frac{K_1}{GK_1}}{1+GK_2} \cdot \frac{d}{dK_1}\left(\frac{GK_1}{1+GK_2}\right) = \frac{1+GK_2}{G} \cdot \frac{G(1+GK_2)}{(1+GK_2)^2} = 1$$

연습문제

1. 전달함수 $G(s)=\frac{K}{1+Ts}$ 인 1차 지연요소의 인디셜 응답을 구하라.

2. 1차 시스템과 2차 시스템의 시간응답 특성에 대해서 논하라.

3. 시정수란 무엇인가?

4. 시간응답의 과도응답에서 성능평가 기준이 되는 상승시간, 지연시간, 정착시간, 최대 오버슈트에 대해서 서술하시오.

5. 다음의 전달함수에서 특성방정식과 극점, 영점을 찾아내어 s 평면상에 나타내어라.

$$\frac{C(s)}{R(s)}=\frac{s(s+1)}{(2s+1)(s+3)}$$

6. 다음 피드백 제어시스템에서 전달함수가 다음과 같을 때 단위 계단 입력에 대한 정상상태 편차를 구하라.

$$G(s)=\frac{10}{(s+1)(s+2)}$$

7. 다음과 같은 제어시스템의 전달함수에서 단위 계단 함수일 때 정상상태 편차가 0.02가 되기 위한 K의 값을 구하라.

$$G(s)H(s)=\frac{K(s+1)}{(s+2)(s+5)}$$

8. 다음의 전달함수에서 단위 램프 입력에 대한 정상상태 편차를 구하라.

$$GH(s)=\frac{5}{s(s+1)(s+2)}$$

9. 제어시스템의 전달함수가 다음과 같을 때 입력이 단위 램프 함수일 때 정상상태 편차가 0.01이 되기 위한 K의 값을 구하라.

$$G(s)H(s)=\frac{2K(s+1)}{s(s+2)(2s+5)}$$

10. 제어시스템의 전달함수가 다음과 같을 때 입력이 단위 포물선일 때 정상 가속도 편차를 구하라.

$$G(s)H(s)=\frac{100(s+4)}{s^2(s+1)(s+2)}$$

익힘문제

1. 시간 영역해석에서 기본 시험 입력에 사용되지 않는 입력은?

①단위 계단 입력 ②단위 램프 입력 ③단위 가속도 입력 ④정현파 입력

2. 어떤 제어시스템에 입력신호를 가한 후 출력신호가 정상상태에 도달할 때까지의 응답을 무엇이라고 하는가?

①선형응답 ②과도응답 ③정상응답 ④시간응답

3. 전달함수 $G(s)=\dfrac{1}{s+1}$의 단위 계단 응답은?

①$c(t)=e^{-t}$ ②$c(t)=e^{t}$ ③$c(t)=1-e^{-t}$ ④$c(t)=1-e^{t}$

4. 제어시스템에 단위 임펄스 입력을 가했더니 출력이 e^{-3t}로 나타났다. 이 시스템의 전달함수는?

①$\dfrac{1}{s+1}$ ②$\dfrac{1}{s-1}$ ③$\dfrac{1}{s-3}$ ④$\dfrac{1}{s+3}$

5. 개루프 전달함수가 $\dfrac{(s+1)}{(s+2)(s+3)}$인 피드백 제어시스템의 특성방정식은?

①$s^2+5s+5=0$ ②$s^2+5s+6=0$ ③$s^2+6s+7=0$ ④$s^2+4s+3=0$

6. 전달함수 $G(s)=\dfrac{(s+2)(s+3)}{(s+4)(s+5)}$ 에서 극은?

①-2, -3 ②-3, -4 ③-2, -5 ④-4, -5

7. 전달함수 $\dfrac{s+1}{s^2+2s-3}$의 특성방정식의 근은?

①1, 2 ②1 ③1, -3 ④-2, 3

8. 2차 시스템의 전달함수 $G(s)=\dfrac{w_n^2}{s^2+2\zeta w_n s+w_n^2}$으로 $w_n=1$, $\zeta=1$인 경우의 단위 임펄스 응답은?

① e^{-t} ②te^{-t} ③$1-te^{-t}$ ④$1-e^{t}$

9. 다음 그림과 같은 극과 영점을 갖는 것은?

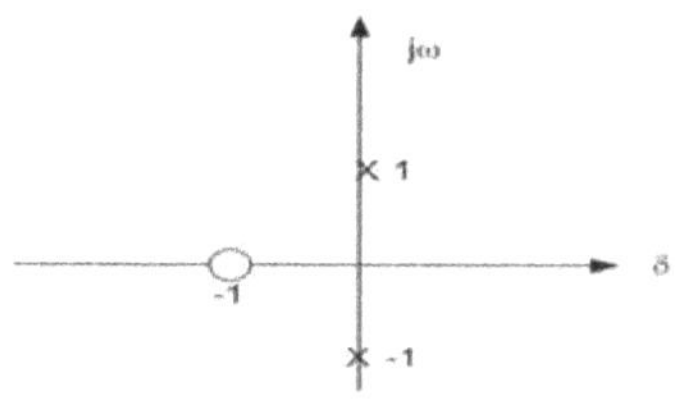

①$F(s)=\dfrac{s^2+1}{s+1}$ ②$F(s)=\dfrac{s+1}{s^2+1}$ ③$F(s)=\dfrac{s^2-1}{s-1}$ ④$F(s)=\dfrac{s+1}{s^2-1}$

10. 전달함수 $G(s)=\dfrac{100}{s^2+s+100}$으로 나타내는 2차 시스템의 고유 진동수 w_n은?

①5 ②2 ③20 ④10

11. 다음 미분 방정식의 시정수는?

$$2\frac{d^2y}{dt^2}+4\frac{dy}{dt}+8y=8x$$

①3 ②5 ③2 ④1

12. 특성방정식$s^2+2\zeta w_n s+w_n^2=0$에서 ζ를 제동비라 할 때 $0<\zeta<1$인 경우는?

①임계제동 ②부족제동 ③과제동 ④무제동

13. 2차 시스템의 전달함수 $\dfrac{w_n^2}{s^2+2\zeta w_n s+w_n^2}$에서 제동비가 $0<\zeta<1$인 경우의 단위 계단 입력에 대한 응답은?

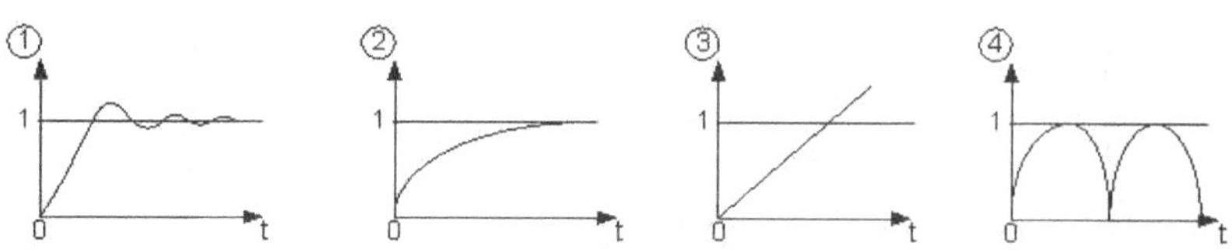

14. 2차 시스템에서 오버슈트가 가장 크게 일어나는 제동은?

①$\zeta=1$ ②$\zeta=0.5$ ③$\zeta=0.01$ ④$\zeta=10$

15. 다음 그림과 같은 블록선도에서 제어시스템은 무슨 형인가?

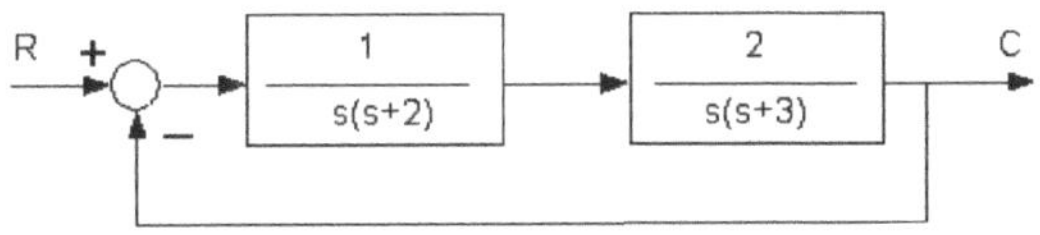

①0형 ②1형 ③2형 ④3형

16. 단위 램프 입력에 대한 속도 편차 상수가 유한한 값을 갖는 제어시스템은?

①0형 ②1형 ③2형 ④3형

17. 다음 중 위치 편차 상수로 정의한 것은?

①$\lim_{s\to 0} s^2 G(s)$ ②$\lim_{s\to 0} s^3 G(s)$ ③$\lim_{s\to 0} sG(s)$ ④$\lim_{s\to 0} G(s)$

18. 다음 그림과 같은 계통에서 정상상태 편차는?

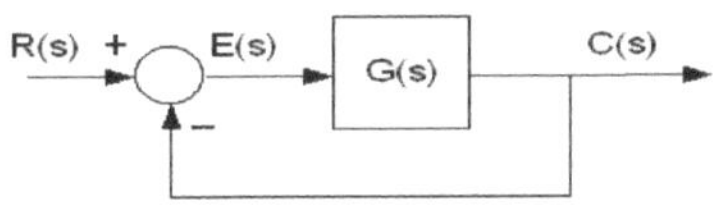

①$e_{ss}=\lim_{s\to\infty}\frac{R(s)}{1+G(s)}$ ②$e_{ss}=\lim_{s\to\infty}\frac{sR(s)}{1+G(s)}$

③$e_{ss}=\lim_{s\to 0}\frac{R(s)}{1+G(s)}$ ④$e_{ss}=\lim_{s\to 0}\frac{sR(s)}{1+G(s)}$

19. 개루프의 전달함수 다음과 같을 때 단위 계단 입력에 대한 정상상태 편차는?

$$G(s)=\frac{10}{(s+1)(s+2)}$$

①$\frac{1}{2}$ ②$\frac{1}{3}$ ③$\frac{1}{4}$ ④$\frac{1}{6}$

20. 다음 개루프 전달함수에서 단위 속도 입력에 대한 정상상태 편차는?

$$G(s)=\frac{10}{s(s+1)(s+2)}$$

①$\frac{1}{5}$ ②$\frac{1}{3}$ ③$\frac{1}{4}$ ④$\frac{1}{2}$

21. 개루프의 전달함수 $G(s)=\dfrac{2}{s+2}$일 때 $r(t)=5u(t)$에 대한 정상상태 오차는?

①$\frac{1}{3}$ ②$\frac{2}{3}$ ③$\frac{5}{2}$ ④$\frac{5}{3}$

22. 다음에서 입력이 $r(t)=5t$일 때 정상상태 편차는?

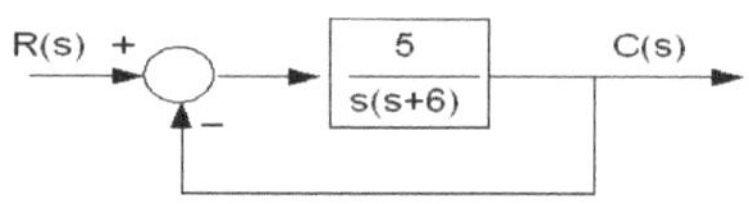

①2 ②4 ③6 ④8

23. 다음 그림과 같은 블록선도에서 K에 대한 전달함수 $T=\dfrac{C}{R}$의 감도는?

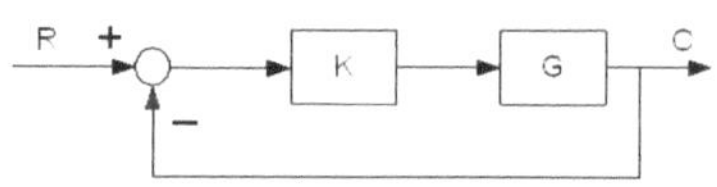

①$S_K^T=1$ ②$S_K^T=\dfrac{1}{1+KG}$ ③$S_K^T=\dfrac{G}{1+KG}$ ④$S_K^T=\dfrac{KG}{1+KG}$

24. 다음 그림과 같은 제어시스템의 형은?

$$G(s)=\frac{10}{(2s+1)(3s+1)} \quad H(s)=\frac{5}{2s(3s+1)}$$

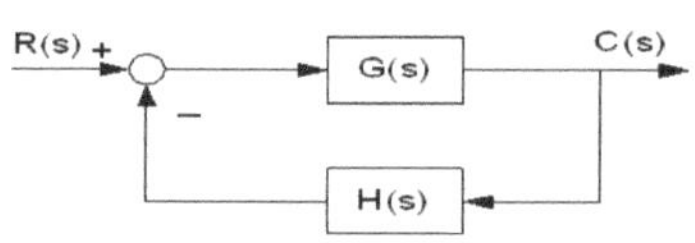

①0 ②1 ③2 ④3

25. 개루프 전달함수 $G(s)=\dfrac{1}{s(s^2+5s+6)}$인 단위 계단 입력을 가했을 때의 정상상태 편차는?

①0 ②10 ③6 ④∞

답 1.④ 2.② 3.③ 4.④ 5.③ 6.④ 7.③ 8.② 9.② 10.④ 11.④ 12.② 13.① 14.③ 15.③ 16.② 17. ④ 18.④ 19.④ 20.① 21.③ 22.③ 23.② 24.② 25.①

제 6 장

제어시스템의 안정성과 근궤적법

제 6 장 제어시스템의 안정성과 근궤적법

6.1 개요

자동제어시스템에서 가장 중요한 목표는 **안정성(stability)**이다. 제어시스템이 불안정할 경우 시스템의 출력이 발산하게 되어 제어 목표를 수행할 수 없기 때문에 안정성이 최우선 목표가 된다.

또한, 제어시스템에서 제어대상에 어떤 외란이 외부에서 가해져도 제어시스템의 작동이 목표값과 거의 일치하게 동작되면 시스템이 안정하다. 따라서 이와 같은 특성이 강할수록 제어시스템은 안정하다고 할 수 있다.

제어시스템이 불안정하면 시스템은 어떻게 될까?

시스템이 안정하지 못하면 출력이 발산하게 되며, 제어시스템은 시간이 경과함에 따라 목표하는 것과는 멀어져 예상치 않은 동작을 하게 된다. 예로 어떤 공장의 생산 공정에서 제품을 생산할 때 불량품이 발생한다던가, 냉장고의 온도를 제어하는 냉각시스템이 불안정해서 만약에 설정온도로 온도를 유지하지 못한다면 냉장고의 기능을 상실하게 될 것이다.

안정도 해석(stability analysis)이란?

선형 제어시스템을 해석하거나 설계할 때 출력이 제어 목적에 적합한지를 평가하는 것을 말한다.

안정(stable)이라는 것은 제어시스템에 입력이 인가된 후 어떤 유한 시간 내에 출력이 유한한 값을 가지는 것을 말한다.

제어시스템에서 안정도 해석이 중요한 이유는 무엇인가?

실제 자동제어시스템에서 지연시간(delay time)이나 부동작 시간(dead time)을 가지므로 불안정하기 쉽다. 이와 같은 시스템의 특성을 개선하거나 제어기를 설계할 때 안정도 해석이 중요하다.

안정도는 **절대 안정도(absolute stability)**와 **상대 안정도(relative stability)**로 나누어지는데, 절대 안정도는 어떤 제어시스템이 안정한가 불안정한가 하는 안정의 여부만 결정하는 것이고, 상대 안정도는 어떤 시스템이 얼마만큼 안정한가 하는 안정의 정도를 수치적으로 결정하는 것을 말한다.

제어시스템의 안정성을 판단하는 방법을 안정도 판별법이라 하며 안정도에는 다음과 같이 분류한다.

※안정도 판별 방법
- 절대 안정도
  - 1.s – 평면상의 극의 배치 (극의 실수부의 부호가(–))
  - 2.*Routh – Hurwitz*의 안정도 판별법 (특성근의 실수부가(+)(–)인지 판별)
- 상대 안정도
  - 1.s – 평면상의 극의 배치
  - 2.근궤적법(*root locus method*) (제어기 파라메타의 선정에 따라 변하는 특성근의 궤적을 그려서 안정한 제어변수를 선택하는 방법)
  - 3.*Bode*선도 주파수 영역의 해석 (주파수의 선택에 따라 이득과 위상을 나타냄)
  - 4.*Nyquist*선도 (한평면에 이득과 위상을 표시)
  - 5.*Lyapunov*의 판별법

제어시스템의 안정도를 판별하는 방법으로 전달함수에서 특성방정식을 풀어서 좌.우 반면에 극점의 존재여부를 조사하는 방법이 있는데 이 방법은 2차 이하에서는 적용이 쉬우나 고차가 되면 해를 쉽게 구할 수 없어 컴퓨터 프로그램을 이용하기도 한다.

또, **루쓰-허위츠(Routh-Hurwitz) 안정도 판별법**과 **나이키스트 안정도 판별법**이 있는데, 이 두 방법은 모두 선형 시불변 시스템에 적용할 수 있다.

루쓰-허위츠 안정도 판별법은 간단한 연산을 사용하여 특성방정식의 근 가운데 불안정한 근의 개수를 찾아 판별하며, 나이키스트 안정도 판별법은 개로 시스템(open loop system)에 대한 나이키스트 선도를 그려서 이 그래프로부터 폐로 시스템(closed loop system)의 안정도를 판별하는 방법이다.

근궤적법(root locus method)은 제어기의 이득이 변화하는 폐로 극점의 위치를 s 평면상에 나타내어 원하는 영역에 극점이 놓이도록 제어기의 값을 찾아내는 방법이다. 이와 같이 극점의 위치를 원하는 자리에 배치시키는 방식으로 제어기를 설계하는 기법을 **극배치법**(pole placement method)이라 한다.

주파수 영역의 해석에서는 **보더(bode)선도**를 작성하는 데 보더선도의 안정도는 주파수 응답을 크기와 위상으로 나타내어 안정성여유(stability margin)를 찾아내어 판단한다. 즉, 이득과 위상여유를 갖고 판단한다.

그리고 **리아푸노프(Liapunov)**의 안정도는 시스템의 내부 상태변수를 기준으로 하는데 학부과정에서는 다루기 어렵기 때문에 이 책에서는 다루지 않는다. 위와 같은 안정도 판별은 오늘날 대부분의 시스템이 복잡하기 때문에 프로그램을 이용하기도 한다.

대부분의 피드백 제어시스템의 블록선도는 그림 6-1과 같이 나타낸다. 이 그림에서 전달함수를 나타내면 다음과 같다.

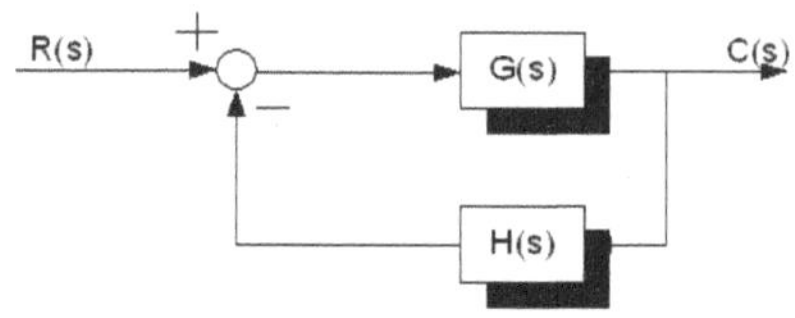

그림 6-1 기본적인 피드백 제어시스템

$$\frac{C(s)}{R(s)} = \frac{G(s)}{1+G(s)H(s)} \qquad (6\text{-}1)$$

이 식에서 특성방정식은 전달함수 식에서 분모=0 이 되므로 다음과 같다.

$$F(s) = 1 + G(s)H(s) = 0 \qquad (6\text{-}2)$$

전달함수 식에서 분모=0 일 때 이 식을 특성방정식이라 한다. 특성방정식의 해를 특성근 또는 극점이라 한다.

6.2 s 평면상의 극점의 위치와 안정도

s 평면상에서 안정도 판별은 특성방정식에서 극점의 위치가 **좌반면(LHP: left half plane)** 혹은 **우반면(RHP: right half plane)**에 존재하는지를 보고 판단한다. 허수축을 기준으로 좌측을 좌반면, 우측을 우반면이라 한다.

s 평면상의 안정도 판별에 대한 조건은 다음과 같다.

- **모든 극점이 s-평면상의 좌반면에 존재 : 안정**
- **1개의 극점이라도 s-평면상의 우반면에 존재 : 불안정**
- **단순한 공액 허수근(y축)이 존재 : 임계 안정**

제어시스템의 특성근 또는 극을 $s_1, s_2, s_3, \cdots\cdots s_n$이라 하면 이 시스템의 임펄스 응답은 다음과 같다.

$$g(t) = \sum_{i=0}^{n} k_i e^{s_i t} \quad k_i : \text{유한상수} \tag{6-3}$$

이 식에서 $t = \infty$일 때 시스템의 응답은 $g(t) \to 0$이 되기 위해서는 모든 극점의 s_i가 실근의 부호가 (-)이어야 안정하고 (+)이면 극점 s_i가 발산하게 된다.

s 평면상에서 극점의 위치에 따라 안정영역과 불안정영역으로 나뉘는데 그림으로 나타내면 그림 6-2와 같다.

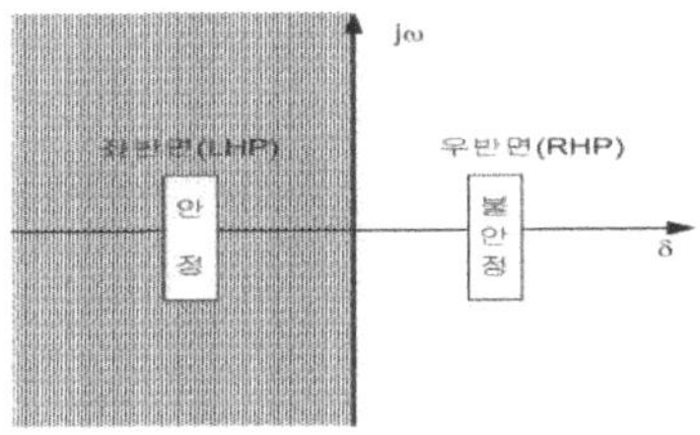

그림 6-2 s 평면상의 안정·불안정 영역

다음은 극점과 영점의 용도를 요약하면 다음과 같다.

극점과 영점은 시스템의 안정도 판별과 부분분수 전개에서 유수(residue)의 결정(분자)과 시간응답의 계산에 사용된다.

극점 : 전달함수식에서 분모의 해
영점 : 전달함수식에서 분자의 해

1) 시스템의 안정도 판정

다음과 같은 전달함수에서 극점과 영점을 찾아 안정도를 판별하여 보자.

$$\frac{C(s)}{R(s)} = \frac{2(s+2)}{(s+1)(s^2+2s+2)} \tag{6-4}$$

이 전달함수에서 극점과 영점은 다음과 같다.

극점 : s= -1, -1±j

영점 : s=-2

극점과 영점을 s 평면상에 나타내면 극점은 모두 좌반면에 있으므로 이 시스템은 안정하다고 볼 수 있다.

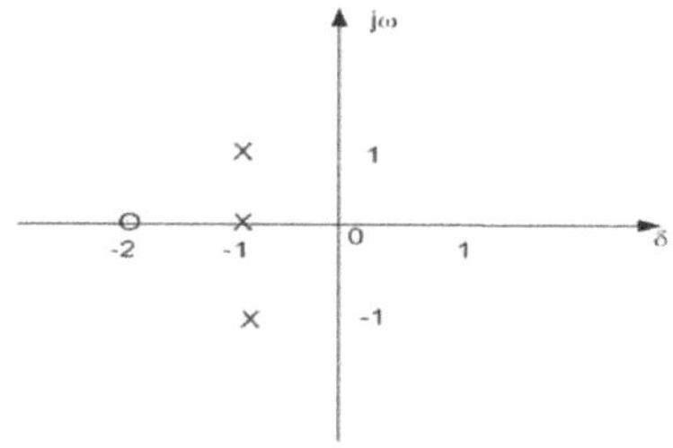

그림 6-3 s 평면의 극점과 영점

2) 유수(residue)의 결정

위의 전달함수에서 시스템의 응답을 구하기 위하여 부분분수로 나타내고 분자를 구하면 다음과 같다.

$$G(s) = \frac{k_o}{s+1} + \frac{k}{s+1+j} + \frac{k^*}{s+1-j} \qquad (6\text{-}5)$$

$$k_o = \left.\frac{2(s+2)}{(s+1+j)(s+1-j)}\right|_{s=-1} = 2$$

$$k = -1+j, \quad k^* = -1-j$$

3) 시간응답의 특성

극점은 시스템의 정상상태와 과도상태 특성 모두 영향을 미친다.

극점의 위치에 따라 시스템의 출력이 크게 달라진다. 극점과 시스템과의 특성을 요약하면 다음과 같다.

- 극점이 좌반면에 있으면 시스템은 안정하고 우반면에 있으면 불안정
- 극점이 좌(우)반면에 있으면서 허수축과 멀어질수록 출력신호의 수렴(발산)속도가 빨라진다.
- 극점이 실수축으로부터 멀어질수록 출력신호의 진동수파수는 높아진다.

영점은 이러한 극점처럼 시스템의 특성에 결정적인 영향을 주지 않는다. 그러나 영점도 위치에 따라 과도상태에서의 시스템 출력에 적잖은 영향을 준다.

영점과 시스템의 특성 사이의 관계를 요약하면 다음과 같다.

- 영점이 허수축으로부터 멀리 떨어져 있으면 시스템의 출력에 영향을 주지 않는다.
- 영점이 좌반면에 있으면서 허수축에 가까울수록 출력신호의 초과(overshot)는 커진다.
- 영점이 우반면에 있으면 하향 초과는 생기며, 허수축에 가까워질수록 커진다.

예제 6-1 다음 특성방정식에서 시스템의 안정성을 판별하라.

$F(s) = (s+1)(s+2)(s-4) = 0$

풀이 특성방정식에서 극점은 -1, -2, 4 이다. 극점이 (+) 실수근을 1개 갖고 s 평면상의 우반면에 존재하므로 시스템은 불안정하다.

6.3 Routh와 Hurwitz의 안정도 판별

앞에서 살펴보았듯이 안정도를 판단하는 가장 간단한 방법은 특성방정식에서 극점의 위치에 의해 결정된다. 만일 특성방정식이 차수가 낮은 경우는 직접 쉽게 계산하여 극점의 위치를 판단할 수 있으나. 고차가 되는 경우에는 특성방정식의 해를 풀기가 어렵다.

그러나 특성방정식을 풀지 않고 간단한 연산에 의해 불안정한 극점의 개수와 특성근의 실수부가 (-)로 되는가를 알아내어 안정도를 판별하는 방법이 **Routh-Hurwitz의 안정도 판별법**이다

용도	①절대 안정도의 판별과 불안정한 극의 수
	②안정한 제어기 설계에 대한 정보제공
※비교	*Routh* ; *Hurwitz*에 비에 용이
	Hurwitz ;차수가 높아지면 행렬식의 계산이 難이

일반적으로 선형 제어시스템의 특성방정식이 n차의 s 다항식으로 주어질 때 특성방정식은 다음과 같다.

이 특성방정식에서 식의 계수만으로 특성근의 실수부가 정(+), 부(-)인지를 판별하여 결정한다.

$$F(s)=1+G(s)H(s)=a_oS^n+a_1S^{n-1}+a_2S^{n-2}+\cdots+a_{n-1}S+a_n=0 \qquad (6\text{-}6)$$

1) Routh의 안정도 판별법

이 판별법은 특성방정식에서 근이 (+)의 실수부를 갖지 않는 필요조건은 다음과 같다.

① 특성방정식의 모든 계수가 같은 부호를 가져야 한다.

② 계수 중 어느 하나라도 0이 되어서는 안 된다.

③ Routh 표에서 어떤 행의 제1열 요소만 0이고 다른 요소는 0이 아닐 때 제1열 요소를 0대신 매우 작은 값 ε으로 대치시키고 ε를 $\varepsilon \to 0$일 때의 극한값으로 부호를 판단한다.

④ Routh 표에서 어느 한행의 전 요소가 모두 0일 때 0이 되는 바로 위의 원소를 계수로 하는 차수가 짝수인 보조 방정식 $f(s)$를 세우고 $\frac{df(s)}{ds}$의 계수로 대치하여 Routh 표를 작성하여 부호 변화를 조사한다.

안정도를 판별하기 위해서는 위의 특성방정식을 다음과 같이 Routh 표를 작성한다.

표 6-1 Routh 표

s^n	a_0	a_2	a_4	a_6	a_8	$\cdots$
s^{n-1}	a_1	a_3	a_5	a_7	a_9	$\cdots$
s^{n-2}	b_1	b_3	b_5	b_7	b_9	$\cdots$
s^{n-3}	c_1	c_3	c_5	c_7	c_9	$\cdots$
s^{n-4}	d_1	d_3	d_5	d_7	d_9	$\cdots$
$\vdots$	$\vdots$	$\vdots$	$\vdots$	$\vdots$	$\vdots$	

각 행렬의 요소를 구하기 위한 식은 다음과 같다.

$$b_1=-\frac{\begin{bmatrix} a_0 & a_2 \\ a_1 & a_3 \end{bmatrix}}{a_1},\quad b_3=-\frac{\begin{bmatrix} a_0 & a_4 \\ a_1 & a_5 \end{bmatrix}}{a_1},\quad b_5=-\frac{\begin{bmatrix} a_0 & a_6 \\ a_1 & a_7 \end{bmatrix}}{a_1}$$

$$c_1=-\frac{\begin{bmatrix} a_1 & a_3 \\ b_1 & b_3 \end{bmatrix}}{b_1},\quad c_3=-\frac{\begin{bmatrix} a_1 & a_5 \\ b_1 & b_5 \end{bmatrix}}{b_1},\quad c_5=-\frac{\begin{bmatrix} a_1 & a_7 \\ b_1 & b_7 \end{bmatrix}}{b_1}$$

$$d_1 = -\frac{\begin{bmatrix} b_1 & b_3 \\ c_1 & c_3 \end{bmatrix}}{c_1}, \quad d_3 = -\frac{\begin{bmatrix} b_1 & b_5 \\ c_1 & c_5 \end{bmatrix}}{c_1}, \quad d_5 = -\frac{\begin{bmatrix} b_1 & b_7 \\ c_1 & c_7 \end{bmatrix}}{c_1} \tag{6-7}$$

이 표에서 제1열의 모든 요소가 같은 부호를 가지고 있으면 특성방정식의 근들은 모두 (+) 실근을 갖고 있어서 이 제어시스템은 안정하게 된다.

예제 6-2 다음 특성방정식에서 안정성을 판별하라.

$s^3 + 4s^2 + 8s + 12 = 0$

풀이 $a_0 = 1,\ a_1 = 4,\ a_2 = 8,\ a_3 = 12$이므로 Routh 배열은 다음과 같다.

s^3	1	8
s^2	4	12
s^1	b_1	
s^0	c_1	

$$b_1 = -\frac{\begin{bmatrix} 1 & 8 \\ 4 & 12 \end{bmatrix}}{4} = -\frac{12-32}{4} = 5, \quad c_1 = -\frac{\begin{bmatrix} 4 & 12 \\ 5 & 0 \end{bmatrix}}{5} = 12 ,$$

Routh 표에서 제1열의 모든 요소가 (+)이므로 즉, 부호가 변화가 없으므로 이 시스템은 안정하다.

다음은 프로그램을 이용하여 특성방정식의 근을 쉽게 구하는 방법에 대해 알아보자.

근을 구하는 명령어로 'roots'라는 함수가 있는 데 복잡한 근을 구하는 데 편리하게 이용된다.

위의 특성방정식에서 이 명령어를 사용하여 근을 구하는 과정은 다음과 같다.

```
C>>den=[1 4 8 12];
C>>roots(den)
        -2.6850
        -0.6575 + 2.0092i
        -0.6575 - 2.0092i
```

극점이 모두 좌반면에 있으므로 이 시스템은 안정하다.

예제 6-3 다음 특성방정식에서 안정성을 판별하여라.

$s^4+s^3+2s^2+2s+3=0$

풀이 $a_0=1,\ a_1=1,\ a_2=2,\ a_3=2,\ a_4=3$이므로 Routh 배열은 다음과 같다.

s^4	1	2	3
s^3	1	2	
s^2	b_1	b_3	
s^1	c_1		
s^0	d_1		

Routh 배열에서 각 요소를 구하면 다음과 같다. 제3행의 제1열 원소가 0이므로 그 다음 행의 제1열 원소는 ∞로 되어 계산이 불가능하다. 이 경우에는 $0=\varepsilon$ 라 놓고 각 원소를 구한다.

$$b_1=-\frac{\begin{bmatrix}1 & 2\\ 1 & 2\end{bmatrix}}{1}=0=\varepsilon\ , \qquad b_3=-\frac{\begin{bmatrix}1 & 3\\ 1 & 0\end{bmatrix}}{1}=3$$

$$c_1=-\frac{\begin{bmatrix}1 & 2\\ \varepsilon & 3\end{bmatrix}}{\varepsilon}=\frac{-3+2\varepsilon}{\varepsilon},\quad d_1=-\frac{\begin{bmatrix}\varepsilon & 3\\ 2-\dfrac{3}{\varepsilon} & 0\end{bmatrix}}{2-\dfrac{3}{\varepsilon}}=3$$

Routh 배열에서 c_1에 극한값을 취하면 (-)가 되므로 제1열의 부호를 조사해 보면 부호변화가 있으므로 시스템은 불안정하다.

다음은 프로그램을 이용하여 특성방정식의 근을 구하면 다음과 같다. 특성방정식의 근을 조사해 보면 우반면에 두 개의 근이 존재함을 알 수 있다.

```
C>>den=[1 1 2 2 3];
C>>roots(den)
      0.4057 + 1.2928i
      0.4058 - 1.2928i
      -0.9057 + 0.9020i
      -0.9057 - 0.9020i
```

예제 6-4 다음 제어시스템이 안정하기 위한 k값의 범위를 구하여라.

$s^3+3s^2+2s+k=0$

풀이 계수는 $a_0=1$, $a_1=3$, $a_2=2$, $a_3=k$ 이므로 Routh 배열은 다음과 같다.

s^3	1	2
s^2	3	k
s^1	b_1	
s^0	c_1	

Routh 배열의 각 원소를 구하면 다음과 같다.

$$b_1=-\frac{\begin{bmatrix}1 & 2\\ 3 & k\end{bmatrix}}{3}=2-\frac{k}{3}\quad , c_1=-\frac{\begin{bmatrix}3 & k\\ 2-\frac{k}{3} & 0\end{bmatrix}}{2-\frac{k}{3}}=k$$

Routh 배열에서 제1열 각 원소의 부호변화가 없고 안정한 시스템 이라면 k의 범위는 다음과 같다.

$$2-\frac{k}{3}>0,\ k>0,\ \therefore 0<k<6$$

프로그램을 이용하여 k 값을 구하는 것은 다음 절의 근궤적에서 다루기로 한다.

예제 6-5 특성방정식이 $G(s)=(s-1)^2(s+2)(s+1)=s^4+s^3-3s^2-s+2=0$일 때 시스템의 안정성을 판단하라.

풀이 특성방정식에서 계수가 $a_o=1$, $a_1=1$, $a_2=-3$, $a_3=-1$, $a_4=2$이므로 Routh 배열을 작성하면 다음과 같다.

s^4	1	-3	2
s^3	1	-1	0
s^2	b_1	b_2	0
s^1	c_1	0	0
s^0	d_1	0	0

Routh 배열의 각 원소를 구하면 다음과 같다.

$$b_1 = -\frac{\begin{bmatrix}1 & -3\\1 & -1\end{bmatrix}}{1} = \frac{-(-1+3)}{1} = -2,\ b_2 = -\frac{\begin{bmatrix}1 & 2\\1 & 0\end{bmatrix}}{1} = \frac{-(0-2)}{1} = 2$$

$$c_1 = -\frac{\begin{bmatrix}1 & -1\\-2 & 2\end{bmatrix}}{-2} = \frac{-(2-2)}{-2} = 0,\ d_1 = -\frac{\begin{vmatrix}-2 & 2\\-4 & 0\end{vmatrix}}{-4} = 2$$

Routh 배열에서 제4행의 모든 원소가 0이므로 보조 방정식 $f(s)=0$를 이용하여 식을 세우면 다음과 같다.

$$f(s) = -2s^2 + 2 = 0$$

여기서, 다시 보조 방정식을 s 에 대해 미분하면 다음과 식과 같다.

$$\frac{df(s)}{ds} = -4s$$

제4행에 $\frac{df(s)}{ds}$의 계수로 대치하면 $c_1 = -4$이므로 부호의 변화가 2번 있다.

따라서 s 평면상의 우반면에 2개의 근이 존재한다. 그리고 해는 다음과 같다.

$$s^2 = 1 \quad s = \pm 1(\text{허수축에 대칭})$$

프로그램을 이용하여 근을 구하면 다음과 같다.

```
C>>den=[1 1 -3 -1 2];
C>>roots(den)
     -2.0000
      1.0000 + 0.0000i
      1.0000 - 0.0000i
     -1.0000
```

2) Hurwitz의 안정도 판별법

이 방법은 특성방정식이 고차가 되면 행렬식의 전개가 쉽지 않다는 단점이 있다.
이 판별법의 안정하기 위한 필요조건은 다음과 같다.

① 특성방정식의 모든 계수가 동일한 부호일 것
② Hurwitz 행렬식의 전개값이 모두 (+)일 것

그리고 특성방정식의 Hurwitz 행렬식은 다음과 같다.

$$D_1 = a_1$$

$$D_2 = \begin{vmatrix} a_1 & a_3 \\ a_0 & a_2 \end{vmatrix} = a_1a_2 - a_0a_3$$

$$D_3 = \begin{vmatrix} a_1 & a_3 & a_5 \\ a_0 & a_2 & a_4 \\ 0 & a_1 & a_3 \end{vmatrix} = a_1a_2a_3 + a_0a_1a_5 - a_0a_3^2 - a_1^2a_4$$

$$D_4 = \begin{vmatrix} a_1 & a_3 & a_5 & a_7 \\ a_0 & a_2 & a_4 & a_6 \\ 0 & a_1 & a_3 & a_5 \\ 0 & a_0 & a_2 & a_4 \end{vmatrix} = a_1a_2a_2a_4 + a_1a_0a_4a_5 + a_1^2a_2a_6 + a_0a_1a_4a_5 + a_0a_2a_3a_5$$

$$+ a_0^2a_3a_7 - a_0a_1a_3a_6 + a_1a_2^2a_5 - a_1^2a_4^2 - a_0a_3^2a_4 - a_0a_1a_2a_7 - a_0^2a_5^2$$

$$D_n = \begin{vmatrix} a_1 & a_3 & a_5 & \cdots & a_{2n-1} \\ a_0 & a_2 & a_4 & \cdots & a_{2n-2} \\ 0 & a_1 & a_3 & \cdots & a_{2n-3} \\ 0 & a_0 & a_2 & \cdots & a_{2n-4} \\ 0 & 0 & a_1 & \cdots & a_{2n-5} \\ \vdots & \vdots & \vdots & \vdots & 0 \\ 0 & 0 & 0 & a_n & \end{vmatrix} \tag{6-8}$$

이 행렬식의 전개값이 다음 조건을 만족해야 안정하다.

$$D_1 > 0,\ D_2 > 0,\ D_3 > 0,\ D_4 > 0, \cdots\cdots D_n > 0 \tag{6-9}$$

예제 6-6 다음 특성방정식을 Herwitz의 안정도로 판별하여라.

$s^3 + 4s^2 + 8s + 12 = 0$

풀이 $a_0 = 1 \quad a_1 = 4 \quad a_2 = 8 \quad a_3 = 12$ 이므로 소행렬식을 전개하면 다음과 같다.

$$D_1 = 4 > 0,$$

$$D_2 = \begin{vmatrix} 4 & 12 \\ 1 & 8 \end{vmatrix} = 32 - 12 = 20 > 0,$$

$$D_3 = \begin{vmatrix} 4 & 12 & 0 \\ 1 & 8 & 0 \\ 0 & 4 & 12 \end{vmatrix} = 4 \times 8 \times 12 - 12 \times 12 \times 1 = 240 > 0$$

행렬식의 전개에서 $D_1,\ D_2,\ D_3$가 모두 (+)이므로 이 시스템은 안정하다.

예제 6-7 계통의 특성방정식이 $s^4 + 6s^3 + 11s^2 + 6s + k = 0$ 이다. 안정하기 위한 k의 범위를 구하라.

풀이 $a_0=1,\ a_1=6,\ a_2=11,\ a_3=6,\ a_4=k$이므로 Routh 배열은 다음과 같다.

s^4	1	11	k
s^3	6	6	0
s^2	10	k	
s^1	$\frac{60-6k}{10}$	0	
s^0	k		

Routh 배열에서 제1열이 모두 (+)이기 위해서는 부호변화가 없어야 하므로 이 시스템이 안정하기위한 k의 범위는 다음과 같다.

$$\frac{60-6k}{10}>0,\quad k>0,\quad 0<k<10$$

다른 방법은 Herwitz의 방법으로 풀면 다음과 같다.

$$D_1=a_1=6$$

$$D_2=\begin{vmatrix} a_1 & a_3 \\ a_0 & a_2 \end{vmatrix}=\begin{vmatrix} 6 & 6 \\ 1 & 11 \end{vmatrix}=6\times 11-6\times 1=66-6=60>0$$

$$D_3=\begin{vmatrix} a_1 & a_3 & a_5 \\ a_0 & a_2 & a_4 \\ 0 & a_1 & a_3 \end{vmatrix}=\begin{vmatrix} 6 & 6 & 0 \\ 1 & 11 & k \\ 0 & 6 & 6 \end{vmatrix}$$

$$=6\times 11\times 6+1\times 6\times 0+6\times k\times 0-0\times 11\times 0-6\times k\times 6-1\times 6\times 6$$

$$=396-36k-36=360-36k>0$$

따라서 $360-36k>0,\ 36k<360,\ k<10$ 이다.

예제 6-8 전달함수가 $G(s)=\dfrac{2(s^2+2s+5)}{s^5+s^4+3s^3+9s^2+16s+10}$ 인 시스템에 Routh의 안정도 판별하라.

풀이 이 시스템의 특성방정식으로 나타내면 다음과 같다.

$$s^5+s^4+3s^3+9s^2+16s+10=0$$

계수는 $a_0=1,\ a_1=1,\ a_2=3,\ a_3=9,\ a_4=16,\ a_5=10$ 이므로 Routh 배열은 다음

과 같다.

s^5	1	3	16	0
s^4	1	9	10	0
s^3	-6	6	0	
s^2	10	10	0	
s^1	12	0		
s^0	10	0		

Routh 배열에서 제1열 요소의 부호가 두 번 변화하므로 이 시스템은 불안정하다.

프로그램을 이용하여 근을 구하여 보자.

```
C>>den=[1 1 3 9 16 10];
C>>roots(den)
      1.0000 + 2.0000i
      1.0000 - 2.0000i
     -1.0000 + 1.0000i
     -1.0000 - 1.0000i
     -1.0000
```

6.4 근궤적법(根軌跡法) : root locus method

근궤적은 1948년 W.R Evans에 의해 제안된 방법으로 일반적인 제어시스템의 시간영역에서 제어기 설계에 유용한 방법이다.

앞장에서 살펴본 바와 같이 피드백 제어시스템의 안정성과 성능은 극점의 위치와 밀접한 관계가 있다. 따라서 제어시스템을 해석하거나 설계할 때 어떤 계수(제어기)의 변화에 따른 폐로 시스템의 극점의 변화를 알 수 있다면 시스템의 안정성을 조사할 수 있다.

이 방법은 피드백 제어시스템의 전달함수 식에서 특성방정식의 극점, 즉 특성근의 변화에 따라 근궤적을 작성하여 원하는 성능을 만족하는 제어기 이득 K의 크기를 결정할 수 있다. 따라서 **근궤적 선도**란 제어기 파라메타 K의 값의 변화에 따라 s 평면상에 나타냄으로서 안정성의 범위를 쉽게 찾아 낼 수 있게 나타낸 그림이다.

근궤적법은 다음과 같이 이용된다.

- **제어시스템의 해석 및 설계에 널리 이용**
- **폐루프 제어시스템을 설계할 때 적당한 제어요소를 선정하여 전 시스템의 극들을 원하는 위치에 배치하여 시간응답 특성을 설계자의 의도대로 얻을 수 있다.**

> • **근궤적법**: 개(開)루프 전달함수의 극과 영점을 s-평면상에 작도한 후 제어기 파라메타 값의 변화에 대응하는 폐(閉)루프의 극점을 작성하는 법(즉, 개루프의 극, 영점 ⇒폐루프의 극점으로 작성)
>
> ※근궤적 { K가 0 ~ ∞변할때의 특성근의 궤적 : 근궤적
> K가 −∞ ~ 0변할때의 특성근의 궤적 : 대응근궤적
> K가 −∞ ~ +∞변할때의 특성근의 궤적 : 완전근궤적

1) 근궤적의 기본 성질

근궤적법에서 다루는 피드백 제어시스템의 기본 구성은 그림 6-4와 같다. 시스템에서 제어대상이 $G(s)$이고 입력이 $R(s)$, 그리고 피드백 $H(s)$에 의한 출력은 $C(s)$이며, 여기서 K는 제어기를 나타낸다.

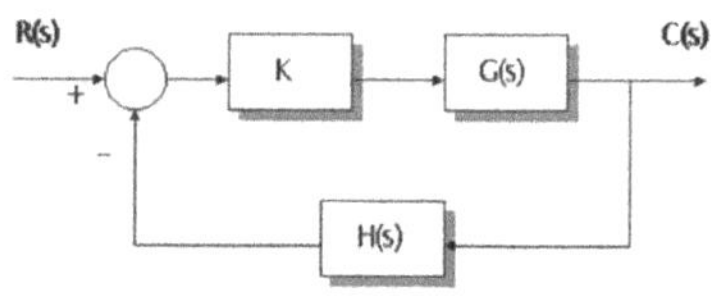

그림 6-4 피드백 제어시스템

여기서, s 평면에서 제어기 파라메타 K의 변화에 따라 근의 위치는 달라진다.
그림에서 피드백 제어시스템의 전달함수는 다음과 같다.

$$\frac{C(s)}{R(s)} = \frac{KG(s)}{1+KG(s)H(s)} \tag{6-10}$$

따라서 이 시스템의 특성방정식은 피드백 제어시스템의 전달함수의 분모로 부터 다음과 같이 나타낼 수 있다.

$$1+KG(s)H(s)=0 \tag{6-11}$$

이 경우 특성방정식의 근은 K의 값의 변화에 따라 달라지며, s 평면상의 극점의 위치는 K값에 의하여 변화됨을 알 수 있다.

특성방정식의 근은 수식적으로 풀지 않고 식 (6-12)의 개루프 전달함수의 설계 파라메타 K를 0 ~ ∞ 값까지 변화시켜 이들 근을 s 평면상에 궤적을 그려 나타낸다.

시스템의 특성방정식은 다음과 같이 나타낼 수도 있다.

$$KG(s)H(s) = -1 \tag{6-12}$$

여기서 $G(s)$와 $H(s)$는 복소함수이므로 다음의 두 가지 조건을 얻을 수 있다.

- 크기 조건 : $|KG(s)H(s)| = 1$
- 위상 조건 : $\angle KG(s)H(s) = \pm(2k+1)\pi, \quad k = 0,1,2,3,\ldots$

제어기 파라메타 K를 갖는 특성방정식에서 전달함수 $G(s)H(s)$는 다음과 같이 표현된다.

$$G(s)H(s) = \frac{Q(s)}{P(s)} \tag{6-13}$$

이 식을 식(6-12)의 특성방정식에 대입하면 다음과 같다.

$$1 + K\frac{Q(s)}{P(s)} = 0 \tag{6-14}$$

식 (6-15)는 근궤적을 그리기 위한 특성방정식의 기본형이며, 이 식에서 K의 변화에 따른 특성방정식에서 근의 궤적은 $\frac{Q(s)}{P(s)}$의 영향을 받는다.

피드백 제어시스템의 특성방정식에서 $K=0$이면 $P(s)$의 근으로 극점이며, $K=\infty$이면 $Q(s)$의 근으로서 영점을 나타낸다.

예제 6-9 다음 함수를 근궤적을 그리기 위한 특성방정식의 기본형으로 나타내어라.

① $1 + \frac{K(s+2)}{s(s+1)} = 0$ ② $1 + \frac{2Ks+5K}{s^2+(K+2)s+3} = 0$

풀이

① $1 + \frac{K(s+2)}{s(s+1)} = 0 \quad \Rightarrow 1 + \frac{K(s+2)}{s(s+1)} = 0$

②$1+\dfrac{2Ks+5K}{s^2+(K+2)s+3}=0 \quad \Rightarrow s^2+2s+3+Ks+2Ks+5K=0$

$s^2+2s+3+K(3s+5)=0 \quad \therefore 1+K\dfrac{3s+5}{s^2+2s+3}=0$

2) 근궤적의 작도와 성질

근궤적을 손쉽게 그릴 수 있는 방법과 성질을 서술하면 다음과 같다.

① 근궤적의 출발점: $K=0$인점으로 $G(s)H(s)$의 극점(무한극점도 포함)

근궤적의 출발점은 K의 값이 0이므로 출발점은 특성방정식에서

$$1+KG(s)H(s)=1+K\frac{Q(s)}{P(s)}=P(s)+KQ(s)=0 \tag{6-15}$$

이므로 $K=0$이면 특성방정식은 $P(s)=0$이 되므로 근궤적 상 극점에 해당된다.

② 근궤적의 도착점: $K=\infty$인점으로 $G(s)H(s)$의 영점(무한영점도 포함)

근궤적은 $K=\infty$에 도착하므로 특성방정식 $P(s)+KQ(s)=0$ 의 양변을 K로 나누면 다음과 같다.

$$\frac{P(s)}{K}+Q(s)=0 \tag{6-16}$$

따라서 $K=\infty$일 때 ∞이면 $Q(s)=0$이 되므로 영점에 해당된다.

③ 근궤적의 갯수

근궤적의 갯수는 P와 Z중 큰 것과 일치한다.

N : 근궤적의 갯수

P : 극점의 수

Z : 영점의 수

④ 근궤적의 대칭성: 근궤적은 s평면상의 실수축과 대칭

근궤적은 실수축에 대하여 대칭이다. 공액 복소수근 또는 실근일 경우 실수축에 대칭을 갖는다.

⑤ 실수축상의 근궤적:

실수축 위에 존재하는 극점과 영점 중에서 맨 오른쪽으로부터 시작하여 기수(홀수)구간 우수(짝수)구간 까지는 근궤적 구간, 다음 우수구간부터 다음 기수구간까지는 근궤적이 존재하지 않는다. 특히, 복소수극 또는 복소영점은 실수축 구간에서 제외하며 중근도 포함되지 않는다.

⑥ 실수축과 점근선의 교차점 : 점근선이 실수축과 교차하는 점

실수축 상에서 점근선과의 교차점은 다음과 같이 주어진다.

$$\sigma = \frac{\sum_{i=0}^{n} Pi - \sum_{i=0}^{n} Zi}{P-Z} \qquad \begin{array}{l} Pi:\ GH(s)\text{의 극점} \\ Zi:\ GH(s)\text{의 영점} \end{array} \tag{6-17}$$

⑦ 점근선과 점근선의 각도

(1)점근선은 실수축에 교차하고 점근선의 수는 $l=|P-Z|$이다.

(2)점근선 각도는 다음과 같다.

$$\theta_k = \frac{(2k+1)\pi}{|P-Z|} \qquad k=0,1,2,3,\cdots |l|-1 \tag{6-18}$$

⑧ 출발점의 각도와 도착점의 각도 : 근의 평면상에서 복소극점 S_1을 떠나는 근궤적의 출발점과 이루는 각도

각 극점과 영점으로부터 점 S_1까지 그은 벡터의 각을 $\theta_1, \theta_2, \theta_3, \cdots$ 라 하면 점 S_1과 이루는 각은 다음과 같은 조건이 성립한다.

$$\angle G_1 H_1(s) = \pm(2k+1)\pi \tag{6-19}$$

⑨ 근궤적의 허수축과 교차점

s 평면에서 허수축과 근궤적이 교차하는 점에서 특성근과 K의 값은 Routh-Hurwitz의 안정도 판별법에서 구할 수 있다.

⑩ 근궤적의 이탈점(분기점) 혹은 유입점

근궤적에서 실수축상의 이탈점 혹은 분기점은 특성방정식을 미분하여 그 해를 구하면 되는데 다음과 같은 식을 만족해야 한다.

$$\frac{dK}{ds}=0 \quad \text{or} \quad \frac{dG(s)H(s)}{ds}=0 \tag{6-20}$$

⑪ 근궤적상 임의의 점에서 K값의 계산

근궤적 상에서 임의의 한 점에 대응하는 K의 값은 다음 식으로부터 구할 수 있다.

$$\mathrm{K}=\frac{1}{|\mathrm{G_1H_1(s)}|} \quad \text{혹은}$$

$$|K|=\frac{G_1(s)H_1(s)\text{의 극점에서 } s_1\text{까지의 벡터길이의 적}}{G_1(s)H_1(s)\text{의 영점에서 } s_1\text{까지의 벡터길이의 적}} \tag{6-21}$$

예제 6-10 다음과 같은 특성방정식에서 근궤적의 실수축상 구간을 나타내어라.

①$1+\dfrac{K(s+4)}{s(s+1)(s+2)}=0$ ②$1+\dfrac{K(s+1)(s+2)}{s(s^2+2s+2)}=0$

③$1+\dfrac{K(s+3)}{s^2(s+1)(s+2)}=0$ ④$1+\dfrac{K(s+2)^2}{s(s+1)(s+3)}=0$

풀이 특성방정식에서 극점과 영점은 다음과 같으며 중근은 근궤적 구간에 포함되지 않는다.

① 극점 : s=0, 1, 4 영점 : s=4

② 극점 : s=0, -1±j, 영점 : s=1, 2

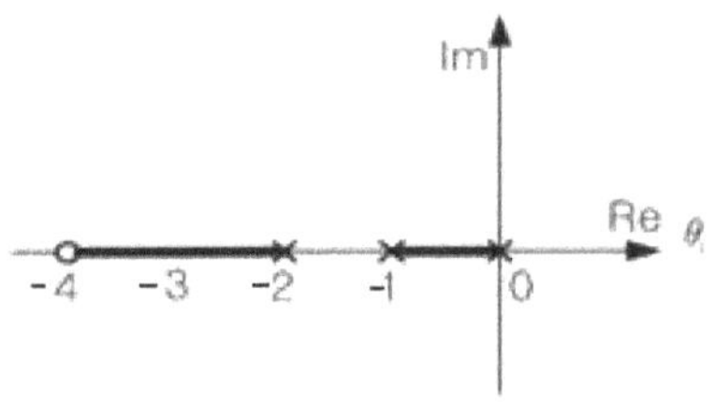

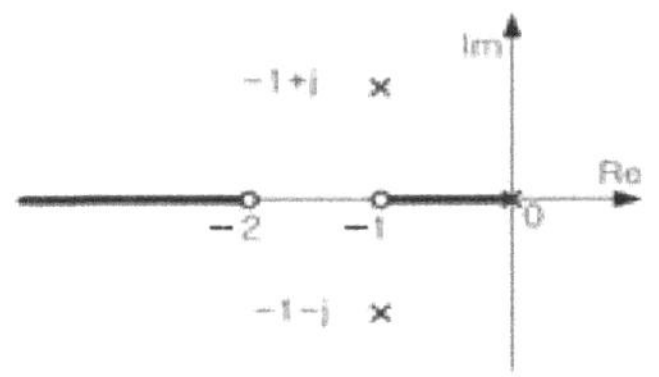

③ 극점 : s=0(중근), 1, 2 영점 : s=3

④ 극점 : s=0, 1, 3 영점 : s=2(중근)

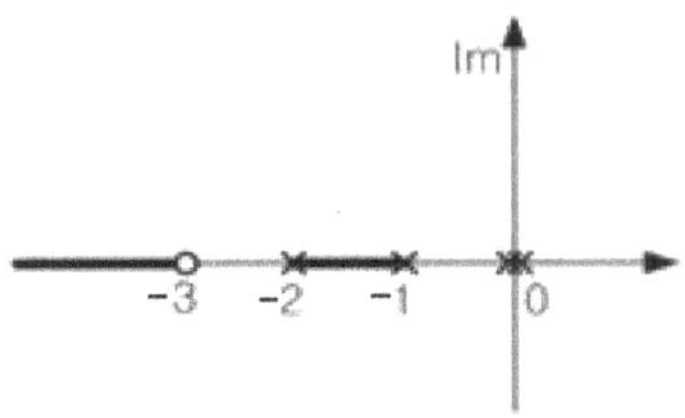

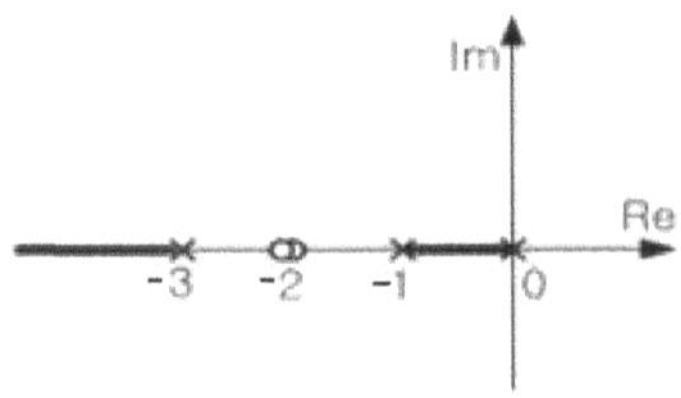

일반적으로 간단한 특성방정식은 손으로 쉽게 그릴 수 있으나 복잡한 식은 프로그램을 이용하여 그리는 것이 편리하다. 위의 예제를 다음 프로그램을 이용하여 근궤적을 각각 그리면 다음과 같다.

프로그램에서 근궤적의 명령어 'rlocus'를 사용하는 형식은 다음과 같다.

```
C>> rlocus(num,den,k);
```

① $1+\dfrac{K(s+3)}{s(s+1)(s+2)}=0$

```
C>>num=[1 3];
C>>den=[1 3 2 0];
C>>k=logspace(-5,2,200);
C>>rlocus(num,den,k);
```

② $1+\dfrac{K(s+2)(s+3)}{s(s^2+2s+2)}=0$

```
C>>num=[1 5 6];
C>>den=[1 2 2 0];
C>>k=logspace(-5,2,200);
C>>rlocus(num,den,k);
```

③ $1+\dfrac{K(s+2)}{s^2(s+1)(s+3)}=0$

```
C>>num=[1 2];
C>>den=[1 4 3 0 0];
C>>k=logspace(-5,2,200);
C>>rlocus(num,den,k);
```

④ $1+\dfrac{K(s+2)^2}{s(s+1)(s+3)}=0$

```
C>>num=[1 4 4];
C>>den=[1 4 3 0];
C>>k=logspace(-5,2,200);
C>>rlocus(num,den,k);
```

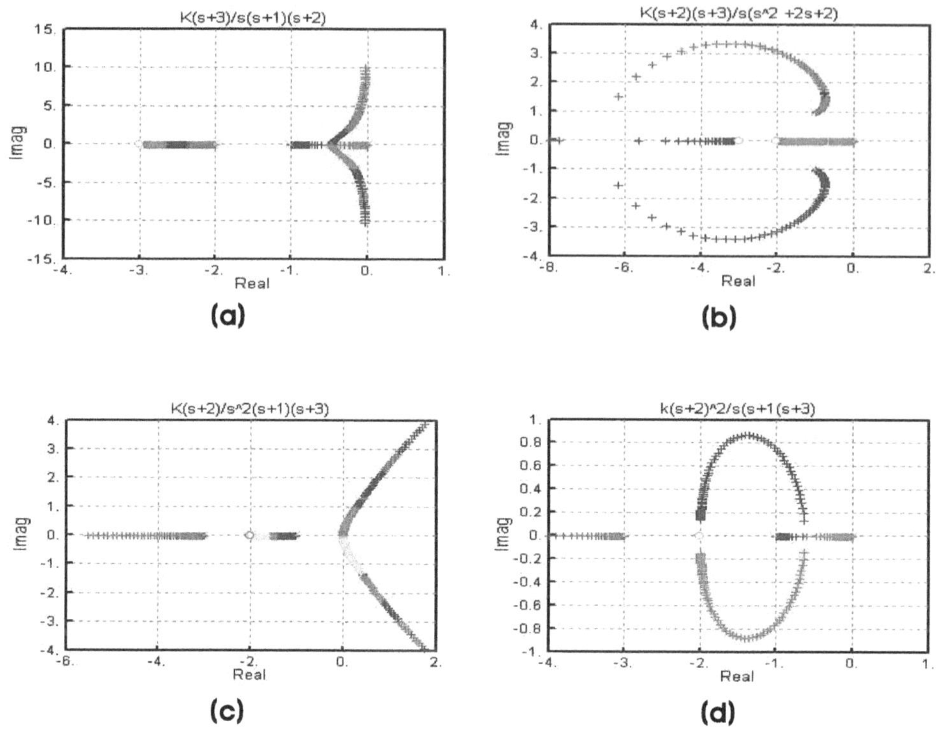

그림 6-5 근궤적도

예제 6-11 점근선의 각도와 실수축과 점근선의 교차점 구하라.

① $1+\dfrac{K}{s(s+1)(s+2)}=0$ ② $1+\dfrac{K}{s(s^2+2s+2)}=0$

풀이 식 ①에서 영점과 극점은 다음과 같다.

$K=0$: $GH(s)$의 극점 $s=0,-1,-2$

$K=\infty$: $GH(s)$의 영점 $s=\infty$

점근선의 각도와 실수축과 점근선의 교차점을 식에 의해 구하면 다음과 같다.

- 점근선 각도

$$\theta_k=\frac{(2k+1)\pi}{|P-Z|} \qquad k=0,1,2,|P-Z|-1$$

$$\theta_0=\frac{\pi}{3}, \quad \theta_1=3\frac{\pi}{3}=\pi, \quad \theta_2=\frac{5\pi}{3}$$

■ 실수축과 점근선의 교차점

$$\sigma = \frac{\sum Pi - \sum Zi}{P-Z} = \frac{(0-1-2)}{3} = -1, \quad \begin{cases} Pi : GH(s)\text{의 극} \\ Zi : GH(s)\text{의 영점} \end{cases}$$

풀이 식 ②에서 영점과 극점은 다음과 같다.

$K=0$: $GH(s)$의 극점 $s=0,-1\pm j$

$K=\infty$: $GH(s)$의 영점 $s=\infty$

점근선의 각도와 실수축과 점근선의 교차점을 식에 의해 구하면 다음과 같다.

■ 점근선의 각도

$$\theta_k = \frac{(2k+1)\pi}{|P-Z|} \qquad k=0,1,2,|P-Z|-1$$

$$\theta_0 = \frac{\pi}{3}, \quad \theta_1 = 3\frac{\pi}{3} = \pi, \quad \theta_2 = \frac{5\pi}{3}$$

■ 실수축과 점근선의 교차점

$$\sigma = \frac{\sum Pi - \sum Zi}{P-Z} = \frac{(0-1+j-1-j)}{3-0} = -\frac{2}{3} \quad \begin{cases} Pi : GH(s)\text{의 극} \\ Zi : GH(s)\text{의 영점} \\ P : \text{극점의 수} \\ Z : \text{영점의 수} \end{cases}$$

예제 6-12 다음 특성방정식에서 이탈점을 계산하라.

① $1+\dfrac{K}{s(s+1)(s+2)}=0$ ② $1+\dfrac{K}{s(s+4)(s^2+4s+20)}=0$

③ $1+\dfrac{K(s+2)}{s^2+2s+2}=0$

풀이 식 ①에서 영점과 극점을 구하면 다음과 같다.

$K=0$: $GH(s)$의 극점 $s=0,-1,-2$

$K=\infty$: $GH(s)$의 영점 $s=\infty$

미분 방정식을 만들기 위하여 식에서 양변에 분모를 곱하여 K에 대해 정리하여 구하면 다음과 같다.

$$K+s(s+1)(s+2)=0 \quad K=-(s^3+3s^2+2s)$$

$$\frac{dK}{ds}=0 \text{ 이므로} \qquad \frac{dK}{ds}=-(3s^2+6s+2)=0$$

해는 $s=-0.4226, -1.5774$ 이며 근궤적 존재구간은 $(-\infty,-2][-1,0]$ 이므로 따라서 이탈점은 -0.4226 이다.

특성방정식의 차수가 고차이면 근을 구하기 매우 어려우므로 셈툴을 이용하여 간단히 구할 수 있다. 프로그램을 이용하여 구하여 보자.

```
C>>P=[3 6 2];
C>>r=roots(p);
        r=
        -0.4226, -1.5774
```

풀이 식 ②에서 영점과 극점을 구하면 다음과 같다.

$K=0$: $GH(s)$의 극점 $s=0,-4,-2\pm j4$

$K=\infty$: $GH(s)$의 영점 $s=\infty$

식에서 미분 방정식을 만들기 위하여 식을 K항으로 만들면 다음과 같다.

$$s(s+4)(s^2+4s+20)+K=0 \qquad K=-[s(s+4)(s^2+4s+20)]$$

$$K=-[(s^2+4s)(s^2+4s+20)]=-[s^4+4s^3+20s^2+4s^3+16s^2+80s]$$

$$\frac{dK}{ds}=0 \text{ 이므로 } \qquad \frac{dK}{ds}=-4(s^3+6s^2+18s+20)=0$$

여기서, 해는 $s=-2$, $-2\pm j2.4495$이고 근궤적 존재구간은 [-4,0] [-1,0]이므로 따라서 이탈점은 -2, $-2\pm j2.4495$ 이다.

프로그램을 이용하여 근을 구하면 다음과 같다.

```
C>>p=[1 6 18 20];
C>>r=roots(p);
        r=
        -2
        -2+j2.4495
        -2-j2.4495
```

풀이 식 ③에서 영점과 극점을 구하면 다음과 같다.

$K=0$: $GH(s)$의 극점 $s=-1\pm j$

$K=\infty$: $GH(s)$의 영점 $s=-2$

특성방정식에서 미분 방정식을 만들기 위하여 K항을 만들고 미분 방정식은 다음과 같다.

$$s^2+2s+2+K(s+2)=0 \qquad K=-\frac{s^2+2s+2}{s+2}$$

$$\frac{dK}{ds}=\frac{-(2s+2)(s+2)+(s^2+2s+2)}{(s+2)^2}=-\frac{(s^2+4s+2)}{(s^2+4s+4)}=0$$

이 식의 해는 $s=-0.586,\ -3.414$이고 근궤적 존재구간은 (-∞,-2]이므로 따라서 이탈점은 -3.414이다.

예제 6-13 다음 그림과 같은 피드백 시스템에서 K가 0 ~ ∞로 변할 때 폐루프 시스템의 근궤적을 그리고 이 시스템이 안정하기 위한 K의 범위를 구하라.

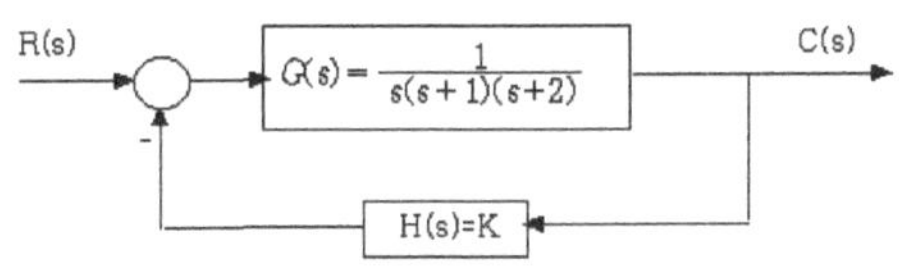

그림 6-6 피드백 제어시스템

풀이 폐루프 제어시스템의 전달함수를 구하고 특성방정식은 다음과 같이 나타낼 수 있다.

$$1+G(s)H(s)=1+\frac{K}{s(s+1)(s+2)}=0$$

이 식에서

① 근궤적의 출발점 : K=0 GH(s)의 극 s=0, -1, -2,

② 근궤적의 도착점 : K=∞ GH(s)의 영점 s=∞

③ 실수축 상의 근궤적 구간 : (-∞,-2][-1,0]

④ 점근선의 각 : P=3, Z=0

$$\theta_k=\frac{(2k+1)\pi}{|P-Z|} \qquad k=0,1,2 \quad \theta_0=\frac{\pi}{3},\quad \theta_1=\pi,\ \theta_2=\frac{5}{3}\pi$$

⑤ 점근선과 실수축과의 교차점 :

$$\sigma = \frac{\sum Pi - \sum Zi}{P-Z} = \frac{(0-1-2)-0}{3} = -1$$

⑥ 이탈점 :

$$s(s+1)(s+2)+K=0 \qquad K=-s(s+1)(s+2)$$

$\frac{dK}{ds} = -(3s^2+6s+2)=0$ 의 해 $s=-0.4226,\ -1.5774$

이탈점 $s=-0.4226$

⑦ 허수축과의 교차점(임계안정) :

$$P(s)=s^3+3s^2+2s+K=0$$

⑧ 안정하기 위한 조건 :

Routh 배열에서 제1열의 요소가 안정하기 위한 조건은 $\frac{6-K}{3}>0,\ K>0$ 이므로 범위는 $0<K<6$ 이다.

임계안정일 때의 좌표축은 첫째열이 0일 때 특성근이 허수축에 존재한다.

K=0, K=6 (임계안정)

K=0이면 P(s)의 특성근 중 1개는 s=0에서 존재

K=6인 경우는 Routh 배열의 2행에 대하여 풀면 다음과 같다.

$$3s^2+6=0, \qquad s=\pm j\sqrt{2}$$

s^3	1	2
s^2	3	K
s^1	$b_1 = \frac{6-K}{3}$	0
s^0	K	

프로그램을 이용하여 근궤적을 그리면 다음과 같다.

여기서 점근선을 그리려면 분모는 $(s+1)^3 = s^3+3s^2+3s+1$이 되어야 한다.

점근선은 시스템의 가장 근접한 차수의 함수로 하면 된다.

다음은 이 식의 근궤적을 그려서 s 평면상에 어떤 특정한 근의 위치(좌표점)에 해당하는 K의 값을 찾아보기로 하자.

우선 그래프에서 복소수 근의 좌표 값을 셈툴의 그래프에서 좌표추적 기능을 이용하여 근궤적 상의 어떤 한 점의 좌표를 찾아낼 수 있다. 어떤 한 점의 근의 값이나 K의

값을 알면 제어기 설계를 하는 데 많은 도움이 된다. 이 때 특정근의 위치에 해당하는 계수 K의 값을 알고 싶으면 명령어가 'rlocval' 이다. 사용방법으로 좌표 s를 다음과 같이 입력하면 된다.

```
C>>num=[1];
C>>den=[1 3 2 0];
C>>s=0.0+1.4142i;
C>>K=rlocval(num,den,s)
    K  =     5.9999
```

```
C>>num=[1]
C>>den=[1 3 2 0];
C>>numa=[1];
C>>dena=[1 3 3 1];
C>>k=0:100:0.5;
C>>r=rlocus(num,den,k);
C>>a=rlocus(numa,dena,k);
C>>x=real(r);y=imag(r);
C>>plot(x,y,"o")
C>>holdon;
C>>xa=real(a);ya=imag(a);
C>>plot(xa,ya,"-")
```

점근선, $(s+1)^3 = s^3+3s^2+3s+1 \Rightarrow [1\ 3\ 3\ 1]$

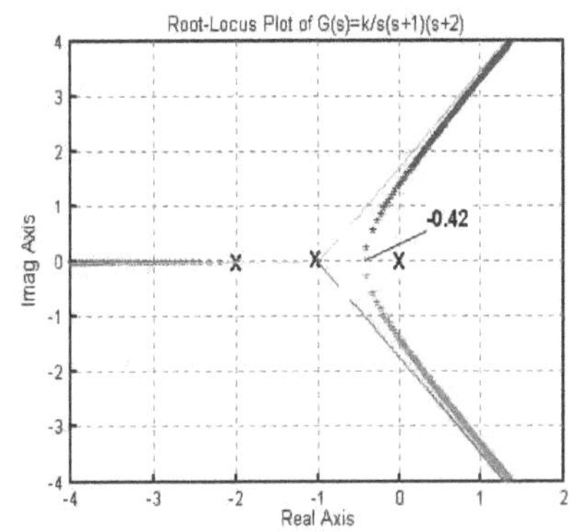

그림 6-7 근궤적

예제 6-14 개루프의 전달함수가 다음과 같을 때 근궤적을 그려라.

$$GH(s) = \frac{K}{s(s+2)(s+4)}$$

풀이 폐루프 제어시스템의 특성방정식은 다음과 같이 구할 수 있다.

$$1 + G(s)H(s) = 1 + \frac{K}{s(s+2)(s+4)} = 0$$

① 근궤적의 출발점 : K=0 GH(s)의 극 s=0, -2, -4,

② 근궤적의 도착점 : K=∞ GH(s)의 영점 s=∞

③ 실수축 상의 근궤적 구간 : [-2,0](-∞,-4]

④ 점근선의 각 : P=3, Z=0

$$\theta_k = \frac{(2k+1)\pi}{|P-Z|} \quad k=0,1,2 \qquad \theta_0 = \frac{\pi}{3}, \quad \theta_1 = \pi, \ \theta_2 = \frac{5}{3}\pi$$

⑤ 점근선과 실수축과의 교차점 :

$$\sigma = \frac{\sum Pi - \sum Zi}{P-Z} = \frac{(0-2-4)-0}{3} = -2$$

⑥ 이탈점 :

$$s(s+2)(s+4)+K=0 \qquad K=-s(s+2)(s+4)=-(s^3+6s^2+8s)$$

$\frac{dK}{ds} = -(3s^2+12s+8)=0$의 해 $s=-3.1547, \ -0.8453$

이탈점 구하기 위한 미분방정식의 해 계산

```
C>>p=[3 12 8];
C>>r=roots(p);
        r= -3.1547,  -0.845
```

실수축 상의 근궤적 구간이 [-2,0](-∞,-4]이므로 이탈점은 $s=-0.8453$이다.

⑦ 허수축과의 교차점(임계안정) :

$P(s)=s^3+6s^2+8s+K=0$

s^3	1	8
s^2	6	K
s^1	$b_1 = \frac{48-K}{6}$	0
s^0	K	

⑧ 안정하기 위한 조건 :

$\frac{48-K}{6} > 0, \ K>0 \qquad \therefore 0<K<48$

첫째열이 0일 때 특성근이 허수축에 존재하므로 다음과 같다.

K=0, K=48 (임계안정)

K=0이면 P(s)의 특성근 중 1개는 s=0에서 존재

K=48인 경우는 Routh 배열의 2행에 대하여 해를 구하면 다음과 같다.

$6s^2+48=0, \qquad s=\pm j2\sqrt{2}$

근의 계산 예

```
C>>p=[1 0 8];
C>>r=roots(p);
C>>r=roots(p)
        r  =  0.0000 + 1.4142i,  0.0000 - 1.4142i
```

프로그램을 이용하여 근궤적을 그리면 다음과 같다.

여기서, 점근선을 그리기 위한 분모는 $(s+2)^3 = s^3 + 6s^2 + 12s + 8$ 이 되어야 한다.

```
C>>num=[1];
C>>den=[1 6 8 0];
C>>numa=[1];
C>>dena=[1 6 12 8];
C>>k=0:100:0.2;
C>>r=rlocus(num,den,k);
C>>a=rlocus(numa,dena,k);
C>>x=real(r);y=imag(r);
C>>plot(x,y,"o")
C>>holdon;
C>>xa=real(a);ya=imag(a);
C>>plot(xa,ya,"-")
C>>holdoff
```

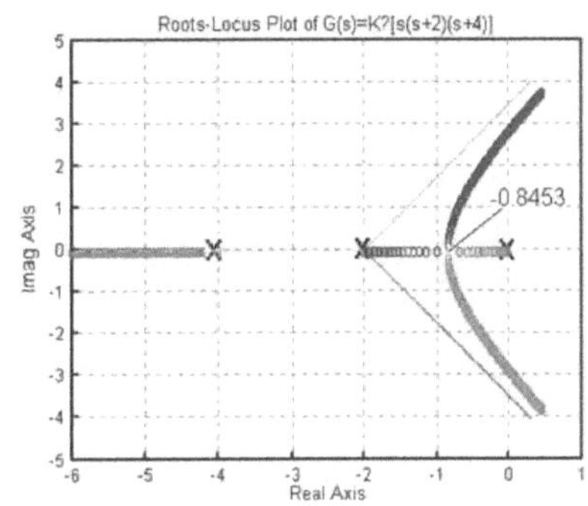

그림 6-8 근궤적

예제 6-15 다음식의 근궤적을 그려라.

① $s^2 + 2s + 2 + K(s+2) = 0$ ② $s(s+4)(s^2+4s+20) + K = 0$

풀이 식 ①의 근궤적을 그리기 위한 기본 특성방정식은 다음과 같다.

$$1 + \frac{K(s+2)}{s^2 + 2s + 2} = 0$$

여기서 이탈점은 -3.4142 이다.

```
C>>num=[1 2];
C>>den=[1 2 2];
C>>k=0:100:0.1;
C>>r=rlocus(num,den,k);
C>>p=[1 4 2];
C>>r=roots(p);
C>>r=roots(p)
     r= -3.4142, -0.5858
```

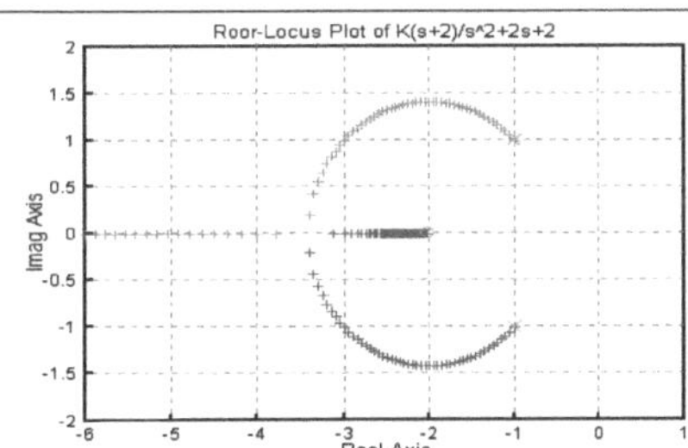

그림 6-9 근궤적

풀이 식 ②의 근궤적을 그리기 위한 기본 특성방정식은 다음과 같다.

$$1+\frac{K}{s(s+4)(s^2+4s+20)}=0$$

이 특성방정식은 특이한 형태로 다음과 같이 구할 수 있다.

- 극점 : $s=0,-4,\ -2\pm j4$
- 영점 : $s=\infty$
- 실수축상의 근궤적구간 : [4, 0]
- 점근선의 각: $P=4,\ Z=0 \qquad \theta_0=\frac{\pi}{4,}\quad \theta_1=\frac{3}{4}\pi,\quad \theta_2=\frac{5}{4}\pi,\quad \theta_3=\frac{7}{4}\pi$
- 실수축과의 교차점 : $\sigma=\frac{(0-4-2+j2.45-2-j2.45)}{4-0}=-2$
- 이탈점 : $\frac{dK}{ds}=\frac{d}{ds}[(s+4)(s^2+4s+20)]=0,\quad s^3+6s^2+18s+20=0$

```
C>>p=[1 6 18 20];
C>>r=roots(p)
   r  =
   -2.0000 + 2.4495i
  -2.0000 - 2.4495i
  -2.0000
```

여기서 이탈점은 모두 3개이다.

- 허수축과 만나는 이득 K 구하기

```
C>>num=[1];
C>>den=[ 1 8 36 80 0];
C>>s=0.0+3.146i
     s  =
     0.0000 + 3.1460i
C>>K=rlocval(num,den,s)
  Input point is not on the Root Locus!
  Search the nearest point on Root Locus...
   Nearest point to 0.0000+3.1460i : -0.0618+3.1235i
    K  =    246.6043
```

```
C>>num=[1];
C>>den=[ 1 8 36 80 0];
C>>numa=[1];
C>>dena=[ 1 8 24 32 16];
C>>k=0:200:0.5;
C>>r=rlocus(num,den,k);
C>>a=rlocus(numa,dena,k);
C>>x=real(r);y=imag(r);
C>>plot(x,y,"o")
C>>holdon;
C>>xa=real(a);ya=imag(a);
C>>plot(xa,ya,"-")
```

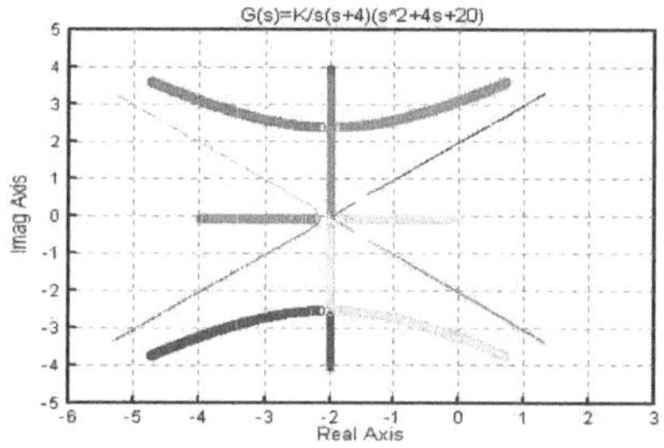

그림 6-10 근궤적

3) 근궤적을 이용한 제어기 설계

근궤적을 이용한 제어기 설계에 대해 알아보자. 제어기 설계방법으로 시스템의 나쁜 극점 또는 영점의 제어기를 사용하여 상쇄시키는 데 실제로 이 방법은 불가능하다. 그 이유는 실제 시스템으로부터 얻은 전달함수의 극점과 영점은 정확한 값이 아니라 대략적인 값이고 실제 시스템의 차수가 더 높을 수도 있다. 실제 시스템들은 변수가 바뀜에 따라 극점과 영점도 바뀐다.

그러므로 제어기를 설계할 때 극점과 영점을 상쇄시키지 않고 근을 원하는 위치에 놓이도록 제어기를 설계하는 것이 바람직하다. 이와 같이 폐루프의 원하는 위치에 극점을 배치시키는 제어기 설계기법을 **"극배치 설계법(pole placement method)"**이라 한다.

복잡한 시스템의 전달함수는 차수가 높기 때문에 프로그램을 이용한 근궤적 설계법은 먼저 근궤적 그래프를 그려서 그래프의 좌표추적을 하여 좌표값을 찾는다. 다음으로 이 좌표값을 대입하여 셈툴의 함수명 "rlocval"을 사용하여 이득 K 값을 구한다. 다음 이 득값을 이용하여 응답을 구한다.

근궤적을 이용한 제어기 설계를 위한 순서는 다음과 같다.

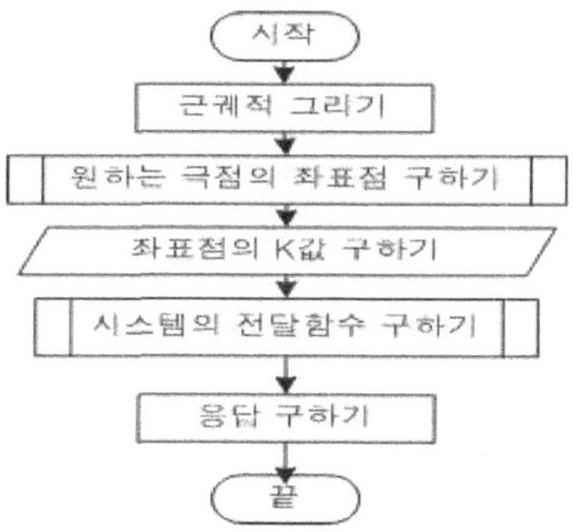

예제 6-16 다음 전달함수에서 이득 K값과 주극점의 감쇠비가 ζ=0.5가 되도록 K값을 구해보자.

$$G(s) = \frac{1}{s(s+1)} \qquad H(s) = \frac{K}{s+2}$$

풀이

단계1) 근궤적 그리기

```
C>>den=convo(convo([1 0],[1 1]),[1 2])
        den  =
             1      3      2      0
C>>num=1;
C>>rlocus(num,den);
```

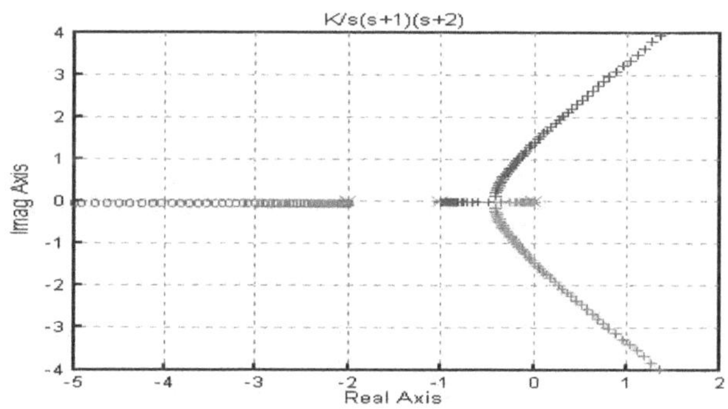

그림 6-11 근궤적

단계2) 근궤적 그래프에서 좌표추적

그래프에서 허수축과 만나는 점은 0+1.4j 이다.

단계3) 이득 K값 구하기

```
C>>k=rlocval(num,den,0+1.44i)
    Input point is not on the Root Locus!
    Search the nearest point on Root Locus...
    Nearest point to 0.0000+1.4400i : -0.0028+1.4082i
    k  =   5.9381
```

이 시스템이 안정하기 위한 조건은 0 < K < 5.9381 이다.

단계4) 감쇠비의 좌표점과 K 값 구하기

감쇠비가 0.5일 때 주극점과 원점이 이루는 각도와 좌표점을 구하면 다음과 같다.

$\theta = \cos^{-1}0.5 = 60^0$, 좌표점 : 대략 -0.27+0.75j

```
C>>k=rlocval(num,den,-0.27+0.75i)
    Input point is not on the Root Locus!
    Search the nearest point on Root Locus...
    Nearest point to -0.2700+0.7500i : -0.2843+0.7326i
    k  =      1.5014
```

단계5) 계단응답을 구하기 위한 함수 입력

```
C>>k=1.5014;
C>>num=1;
C>>den=[1 1 0];
C>>num1=k;
C>>den1=[1 2];
```

단계6) 폐루프의 전달함수 구하기

```
C>>[fnum,fden]=feedback(num,den,num1,den1)
      fnum  =  //분자항
           0         0         1         2
      fden  =  //분모항
       1.0000    3.0000    2.0000    1.5014
```

전달함수 : $\frac{C(s)}{R(s)} = \frac{s+2}{s^3+3s^2+2s+1.5014}$

단계7) 계단응답 구하기

```
C>>step(fnum,fden)
```

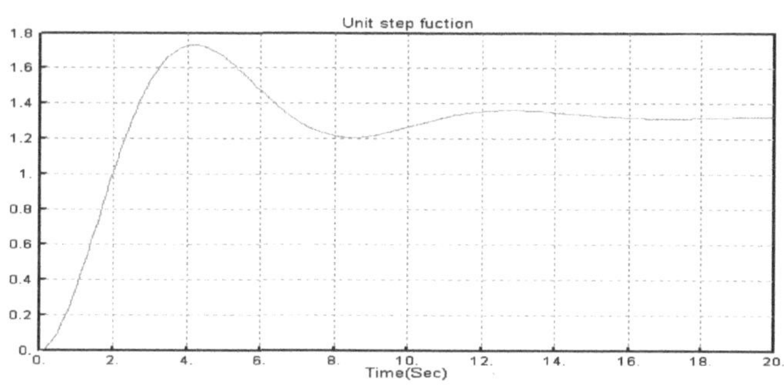

6-12 단위 계단 응답

다음은 K의 값을 변화하여 단위 계단응답을 그리는 방법에 대해 알아보자.

예를 들어 K를 1, 1.5, 1.8, 2, 2.2로 변화하여 시간응답을 구하는 방법은 다음과 같다. 반복되는 함수는 먼저, 하나의 function문을 만들어 자주 사용되는 프로그램을 파일로 저장하여 사용할 수 있다.

반복되는 표현들이나 명령어의 순서 또는 그림을 그리는 명령어를 하나의 function 문을 통해 매개변수만을 바꾸면서 계산을 하면 매우 편리하다.

function 문을 사용하여 xxx.cem으로 저장하여 파일을 불러내어 사용할 수 있다.

위의 예제에서 K의 값을 변화하면서 그래프를 그려보자.

function 문을 사용한 예는 다음과 같다.

```
function
y, fnum, fden<>K  //출력 y fnum, fden 입력 K
num=[1];
den=[1 1 0];
num1=[K];
den1=[1 2];
[fnum,fden]=feedback(num,den,num1,den1)
t=[0:30:0.1];
y=step(fnum,fden,t);
plot(t,y);
```

위의 파일을 저장하고 실행창에서 파일을 불러내어 K값을 변화시키면서 사용하면 편리하다.

```
C>>y10=xxx(2.2);
        fnum =
        0       0       1       2
        fden =
                1.0000    3.0000    2.0000    2.2000
C>>holdon
C>>y10=xxx(2.);
        fnum =
                0       0       1       2
        fden =
                1       3       2       2
```

응답결과 그림에서 오버슈트의 크기와 정상상태 도달 시간은 K=2일 때 가장 바람직하게 나타난다. 실제 시스템의 설계에서도 K=2일 때 가장 적합하다고 볼 수 있다.

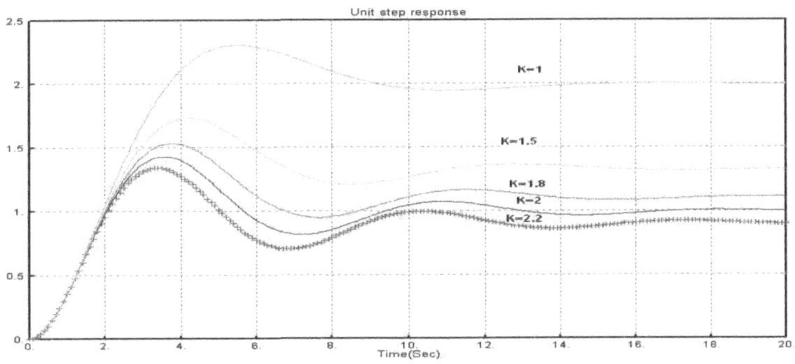

그림 6-13 K의 변화에 대한 단위 계단응답

연습문제

1. 특성방정식이 다음과 같을 때 안정성을 판별하여라.

1) $3s^4+2s^3+2s^2-3s+7=0$

2) $s^5+8s^4+5s^3+3s+10=0$

3) $s^4+2s^3+3s^2+s+5=0$

2. 제어시스템의 특성방정식이 다음과 같을 때 이 시스템이 안정하기 위한 K의 범위를 구하여라.

$G(s)=6s^4+11s^3+6s^2+s+K=0$

3. 특성방정식이 $G(s)=s^4+3s^3+3s^2+3s+2=0$인 시스템의 안정성을 판별하여라.

4. 다음과 같은 특성방정식일 때 s 평면상에 영점과 극점을 나타내고 실수축상의 근궤적 구간을 나타내어라.

1) $G(s)H(s)=\dfrac{K(s+3)}{s(s+1)(s+2)}$

2) $G(s)H(s)=\dfrac{K}{s^2(s+1)(s+2)}$

3) $G(s)H(s)=\dfrac{Ks^2}{(s+1)(s+3)}$

5.다음 특성방정식에서 점근선의 교차점을 구하여라.

1) $G(s)H(s)=\dfrac{K}{s(s+1)(s+2)}$

2) $G(s)H(s)=\dfrac{K(s+1)}{s^2(s+3)(s+4)}$

3) $G(s)H(s)=\dfrac{K}{(s+1)(s+2)(s+3)}$

6. 다음 특성방정식에서 이탈점을 구하여라.

1) $G(s)H(s)=\dfrac{K}{s(s+3)(s^2+2s+2)}$

2) $G(s)H(s) = \dfrac{K}{s(s+1)(s+3)}$

7. 다음 특성방정식에서 점근선의 각도를 구하여라.

1) $G(s)H(s) = \dfrac{K}{s(s+1)(s+2)}$

2) $G(s)H(s) = \dfrac{K(s+2)}{s^2(s+3)(s+4)}$

8. 다음 특성방정식에서 근궤적을 그리고, 점근선의 각, 점근선의 교점, 안정하기 위한 범위를 구하여라.

$s^3 + 3s^2 + 2s + Ks + 5K = 0$

9. 다음 특성방정식의 근궤적을 그려라.

1) $G(s)H(s) = \dfrac{K}{s(s+1)(s+3)(s+4)}$

2) $G(s)H(s) = \dfrac{K(s+2)}{(s+1)(s^2+6s+10)}$

10. 시스템에서 $G(s)$, $H(s)$가 다음과 같이 주어질 때 주요 극점의 감쇠비 ζ가 0.5가 되도록 K값을 구하고, 이 시스템의 근궤적과 단위 계단응답을 그려라. 그리고 안정하기 위한 K의 범위를 찾아라.

$$G(s) = \frac{1}{s(s+2)(s+3)}, \quad H(s) = K$$

익힘문제

1. 안정한 시스템은 특성방정식 $1+G(s)H(s)=0$의 근이 s 평면의 어느 곳에 있어야 하는가?

①s 평면의 좌반면 ②s 평면의 우반면 ③s 평면의 실수축상 ④s 평면의 허수축상

2. 특성방정식 $s^3+s^2-s+1=0$에서 안정한 근은 몇 개인가?

①0 ②1 ③2 ④3

3. 특성방정식이 $s^3+2s^2+3s+4=0$ 일 때 이 계통은?

①불안정 ②안정 ③임계안정 ④조건부 안정

4. 다음 특성방정식에서 안정하지 않은 특성방정식은?

①$s^3+7s^2+14s+8=0$ ②$s^3+2s^2+3s+6=0$

③$s^3+5s^2+11s+15=0$ ④$s^3+2s^2+2s+2=0$

5. 특성방정식 $s^2+Ks+2K-1=0$인 시스템의 안정하기 위한 K의 범위는?

①$K>0$ ②$K<\frac{1}{2}$ ③$K>\frac{1}{2}$ ④$0<K<\frac{1}{2}$

6. 근궤적의 성질에서 근궤적은 무엇과 대칭인가?

①원점 ②실수축 ③허수축 ④대칭이 없다.

7. 개루프 전달함수 $G(s)H(s)=\dfrac{K(s+1)}{s^2(s+2)(s+3)}$에서 근궤적의 수는?

①1 ②2 ③3 ④4

8. 개루프 전달함수 $G(s)H(s)=\dfrac{K(s-1)}{s(s+1)(s-4)}$에서 점근선과 실수축과의 교차점은?

①2 ②1 ③4 ④3

9. 개루프 전달함수 $G(s)H(s)=\dfrac{K}{s(s+4)(s+5)}$가 다음과 같을 때 실수축상의 근궤적

구간은?
①[-4, 0] ②[-4, -5] ③(-∞, -5] ④[0, -4](-∞, -5]

10. 개루프 전달함수 $G(s)H(s) = \frac{K(s+1)}{s(s+4)(s^2+2s+2)}$ 일 때 특성방정식의 점근선의 각도는?
①$60^0, 180^0, 300^0$ ②$60^0, 150^0, 300^0$ ③$45^0, 180^0, 315^0$ ④$30^0, 180^0, 360^0$

11. 특성방정식 $(s+1)(s+2)+K(s+3)=0$ 일 때 근궤적의 이탈점을 구하면?
①$s=-1.5, -3.5$ ②$s=-1.6, -2.6$ ③$s=-3\pm\sqrt{2}$ ④$s=-2, -3$

12. 시간영역에서 제어기 설계에 가장 유용한 방법은?
①보드선도 ②나이퀴스트 판별법 ③근궤적법 ④니콜스 선도법

13. 개루프 전달함수 $G(s)H(s) = \frac{K(s+4)}{s(s+1)(s+5)}$ 에서 근궤적의 출발점은?
①0, 1, 4 ②0, -1, -4 ③0, 1, 5 ④0, -1, -5

14. 개루프 전달함수 $G(s) = \frac{(s+2)}{(s+1)(s+3)}$ 인 피드백 시스템의 특성방정식은?
①$s^2+5s+6=0$ ②$s^2+5s+5=0$ ③$s^2+6s+5=0$ ④$s^2+4s+3=0$

15. 특성방정식이 $s^3+s^2+s=0$ 일 때 안정도 판별은?
①안정 ②불안정 ③임계안정 ④조건부 안정

답 1.① 2.② 3.② 4.② 5.③ 6.② 7.④ 8.② 9.④ 10.① 11.③ 12.③ 13.④ 14.② 15.③

제 7 장

주파수 영역 해석

제 7 장 주파수 영역 해석

7.1 개요

통신분야나 신호처리 분야에서는 시스템을 주파수 영역에서 분석하고 설계하기 때문에 점점 더 주파수 영역에 대한 중요도가 더해가고 있다. 이 장에서는 제어시스템의 응답을 주파수 영역에 대해서 공부해 보자.

주파수 응답에는 보드 선도(Bode diagram)와 나이키스트(Nyquist diagram) 선도가 있다. 이들 방법은 주파수 영역에서 제어시스템의 해석과 설계하는 방법으로 이 선도로부터 시스템의 안정도를 판별한다.

주파수 영역에서의 해석이란?

사인함수 즉, 정현파와 같은 주파수 성분을 갖는 교류 입력 신호에 대한 출력신호의 해석으로서 특히, 필터설계에서는 회로에 영향을 주는 주파수 성분에 따라서 성능이 좌우되므로 입력 주파수의 천이 특성을 정확히 해석하는 것이 중요하다.

주파수 응답이란?

전달함수에 대한 입력의 주파수 성분이 변화할 때의 응답으로 주파수 응답은 이득특성과 위상변화 특성을 말한다.

이 장에서는 우선 주파수 영역 해석의 기초를 익히고, 다음으로 보드선도의 작성법과 보드선도에 의한 이득여유와 위상여유를 계산하는 방법을 이해하고 안정성을 다룬다. 그리고 보드선도를 이용한 보상기 설계에 대해 배운다..

7.2 주파수 영역 해석의 기초

1)복소수와 복소평면

복소수란 **실수(real)**와 **허수(imaginary)**로 구성된다. 임의의 수를 제곱하여 -1이 되는 새로운 수를 허수단위(imaginary unit)라 부르며 j로 표시한다. 실제로는 i이나 전류 i와 혼돈을 피하기 위하여 j라는 기호를 사용한다.

$$j^2 = -1, \quad j = \sqrt{-1} \tag{7-1}$$

두 성분, 실수와 허수에 의하여 이루어지는 $\alpha+j\beta$를 **복소수**(complex number)라 하며 하나의 문자로 나타낼 때는 벡터와 같이 A또는 $\dot{A}$로 표기한다.

$$A=\dot{A}=\alpha+j\beta \tag{7-2}$$

평면상에서 가로축을 실수축(α) 세로축을 허수축(β)으로 하는 직각 좌표에서 성분이 (α,β)인 점으로 복소수 $\dot{A}=\alpha+j\beta$를 나타내는 평면을 복소평면(complex plane)이라 한다.

복소평면에 나타내면 다음 그림과 같이 된다.

그림에서 복소수 P를 $\overrightarrow{OP}$ 벡터로 표시한다. 따라서 복소수 P를 벡터 연산식으로 나타내면 다음과 같다.

$$\overrightarrow{P}=\overrightarrow{\alpha}+j\overrightarrow{\beta} \tag{7-3}$$

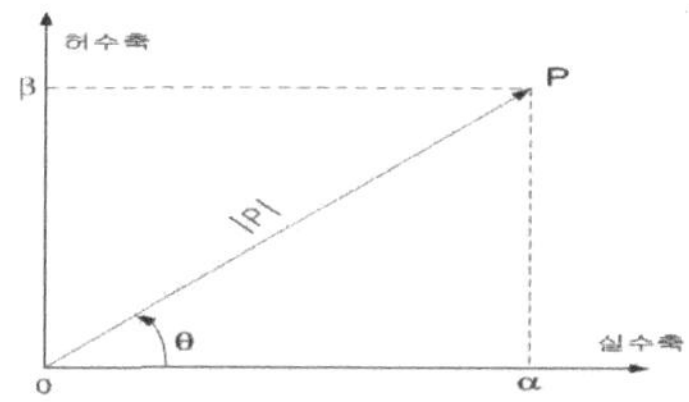

7-1 복소수의 벡터표시

복소평면에서 벡터 $\overrightarrow{OP}$의 길이는 복소수 P의 절대치, 실수축과 $\overrightarrow{OP}$의 각은 복소수 P의 편각 또는 위상이라 한다. 이와 같은 관계로부터

$$P=\alpha+j\beta$$

$$\theta=\text{위상} \tag{7-4}$$

하며 다음 관계식으로 얻어진다.

$$\alpha=|P|\cos\theta \tag{7-5}$$

$$\beta=|P|\sin\theta \tag{7-6}$$

$$|P|=\sqrt{\alpha^2+\beta^2} \tag{7-7}$$

$$\theta=\tan^{-1}\frac{\beta}{\alpha} \tag{7-8}$$

다음은 허수단위의 곱셈에 대해서 알아보자. 실수의 크기 a에서 j를 곱하면 $j\times a=ja$로 벡터에서 실수는 0이고 허수는 ja가 된다.

다음에 ja에 다시 j를 곱하면 $ja\times j=j^2a=-a$로 (-)실수로 된다. 또 다시 j^2a에 j를 곱하면 $j^2a\times j=-ja$로 되어 실수부를 갖지 않는 허수로 된다.

이와 같이 실수 a에 j의 곱의 변화를 복소평면에 나타내면 다음 그림과 같다. 이것은 위상이 $90^0(\frac{\pi}{2})$씩 증가해 간다.

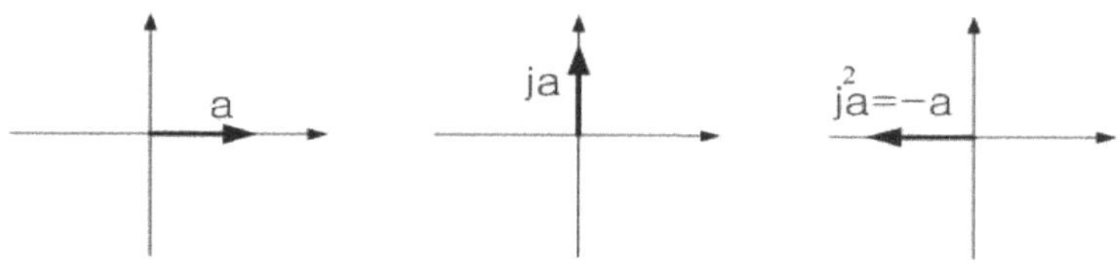

그림 7-2 a, ja, j^2a**의 벡터궤적**

두 복소수 $a+jb$와 $a-jb$는 서로 **공액**(conjugate)이라고 하며 복소수 A의 공액 복소수를 $\overline{A}$로 표시한다. 따라서 $A=a+jb$일 때 $\overline{A}$는 $\overline{A}=a-jb$이다.

복소수를 표현하는 방법과 복소수의 연산은 다음과 같다.

① **직각 좌표**(rectangular form)

직각 좌표 표현으로는 다음과 같다.

$$P=\alpha+j\beta$$

$$\alpha=|P|\cos\theta$$

$$\beta=|P|\sin|\theta$$

$$|P|=\sqrt{(\text{실수부})^2+(\text{허수부})^2}=\sqrt{\alpha^2+\beta^2} \quad (7\text{-}9)$$

$$\theta=\tan^{-1}\frac{\text{허수부}}{\text{실수부}}=\tan^{-1}\frac{\beta}{\alpha}$$

② **극좌표**(polar form)

복소수 P를 |P|와 $\angle\theta$를 극좌표로 나타내면 다음식과 같다.

$$P=|\text{크기}|\angle\text{위상}=|P|\angle\theta \quad (7\text{-}10)$$

③ **지수 표시**(exponential form)

Euler 공식에서 $e^{j\theta}=\cos\theta+j\sin\theta$이므로 지수함수로 나타내면 다음식과 같다.

$$P=|크기|e^{j위상}=|P|e^{j\theta} \tag{7-11}$$

④ **삼각함수 표시**(trigonometric form)

크기 P는 $\alpha+j\beta$이므로 삼각함수로 나타내면 다음식과 같다.

$$|P|\cos\theta+j|P|\sin\theta=|P|(\cos\theta+j\sin\theta) \tag{7-12}$$

위와 같이 복소수 $\dot{P}$의 표현 방법은 다음과 같다.

$$\begin{aligned}\dot{P}&=\alpha+j\beta(\text{직각 좌표 식})\\&=P(\cos\theta+j\sin\theta)(\text{삼각 함수식})\\&=P\angle\theta(\text{극좌표 식})\\&=Pe^{j\theta}(\text{지수함수 식})\end{aligned} \tag{7-13}$$

■ **오일러 공식** $\begin{cases}e^{j\omega t}=\cos\omega t+j\sin\omega t\\ e^{\omega t}=\cosh\omega t+\sinh\omega t\end{cases}$

⑤ **복소수의 연산**

두 복소수 $\dot{A}$와 $\dot{B}$가 각각 다음과 같을 때 두 복소수의 덧셈, 뺄셈, 곱셈, 나눗셈에 대한 계산은 다음과 같다.

$$\dot{A}=a+jb=A(\cos\alpha+j\sin\alpha)=A\angle\alpha=Ae^{j\alpha} \tag{7-14}$$

$$\dot{B}=c+jd=B(\cos\beta+j\sin\beta)=B\angle\beta=Be^{j\beta} \tag{7-15}$$

가. 덧셈, 뺄셈

두 복소수의 덧셈과 뺄셈에서 실수부는 실수부 끼리, 허수부는 허수부 끼리 더하고 빼면 된다.

$$\dot{A}+\dot{B}=(a+jb)+(c+jd)=(a+c)+j(b+d) \tag{7-16}$$

$$\dot{A}-\dot{B}=(a+jb)-(c+jd)=(a-c)+j(b-d) \tag{7-17}$$

나. 곱셈, 나눗셈

두 복소수의 곱셈은 대수적으로 계산한 다음 j^2은 -1로 대입하여 정리하면 된다.

$$\dot{A}\dot{B} = (a+jb)(c+jd) = (ac-bd)+j(ad+bc) \tag{7-18}$$

$$\begin{aligned}\dot{A}\dot{B} &= AB(\cos\alpha + j\sin\alpha)(\cos\beta + j\sin\beta) \\ &= AB[(\cos\alpha\ \cos\beta - \sin\alpha\ \sin\beta) + j(\sin\alpha\cos\beta + \cos\alpha\sin\beta)] \\ &= AB[\cos(\alpha+\beta) + j\sin(\alpha+\beta)]\end{aligned} \tag{7-19}$$

$$(A\angle\alpha)(B\angle\beta) = AB\angle\alpha+\beta \tag{7-20}$$

$$(Ae^{j\alpha})(Be^{j\beta}) = ABe^{j(\alpha+\beta)} \tag{7-21}$$

두 복소수의 나눗셈은 직각 좌표식인 경우에는 분모를 유리화하면 된다.

$$\begin{aligned}\frac{\dot{A}}{\dot{B}} &= \frac{a+jb}{c+jd} = \frac{(a+jb)(c-jd)}{(c+jd)(c-jd)} = \frac{(ac+bd)+j(bc-ad)}{c^2+d^2} \\ &= \frac{ac+bd}{c^2+d^2} + j\frac{bc-ad}{c^2+d^2}\end{aligned} \tag{7-22}$$

극좌표 또는 지수 함수식은 다음과 같이 된다.

$$\frac{A\angle\alpha}{B\angle\beta} = \frac{A}{B}\angle\alpha-\beta \tag{7-23}$$

$$\frac{Ae^{j\alpha}}{Be^{j\beta}} = \frac{A}{B}e^{j(\alpha-\beta)} \tag{7-24}$$

예제 7-1 $\dot{P} = 3+j4$를 직각좌표, 극좌표, 삼각함수, 지수함수로 표현하라.

풀이 $|P| = \sqrt{3^2+4^2} = 5 \qquad \theta = \tan^{-1}\frac{4}{3} = 53.13^o = 0.93[rad]$

$$P = 5\angle 0.93[rad] = 5\angle 53.13^o = 5e^{j0.93}$$

$$\begin{aligned}P &= 3+j4 \\ &= 5(\cos 53.13^0 + j\sin 53.13^0)\end{aligned}$$

$$= 5\angle 53.13^0$$

$$= 5e^{j53.13^o}$$

예제 7-2 $P = 3 + j5$일 때 logeP는?

풀이 $|P| = \sqrt{3^2+5^2} = 5.83 \qquad \theta = \tan^{-1}\frac{5}{3} = 1.03$

$$P = 5.83e^{j1.03}$$

$$\log_e Pe^{j\theta} = \log_e|P| + \log_e ej\theta = \log_e 5.83e^{j1.03} = 1.76 + j1.03$$

예제 7-3 벡터 $\dot{A} = 2 + j2\sqrt{3}$, $\dot{B} = 2\angle\frac{\pi}{6}$ 일 때 $\dot{A}\cdot\dot{B}$와 $\dot{A}/\dot{B}$를 구하여라.

풀이 $\dot{A} = 2 + j2\sqrt{3} = \sqrt{2^2+(2\sqrt{3})^2}\angle\tan^{-1}\frac{2\sqrt{3}}{2} = 4\angle\frac{\pi}{3}$

$$\dot{A}\cdot\dot{B} = 4\angle\frac{\pi}{3}\cdot 2\angle\frac{\pi}{6} = 8\angle\frac{\pi}{3}+\frac{\pi}{6} = 8\angle\frac{\pi}{2}$$

$$\frac{\dot{A}}{\dot{B}} = \frac{4\angle\frac{\pi}{3}}{2\angle\frac{\pi}{6}} = \frac{4}{2}\angle\frac{\pi}{3}-\frac{\pi}{6} = 2\angle\frac{\pi}{6}$$

2)주파수 전달함수와 응답

다음 그림과 같은 기본적인 제어시스템에 정현파와 같은 주파수 성분을 가진 신호를 입력하였을 때 정상상태의 출력이 입력신호에 대해 진폭비와 위상이 어떻게 달라지는지를 알아보는 것이 주파수 응답이다.

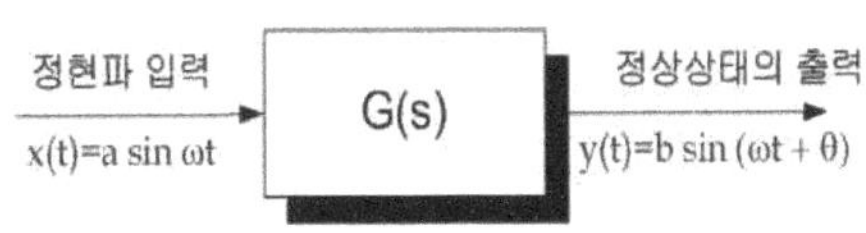

그림 7-3 기본적인 제어시스템

그림 7-3에서 입력신호에 대한 출력신호가 그림 7-4와 같다고 가정하자. 이때, 진폭비와 위상차의 정의는 다음과 같다.

$$진폭비 = \frac{출력의\ 진폭}{입력의\ 진폭} \tag{7-25}$$

$$위상차 = 입력과\ 출력의\ 위상변위 \tag{7-26}$$

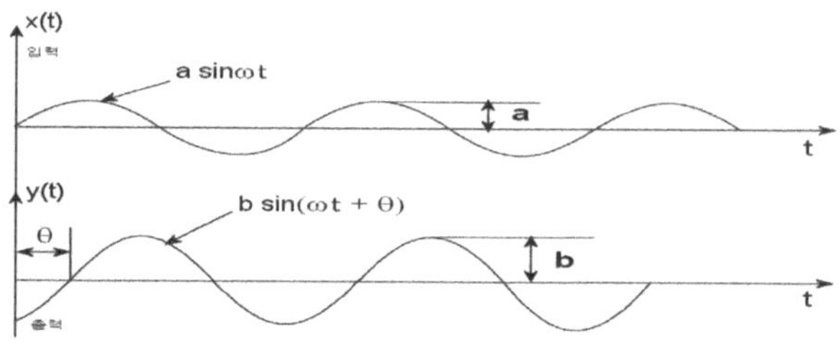

그림 7-4 정현파의 입력과 출력

예를 들어 그림과 같이 입력 정현파가

$$x(t) = a\sin\omega t \tag{7-27}$$

일 때 출력 정현파가

$$y(t) = b\sin(\omega t + \theta) \tag{7-28}$$

이면 진폭비와 위상차는 다음과 같다.

$$진폭비 = \frac{b}{a} \tag{7-29}$$

$$위상차 = \theta \tag{7-30}$$

따라서 진폭비와 위상은 제어시스템에 따라 다르지만 동일한 제어시스템일 경우 입력의 각 주파수 ω에 따라 변화한다.

다음과 같은 어떤 정현파 입력일 때 출력의 응답을 구하여 보자.

$$x(t) = a\sin\omega t \tag{7-31}$$

우선 이 입력의 라플라스 변환은

$$X(s) = \frac{a\omega}{s^2 + \omega^2} = \frac{a\omega}{(s + j\omega)(s - j\omega)} \tag{7-32}$$

이고, 출력식은 다음과 같다.

$$Y(s) = G(s) \cdot X(s) = G(s) \cdot \frac{a\omega}{(s+j\omega)(s-j\omega)} \tag{7-33}$$

여기서,

$$G(s) = \frac{A(s)}{B(s)} = \frac{A(s)}{(s-s_1)(s-s_2)(s-s_3)\cdots(s-s_n)} \tag{7-34}$$

이므로 출력식은 다음과 같이 표현된다.

$$\begin{aligned} Y(s) &= X(s) \cdot G(s) = \frac{a\omega}{(s+j\omega)(s-j\omega)} \cdot \frac{A(s)}{(s-s_1)(s-s_2)(s-s_3)\cdots(s-s_n)} \\ &= \frac{K}{s+j\omega} + \frac{K'}{s-j\omega} + \frac{K_1}{s-s_1} + \frac{K_2}{s-s_2} + \cdots + \frac{K_n}{s-s_n} \end{aligned} \tag{7-35}$$

위의 식에서 분자를 구하는 방법으로 앞장에서 부분분수 전개법, 미정계수법, 전개정리 등이 있다. 그러면 부분분수 전개법에 의하여 분자를 구하여 보자.

부분분수 전개법은 $K_n = \lim_{s \to a_n} F(s)(s-a_n)$ 이므로 분자는 다음과 같이 구할 수 있다.

$$K = \lim_{s \to -j\omega} \frac{a\omega}{(s+j\omega)(s-j\omega)} G(s)(s+j\omega) = \frac{a\omega}{-2j\omega} G(-j\omega) = -\frac{a}{2j} G(-j\omega)$$

$$K' = \lim_{s \to j\omega} \frac{a\omega}{(s+j\omega)(s-j\omega)} G(s)(s-j\omega) = \frac{a\omega}{2j\omega} G(j\omega) = \frac{a}{2j} G(j\omega)$$

$$K_1 = \lim_{s \to s_1} \frac{a\omega}{(s+j\omega)(s-j\omega)} G(s)(s-s_1) = \lim_{s \to s_1} \frac{a\omega}{s^2+\omega^2} G(s)(s-s_1)$$

$$= \lim_{s \to s_1} \frac{a\omega}{s^2+\omega^2} \cdot \frac{A(s)}{(s-s_1)(s-s_2)(s-s_3)\cdots(s-s_n)} (s-s_1)$$

$$K_2 = \lim_{s \to s_2} \frac{a\omega}{(s+j\omega)(s-j\omega)} G(s)(s-s_2) = \lim_{s \to s_2} \frac{a\omega}{s^2+\omega^2} G(s)(s-s_2)$$

$$= \lim_{s \to s_2} \frac{a\omega}{s^2+\omega^2} \cdot \frac{A(s)}{(s-s_1)(s-s_2)(s-s_3)\cdots(s-s_n)} (s-s_2)$$

$$K_3 = \lim_{s \to s_3} \frac{a\omega}{(s+j\omega)(s-j\omega)} G(s)(s-s_3) = \lim_{s \to s_3} \frac{a\omega}{s^2+\omega^2} G(s)(s-s_3)$$

$$= \lim_{s \to s_3} \frac{a\omega}{s^2+\omega^2} \cdot \frac{A(s)}{(s-s_1)(s-s_2)(s-s_3)\cdots(s-s_n)}(s-s_3)$$

$$\vdots$$

$$K_n = \lim_{s \to s_n} \frac{a\omega}{(s+j\omega)(s-j\omega)} G(s)(s-s_n) = \lim_{s \to s_n} \frac{a\omega}{s^2+\omega^2} G(s)(s-s_n)$$

$$= \lim_{s \to s_n} \frac{a\omega}{s^2+\omega^2} \cdot \frac{A(s)}{(s-s_1)(s-s_2)(s-s_3)\cdots(s-s_n)}(s-s_n)$$

위의 식에서 출력식은 다음과 같이 된다.

$$Y(s) = \frac{a}{2j}\left\{\frac{G(j\omega)}{s-j\omega} - \frac{G(-j\omega)}{s+j\omega}\right\} + \frac{K_1}{s-s_1} + \frac{K_2}{s-s_2} + \frac{K_3}{s-s_3} \cdots + \frac{K_n}{s-s_n} \quad (7\text{-}36)$$

이 식에서 역 라플라스 변환하면

$$y(t) = \frac{a}{2j}\{G(j\omega)e^{j\omega t} - G(-j\omega)e^{-j\omega t}\} + K_1 e^{s_1 t} + K_2 e^{s_2 t} + K_3 e^{s_3 t} + \cdots + K_n e^{s_n t} \quad (7\text{-}37)$$

이다. 여기서, 복소수 G(jω)와 G(-jω)는 공액 복소수이므로 지수함수로 나타내면 다음과 같다.

$$\begin{cases} G(j\omega) = |G(j\omega)|e^{j\theta} \\ G(-j\omega) = |G(-j\omega)|e^{-j\theta} \end{cases} \quad (7\text{-}38)$$

따라서 출력식을 다시 쓰면

$$\begin{aligned} y(t) &= \frac{a}{2j}\{|G(j\omega)|e^{j\theta} \cdot e^{j\omega t} - |G(j\omega)|e^{-j\theta} \cdot e^{-j\omega t}\} + K_1 e^{s_1 t} + K_2 e^{s_2 t} + K_3 e^{s_3 t} + \cdots + K_n e^{s_n t} \\ &= \frac{a}{2j}|G(j\omega)|\{e^{j(\omega t+\theta)} - e^{-j(\omega t+\theta)}\} + K_1 e^{s_1 t} + K_2 e^{s_2 t} + K_3 e^{s_3 t} + \cdots + K_n e^{s_n t} \\ &= a|G(j\omega)|\left\{\frac{e^{j(\omega t+\theta)} - e^{-j(\omega t+\theta)}}{2j}\right\} + K_1 e^{s_1 t} + K_2 e^{s_2 t} + K_3 e^{s_3 t} + \cdots + K_n e^{s_n t} \quad (7\text{-}39) \\ &= a|G(j\omega)|\sin(\omega t+\theta) + K_1 e^{s_1 t} + K_2 e^{s_2 t} + K_3 e^{s_3 t} + \cdots + K_n e^{s_n t} \end{aligned}$$

이다.

이 식에서 입력 신호와 동일한 각 주파수 ω의 정상상태 정현파 진동을 나타내는 것은 즉, 시간 $t \to \infty$일 때 정상상태이므로 식에서 1항을 제외하고 나머지 항은 0이므로 출력식은 다음과 같다.

$$y(t) = y(\infty) = a|G(j\omega)|\sin(\omega t + \theta) \tag{7-40}$$

식 (7-40)에서 입력신호에 대한 출력응답의 진폭비와 위상차를 구하여 보자.

$$\text{진폭비} = \frac{a|G(j\omega)|}{a} = |G(j\omega)| \tag{7-41}$$

$$\text{위상차} = \theta = \angle G(j\omega) \tag{7-42}$$

따라서 제어시스템의 특성을 나타내는 방법 중에서 각 주파수에 대한 진폭비와 위상차를 주파수 응답이라 하며, 전달함수 G(s)와 비교하면 s 대신에 jω를 대입한 $G(j\omega)$를 제어시스템의 **주파수 전달함수**(Frequency transfer function)라 한다.

$$G(j\omega) = \frac{C(j\omega)}{R(j\omega)} \tag{7-43}$$

이 경우에 $G(j\omega)$는 복소함수로써 다음과 같이 쓸 수 있다.

$$G(j\omega) = |G(j\omega)| \angle G(j\omega) \tag{7-44}$$

여기서, $|G(i\omega)|$: 진폭비 또는 주파수 이득($Gain$),

$\angle G(j\omega)$: 위상 또는 위상차($Phase$)

복소함수로써 복소벡터 길이의 절대치와 위상 $\angle G(j\omega)$로 나타내면 다음 그림과 같다.
그림에서 복소벡터의 길이는 진폭비가 되며, 위상은 편각이 되므로 식으로 나타내면 다음과 같다.

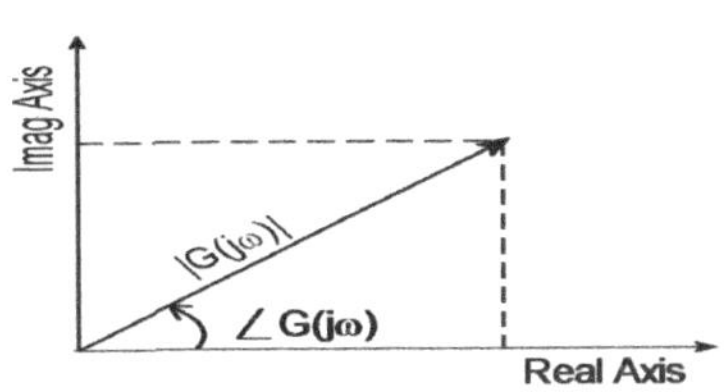

그림 7-5 G(jω)의 벡터 표시

$$\text{진폭비}(Gain) = G(j\omega)\text{벡터의 길이} = |G(j\omega)| \tag{7-45}$$

$$= \sqrt{(\text{실수부})^2 + (\text{허수부})^2}$$

$$\text{위상차}(Phase) = \angle G(j\omega) = G(j\omega)\text{벡터의 편각} \tag{7-46}$$
$$= \tan^{-1}\frac{\text{허수부}}{\text{실수부}}$$

예제 7-4 다음 복소수를 절대값 크기와 위상을 구하라.

$3+j4,\ 3-j4,\ -3+j4,\ -3-j4,\ \dfrac{1}{3+j4},\ \dfrac{1}{3-j4}$

풀이 $|3+j4| = \sqrt{3^2+4^2} = 5,\quad \angle(3+j4) = \tan^{-1}\frac{4}{3} = 53.13^0$

$$|3-j4| = \sqrt{3^2+(-4)^2} = 5,\quad \angle(3-j4) = -\tan^{-1}\frac{4}{3} = -53.13^0$$

$$|-3+j4| = \sqrt{(-3)^2+4^2} = 5,\quad \angle(-3+j4) = 180^0 - \tan^{-1}\frac{4}{3} = 126.8^0$$

$$|-3-j4| = \sqrt{(-3)^2+(-4)^2} = 5,\quad \angle(-3-j4) = -180^0 + \tan^{-1}\frac{4}{3} = -126.8^0$$

$$\left|\frac{1}{3+j4}\right| = \frac{1}{\sqrt{3^2+4^2}} = \frac{1}{5},\quad \angle\frac{1}{3+j4} = \frac{1}{3+j4}\cdot\frac{3-j4}{3-j4} = -\tan^{-1}\frac{4}{3} = -53.13^0$$

$$\left|\frac{1}{3-j4}\right| = \frac{1}{\sqrt{3^2+(-4)^2}} = \frac{1}{5},\quad \angle\frac{1}{3-j4} = \frac{1}{3-j4}\cdot\frac{3+j4}{3+j4} = \tan^{-1}\frac{4}{3} = 53.13^0$$

다음은 제어시스템의 응답을 구하는 방법에 대해 알아보자.
먼저 시간 영역과 주파수 영역에서 구하는 방법을 서로 비교하여 보자.
제어시스템에서 입력과 전달함수는 다음과 같다.

입력 : $r(t) = 2\sin 3t$

$$\text{전달함수} : G(s) = \frac{30}{s+3} \tag{7-47}$$

출력 $c(t)$를 구하는 방법으로 시간영역과 주파수 영역에서 구하는 방법을 비교하여 보자.

① 시간영역 해석

입력의 라플라스 변환은 다음과 같다.

$$R(s)=\frac{6}{s^2+3^2} \tag{7-48}$$

따라서 출력은 다음 식과 같다.

$$C(s)=G(s)R(s)=\frac{30}{s+3}\cdot\frac{6}{s^2+3^2}=\frac{180}{(s+3)(s^2+3^2)} \tag{7-49}$$

$$=\frac{10}{s+3}-\frac{10s-30}{s^2+3^2}=\frac{10}{s+3}-\frac{10s}{s^2+3^2}+\frac{30}{s^2+3^2}$$

이 식을 다시 역 라플라스 변환하면

$$c(t)=\mathcal{L}^{-1}C(s)=10e^{-3t}-10\cos 3t+10\sin 3t \tag{7-50}$$

$$=10e^{-3t}+10\sqrt{2}\,sin(3t-45^o)$$

이다. 이 식에서 시간 t를 무한대로 가정하면 2번째 항이 정상상태 응답이 된다.

$$c(t)=10\sqrt{2}\sin(3\text{t}-54^o) \tag{7-51}$$

② 주파수 영역해석

주파수 영역에서 출력을 구하여 보자. 입력함수를 지수함수로 나타내면

$$r(t)=\frac{2}{2j}(e^{j3t}-e^{-j3t}) \text{ 또는 } R(j\omega)=\frac{2}{2j}(e^{j3t}-e^{-j3t}) \tag{7-52}$$

이다. 출력신호는 $C(j\omega)=G(j\omega)R(j\omega)$ 이므로 입력 신호주파수는 $\omega_1=3$, $\omega_2=-3$의 영향을 받는다.

또, 주파수 함수는 복소함수 이므로

$$R(j\omega)=R(j\omega_1)+R(-j\omega_1) \tag{7-53}$$

$$G(j\omega)=G(j\omega_1)+G(-j\omega_1)$$

이다. 출력은

$$C(j\omega)=\frac{30}{j3+3}\frac{2}{2j}e^{j3t}-\frac{30}{-j3+3}\frac{2}{2j}e^{-j3t}$$

$$=5\sqrt{2}\cdot\frac{2}{2j}(e^{j(3t-45^o)}-e^{-j(3t-45^o)})=10\sqrt{2}(\frac{e^{j(3t-45^0)}-e^{-j(3t-45^0)}}{2j})$$

$$= 10\sqrt{2}\sin(3t - 45^0) \tag{7-54}$$

이다. 여기서, $\frac{30}{\pm j3+3} = 5\sqrt{2}\,e^{\mp j45^o}$

따라서 출력의 시간함수는 다음과 같다.

$$c(t) = 10\sqrt{2}\sin(3t - 45^o) \tag{7-55}$$

참고 : 정현파와 여현파의 합성

$C = A\cos wt + B\sin wt$

(1) $P = \sqrt{A^2+B^2}$, $\theta = \tan^{-1}\frac{B}{A}$ 일 때

$$A\cos wt + B\sin wt = \sqrt{A^2+B^2}\left[\frac{A}{\sqrt{A^2+B^2}}\cos wt + \frac{B}{\sqrt{A^2+B^2}}\sin wt\right]$$
$$= P(\cos\theta\cos wt + \sin\theta\sin wt)$$
$$= P\cos(wt - \theta)$$

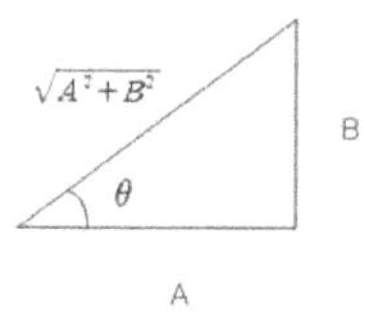

(2) $P = \sqrt{A^2+B^2}$, $\theta = \tan^{-1}\frac{A}{B}$ 일 때

$$A\cos wt + B\sin wt = \sqrt{A^2+B^2}\left[\frac{A}{\sqrt{A^2+B^2}}\cos wt + \frac{B}{\sqrt{A^2+B^2}}\sin wt\right]$$
$$= P(\sin\theta\cos wt + \cos\theta\sin wt)$$
$$= P\sin(wt + \theta)$$

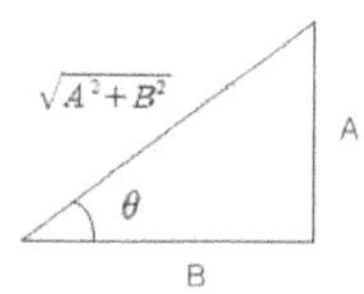

③ 주파수 전달함수

또, 다른 방법으로는 주파수 전달함수를 이용하여 출력을 직접 구할 수 있다.

입력의 신호함수의 주파수는 $\omega = 3$이므로 이 시스템의 주파수 전달함수에 대입하면 다음과 같다. 여기서, 크기는 곱하고 위상은 더해준다.

$$G(j\omega) = \frac{30}{j3+3} \tag{7-56}$$

$$= 5\sqrt{2}\angle -45^o$$

따라서 출력 응답 $c(t)$는 다음과 같이 간단히 구할 수 있다.

$$c(t) = 5\sqrt{2}\times 2\sin(3t - 45^o) = 10\sqrt{2}\,sin(3t - 45^0) \tag{7-57}$$

다음은 2개의 입력신호에 대한 출력신호의 응답에 대해서 알아보자.

$$r(t) = a_1 \sin\omega_1 t + a_2 \sin\omega_2 t \tag{7-58}$$

이 시스템의 입력함수에서 2개의 각각 서로 다른 주파수 ω_1, ω_2를 가지고 있으므로 이 주파수는 출력에 영향을 미치므로 각각 주파수에 대한 전달함수를 구하여 계산하면 된다.

$$G(j\omega) = |G(j\omega)| \angle G(j\omega) \tag{7-59}$$

$$\begin{aligned} G(j\omega_1) &= |G(j\omega_1)| \angle G(j\omega_1) \\ &= g(\omega_1) \angle \phi(\omega_1) \\ G(j\omega_2) &= |G(j\omega_2)| \angle G(j\omega_2) \\ &= g(\omega_2) \angle \phi(\omega_2) \end{aligned} \tag{7-60}$$

이다. 따라서 정상상태 출력응답은 다음과 같이 구할 수 있다.

$$c(t) = |G(j\omega_1)| \times a_1 \sin(\omega_1 t + \phi(\omega_1)) + |G(j\omega_2)| \times a_2 \sin(\omega_2 t + \phi(\omega_2)) \tag{7-61}$$

예제 7-5 전달함수 $G(s) = \dfrac{10}{2s+3}$ 을 갖는 요소의 ω=2일 때 $|G(jw)|$ 및 $\angle G(jw)$를 구하라.

풀이 $\omega = 2$를 대입하면

$$G(jw) = \frac{10}{2jw+3} = \frac{10}{3+j4}$$

$$\therefore |(G(jw)| = \frac{10}{\sqrt{3^2+4^2}} = \frac{10}{5} = 2, \quad \angle G(jw) = -\tan^{-1}\frac{4}{3} = \angle -53.13^o,$$

예제 7-6 다음과 같은 전달함수가 있다. 이 시스템의 입력이 $r(t) = 10\sin 4t + 5\sin 8t$ 를 인가할 때 출력응답을 구하라.

$$G(s) = \frac{10}{s+3}$$

풀이 입력함수에서 서로 다른 2개의 주파수 $\omega_1 = 4$, $\omega_2 = 8$ 이므로 각각의 크기와 위상은 다음과 같다.

$$G(j\omega_1) = \frac{10}{j4+3} = 2\angle -53^o, \quad G(j\omega_2) = \frac{10}{j8+3} = 1.17\angle -69^o$$

따라서 출력식은 다음과 같다.

$$c(t) = 2\times 10\sin(4t-53^o) + 1.17\times 5\sin(8t-69^o)$$

$$= 20\sin(4t-53^o) + 5.85\sin(8t-69^o)$$

예제 7-7 다음의 폐루프 제어시스템의 입력을 $r(t) = 10 + 5\sin(2t+30^o)$라 할 때 정상상태 출력을 주파수 영역해석으로 구하라.

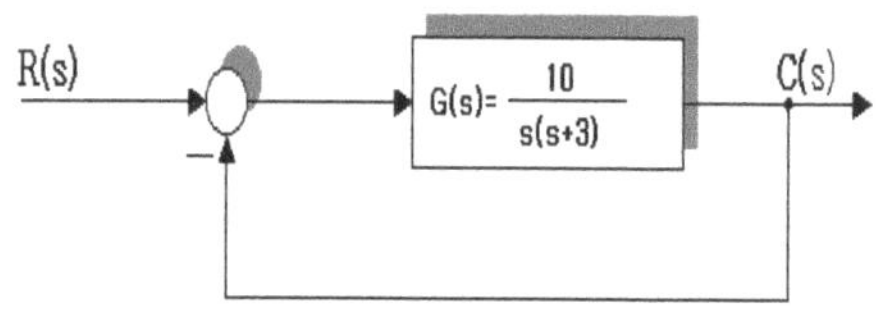

그림 7-6 폐루프 제어시스템

풀이 그림에서 전체 전달함수와 주파수 전달함수는 다음과 같다.

$$\frac{C(s)}{R(s)} = \frac{G(s)}{1+G(s)H(s)} = \frac{\frac{10}{s(s+3)}}{1+\frac{10}{s(s+3)}} = \frac{10}{s(s+3)+10} = \frac{10}{s^2+3s+10}$$

$$\frac{C(j\omega)}{R(j\omega)} = \frac{10}{(10-\omega^2)+j3\omega}$$

그리고 각각의 주파수가 입력함수에서 $\omega_1 = 0$, $\omega_2 = 2$이므로 이득의 크기와 위상은 다음과 같다.

$$G(j\omega_1) = 1\angle 0^o, \quad G(j\omega_2) = \frac{10}{6+j6} = 1.18\angle -45^o$$

따라서 정상상태 출력은 다음과 같다.

$$c(t) = 1\times 10 + 1.18\times 5\sin(2t+30^o-45^o)$$

$$= 10 + 5.90\sin(2t-15^o)$$

다음은 전기 회로해석에서 출력응답을 고찰하여 보자.

그림과 같은 회로에 L=1[H], R=5[Ω], C=0.1[F]이고 입력을 $e_i(t) = 10\sin 2t$로 인가할 때 출력 $e_o(t)$를 구하여 보자.

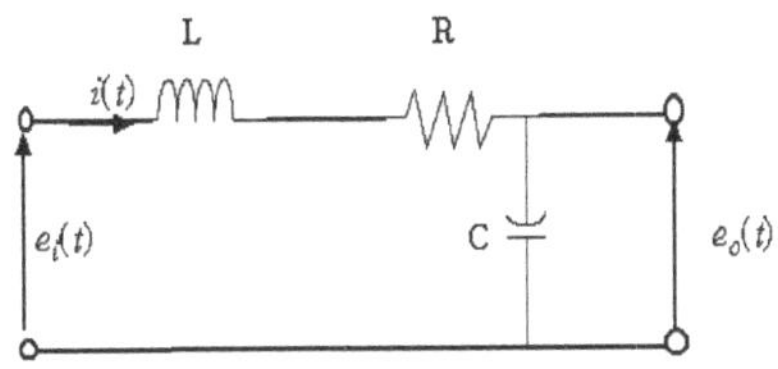

그림 7-7 RLC 회로

먼저 이 회로의 회로 방정식을 세워 전달함수를 구하면 다음과 같이 된다.

$$G(s)=\frac{E_o(s)}{E_i(s)}=\frac{1}{LCs^2+RCs+1} \tag{7-62}$$

위 식에서 주파수 전달함수를 구하면 다음과 같다.

$$G(j\omega)=\frac{1}{LC(j\omega)^2+RC(j\omega)+1}=\frac{1}{-LC\omega^2+j\omega RC+1} \tag{7-63}$$

다시 주파수 전달함수에 주어진 파라메타 값을 넣으면 다음식이 된다.

$$G(j\omega)=\frac{10}{(10-\omega^2)+j5\omega} \tag{7-64}$$

입력함수에서 주파수 $\omega=2$이므로 크기와 위상은 다음과 같다.

$$G(j2)=\frac{10}{6+j10}=0.86\angle-59^o \tag{7-65}$$

따라서 출력 $e_o(t)$는 다음과 같다.

$$e_0(t)=0.86\times10\sin(2t-59^o)=8.6\sin(2t-59^o) \tag{7-66}$$

여기서 출력은 입력보다 진폭이 86%로 감소하고 위상은 59° 지연됨을 알 수 있다.

7.3 보드선도(Bode diagram)

Bode **선도**는 1942년 H.W. Bode에 의해 개발된 기법으로 주파수 응답을 이득과 위상으로서 2개의 그래프로 나타내는 방법이다. 그래프의 가로축은 주파수의 변화를 나타내고 세로축은 주파수에 대한 이득과 위상을 나타낸다.

이득의 크기는 데시벨[dB]로 나타내는 대수눈금을, 위상은 각으로 [°]로 나타낸다.

여기서 이득과 위상의 정의는 다음과 같다.

$$이득 : g = 20\log_{10}(진폭비)[dB] \qquad (7\text{-}67)$$
$$= 20\log_{10}|G(j\omega)|\ [dB]$$
$$위상 : \theta = \angle G(j\omega)\ [\deg]$$

보드선도는 제어시스템의 요소가 입력주파수 ω의 변화에 대한 어떠한 특성을 갖고 있는가를 한 눈에 알아볼 수 있다.

이 보드선도에 의해 안정성 여유인 이득여유와 위상여유를 쉽게 구하여 제어기 설계에 이용한다.

1) 보드선도 그리기

보드선도를 그리는 방법에는 근사화 작도법과 컴퓨터를 사용하여 직접 프로그램을 이용하여 그리는 방법이 있다. 근사화 작도 방법은 손쉽게 이득과 위상이 어떤 주파수대에서 증가 또는 감소하는가를 쉽게 파악할 수 있는데 이 방법을 이용하려면 절점주파수를 알면 쉽게 그릴 수 있다.

그리고 보드선도를 그리는 주된 이유는 보드선도의 안정성을 찾아내는 것이다. 여기서, 이득여유와 위상여유를 찾는 것이다.

보드선도의 스케일은 주파수 w에 대하여 주파수 전달함수의 크기 $|G(jw)|$와 위상 $\angle G(jw)$을 각각 데시벨(dB)과 도(degree)단위로 나타내어 각각 두 개의 그래프를 그린다.

실수축의 주파수는 로그 눈금으로 나타내는 데 명령어로 **"logspace"** 를 사용하여 나타낸다.

예를 들어 주파수 범위가 $0.1 = 10^{-1}[rad/\sec]$로부터 $10000 = 10^4[rad/\sec]$이고, 로그 간격이 200이라면 주파수 영역은 w=logspace(-1,4,200)으로 지정하면 된다.

프로그램을 이용하여 보드선도를 그려보자.

보드선도를 그리기 위한 명령어로 **'bode'**라는 함수가 있는데 사용방법은 다음과 같다.

[mag, phase]=bode(num, den, w)

주파수 전달함수가 다음과 같을 때 보드선도를 작성하여 보자.

$$G(jw) = \frac{jw}{(jw+1)(jw+2)} \tag{7-68}$$

전달함수에서 분모(den), 분자(num)는 다음과 같다.

num=[1 0], den=[1 3 2]

보드선도의 명령어를 사용하여 그리면 다음 그림과 같다.

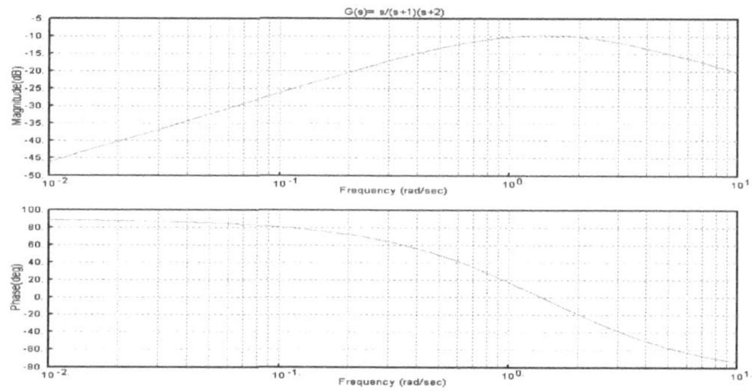

그림 7-8 보드선도 : $G(jw) = \frac{jw}{(jw+1)(jw+2)}$

```
C>>num=[1 0];
C>>den=[1 3 2];
C>>bode(num,den)
```

예제 7-8 다음 주어진 개루프 전달함수 $G(s) = \frac{25}{s(s-10)}$ 인 요소의 주파수 전달함수, 주파수 전달함수의 크기 $|G(j\omega)|$, 위상각 θ를 구하라.

풀이 주파수 전달함수와 크기 및 위상을 구하면 다음과 같다.

$$G(j\omega) = \left.\frac{25}{s(s-10)}\right|_{s=j\omega} = \frac{25}{j\omega(j\omega-10)} = -\frac{25}{\omega^2+j10\omega}$$

$$|G(j\omega)| = \frac{25}{\sqrt{(\omega^2)^2+(10\omega)^2}} = \frac{25}{\omega\sqrt{\omega^2+100}}$$

$$G(j\omega) = -\frac{25}{\omega^2+j10\omega} = -\frac{25}{\omega(\omega+j10)} = -\frac{25}{\omega(\omega+j10)} \times \frac{\omega-j10}{\omega-j10}$$

$$= \frac{-25}{\omega}\frac{\omega - j10}{\omega^2 + 10^2} = \frac{25}{\omega(\omega^2+100)}(-\omega + j10)$$

$$\theta = \tan^{-1}\frac{허수부}{실수부} = 180^o - \tan^{-1}\frac{10}{\omega}$$

위상을 다른 방법으로 구하는 방법에 대해 알아보자.

전달함수에서 다음 두 함수가 합성함수이므로 각각의 위상을 구하여 더하면 된다.

$$G(s) = \frac{25}{s(s-10)} = \frac{25}{s} \times \frac{1}{(s-10)}$$

여기서, $\frac{25}{s}$의 위상은 -90^0이고, $\frac{1}{(s-10)}$는 먼저 주파수 전달함수를 구하여 보자.

$$|G(j\omega| = \frac{1}{(s-10)}\bigg|_{s=j\omega} = \frac{1}{-10+j\omega} = \frac{1}{-10+j\omega} \cdot \frac{-10-j\omega}{-10-j\omega} = \frac{-10-j\omega}{100+\omega^2}$$

따라서 두 함수의 위상을 더한 전체 위상은 다음과 같다.

$$\theta_1 = -90^0, \theta_2 = -180 + \tan^{-1}\frac{w}{10}$$

$$\theta = \theta_1 + \theta_2 = -90^0 - 180^0 + \tan^{-1}\frac{\omega}{10} = -270^0 + \tan^{-1}\frac{w}{10},$$

또, $180^0 - \tan^{-1}\frac{10}{\omega}$와 $-270^0 + \tan^{-1}\frac{\omega}{10}$를 비교해 보기 바란다.

보드선도를 그리면 다음 그림과 같다.

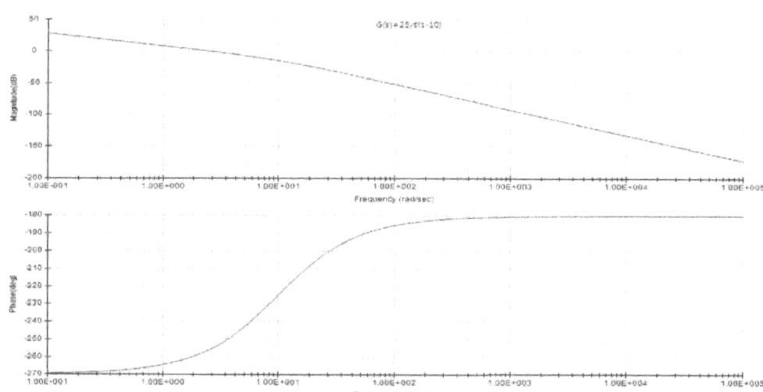

그림 7-9 보드선도 : $G(s) = \frac{25}{s(s-10)}$

$$\sin(\pi-\theta)=\sin\theta$$
$$\cos(\pi-\theta)=-\cos\theta$$
$$\tan(\pi-\theta)=-\tan\theta$$

예제 7-9 전달함수 $G(s)=1+Ts$인 요소의 $\omega T=100$일 때 이득 $|G(j\omega)|$의 값을 구하여라.

풀이 $|G(j\omega)|=\sqrt{1+(\omega T)^2}=\sqrt{1+100^2}\doteqdot 100$

$g=20\log_{10}100[dB]=40[dB]$

예제 7-10 전달함수 $G(s)=\dfrac{10}{s+1}$인 요소의 주파수 전달함수, 주파수 전달함수의 크기 $|G(j\omega)|$, 위상각 θ를 구하고 보드선도를 그려라.

풀이 전달함수식에서 절점주파수를 알 수 있다. **절점 주파수**(Coner frequency) 혹은 **차단주파수**(Break frequency)란 보드선도에서 이득의 변화가 감소하기 시작하는 주파수이다.

예제에서 절점주파수는 $\omega_c=1$에서 이득과 위상의 변화가 예상된다.

근사화 보드선도를 작성해 보자. 여기서, $w=1$을 중심으로 이득과 위상이 변화하기 때문에 극한값을 취하여 계산하면 된다.

① $\omega \ll 1$인 경우

$G(jw)\doteqdot 10 \quad g(w)=20\log 10=20[dB] \quad \phi(w)=0^0$

② $\omega \gg 1$인 경우

$G(jw)\doteqdot \dfrac{10}{jw} \quad g(w)=20\log\dfrac{10}{w}=20[dB]-20[dB/dec] \quad \phi(w)=-90^0$

③ $\omega=1$인 경우

$G(jw)\doteqdot \dfrac{10}{(j+1)} \quad g(w)=20\log\dfrac{10}{\sqrt{2}}\doteqdot 17[dB] \quad \phi(w)=-45^0$

프로그램을 이용하여 보드선도를 그려보자.

```
C>>num=[10];
C>>den=[1 1];
C>>w=logspace(-2,3,100);
```

C>>bode(num,den,w);

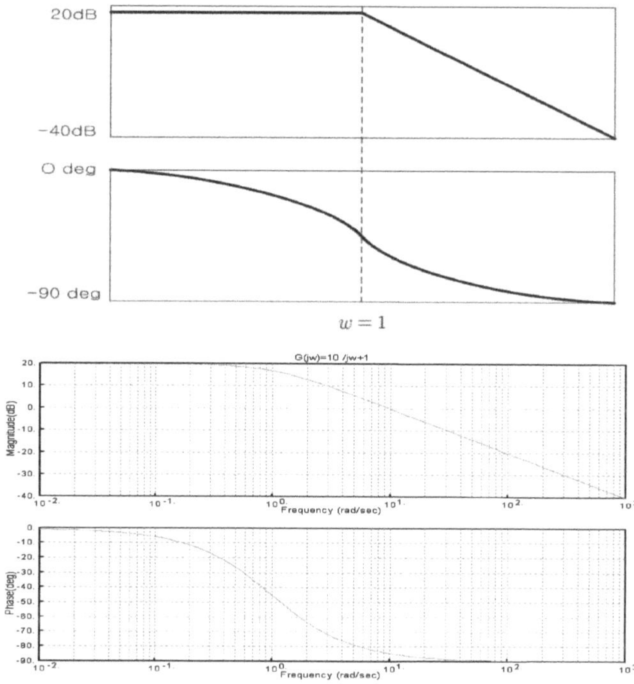

그림 7-10 보드선도 : $G(jw)=\dfrac{10}{(jw+1)}$

예제 7-11 다음과 같이 주어진 주파수 전달함수 $G(j\omega)=\dfrac{10}{(j\omega+1)(j\omega+10)}$에 대한 근사화 보드선도를 그려라.

풀이 여기서, 절점 주파수는 $w_c=1,10$이다.

① $\omega \ll 1$인 경우

$$G(j0) \fallingdotseq \frac{10}{(j0+1)(j0+10)}$$

이득 : $g(w)=20\log|G(jw)|=20\log1 \fallingdotseq 0$

위상 : $\phi(w) \fallingdotseq 0^0$

② $1 \ll \omega \ll 10$인 경우

$$G(jw) \fallingdotseq \frac{10}{jw10}=\frac{1}{jw}=-j\frac{1}{w}$$

이득 : $g(w) = -20\log w = -20[dB/dec]$

위상 : $\phi(w) = -90^0$

③ $\omega \gg 10$인 경우

$$G(jw) \fallingdotseq \frac{10}{(jw)^2}$$

이득 : $g(w) = 20\log\frac{10}{w^2} = 20[dB] - 40[dB/dec]$

위상 : $\phi(w) \fallingdotseq -180^0$

프로그램을 이용하여 보드선도를 작성하면 다음과 같다.

```
C>>num=[10];
C>>den=[1 11 10];
C>>w=logspace(-2,3,100);
Cl>>bode(num,den,w);
```

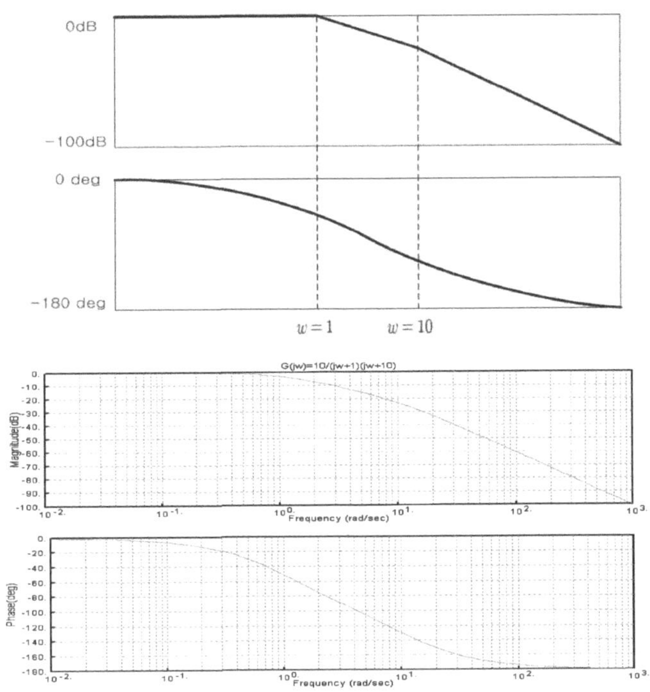

그림 7-11 보드선도 : $G(jw) = \frac{10}{(jw+1)(jw+10)}$

2) 제어모드에 대한 보드선도

기본적인 제어요소의 보드선도에 대해 알아보자.

일반적으로 전달함수 G(s)는 다음과 같이 표현된다.

$$G(s)=\frac{A(s)}{B(s)}=k\frac{s^m+a_1s^{m-1}+\cdots+a_m}{s^n+b_1s^{n-1}+\cdots+b_n}=k\frac{(s-\alpha_1)(s-\alpha_2)\cdots(s-\alpha_m)}{(s-\beta_1)(s-\beta_2)\cdots(s-\beta_n)}$$

(7-69)

여기서, $\alpha_1,\alpha_2\cdots\alpha_m$은 $A(s)=0$의 근, $\beta_1,\beta_2\cdots\beta_m$은 $B(s)=0$의 근 이며 실수 또는 복소수이고 복소수 근은 반드시 공액으로 나타낸다.

다음은 각 제어요소의 주파수 응답에 대해서 알아보자.

① 비례요소

비례요소의 전달함수와 주파수 전달함수는 다음과 같다.

$$G(s)=k \qquad G(jw)=k$$

(7-70)

그리고 이득과 위상은 다음과 같다.

그리고 보드 선도는 그림 7-12와 같다. 그림에서 이득은 항상 일정하고 위상차는 항상 0^0이다.

이득 : $g=20\log k=$ 일정 $[dB]$ (7-71)

위상 : $\theta=\angle k=0$

$$\begin{cases} k>0 & 0^0 \\ k<0 & 180^0 \end{cases}$$

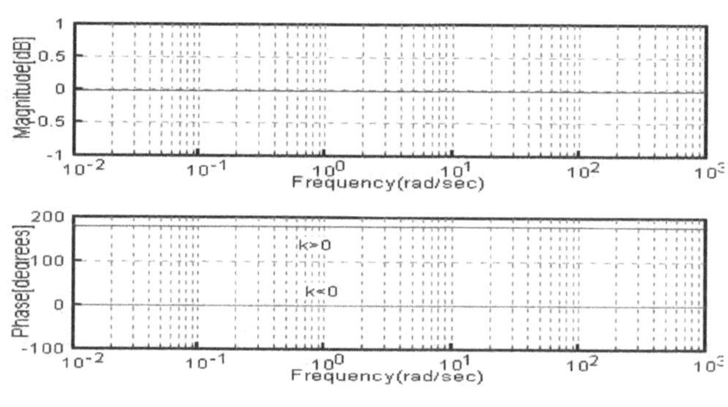

그림 7-12 비례요소의 보드선도

② 미분요소

미분요소의 전달함수와 주파수 전달함수는 다음과 같다.

$$G(s) = s \qquad G(jw) = jw \tag{7-72}$$

그리고 진폭비가 $|jw| = w$ 이므로 이득과 위상은 다음과 같다. 그리고 보드선도는 그림 7-13과 같다. 위상차는 항상 90^0로 일정하며 이득은 일정한 기울기를 갖는다.

$$\text{이득 : } g = 20\log|jw| = 20\log w = 20\,[dB/dec] \tag{7-73}$$

$$\text{위상 : } \theta = \angle jw = 90^0$$

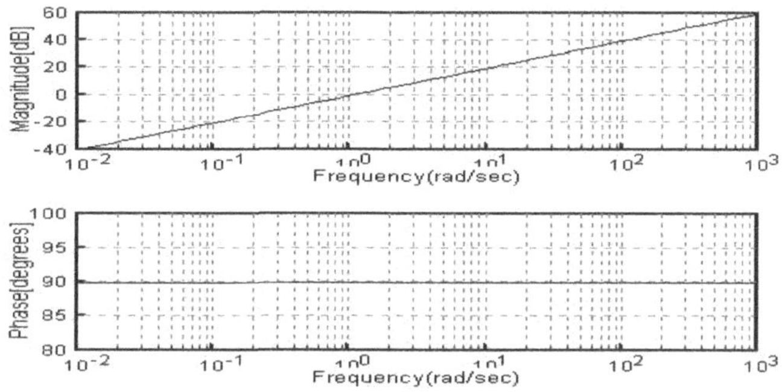

그림 7-13 미분요소의 보드선도

③ 적분요소

적분요소의 전달함수와 주파수 전달함수는 다음과 같다.

$$G(s) = \frac{1}{s} \qquad G(jw) = \frac{1}{jw} = -j\frac{1}{w} \tag{7-74}$$

그리고 진폭비는 $|\frac{1}{jw}| = |-j\frac{1}{w}| = \frac{1}{w}$ 이므로 이득과 위상은 다음과 같다. 그리고 보드선도로 나타내면 그림 7-14와 같다. 적분요소는 위상차가 항상 -90^0로 일정하고 이득은 기울기가 -20[dB/dec]로 감소하는 일정한 직선이다.

$$\text{이득 : } g = 20\log\frac{1}{w} = -20\log w = -20\,[dB/dec] \tag{7-75}$$

$$\text{위상 : } \theta = \angle -j\frac{1}{w} = -90^0$$

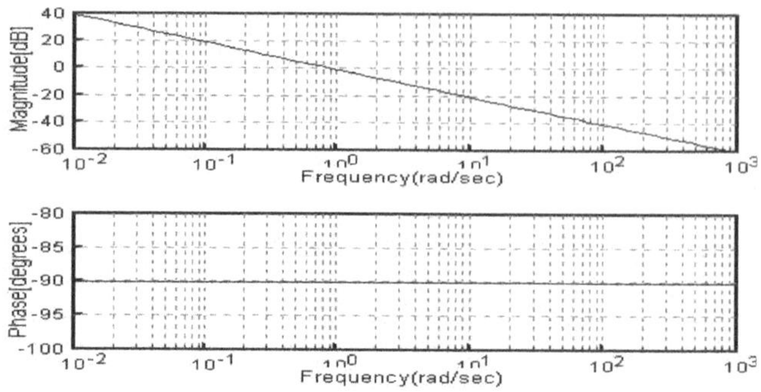

그림 7-14 적분요소의 보드선도

④ 1차 지연요소

1차 지연요소의 전달함수와 주파수 전달함수는 각각 다음과 같다.

$$G(s) = \frac{1}{1+Ts}$$

$$G(jw) = \frac{1}{1+jwT} = \frac{1}{1+jwT} \cdot \frac{1-jwT}{1-jwT} = \frac{1}{1+w^2T^2}(1-jwT) \qquad (7\text{-}76)$$

그리고 크기와 위상은 다음과 같다.

$$|G(jw)| = \sqrt{\left(\frac{1}{1+w^2T^2}\right)^2 + \left(-\frac{wT}{1+w^2T^2}\right)^2} = \frac{1}{1+w^2T^2}\sqrt{1+(-wT)^2}$$

$$= \frac{1}{\sqrt{1+w^2T^2}} \cdot \frac{\sqrt{1+(-wT)^2}}{\sqrt{1+w^2T^2}} = \frac{1}{\sqrt{1+w^2T^2}}$$

$$\angle G(jw) = \tan^{-1}\frac{\text{허수부}}{\text{실수부}} = \tan^{-1}\frac{-\dfrac{wT}{1+w^2T^2}}{\dfrac{1}{1+w^2T^2}} \qquad (7\text{-}77)$$

$$= \tan^{-1}(-wT) = -\tan^{-1}wT$$

그리고 이득과 위상을 나타내면 다음 식과 같다. 1차 지연요소의 보드선도는 그림 7-15와 같다.

이득 : $g = 20\log\left|\frac{1}{\sqrt{1+w^2T^2}}\right| = -10\log(1+w^2T^2)$

위상 : $\theta = -\tan^{-1} wT$ (7-78)

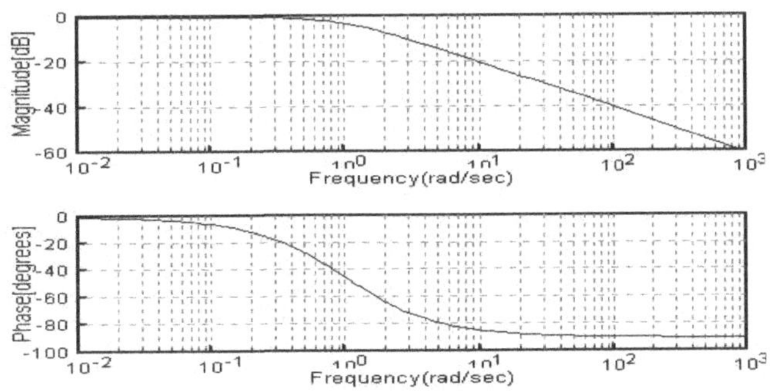

그림 7-15 1차 지연요소의 보드선도

⑤ 비례미분요소

비례미분요소의 전달함수와 주파수 전달함수는 다음과 같다.

$$G(s) = 1 + Ts \qquad G(jw) = 1 + jwT \tag{7-79}$$

그리고 크기와 위상은 $|G(jw)| = \sqrt{1+w^2T^2}$ $\angle G(jw) = \tan^{-1} wT$ 이므로 이득과 위상으로 나타내면 다음 식과 같다. 비례미분요소를 보드선도로 나타내면 그림 7-16과 같다. 이 제어요소는 1차 지연요소와 비교하면 모두 부호만 반대이다.

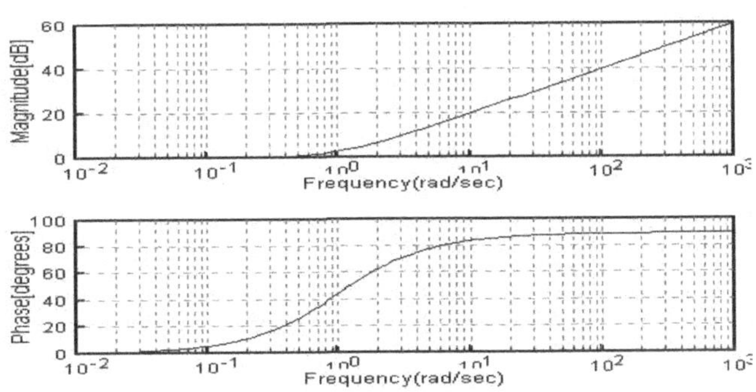

그림 7-16 비례미분요소의 보드선도

$$\text{이득}: \ g = 20\log\sqrt{1+w^2T^2} = 20\log(1+w^2T^2)^{1/2} \tag{7-80}$$

$$= 20 \times \frac{1}{2} log(1+w^2T^2) = 10\log(1+w^2T^2)$$

$$\text{위상}: \ \theta = \angle 1 + jwT = \tan^{-1}wT = \tan^{-1}wT$$

⑥ 합성함수

다음은 합성함수로서 이 제어요소의 전달함수는 $G(s) = G_1(s) \cdot G_2(s) \cdot G_3(s)$의 조합으로 이루어져 있다.

$$G(s) = K\frac{1+T_1s}{s(1+T_2s)} \tag{7-81}$$

각각을 다음과 같이 가정하여 보자.

$$G_1(s) = \frac{K}{s}, \ G_2(s) = 1 + T_1s, \ G_3(s) = \frac{1}{1+T_2s}$$

이들 각각의 보드선도를 나타내기 위하여 전체 이득과 위상을 나타내면 다음과 같다. 따라서 각각의 이득과 위상을 합하면 전체의 이득과 위상이 된다.

$$g = g_1 + g_2 + g_3 \tag{7-82}$$

$$\theta = \theta_1 + \theta_2 + \theta_3$$

여기서, $K=1, T_1 = 0.2, T_2 = 0.1$로 하여 보드선도를 그려보자.

이 제어요소의 각각의 보드선도는 그림 7-17 (a)와 같으며, 이득과 위상을 합하면 그림 7-17 (b)와 같이 표현된다.

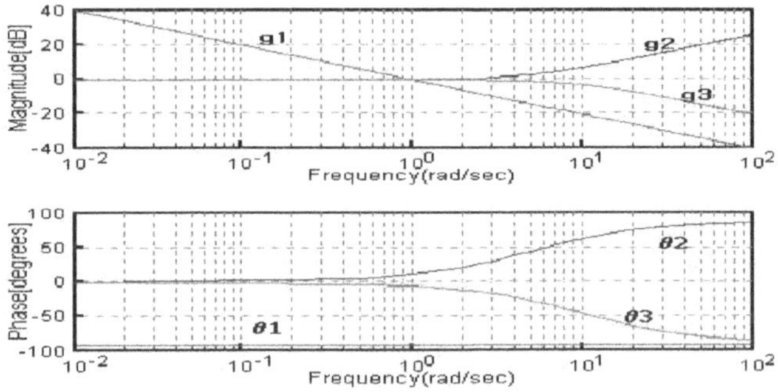

(a) 각각의 이득과 위상

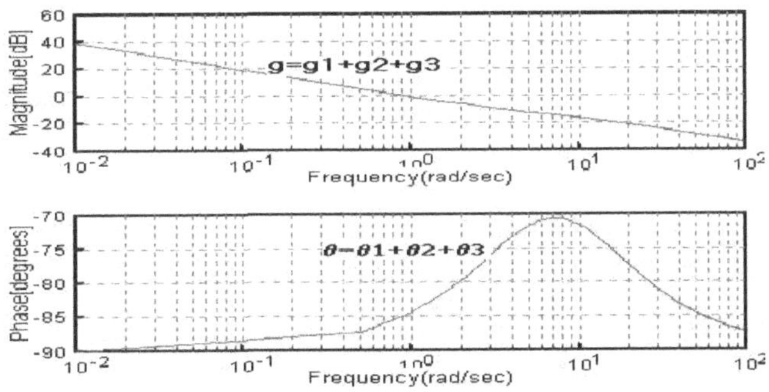

그림 7-17 합성함수 제어요소의 보드선도

⑦ 2차 지연요소

2차 지연요소의 전달함수와 주파수 전달함수를 구하면 다음과 같다.

$$G(s)=\frac{w_n^2}{s^2+2\zeta w_n s+w_n^2} \tag{7-83}$$

$$\begin{aligned}G(jw)&=\frac{w_n^2}{(jw)^2+2\zeta w_n(jw)+w_n^2}=\frac{w_n^2/w_n^2}{\dfrac{(jw)^2+2\zeta w_n(jw)+w_n^2}{w_n^2}}\\&=\frac{1}{1+j2\zeta w/w_n-(w/w_n)^2}\\&=\frac{w_n^2}{(w_n^2-w^2)+j2\zeta w_n w}=\frac{w_n^2}{(w_n^2-w^2)+j2\zeta w_n w}\cdot\frac{(w_n^2-w^2)-j2\zeta w_n w}{(w_n^2-w^2)-j2\zeta w_n w}\\&=\frac{w_n^2}{(w_n^2-w^2)^2+(2\zeta w_n w)^2}[(w_n^2-w^2)-j2\zeta w_n w]\end{aligned} \tag{7-84}$$

그리고 복소 벡터의 크기와 이득 및 위상은 다음과 같다.

$$\begin{aligned}|G(jw)|&=\sqrt{(\text{실수부})^2+(\text{허수부})^2}\\&=\sqrt{\left(\frac{w_n^2(w_n^2-w)}{(w_n^2-w^2)^2+(2\zeta w_n w)^2}\right)^2+\left(\frac{w_n^2(2\zeta w_n w)}{(w_n^2-w^2)^2+(2\zeta w_n w)^2}\right)^2}\end{aligned}$$

$$= w_n^2 \frac{\sqrt{(w_n^2 - w^2)^2 + (2\zeta w_n w)^2}}{(w_n^2 - w^2)^2 + (2\zeta w_n w)^2} \tag{7-85}$$

$$= w_n^2 \frac{\sqrt{(w_n^2 - w^2)^2 + (2\zeta w_n w)^2}}{\sqrt{(w_n^2 - w^2)^2 + (2\zeta w_n w)^2}\sqrt{(w_n^2 - w^2)^2 + (2\zeta w_n w)^2}}$$

$$= \frac{w_n^2}{\sqrt{(w_n^2 - w^2)^2 + (2\zeta w_n w)^2}}$$

$$g = 20\log|G(jw)|$$

$$= 20\log \frac{w_n^2}{\sqrt{(w_n^2 - w^2)^2 + (2\zeta w_n w)^2}}$$

$$= 20\log w_n^2 - 20\log\sqrt{(w_n^2 - w^2)^2 + (2\zeta w_n w)^2}$$

$$= 20\log w_n^2 - 20 \times \frac{1}{2} log[(w_n^2 - w^2)^2 + (2\zeta w_n w)^2]$$

$$= 20\log w_n^2 - 10\log[(w_n^2 - w^2)^2 + (2\zeta w_n w)^2]$$

$$\theta = \angle G(jw) = \tan^{-1}\frac{\text{허수부}}{\text{실수부}} = -\tan^{-1}\frac{2\zeta w_n w}{(w_n^2 - w^2)} \tag{7-86}$$

여기에서 2차 지연요소의 g와 θ는 ζ의 값에 따라 각각 다른 특성을 나타낸다.

$\omega_n = 1$인 경우 이득과 위상은 다음과 같으며, 이득과 위상곡선을 나타내면 그림 7-18과 같다. 그림에서 ζ가 작을수록 이득은 커진다.

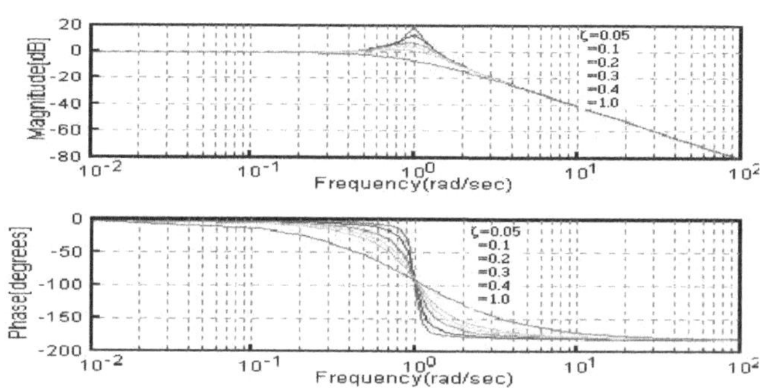

그림 7-18 2차 지연요소의 보드선도

$$g = -10\log[(1-w^2)^2 + (2\zeta w)^2]$$

$$\theta = -\tan^{-1}\frac{2\zeta w}{1-w^2} \tag{7-87}$$

⑧ 부동작 시간요소(전달지연 시간)

부동작 시간요소의 전달함수와주파수 전달함수와 크기 및 위상을 나타내면 다음과 같다.

$$G(s) = e^{-Ts} \tag{7-88}$$

$$G(jw) = e^{-jwT} = \cos wT - j\sin wT \tag{7-89}$$

$$|G(jw)| = \cos^2 wT + \sin^2 wT = 1 \tag{7-90}$$

$$g = 20\log|G(jw)| = 20\log 1 = 0$$

$$\theta = \angle G(jw) = -\tan^{-1}\frac{\sin wT}{\cos wT} = -wT$$

여기서, $\sin^2\theta + \cos^2\theta = 1$, $\tan\theta = \dfrac{\sin\theta}{\cos\theta}$

부동작 시간요소는 w에 관계없이 항상 이득은 0[dB]이고 위상은 ω의 증가에 따라 감소한다. 이 제어요소의 보드선도는 그림 7-19와 같다.

```
C>>w=logspace(-2,2,100);
C>>ng=1;dg=1;
C>>bode(ng,dg,w);
C>>subplot(2,1,2);
C>>subplot(2,1,2);
C>>phase=-w*180/pi;
C>>semilogx(w,phase)
C>>ytitle("Phase[degree]")
```

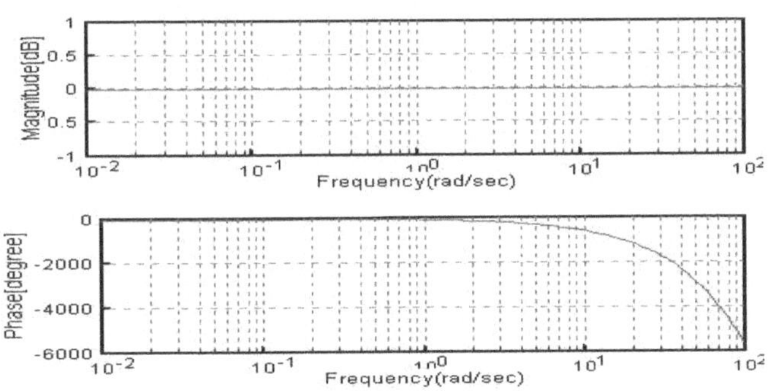

그림 7-19 부동작 시간요소의 보드선도

3) 보드선도와 안정도

① 보드선도를 이용한 안정도 평가

보드선도는 전달함수를 주파수의 특성으로 나타내어 주파수(w)변화에 따라 이득과 위상변화를 나타낸다. 이들 특성은 제어시스템의 해석과 설계에 매우 유용하게 사용된다.

다음 그림 7-20과 같은 폐루프 제어시스템이 있다고 가정하자.

이 시스템에서 전달함수는 다음과 같다.

$$\frac{C(s)}{R(s)} = \frac{G(s)}{1+GH(s)} \tag{7-91}$$

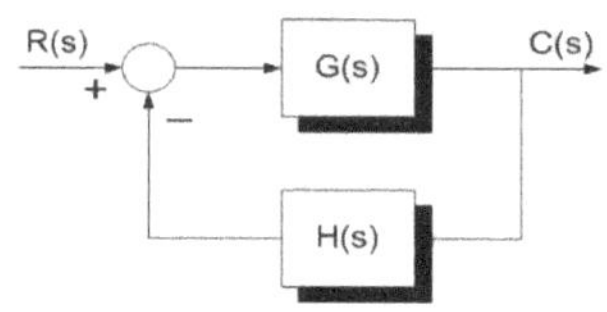

그림 7-20 폐루프 제어시스템

여기서, 특성방정식은 $P(s)=1+GH(s)=0$ 이므로 보드선도에서 안정성 여부의 판단은 특성방정식에서 $GH(jw)$의 보드선도를 작성하여 이득과 위상여유를 결정하므로써 폐루프 제어시스템의 안정성을 판단할 수 있다.

따라서 $GH(jw)$에 의해 얻어진 이득곡선과 위상곡선으로부터 이득여유(gain margin)과 위상여유(phase margin)를 구하여 이 값들이 (+) 혹은 (-)인지를 판단하여 안정성을 판별할 수 있다. 시스템의 안정성 판별방법은 두 가지가 있는 데 첫 번째는 계산의 의한 것과 두 번째는 그림을 그려서 판단하는 방법이 있다.

특성방정식의 근으로부터 안정여부를 판단하기 위하여 $GH(jw)$의 보드선도를 먼저 그려야 한다. $GH(jw)$의 주파수 응답은 다음과 같이 계산할 수 있다.

$$20\log|GH(jw)| = 20\log|G(jw)| + 20\log|H(jw)| \tag{7-92}$$

$$\angle GH(jw) = \angle G(jw) + \angle H(jw) \tag{7-93}$$

$GH(jw)$의 주파수 응답이 주어지면 이 그래프에서 이득 및 위상여유를 결정함으로서 폐루프 시스템의 안정도를 판정할 수 있다.

예를 들어 다음 그림과 같이 미지의 파라메타 제어기 K를 갖는 경우를 고려해보자.

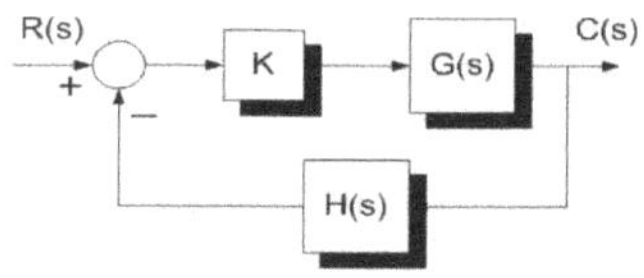

그림 7-21 제어기 K를 갖는 폐루프 제어시스템

이 폐루프 제어시스템에서 전달함수를 구하면 다음식과 같다.

$$\frac{C(s)}{R(s)}=\frac{KG(s)}{1+KG(s)H(s)} \tag{7-94}$$

이 식에서 안정하기 위한 K의 범위를 보드선도로 구하기 위한 특성방정식은 다음과 같다.

$$1+KGH(s)=0 \tag{7-95}$$

위의 식에서 $KGH(jw)$에 대한 보드선도를 통해 특성방정식이 안정하기 위한 K의 범위를 구할 수 있다. 식에서 $KGH(jw)$에 대한 보드선도에서 위상곡선은 변하지 않고 이득곡선은 계산에 의해 구할 수 있다.

$$20\log|KGH(jw)|=20\log K+20\log|GH(jw)| \tag{7-96}$$

이 식에서 $20\log|GH(jw)|$의 이득여유가 만약 $g_m=-20[dB]$라 하면 파라메타 K가 10이면 $g_m=0$이 되고, $K>10$이면 이득여유는 (+)가 된다. 따라서 이 시스템은 $K>10$이면 시스템이 안정하고 $K>10$면 시스템은 불안정하게 된다.

예제 7-12 다음과 같이 $G(s)$및 $H(s)$가 있을 때 $GH(jw)$의 보드선도를 작성하라. 그리고, $H(s)=K$, $w=1$일 때 $|GH(jw)|$가 20[dB]되도록 K값을 구하라.

$$G(s)=\frac{10}{s+1},\ H(s)=5$$

풀이 1. 보드선도 그리기

$G(s)$의 주파수 전달함수는 $G(jw)=\frac{10}{jw+1}$, $H(jw)=5$ 이고, 이때 절점주파수는 $w_c=1[rad/\sec]$이다. 따라서 이득과 위상의 변화 구간은 절점주파수를 기준으로 변화하기 시작한다.

① $\omega \ll 1$인 경우

$G(j0) \fallingdotseq \frac{10}{j0+1} = 10$ 이므로 위상도 0^0 이다. 따라서 크기와 위상은 다음과 같다.

$$|G(jw)| = 10\angle 0^0$$

$$g(w) = 20\log 10 = 20[dB],\ \phi(w) = 0^0$$

② $w \gg 1$인 경우

$$|G(jw)| = \frac{10}{w}\angle -90^0$$

$$g(w) = 20\log\frac{10}{w} = 20[dB] - 20[dB/dec],\ \phi(w) = -90^0$$

③ $H(jw) = 5$일 때 이득과 위상은 다음과 같다.

$$g(w) = 20\log 5 = 13.97[dB],\ \phi(w) = 0^0$$

그리고 보드선도는 다음 그림과 같이 나타낸다.

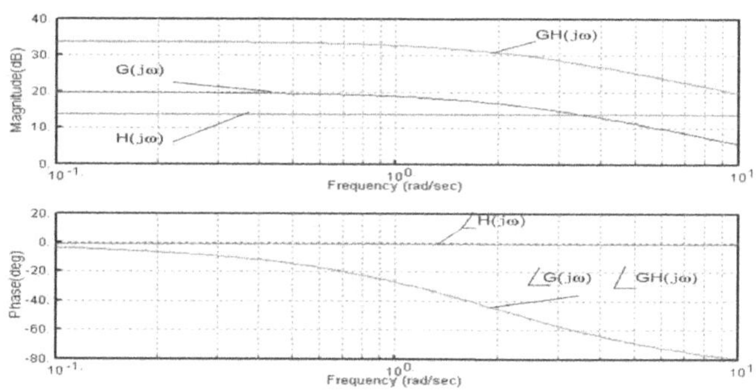

그림 7-22 보드선도 : $G(s), H(s), GH(s)$

2. K값 계산

$H(s) = K,\ w = 1$이면 $G(jw)H(jw) = KG(jw)$이므로 $KG(jw)$의 이득은 다음과 같다. 여기서, $|G(jw)| = |\frac{10}{j+1}| = \frac{10}{\sqrt{2}}$

$$20\log|KG(jw)| = 20\log K + 20\log|G(jw)| = 20\log K + 20\log\frac{10}{\sqrt{2}} = 20\log K + 17[dB]$$

이므로 $20[dB] = 20\log K + 17[dB]$에서 $20\log K = 3$이다.

따라서 $K = 10^{\frac{3}{20}} \fallingdotseq 1.41$이다.

자연로그: $\log_e x(Inx)$(밑을 e로 하는 로그)
상용로그: $\log_{10}x$(10을 밑으로 하는 로그)
$a > 0,\ a \neq 0$일 때, $a^x = b \quad \Leftrightarrow \quad x = \log_a b$

② **이득여유**(gain margin)**와 위상여유**(phase margin)

다음은 제어시스템의 안정도를 판별하기 위한 이득여유와 위상여유에 대해 알아보자.
보드선도의 안정도는 폐루프 제어시스템의 전달함수에서 특성방정식으로 결정한다.
특성방정식

$$GH(s) = -1 \tag{7-97}$$

의 특성을 조사함으로써 **이득여유**와 **위상여유**의 값으로 결정한다.

위상교차 주파수(phase crossover frequency)란 **위상곡선이 -180^0되는 특성을 가지는 주파수**라하고 ω_c로 나타내며 하며 다음 식을 만족한다.

$$\angle GH(jw_c) = -180^0 \tag{7-98}$$

위상교차 주파수는 이득여유를 계산하는데 사용된다.

이득여유(gain margin)는 **위상교차 주파수에서 개루프 전달함수의 이득, 즉 $|GH(jw_c)|$의 역수**로 정의한다.

$$g_m = \frac{1}{|GH(jw_c)|} \tag{7-99}$$

또는 [dB]로 나타내면 다음과 같다.

$$g_m = 20\log\frac{1}{|GH(jw_c)|} \tag{7-100}$$

$$= -20\log|GH(jw_c)|[dB]$$

이득교차 주파수(gain crossover frequency)란 이득곡선에서 이득($|GH(jw)|$)이 1 또는 0[dB]일 때의 주파수로 w_g로 표기하며 다음 식을 만족한다.

$$|GH(jw_g)| = 1 \tag{7-101}$$

또는 [dB]로 나타내면 다음과 같다.

$$g(w) = 20\log|GH(jw_g)| = 0[dB] \tag{7-102}$$

이득교차 주파수는 위상여유를 계산하는데 사용된다.

위상여유(phase margin)는 이득교차 주파수에서 $GH(jw)$의 위상으로 정의한다.

$$\phi_m = 180^0 + \angle\, GH(jw_g) \tag{7-103}$$

폐루프 시스템이 안정하기 위해서는 이득과 위상여유가 (+)이어야 한다.

제어시스템의 바람직한 안정성 여유로 이득여유는 대략 $2 \sim 10[dB]$, 위상여유는 $30^0 \sim 60^0$정도이다.

다음 그림은 보드선도에서 이득여유와 위상여유를 결정하는 그래프이다.

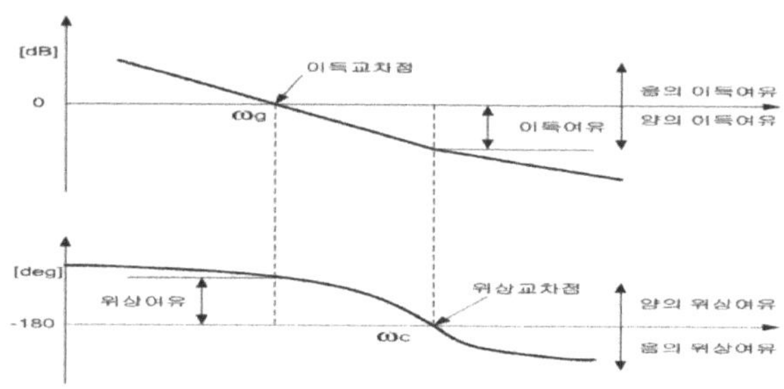

그림 7-23 보드선도의 이득여유 위상여유 결정

이 그림에서 위상곡선이 -180^0일 때의 주파수로 이득곡선과 만나 이득이 0[dB]보다 작으면 양(+)의 이득여유, 0[dB]보다 크면 음(-)의 이득여유가 된다.

그리고 위상여유는 이득곡선에서 이득이 0[dB]일 때의 주파수로 위상곡선과 만나 위상이 -180^0보다 크면 양(+)의 위상여유, 작으면 음(-)의 위상여유가 된다.

따라서 음의 이득여유와 음의 위상여유일 때 시스템은 불안정하게 된다.

다음은 안정한 시스템과 불안정한 시스템의 이득여유와 위상여유를 비교하여 나타낸 것이다.

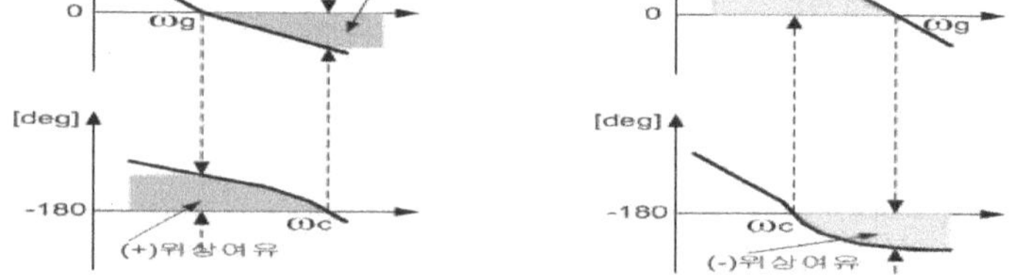

(a)안정한 시스템 **(b)불안정한 시스템**

그림 7-24 보드선도의 안정한 시스템과 불안정한 시스템

예제 7-13 다음과 같은 개루프 시스템의 이득여유와 위상여유를 구하라.

① $GH(s) = \dfrac{2}{(s+1)}$ ② $GH(s) = \dfrac{4}{(s+1)}$

풀이 ① 이 경우 주파수 전달함수와 절대값 크기 및 위상은 다음과 같다.

$$GH(jw) = \frac{2}{jw+1}$$

$$|GH(jw)| = \frac{2}{\sqrt{w^2+1}}, \quad \angle GH(jw) = -\tan^{-1}w$$

이 때 이득교차 주파수와 위상여유를 다음과 같이 구할 수 있다.

$$\frac{2}{\sqrt{w_g^2+1}} = 1, \quad \sqrt{w_g^2+1} = 2, \quad w_g^2 = 3, \quad w_g = \sqrt{3} = 1.7321$$

$$\phi_m = 180^0 + \angle GH(jw_g) = 180^0 - \tan^{-1}\sqrt{3} = 120^0$$

그리고 위상교차 주파수를 구하면 다음과 같다.

$$-180^0 = -\tan^{-1}w_c$$

따라서 w_c가 존재하지 않으므로 이득여유는 ∞이다. 이득여유와 위상여유가 모두 (+)이므로 이 시스템은 항상 안정하다.

② 이 경우 주파수 전달함수와 절대값 크기 및 위상은 다음과 같다.

$$G(jw) = \frac{4}{jw+1}$$

$$|GH(jw)| = \frac{4}{\sqrt{w^2+1}}, \quad \angle GH(jw) = -\tan^{-1}w$$

이 때 이득교차 주파수와 위상여유를 구하면 다음과 같이 구할 수 있다.

$$\frac{4}{\sqrt{w_g^2+1}} = 1, \sqrt{w_g^2+1} = 4, \quad w_g^2 = 16-1 = 15, \quad w_g = \sqrt{15} = 3.873$$

$$\phi_m = 180^0 + \angle GH(jw_g) = 180^0 - \tan^{-1}\sqrt{15} \fallingdotseq 104.4^0$$

그리고 위상교차 주파수를 구하면 다음과 같다.

$$-180^0 = -\tan^{-1}w_c$$

따라서 w_c가 존재하지 않으므로 이득여유는 ∞이다. 이 시스템도 이득여유와 위상여유가 모두 (+)이므로 이 시스템은 항상 안정하다.

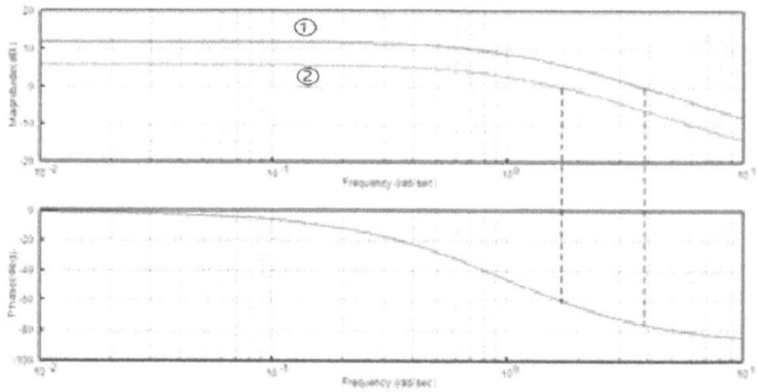

그림 7-25 보드선도 : $GH(s)=\dfrac{2}{s+1}$, $GH(s)=\dfrac{4}{s+1}$

위상각은 s 평면상의 위치에 따라 계산
+실수 +허수 : $\tan^{-1}\dfrac{허수}{실수}$
+실수 -허수 : $-\tan^{-1}\dfrac{허수}{실수}$
-실수 -허수 : $-180^0+\tan^{-1}\dfrac{허수}{실수}$
-실수 +허수 : $180^0-\tan^{-1}\dfrac{허수}{실수}$

예제 7-14 다음과 같은 개루프 시스템에서 이득여유와 위상여유를 구하여라.

① $GH(s)=\dfrac{4}{(s-1)}$ ② $GH(s)=\dfrac{10}{(s-1)}$

풀이

① 이 경우 주파수 전달함수와 절대값 크기 및 위상은 다음과 같다.

$$GH(jw)=\frac{4}{jw-1}$$

$$|GH(jw)|=\frac{4}{\sqrt{w^2+1}},\ \angle GH(jw)=-180^0+\tan^{-1}w$$

이 때 이득교차 주파수와 위상여유를 구하면 다음과 같다.

$$\frac{4}{\sqrt{w_g^2+1}}=1,\ \sqrt{w_g^2+1}=4,\ w_g^2=15,\ w_g=\sqrt{15}=3.87$$

$$\phi_m=180^0+\angle GH(jw_g)=180^0-180^0+\tan^{-1}w_g=\tan^{-1}\sqrt{15}=75.5^0$$

그리고 위상교차 주파수와 이득여유를 구하면 다음과 같다.

$$-180^0 = -180^0 + \tan^{-1} w_c, \ w_c = 0$$

$$g_m = 20\log\frac{1}{|G(jw_c)|} = 20\log\frac{1}{\left|\frac{4}{\sqrt{w_c^2+1}}\right|} = 20\log\frac{1}{4} = -20\log 4 \fallingdotseq -12[dB]$$

② 이 경우 주파수 전달함수는 다음과 같다.

$$GH(jw) = \frac{10}{jw-1}$$

$$|GH(jw)| = \frac{10}{\sqrt{w^2+1}}, \ \angle GH(jw) = -180^0 + \tan^{-1} w$$

이 때 이득교차 주파수와 위상여유를 구하면 다음과 같다.

$$\frac{10}{\sqrt{w_g^2+1}} = 1, \ \sqrt{w_g^2+1} = 10, \ w_g^2 = 99, \ w_g = \sqrt{99} = 9.9$$

$$\phi_m = 180^0 + \angle GH(jw_g) = 180^0 - 180^0 + \tan^{-1} w_g = \tan^{-1}\sqrt{99} = 84.26^0$$

그리고 위상교차 주파수와 이득여유를 구하면 다음과 같다.

$$-180^0 = -180^0 + \tan^{-1} w_c, \ w_c = 0$$

$$g_m = 20\log\frac{1}{|G(jw_c)|} = 20\log\frac{1}{\left|\frac{10}{\sqrt{w_c^2+1}}\right|} = 20\log\frac{1}{10} = -20\log 10 \fallingdotseq -20[dB]$$

이 시스템의 경우 이득여유와 위상여유는 모두 불안정하다.

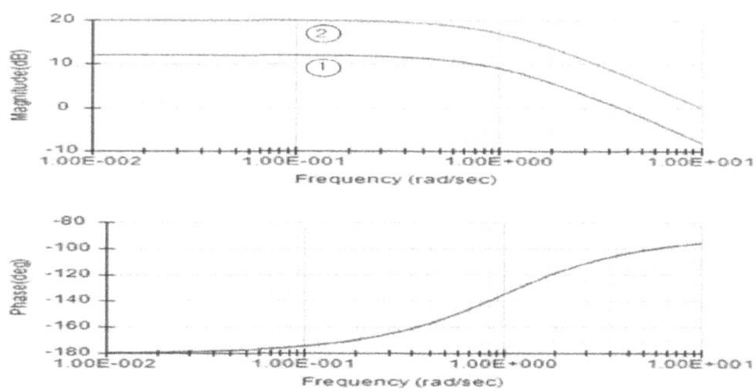

그림 7-26 보드선도 : $GH(s) = \frac{4}{s-1}, \ GH(s) = \frac{10}{s-1}$

예제 7-15 다음 그림과 같은 제어시스템에서 K=10, K=100인 경우의 보드선도를 그리고 시스템의 이득여유와 위상여유를 구하여라.

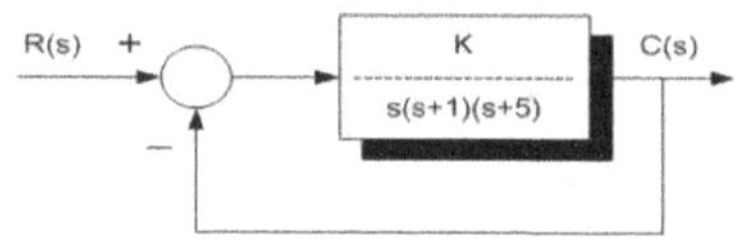

그림 7-27 제어시스템

풀이 각각의 보드선도를 그리기 위하여 시스템의 전달함수를 구하고 폐루프의 특성방정식은 다음과 같다.

$$\frac{C(s)}{R(s)} = \frac{G(s)}{1+G(s)}$$

폐루프의 특성방정식 각각 다음과 같다.

$$1+G(s) = 1 + \frac{K}{s(s+1)(s+5)} = 0$$

$$K=10: \quad G(s) = \frac{10}{s^3+6s^2+5s}, \quad K=100: \quad G(s) = \frac{100}{s^3+6s^2+5s}$$

그리고 이득여유와 위상여유를 그림에서 구하면 다음과 같다.

K=10인 경우 : $g_m = 8[dB]$, $\phi_m = 21[\text{deg}]$

K=100인 경우 : $g_m = -15[dB]$, $\phi_m = -20[\text{deg}]$

보드선도에서 K=10은 안정하나 K=100은 불안정하다. 시스템이 안정하기 위해서는 K를 감소시켜 위상여유를 20^0이상 증가시켜야 한다.

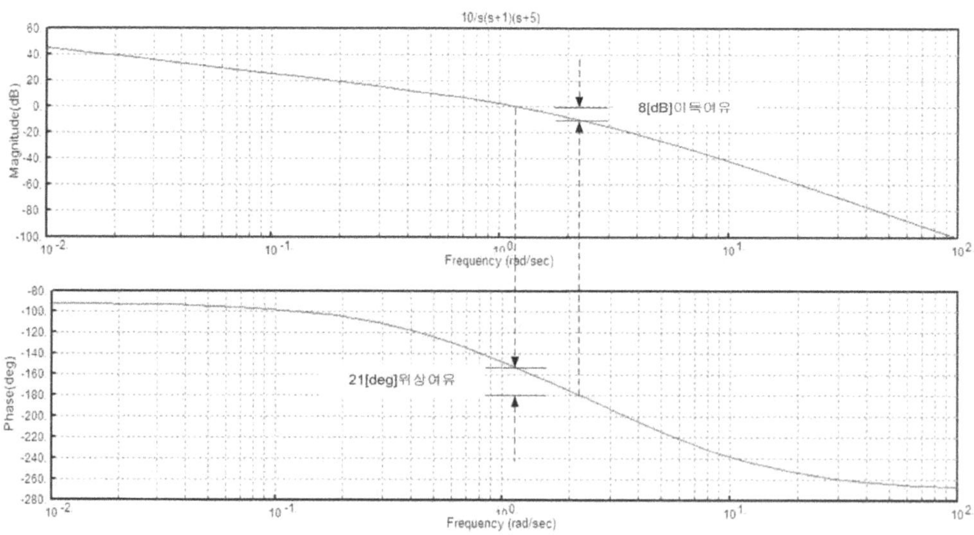

(a) K=10인 경우

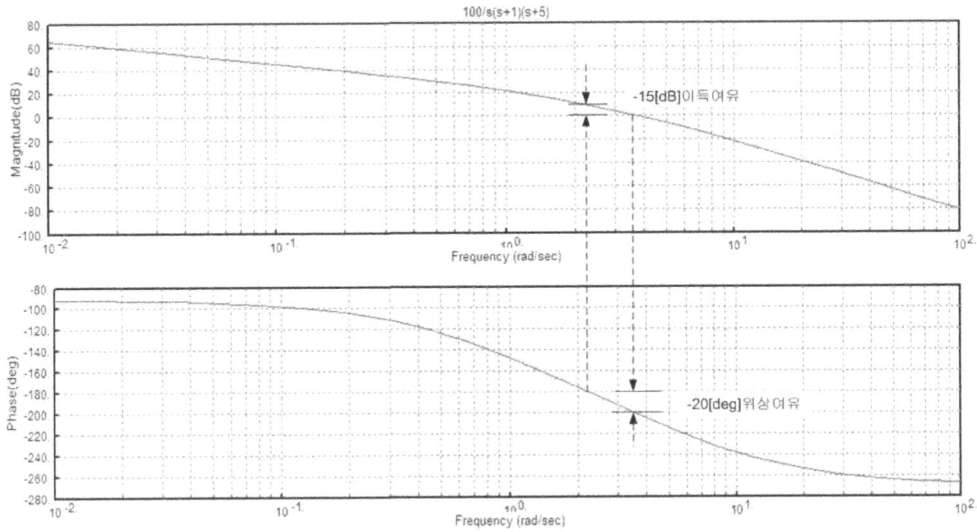

(b) K=100인 경우

그림 7-28 보드선도

7.4 주파수 특성

1) 전달함수의 주파수 특성

제어시스템의 주파수 특성에는 공진 첨두치, 공진 주파수, 대역폭, 차단율 등이 있다.

① 공진 첨두치(peak resonance value) : Mp

공진 주파수의 이득에서 최고값을 의미한다. 시간영역에서 오버슈트의 크기가 감쇠율 (ζ)과 관계가 있다. 즉, Mp는 시간영역의 과도응답상태에서 최대 오버슈트에 해당된다. 대부분의 제어시스템에서 Mp는 대략 정상값의 1.1 ~ 1.5배 정도가 바람직하다.

공진 첨두치는 주파수 전달함수에서 다음과 같이 정의한다.

$$\frac{C(jw)}{R(jw)} = M(jw) \text{ 또는 } G(jw)\text{에서} \quad Mp = |M(jw)| \tag{7-104}$$

② 공진 주파수(resonance frequency) : w_p

이득의 크기가 최대로 나타날 때의 주파수이다.

③ 대역폭(bandwidth) : BW

대역폭이란 $|M(jw)|$의 크기가 주파수(M(j0))가 0일 때의 값으로 약 70.7[%] 또는 -3[dB]로 감소할 때의 주파수 폭이다. 일반적으로 대역폭이 크면 상승시간이 증가하며 응답속도가 빨라지고, 상대적으로 높은 주파수대까지 안정하게 동작한다. 또한, 이 대역폭은 잡음을 제거한다.

$$M(w/w_n) \fallingdotseq \frac{1}{\sqrt{2}} = 0.707 \tag{7-105}$$

④ **차단율(cut-off rate)**

차단율은 높은 주파수대에서 $M(jw)$의 기울기로 나타낸다.

주파수 응답특성을 그림으로 나타내면 다음과 같다.

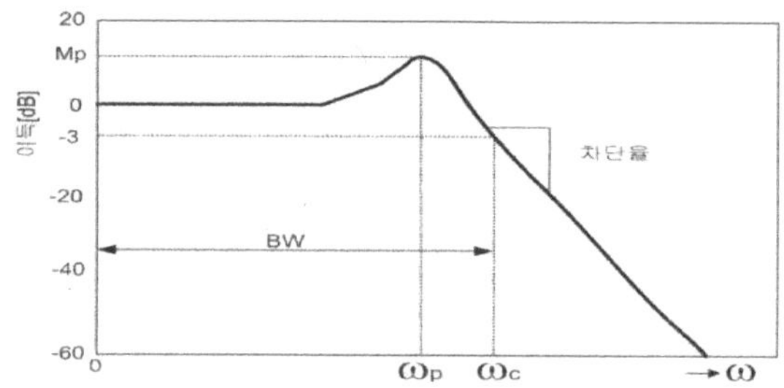

그림 7-29 주파수 응답특성

2) 2차 시스템의 주파수 특성

2차 시스템의 전달함수에 대해 주파수 특성을 알아보자.

$$\frac{C(s)}{R(s)} = \frac{w_n^2}{s^2 + 2\zeta w_n s + w_n^2} \tag{7-106}$$

여기서, ζ : 감쇠비 w_n : 시스템의 고유 주파수

① **공진 첨두치와 공진 주파수**

공진 첨두치는 주파수 전달함수에서 이득이 최대가 나타날 때의 공진 주파수로 결정된다.

일반적으로 절대값의 크기를 미분하여 0일 때 최대 또는 최소가 된다. 2차 시스템을 주파수 전달함수로 나타내면 다음과 같다.

$$G(jw) = \frac{C(jw)}{R(jw)} = M(jw) = \frac{w_n^2}{(jw)^2 + 2\zeta w_n (jw) + w_n^2}$$

$$= \frac{\dfrac{w_n^2/w_n^2}{(jw)^2+2\zeta w_n(jw)+w_n^2}}{w_n^2} = \frac{1}{1+j2\zeta(\dfrac{w}{w_n})-(\dfrac{w}{w_n})^2}$$

$$= \frac{1}{1+j2u\zeta-u^2} \tag{7-107}$$

여기서, $u=\dfrac{w}{w_n}$

그리고 $M(ju)$의 크기와 위상을 구하면 다음식과 같다.

$$|M(ju)| = \frac{1}{\sqrt{(1-u^2)^2+(2\zeta u)^2}}$$

$$\angle M(ju) = -\tan^{-1}\frac{2\zeta u}{1-u^2} \tag{7-108}$$

또, 위 식을 미분방정식으로 만들면 다음식과 같다.

$$\frac{d|M(ju)|}{du} = \frac{d}{du}\frac{1}{\sqrt{(1-u^2)^2+(2\zeta u)^2}} = 0 \tag{7-109}$$

먼저 식$(1-u^2)^2+(2\zeta u)^2 = 1-2u^2+u^4+4\zeta^2u^2$ 를 u로 미분하여 0으로 놓으면 다음식으로 된다.

$$4u^3-4u+8u\zeta^2=0 \tag{7-110}$$

$$u^3-u+2u\zeta^2=0$$

$$u(u^2-1+2\zeta^2)=0$$

이 식의 해는 다음과 같다.

$$u=0,\ u=\sqrt{1-2\zeta^2} \tag{7-111}$$

이 해에서 $u=0$이 되는 조건은 $\zeta=\dfrac{1}{\sqrt{2}}=0.707$인 경우에 $w=0$ $(u=\dfrac{w}{w_n})$이므로 이 때 크기는 $M(0)=1$이 된다.

$|M(ju)|$의 크기에서 분모를 최소로 만드는 주파수에서 크기가 최대가 되고 공진이 나타나므로 공진주파수와 공진 최대값 그리고, 최대초과(오버슈트)를 구하면 다음과 같다. 그림에서 ζ가 작을수록 최대초과는 커지며, ζ가 0.7일 때 주파수(u)는 0이 된다.

$$w_r = w_n\sqrt{1-2\zeta^2}\ ,\ 0 \leqq \zeta \leqq 0.707 \tag{7-112}$$

$$M_p = |M(jw_r)| = \frac{1}{2\zeta\sqrt{1-\zeta^2}}$$

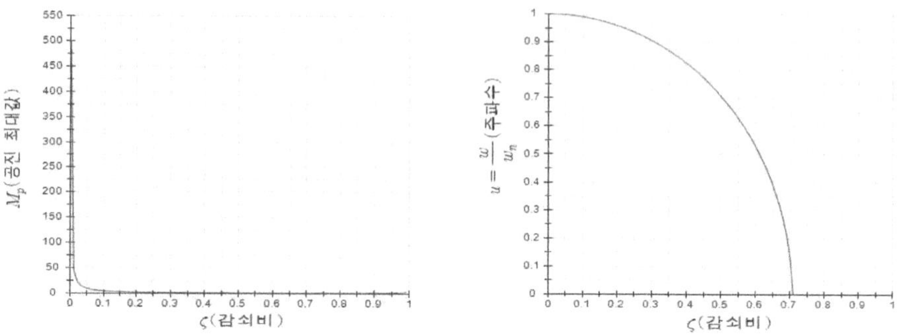

(a) 공진 최대값과 감쇠비 곡선 **(b) 주파수와 감쇠비 곡선**

그림 7-30 감쇠비와 공진 최대값 및 주파수와의 관계

따라서 2차 시스템에서는 감쇠비가 $\zeta < 0.707$인 경우에 공진이 생기며 감쇠비 ζ가 작을수록 공진주파수는 고유진동수 w_n에 수렴하며 공진 최대값 M_p의 크기는 더 커진다.

② 대역폭

대역폭은 절대값의 크기가 0.707일 때의 주파수 폭이므로 다음과 같이 구할 수 있다.

$$|M(ju)| = \frac{1}{\sqrt{(1-u^2)^2+(2\zeta u)^2}} = \frac{1}{\sqrt{2}} = 0.707 \tag{7-113}$$

이 식에서 주파수를 구하기 위하여 식을 풀면 다음과 같다.

$$(1-u^2)^2+(2\zeta u)^2 = 2 \tag{7-114}$$

$$1-2u^2+u^4+4\zeta^2u^2-2=0,\quad u^4-2u^2+4\zeta^2u^2-1=0$$

$u^2 = x$라 하면

$$x^2-2x(1-2\zeta^2)-1=0$$

이 식의 해는 다음과 같다.

$$x = \frac{2(1-2\zeta^2) \pm \sqrt{2^2(1-2\zeta^2)^2 - 4 \cdot -1}}{2}$$

$$= (1-2\zeta^2) \pm \sqrt{1-4\zeta^2+4\zeta^4+1}$$

$$= (1-2\zeta^2) \pm \sqrt{4\zeta^4-4\zeta^2+2}$$

$$u^2 = (1-2\zeta^2) \pm \sqrt{4\zeta^4-4\zeta^2+2}$$

$$u = \frac{w}{w_n} = \sqrt{(1-2\zeta^2) \pm \sqrt{4\zeta^4-4\zeta^2+2}} \qquad (7\text{-}115)$$

따라서 대역폭은 다음 식과 같다.

$$BW = w_n\sqrt{(1-2\zeta^2) + \sqrt{4\zeta^4-4\zeta^2+2}} \qquad (7\text{-}116)$$

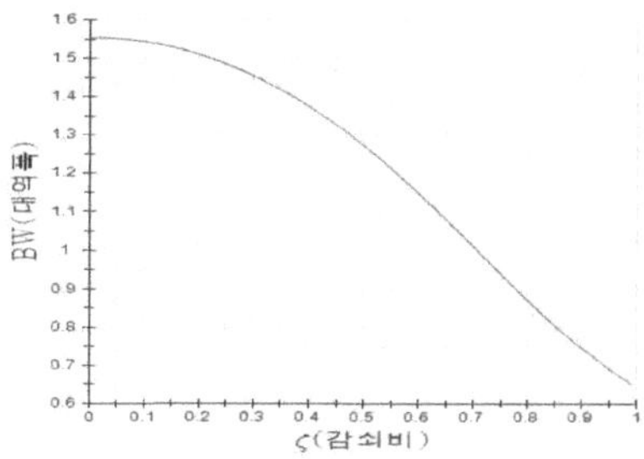

그림 7-31 감쇠비 대 BW 곡선

2차 시스템에서 $w_n = 1$, $\zeta = 0.05$, 0.1, 0.2, 0.4, 0.6, 0.8, 1.0일 때의 주파의 변화에 대한 이득특성을 나타내면 다음 그림과 같다. 그림에서 ζ가 작을수록 대역폭은 커지며, 또 w_n에 비례하고 대역폭이 커지면 M_p도 증가한다.

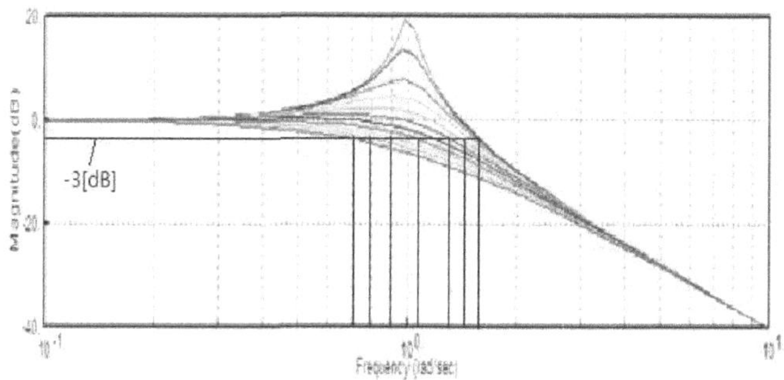

그림 7-32 2차 시스템의 주파수 응답특성

7.5 진상·지상 보상기 설계

제어시스템의 불충분한 특성을 보상해 주기 위한 방법으로 장치를 추가하거나 적절한 제어기를 추가하는 것이다. 이와 같이 목표 성능규격을 충족시키기 위해 시스템에 추가하는 것을 **보상기 또는 제어기(compensator or controller)**라 한다.

따라서 보상기 설계란 제어기를 설정한 후 보상기의 극점이나 영점을 결정함으로서 폐루프의 근들을 원하는 위치에 놓이도록 하는 것이다.

그림 7-33과 같이 플랜트 전달함수 앞에 제어기 전달함수 $G_c(s)$를 추가하여 폐루프 제어시스템의 극점을 원하는 위치에 놓이게 설계하는 것이다.

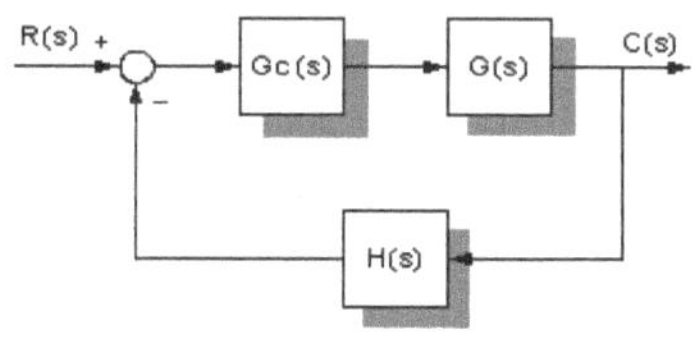

그림 7-33 피드백 보상기

다음은 진·지상 보상기의 설계에 대해 알아보자.

보상기는 하나의 극점 $-p$와 하나의 영점 $-z$및 이득 K로 구성되어 전달함수 식은 다음과 같이 나타낸다.

$$G_c(s) = K\frac{s+z}{s+p} = K\frac{z}{p}\frac{s/z+1}{s/p+1} = K\alpha\frac{\tau s+1}{\alpha\tau s+1} \qquad (7\text{-}117)$$

여기서, $\alpha = \dfrac{z}{p}$, $\tau = \dfrac{1}{z}$(시정수), K(이득)

이 식에서 <u>$p > z$ **경우를 진상 보상기,** $z > p$ **경우를 지상 보상기**</u>라 한다.

진상 보상기 : $p > z$
지상 보상기 : $p < z$

일반적으로 보상기 설계에서 진상 보상기(phase lead compensation)는 플랜트의 주파수 응답에 특정 주파수 영역의 위상을 더해주고, 지상 보상기(phase lag compensation)는 위상을 빼주면 된다.

1) 진상 보상기 설계

진상 보상기의 극점과 영점의 위치는 그림 7-34와 같다. 그림에서 보상기의 영점이 극점보다 허수축에 더 가까이 있기 때문에 진상 보상기의 위상은 항상 0보다 큰 값을 갖는다.

진상 보상기의 특성은 시스템의 안정도를 향상시키고 속응성의 개선을 목적으로 사용된다.

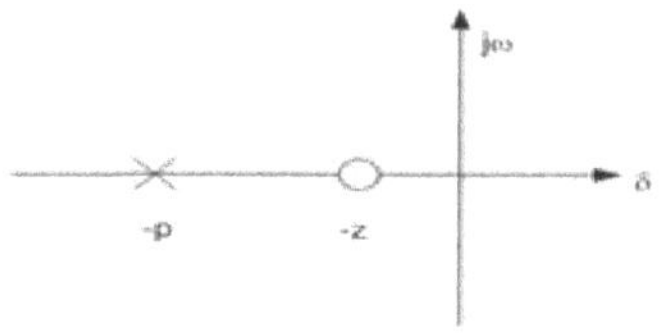

그림 7-34 진상 보상기의 극점과 영점

다음 그림은 가장 기본적인 진상 보상기 회로이다. 이 회로의 전달함수에 대해 알아보자.

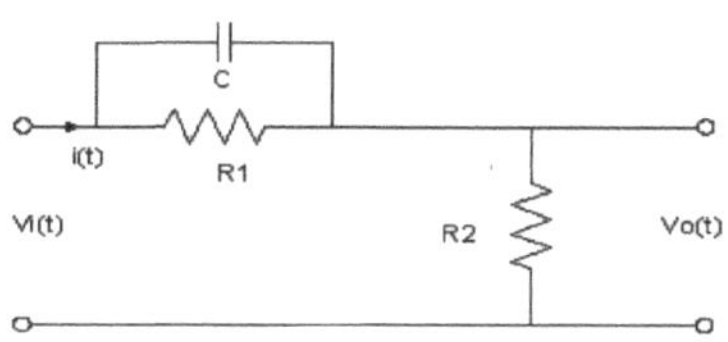

그림 7-35 진상 보상회로

이 회로에 대한 입·출력의 전달함수를 구하기 위하여 회로 방정식을 세우면 다음과 같다.

$$C\frac{d}{dt}[V_i(t) - V_o(t)] + \frac{1}{R_1}[V_i(t) - V_o(t)] = \frac{1}{R_2}V_o(t) \tag{7-118}$$

이 식의 라플라스 변환은 다음 식과 같다.

$$Cs[V_i(s) - V_o(s)] + \frac{1}{R_1}[V_i(s) - V_o(s)] = \frac{1}{R_2}V_o(s)$$

$$\left(Cs + \frac{1}{R_1}\right)V_i(s) = \left(Cs + \frac{1}{R_1} + \frac{1}{R_2}\right)V_0(s) \tag{7-119}$$

또, 이 식을 전달함수로 나타내면 다음과 같다.

$$G_c(s)=\frac{V_o(s)}{V_i(s)}=\frac{Cs+\frac{1}{R_1}}{Cs+\frac{1}{R_1}+\frac{1}{R_2}}=\frac{R_1Cs+1}{R_1Cs+\frac{R_1+R_2}{R_2}} \quad (7\text{-}120)$$

$$=\left(\frac{R_2}{R_1+R_2}\right)\frac{R_1Cs+1}{\frac{R_1R_2}{R_1+R_2}Cs+1}=\alpha\cdot\frac{\tau s+1}{\alpha\tau s+1}$$

여기서, $\tau=R_1C,\quad \alpha=\dfrac{R_2}{R_1+R_2}$

이 전달함수에서 극점은 $s=-\dfrac{1}{\alpha\tau}$, 영점은 $s=-\dfrac{1}{\tau}$이고 주파수 전달함수는 다음과 같이 된다. 여기서, $p=\dfrac{1}{\alpha\tau}$, $z=\dfrac{1}{\tau}$이다.

또, 이 식의 주파수 전달함수에서 크기와 위상은 다음과 같이 구할 수 있다.

$$G_c(jw)=\alpha\cdot\frac{jw\tau+1}{jw\alpha\tau+1}$$

$$|G_c(jw)|=\alpha\frac{\sqrt{1+(w\tau)^2}}{\sqrt{1+(w\alpha\tau)^2}},\quad \angle G_c(jw)=\tan^{-1}\frac{w\tau-w\tau\alpha}{1+(w\tau)^2\alpha} \quad (7\text{-}121)$$

그리고 이 요소의 보드선도를 그리기 위한 이득과 위상을 구하면 다음과 같다.

$$\begin{aligned}g_m&=20\log|G_c(jw)|\\&=20\log\alpha\sqrt{1+(w\tau)^2}-20\log\sqrt{1+(\alpha w\tau)^2}\\&=10\log\alpha[1+(w\tau)^2]-10\log[1+(\alpha w\tau)^2]\end{aligned}$$

$$\begin{aligned}\phi_m&=\angle G_c(jw)\\&=\tan^{-1}\frac{w\tau-w\tau\alpha}{1+(w\tau)^2\alpha}\\&=\tan^{-1}(w\tau)-\tan^{-1}(w\tau\alpha)\end{aligned}$$

(7-122)

만일 이 보상기의 영점과 극점이 $s=-1$, $s=-3(z=1,\ p=3)$ 라 하면 α, τ 는 다음과 같으므로 $G_c(s)$는 다음식과 같다.

$$\tau = \frac{1}{z} = 1, \quad \alpha = \frac{1}{p\tau} = \frac{1}{3}$$

$$G_c(s) = \frac{s+1}{s+3} \tag{7-123}$$

그리고 이 식의 보드선도를 그리면 다음과 같다.

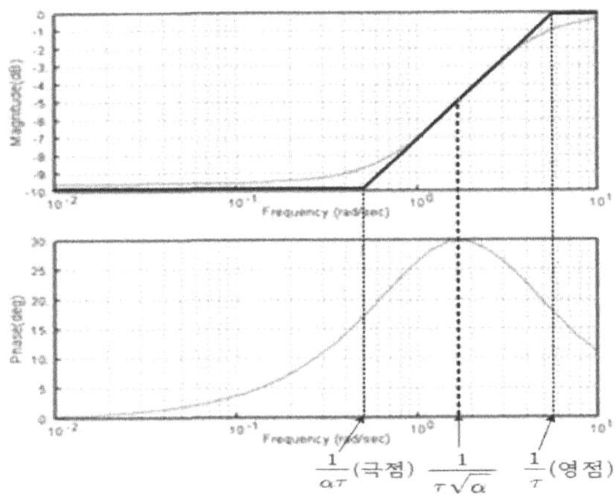

그림 7-36 진상 보상회로의 보드선도

식 (7-121)에서 진상 보상기의 차단 주파수는 다음과 같음을 알 수 있다.

$$w_c = \frac{1}{\alpha\tau}(=p), \ \frac{1}{\tau}(=z) \tag{7-124}$$

이 보상기의 위상이 최대가 되는 주파수 w_m은 식 (7-122)에서 최소 또는 최대 주파수의 기하학적 평균값으로 결정되므로 그림에서 극점과 영점 주파수의 중간에서 나타나므로 w_m은 다음과 같다.

$$w_m = \sqrt{z \cdot p} = \sqrt{\frac{1}{\tau} \cdot \frac{1}{\alpha\tau}} = \frac{1}{\tau\sqrt{\alpha}} \tag{7-125}$$

이 때 최대 위상은 식 (7-122)식에 w대신에 w_m의 값을 넣어 풀면 다음과 같다.

$$\phi_m = \tan^{-1}\frac{w\tau - w\tau\alpha}{1+(w\tau)^2\alpha} = \tan^{-1}\frac{\frac{1}{\tau\sqrt{\alpha}} \cdot \tau - \frac{1}{\tau\sqrt{\alpha}} \cdot \tau\alpha}{1+(\frac{1}{\tau\sqrt{\alpha}} \cdot \tau)^2\alpha}$$

$$= \tan^{-1}\frac{1-\alpha}{2\sqrt{\alpha}} \tag{7-126}$$

따라서 최대 위상의 진상각 ϕ_m은 다음과 같이 나타낼 수 있다.

$$\begin{aligned}\phi_m &= \tan^{-1}\frac{1-\alpha}{2\sqrt{\alpha}} = \sin^{-1}\frac{1-\alpha}{1+\alpha} = \sin^{-1}\frac{1-z/p}{1+z/p} \\ &= \sin^{-1}\frac{p-z}{p+z}\end{aligned} \tag{7-127}$$

여기서, $\alpha = \dfrac{z}{p}$

최대 진상각 ϕ_m을 얻기 위하여 보상기의 극점과 영점사이의 α값을 계산하는 데 매우 유용하다. 그리고 최대 진상각 일 때의 주파수 w_m의 이득 g_m은 다음과 같이 나타낼 수 있다.

$$\begin{aligned}g_m &= 20\log|G_c(w_m)| = 20\log\left|\alpha\frac{\sqrt{1+(w_m\tau)^2}}{\sqrt{1+(w_m\tau\alpha)^2}}\right| \\ &= 20\log\left|\alpha\frac{\sqrt{1+1/\alpha}}{\sqrt{1+\alpha}}\right| = 20\log|\sqrt{\alpha}| \\ &= 10\log\ \alpha\end{aligned} \tag{7-128}$$

위의 (7-128)식에서 진상각 ϕ_m과 α와의 관계와 g_m과 α와의 관계를 그래프로 나타내면 다음 그림과 같다.

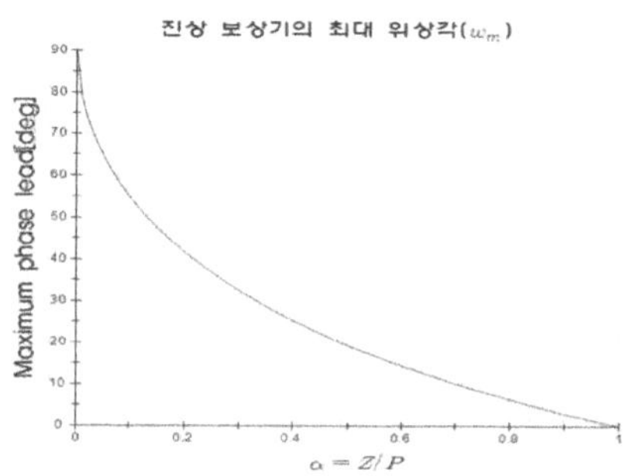

그림 7-37 진상 보상기의 최대위상각과 α와의 관계

예제 7-16 $G_c(s) = \dfrac{10(s+1)}{s+3}$일 때 위상이 최대가 되는 주파수 w_m과 진상각 ϕ_m 구하라.

풀이 보상기의 전달함수는 다음과 같이 변환할 수 있다.

$$G_c(s) = \frac{10/3(s+1)}{s/3+1}$$

여기서, $\tau = 1$, $\alpha = 1/3$ 이므로 w_m과 ϕ_m은 다음과 같다.

$$w_m = \frac{1}{\tau\sqrt{\alpha}} = \sqrt{3}\ ,\ \phi_m = \sin^{-1}\frac{1-\alpha}{1+\alpha} = \sin^{-1}\frac{1-1/3}{1+1/3} = \sin^{-1}\frac{1}{2} = 30^0$$

2) 지상 보상기 설계

지상 보상기의 극점과 영점의 위치는 그림 7-38과 같다. 이 그림에서 보상기의 극점이 영점보다 허수축에 더 가까이 있기 때문에 지상 보상기의 위상은 항상 0보다 작은 값을 갖는다.

지상 보상기의 특성은 시스템의 안정도와 속응성은 조정된 상태로 두고 위상 특성이 늦은 요소로 정상 편차를 개선하는 것을 목적으로 사용된다.

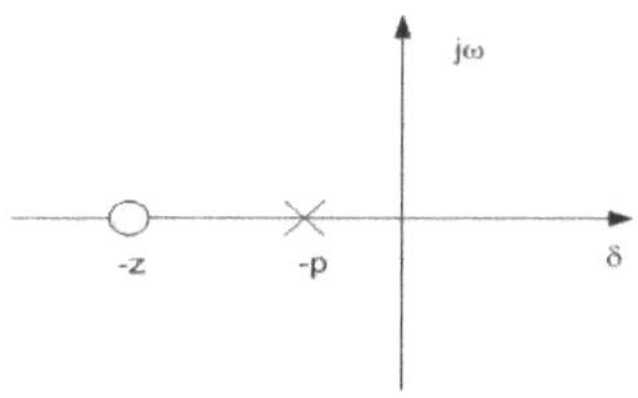

그림 7-38 지상 보상기의 극점과 영점

다음 그림은 지상 보상회로이다.

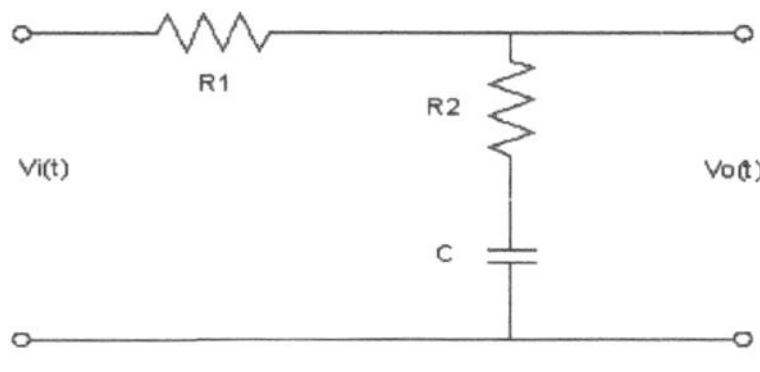

그림 7-39 지상 보상회로

이 회로에 대한 입.출력의 전달함수를 구하기 위하여 회로 방정식을 세우면 다음과 같다.

$$V_i(t) = R_1 i(t) + R_2 i(t) + \frac{1}{C}\int i(t)dt$$

$$V_0(t) = R_2 i(t) + \frac{1}{C}\int i(t)dt \tag{7-129}$$

이 식의 라플라스 변환은 다음 식과 같다.

$$V_i(s) = R_1 I(s) + R_2 I(s) + \frac{I(s)}{Cs}$$

$$V_0(s) = R_2 I(s) + \frac{I(s)}{Cs} \tag{7-130}$$

그리고 이 식을 전달함수로 나타내면 다음과 같다.

$$G_c(s) = \frac{V_o(s)}{V_i(s)} = \frac{R_2 Cs + 1}{(R_1 + R_2)Cs + 1} = \frac{\tau s + 1}{\beta\tau s + 1} \tag{7-131}$$

여기서, $\tau = R_2 C, \quad \beta = \dfrac{R_1 + R_2}{R_2}$

이 전달함수에서 극점은 $s = -\dfrac{1}{\beta\tau}$, 영점은 $s = -\dfrac{1}{\tau}$이고 주파수 전달함수는 다음과 같이 된다. 여기서, $p = \dfrac{1}{\beta\tau}$, $z = \dfrac{1}{\tau}$이다.

또, 이 식의 주파수 전달함수에서 크기와 위상은 다음과 같이 구할 수 있다.

$$G_c(jw) = \frac{jw\tau + 1}{jw\beta\tau + 1}$$

$$|G_c(jw)| = \frac{\sqrt{1+(w\tau)^2}}{\sqrt{1+(w\beta\tau)^2}}, \quad \angle G_c(jw) = \tan^{-1}\frac{w\tau - w\tau\beta}{1+(w\tau)^2\beta} \tag{7-132}$$

그리고 이 요소의 보드선도를 그리기 위한 이득과 위상을 구하면 다음과 식과 같다.

$$\begin{aligned} g_m &= 20\log|G_c(jw)| \\ &= 20\log\alpha\sqrt{1+(w\tau)^2} - 20\log\sqrt{1+\beta w\tau)^2} \\ &= 10\log\alpha[1+(w\tau)^2] - 10\log[1+(\beta w\tau)^2] \end{aligned}$$

$$\phi_m = \angle G_c(jw) = \tan^{-1}\frac{w\tau - w\tau\beta}{1+(w\tau)^2\beta} = \tan^{-1}(w\tau) - \tan^{-1}(w\tau\beta) \quad (7\text{-}133)$$

만일 이 보상기의 영점과 극점이 $s=-3$, $s=-1(z=3,\ p=1)$ 라 하면 β, τ 는 다음과 같으므로 $G_c(s)$는 다음식과 같다.

$$\tau = \frac{1}{z} = \frac{1}{3},\quad \beta = \frac{1}{p\tau} = 3$$

$$G_c(s) = \frac{s+3}{s+1} \quad (7\text{-}134)$$

이 식의 보드선도를 그리면 다음과 같다.

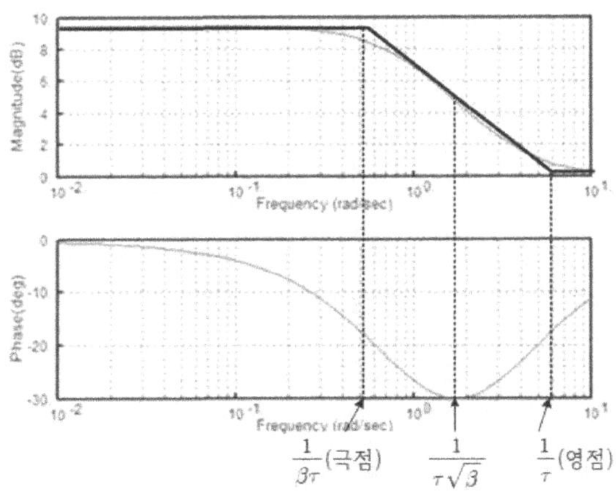

그림 7-40 지상 보상회로의 보드선도

식 (7-132)에서 진상 보상기의 차단 주파수는 다음과 같음을 알 수 있다.

$$w_c = \frac{1}{\beta\tau}(=p),\ \frac{1}{\tau}(=z) \quad (7\text{-}135)$$

이 보상기의 위상이 최대가 되는 주파수 w_m은 식 (7-133)에서 최소 또는 최대 주파수의 기하학적 평균값으로 결정되므로 그림에서 극점과 영점 주파수의 중간에서 나타나므로 w_m은 다음과 같다.

$$w_m = \sqrt{z \cdot p} = \sqrt{\frac{1}{\tau} \cdot \frac{1}{\beta\tau}} = \frac{1}{\tau\sqrt{\beta}} \tag{7-136}$$

이 때 최대 위상은 식 (7-132)식에 w대신에 w_m의 값을 넣어 풀면 ϕ_m은 다음과 같다.

$$\phi_m = \tan^{-1}\frac{w\tau - w\tau\beta}{1+(w\tau)^2\beta} = \tan^{-1}\frac{\frac{1}{\tau\sqrt{\beta}} \cdot \tau - \frac{1}{\tau\sqrt{\beta}} \cdot \tau\beta}{1+(\frac{1}{\tau\sqrt{\beta}} \cdot \tau)^2\beta} \tag{7-137}$$

$$= \tan^{-1}\frac{1-\beta}{2\sqrt{\beta}}$$

여기서, $\beta = \frac{z}{p}$

이 때 최대 위상의 진상각 ϕ_m은 다음과 같이 나타낼 수 있다.

$$\phi_m = \tan^{-1}\frac{1-\beta}{2\sqrt{\beta}} = \sin^{-1}\frac{1-\beta}{1+\beta} = \sin^{-1}\frac{1-z/p}{1+z/p} \tag{7-138}$$

$$= \sin^{-1}\frac{p-z}{p+z}$$

최대 지상각 ϕ_m을 얻기 위하여 보상기의 극점과 영점사이의 β값을 계산하는 데 매우 유용하다. 그리고 최대 진상각 일 때의 주파수 w_m의 이득 g_m은 다음과 같이 나타낼 수 있다.

$$g_m = 20\log|G_c(w_m)| = 20\log|\frac{\sqrt{1+(w_m\tau)^2}}{\sqrt{1+(w_m\tau\beta)^2}}| \tag{7-139}$$

$$= 20\log|\alpha\frac{\sqrt{1+1/\beta}}{\sqrt{1+\beta}}| = 20\log|\frac{1}{\sqrt{\beta}}|$$

$$= -10\log\ \beta$$

위의 (7-139)식에서 진상각 ϕ_m과 β와의 관계와 g_m과 β와의 관계를 그래프로 나타내면 다음 그림과 같다.

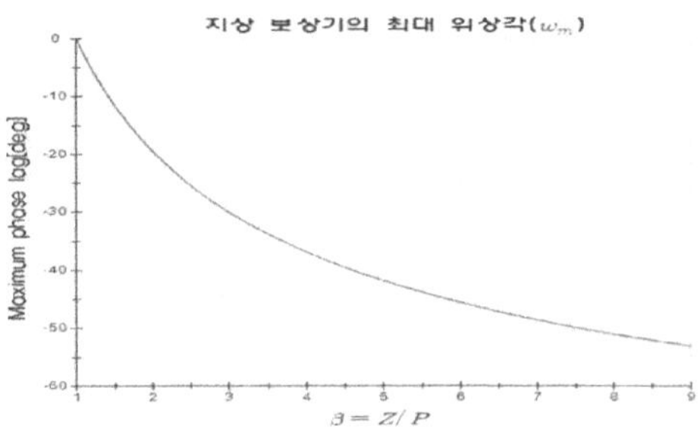

그림 7-41 지상 보상기의 최대위상각과 β의 관계

예제 7-17 $G_c(s) = \dfrac{s+3}{s+1}$일 때 위상이 최대가 되는 주파수 w_m과 진상각 ϕ_m구하라.

풀이 보상기의 전달함수는 다음과 같으므로

$$G_c(s) = \frac{s+3}{s+1}$$

여기서, $z=3$, $p=1$이므로 $\tau = 1/3(=\dfrac{1}{z})$, $\beta = 3(=\dfrac{1}{p\tau})$ 이므로 w_m과 ϕ_m은 다음과 같다.

$$w_m = \frac{1}{\tau\sqrt{\beta}} = \sqrt{3} \ , \phi_m = \sin^{-1}\frac{1-\beta}{1+\beta} = \sin^{-1}\frac{1-3}{1+3} = -\sin^{-1}\frac{1}{2} = -30^0$$

다음 그림은 최대 진상각과 최대 지상각의 이득 특성을 나타낸다. 그림에서 α,β가 모두 1을 경계로 이득 및 위상이 달라진다.

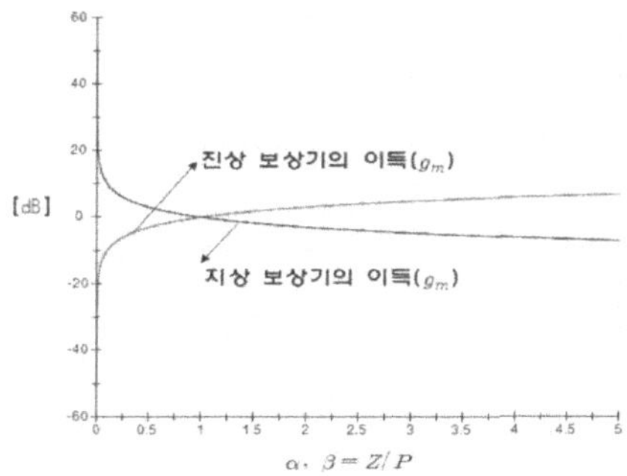

그림 7-42 진상 ·지상 보상기의 최대 이득변화

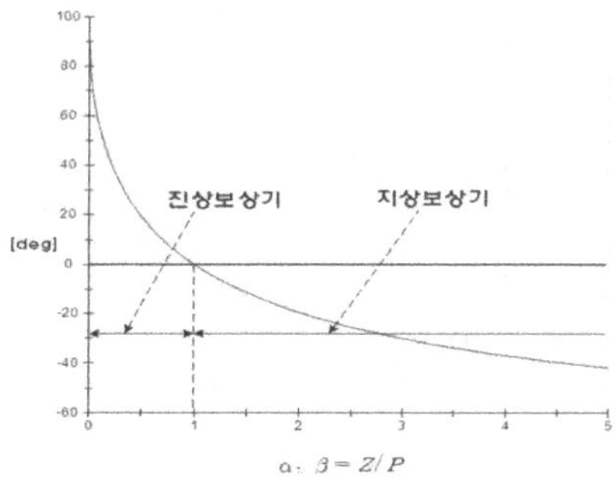

그림 7-43 진상·지상 보상기의 최대 위상각 변화

연습문제

1. 다음과 같이 주어진 전달함수에서 주파수 전달함수에 대한 크기와 위상을 구하고 $w=1$[rad/sec]일 때 크기와 위상을 구하여라.

1) $G(s)=\dfrac{10}{s(s+4)}$

2) $G(s)=\dfrac{10(s+10)}{(s+1)(s+3)}$

2. 다음 전달함수의 근사화 보드 선도를 작성하라.

$$G(s)=\frac{100}{s+100}$$

3. 다음 전달함수의 보드선도를 컴퓨터 프로그램을 이용하여 구하여라.

$$G(s)=\frac{10}{s^2+4s+8}$$

4. 다음 개루프 전달함수가 있을 때 이득여유와 위상여유를 구하여라.

$$G(s)=\frac{2}{s(s+2)}$$

5. 다음 개루프 전달함수의 이득여유와 위상여유를 보드선도에서 구하여라.

$$G(s)=\frac{10}{(s+1)(s+2)}$$

6. 다음 블록선도에서 시스템의 보드선도를 그리고 이득여유와 위상여유를 계산하고 시스템의 안정을 판단하여라.

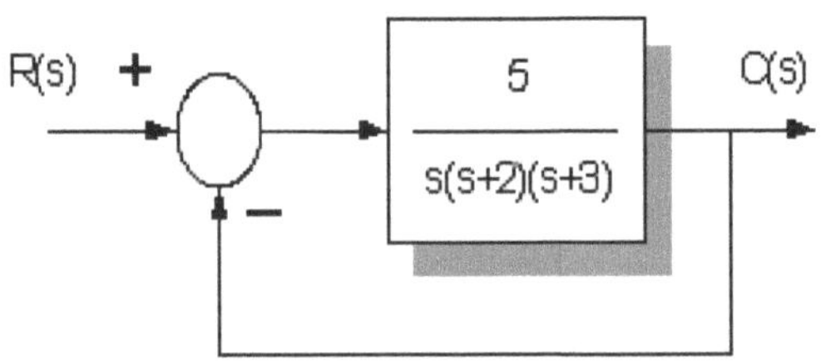

익힘문제

1. 주파수 응답의 입력은?

①계단입력 ②정현파입력 ③램프입력 ④임펄스 입력

2. 전달함수 $G(s)=\dfrac{20}{2s+3}$을 갖는 요소에 $w=2$인 정현파 입력을 주었을 때 $|G(jw)|$를 구하면?

①$|G(jw)|=2$②$|G(jw)|=4$③$|G(jw)|=6$④$|G(jw)|=8$

3. 전달함수 $G(s)=\dfrac{1}{s(s+10)}$인 시스템에 $w=0.1$일 때 주파수 전달함수의 이득은?

①0[dB]②-20[dB]③20[dB]④40[dB]

4. 주파수 전달함수가 $G(jw)=\dfrac{10}{jw(jw+1)}$일 때 $w\to\infty$에서 $|G(jw)|$ 및 $\angle G(jw)$의 값은?

①$0, 90^0$ ②$0, -180^0$ ③$\infty, 180^0$ ④$\infty, 90^0$

5. $G(jw)=0.1jw$에서 $w=0.01[rad/s]$일 때 이득은?

①-40 ②-50 ③-60 ④-80

6. 전달함수 $G(s)=\dfrac{1}{1+sT}$에서 $wT=10$일 때 $|G(jw)|$의 이득[dB]은?

①-10 ②10 ③-20 ④20

7. 전달함수 $G(s)=\dfrac{10}{(s+1)(s+2)}$인 시스템에서 직류이득은?

①1 ②2 ③3 ④5

8. 전달함수$G(s)=\dfrac{1}{1+5s}$일 때 절점주파수는?

①0.1 ②0.5 ③0.2 ④5

9. 전달함수 $G(s)=\frac{1}{1+Ts}$인 제어시스템에서 절점 주파수의 이득은?

①-5[dB] ②4[dB] ③-3[dB] ④2[dB]

10. $GH(s)=\frac{2}{(s+1)(s+2)}$의 $w=0$일 때 이득여유는?

①0[dB] ②1[dB] ③3[dB] ④5[dB]

11. $GH(jw)=\frac{K}{(1+2jw)(1+jw)}$의 이득여유가 20[dB]일 때 K의 값은?

①0 ②1 ③10 ④1/10

12. 주파수 전달함수 $G(jw)=K(jw)^3$의 보드선도는?

①20[dB/dec]의 경사를 가지며 위상각 90^0 ②40[dB/dec]의 경사를 가지며 위상각 -90^0 ③60[dB/dec]의 경사를 가지며 위상각 -90^0 ④60[dB/dec]의 경사를 가지며 위상각 270^0

13. 전달함수 $G(s)=\frac{1}{2s+1}$인 시스템의 대역폭(BW)은 얼마인가?

①0.5 ②1 ③1.5 ④2

14. 2차 시스템의 전달함수 $G(s)=\frac{w_n^2}{s^2+2\zeta w_n s+w_n^2}$의 최대 공진값 M_p는?

①$M_p=w_n\sqrt{1-\zeta^2}$ ②$M_p=\frac{1}{2\zeta\sqrt{1-\zeta^2}}$ ③$M_p=w_n\sqrt{1-\zeta^2}$ ④$M_p=\frac{1}{\sqrt{1-\zeta^2}}$

15. 최대 공진값 M_p가 너무 크면 제어시스템의 안정도는 어떻게 되는가?

①불안정하게 된다. ②안정하다. ③불변이다. ④임계안정이 된다.

답 1.② 2.② 3.① 4.② 5.③ 6.③ 7.④ 8.③ 9.③ 10.① 11.④ 12.④ 13.① 14.② 15.①

제 8 장

나이키스트 선도

제 8 장 나이키스트 선도

8.1 개요

나이키스트 선도(Nyquist plot)는 주파수 영역해석에서 보드선도와 다른 점은 주파수 ω가 0에서 ∞까지 변화에 따라 이득과 위상을 한 평면에 나타낸 것이며, **벡터 궤적**(Vector locus) 또는 **극좌표 선도**(Polar plot)라고도 한다. 주파수 영역해석에서의 나이키스트 안정도 판별법은 1932년 H. Nyquist에 의해 개발되었다.

이 판별법의 특징은 다음과 같다.

- Routh의 안정도 판별법과 같이 제어시스템의 안정도를 판단한다.
- 안정도를 판별함과 동시에 상대적인 안정도를 제시하며 안정도를 개선할 수 있는 방법을 제시한다.
- 비선형 시스템에도 적용할 수 있다.

다음은 가장 일반적인 폐루프 제어시스템의 블록선도는 그림 8-1과 같이 나타낸다. 이 그림에서 전달함수를 나타내면 다음식과 같다.

$$\frac{C(s)}{R(s)} = \frac{G(s)}{1+G(s)H(s)} \tag{8-1}$$

이 식에서 특성 방정식은 전달함수 식에서 분모=0 이 되므로 다음과 같다.

$$F(s) = 1 + G(s)H(s) = 0 \tag{8-2}$$

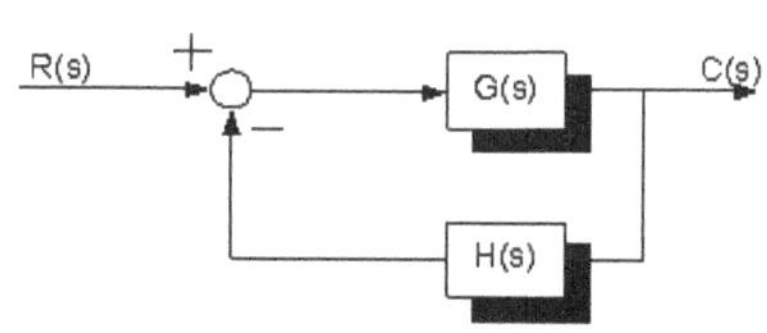

그림 8-1 기본적인 피드백 제어시스템

이 시스템에서 안정하기 위해서는 특성방정식의 근(또는 극점)이 s 평면상의 좌반면에 존재해야 한다.

나이키스트 안정은 주파수 전달함수 $G(jw)H(jw)$를 s 평면상의 우반면에 존재하는 $1+GH(jw)$의 영점의 수나 극점의 수로 판별한다.

8.2 나이키스트 선도

나이키스트 선도는 특성방정식에서 주파수 w에 대응하는 $GH(jw)$의 값을 복소평면에 이득과 위상을 동시에 나타낸 그림으로써 벡터의 궤적을 나타내어 안정도를 평가한다.

- **주파수 전달함수의 크기와 위상**

  $GH(jw) = |GH(jw)| \angle GH(jw)$

- **주파수 전달함수의 복소함수 표시**

  $GH(jw) = Re[GH(jw)] + jIm[GH(jw)]$(실수 + 허수)

1) 나이키스트 선도 그리기

나이키스트 선도를 그리는 방법에는 직접 계산하여 손으로 그리는 직접 작도법과 $GH(jw)$를 $w=0$과 $w=\infty$의 이득과 위상을 계산하여 나타내는 근사화 작도법, 그리고 컴퓨터 프로그램을 이용하는 방법이 있다.

나이키스트 선도를 이용하는 주된 이유는 시스템의 안정성을 찾아내는 것이다. 여기서도 보드선도와 마찬가지로 이득여유와 위상여유를 찾아낼 수 있다.

① 직접 작도법 : 주파수 $w(0\sim\infty)$의 변화에 따라 직접 크기와 위상을 표현

예를 들어 다음과 같은 개루프 함수가 있을 때 이 함수의 크기와 위상 및 복소함수로 나타내면 다음 식과 같다.

$$G(jw) = \frac{5}{jw(jw+1)}$$

◦ **크기와 위상**

$$|G(jw)| = \frac{5}{w\sqrt{w^2+1}}, \quad \angle G(jw) = -90^0 - \tan^{-1}w \tag{8-3}$$

◦ **복소함수 표시**

$$\begin{aligned} G(jw) &= \frac{5}{-w^2+jw} = \frac{5}{-w^2+jw} \times \frac{-w^2-jw}{-w^2-jw} \\ &= \frac{-5w^2}{w^4+w^2} - j\frac{5w}{w^4+w^2} = \frac{-5}{w^2+1} - j\frac{5}{w^3+w} \end{aligned} \tag{8-4}$$

이 함수식에서 w를 0~∞로 변화할 때의 크기와 위상을 나타내면 다음 표 8-1과 같다. 이 표에서 w에 따라서 벡터 궤적을 그리면 다음 그림과 같다.

표 8-1

w	$Re[G(jw)]$	$Im[G(jw)]$
0	-5	-∞
0.5	-4	-8
1	-2.5	-2.5
2	-1	-0.5
5	-0.19	-0.038
10	-0.049	-0.0049
100	-0.00049	-0.0000049
∞	0	0

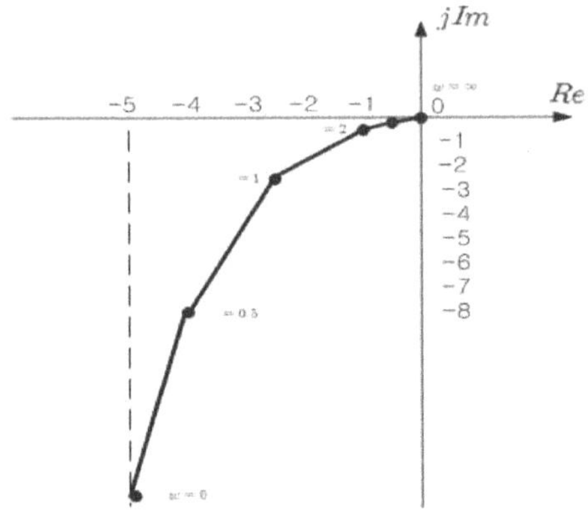

그림 8-2 직접 작도의 예

② 간접 작도법(근사화 작도법) : 위의 개루프의 함수 $G(jw)$로부터 $w=0$일 때, $w=\infty$일 때의 이득과 위상을 극한 값으로 계산하여 표현

이 함수를 $w=0$일 때, $w=\infty$일 때의 크기와 위상을 극한값을 취하여 나타내면 다음 식과 같다.

- **크기와 위상**

$$\lim_{w\to 0}\frac{5}{jw(jw+1)}=\infty\angle-90^0 \tag{8-5}$$

$$\lim_{w\to \infty}\frac{5}{jw(jw+1)}=0\angle-180^0$$

- **교차점**

$$G(jw)=\frac{-5w^2}{w^4+w^2}-j\frac{5w}{w^4+w^2}=\frac{-5}{w^2+1}-j\frac{5}{w^3+w}$$

$$w=0\text{이면 } Re[G(jw)]=-5 \quad Im[G(jw)]=-\infty$$

$$w=\infty\text{이면 } Re[G(jw)]=0 \quad Im[G(jw)]=0 \tag{8-6}$$

이 식을 가지고 근사화 작도를 한 그림은 8-3이다.

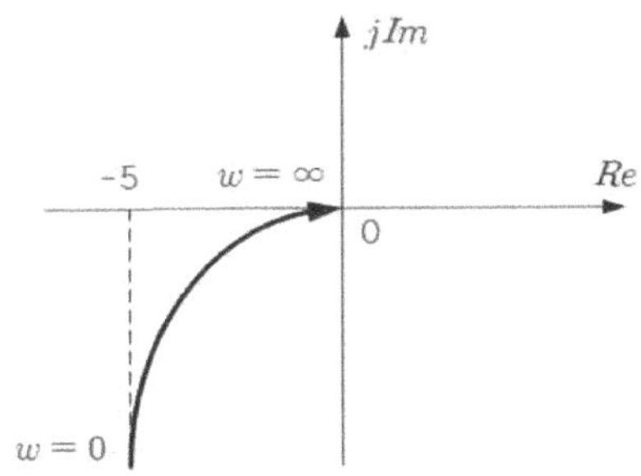

그림 8-3 근사화 작도 예

예제 8-1 다음 함수의 나이키스트 선도를 작성하시오.

$$G(s) = \frac{10}{1+0.5s}$$

풀이 이 함수의 주파수 전달함수식에서 절대값 크기와 위상은 다음과 같다.

$$|G(jw)| = \frac{10}{\sqrt{1+(0.5w)^2}}, \quad \angle G(jw) = \tan^{-1}(-0.5w) = -\tan^{-1}0.5w$$

w 값의 변화에 따른 크기와 위상을 구하면 다음 표 8-2과 같이 대략적으로 얻을 수 있다.

그리고 나이키스트 선도는 다음 그림과 같다.

표 8-2

w	$\|G(jw)\|$	$\angle G(jw)$
0	10	0
0.5	9.7	-14.0
1	8.9	-26.5
2	7.0	-45
5	3.7	-68.2
10	1.96	-78.7
100	0.2	-88.9
∞	0	-90

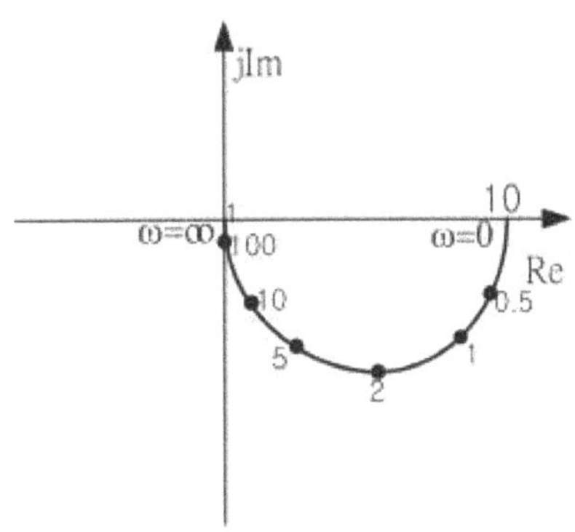

그림 8-4 직접 작도

예제 8-2 다음 개루프 함수를 근사화 작도방법으로 나이키스트 선도를 작성하시오.

① $G(s)=\dfrac{K}{s+1}$ ② $G(s)=\dfrac{K}{s(s+1)}$ ③ $G(s)=\dfrac{K}{s^2(s+1)}$

풀이 각각의 개루프 함수의 근사화 작도를 위한 절대값 크기와 위상을 나타내면 다음과 같다.

① $G(s)=\dfrac{K}{s+1}$ $\quad G(jw)=\dfrac{K}{jw+1}$

$$\begin{cases} |G(jw)|=\dfrac{K}{\sqrt{w^2+1}},\ \angle G(jw)=-\tan^{-1}w \\ \lim\limits_{w\to 0} G(jw)=K\angle 0^0 \\ \lim\limits_{w\to\infty} G(jw)=0\angle -90^0 \end{cases}$$

② $G(s)=\dfrac{K}{s(s+1)}$ $\quad G(jw)=\dfrac{K}{jw(jw+1)}$

$$\begin{cases} |G(jw)|=\dfrac{K}{w\sqrt{w^2+1}},\ \angle G(jw)=-90^0-\tan^{-1}w \\ \lim\limits_{w\to 0} G(jw)=\infty\angle -90^0 \\ \lim\limits_{w\to\infty} G(jw)=0\angle -180^0 \end{cases}$$

③ $G(s)=\dfrac{K}{s^2(s+1)}$ $\quad G(jw)=\dfrac{K}{(jw)^2(jw+1)}$

$$\begin{cases} |G(jw)|=\dfrac{K}{w^2\sqrt{w^2+1}},\ \angle G(jw)=-180^0-\tan^{-1}w \\ \lim\limits_{w\to 0} G(jw)=\infty\angle -180^0 \\ \lim\limits_{w\to\infty} G(jw)=0\angle -270^0 \end{cases}$$

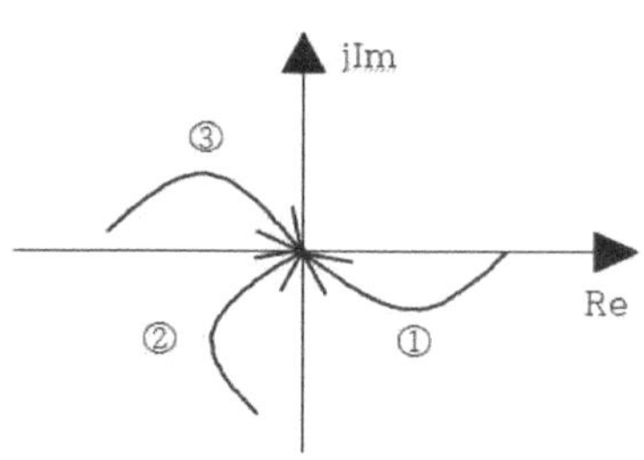

그림 8-5 근사화 작도 예

③ 컴퓨터를 프로그램을 사용하여 작도하는 방법

나이키스트 선도는 주파수 w가 $0 \sim \infty$까지 변화할 때 주파수 전달함수의 크기 $|G(jw)|$와 위상 $\angle G(jw)$을 s 평면상의 실수와 허수축에 벡터궤적을 나타내어 그린다.

다음은 컴퓨터를 사용하여 나이키스트 선도를 그려보자.

나이키스트 선도를 그리기 위한 명령어로 **'nyquist'**라는 함수가 있는데 사용방법은 다음과 같다. x 축의 주파수 영역은 "logspace"를 사용하여 $w = \text{log}space(-1,3,100)$; 로 지정한다.

[re, im]=nyquist(num, den, w)

주파수 전달함수가 다음과 같을 때 나이키스트 선도를 작성하여 보자.

$$G(jw) = \frac{1}{(jw+1)(jw+2)} \tag{8-7}$$

전달함수에서 분모(den), 분자(num)는 다음과 같다.

num=[1], den=[1 3 2]

나이키스트 선도의 명령어를 사용하여 그리면 다음 그림과 같다.

```
C>num=[1];
C>den=[1 3 2];
C>nyquist(num,den)
```

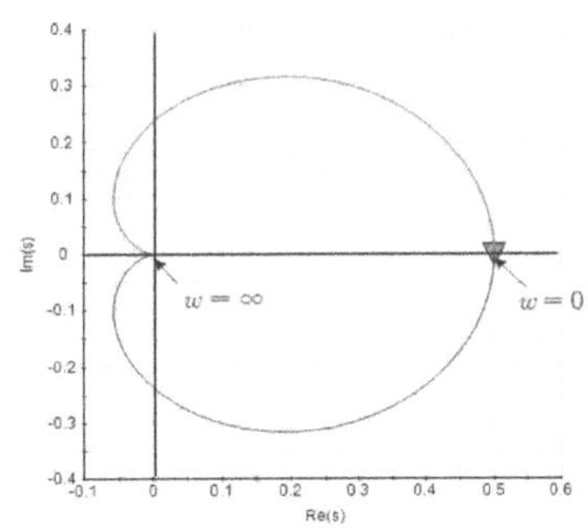

그림 8-6 나이키스트 선도 :

$$G(jw) = \frac{1}{(jw+1)(jw+2)}$$

2) 제어모드에 대한 나이키스트 선도

다음은 기본적인 제어요소의 나이키스트 선도에 대해 알아보자.

일반적으로 전달함수 G(s)는 다음과 같이 표현된다.

$$G(s) = \frac{A(s)}{B(s)} = k\frac{s^m + a_1 s^{m-1} + \cdots + a_m}{s^n + b_1 s^{n-1} + \cdots + b_n} = k\frac{(s-\alpha_1)(s-\alpha_2)\cdots(s-\alpha_m)}{(s-\beta_1)(s-\beta_2)\cdots(s-\beta_n)}$$

(8-8)

여기서, $\alpha_1, \alpha_2 \cdots \alpha_m$은 $A(s)=0$의 근, $\beta_1, \beta_2 \cdots \beta_m$은 $B(s)=0$의 근이며 실수 또는 복소수로 반드시 공액으로 나타낸다.

다음은 각 제어요소의 주파수 응답에 대해서 알아보자.

① 비례요소

비례요소의 전달함수와 주파수 전달함수는 다음과 같다.

$$G(s)=k \qquad G(jw)=k \tag{8-9}$$

그리고 크기와 위상은 다음과 같다.

$$\text{크기}: \ |G(jw)|=k \tag{8-10}$$

$$\text{위상}: \ \theta = \angle k = 0^0$$

$$\begin{cases} k>0 & 0^0 \\ k<0 & 180^0 \end{cases}$$

나이키스트 선도는 그림 8-7과 같이 실수축 상 K의 위치에 단 하나의 점으로 나타난다.

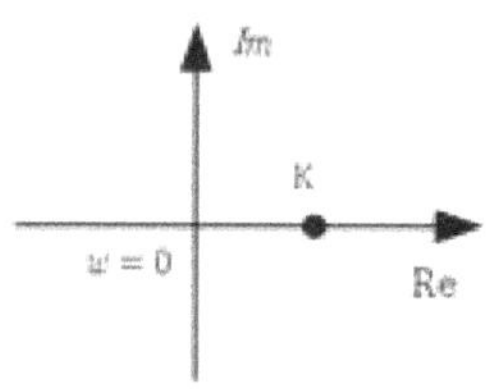

그림 8-7 비례요소

② 미분요소

미분요소의 전달함수와 주파수 전달함수는 다음과 같다.

$$G(s)=s \qquad G(jw)=jw \tag{8-11}$$

그리고 진폭비가 $|jw|=w$ 이므로 크기와 위상은 다음과 같다.

$$\text{크기}: \ |G(jw)|=w \tag{8-12}$$

$$\text{위상}: \ \theta = \angle G(jw) = 90^0$$

나이키스트 선도는 그림 8-8과 같다. 위상은 항상 90^0로 일정하며 허수축 상에 놓인다.

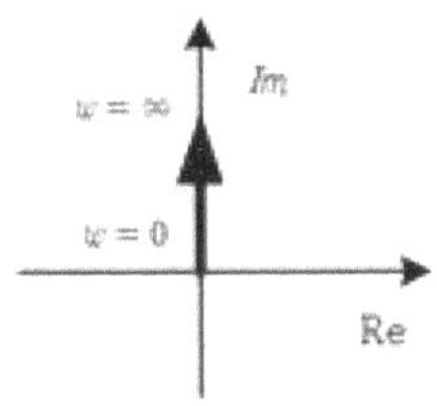

그림 8-8 미분요소

③ 적분요소

적분요소의 전달함수와 주파수 전달함수는 다음과 같다.

$$G(s)=\frac{1}{s} \qquad G(jw)=\frac{1}{jw}=-j\frac{1}{w} \tag{8-13}$$

그리고 진폭비는 $|\frac{1}{jw}|=|-j\frac{1}{w}|=\frac{1}{w}$ 이므로 크기와 위상은 다음과 같다.

$$\text{크기}: \ |G(jw)|=\sqrt{(\frac{1}{w})^2}=\frac{1}{w} \tag{8-14}$$

$$\text{위상}: \ \theta=\angle -j\frac{1}{w}=-90^0$$

나이키스트 선도로 나타내면 그림 8-9와 같다. 적분요소의 위상은 항상 -90^0로 일정하고 허수축상에 놓인다.

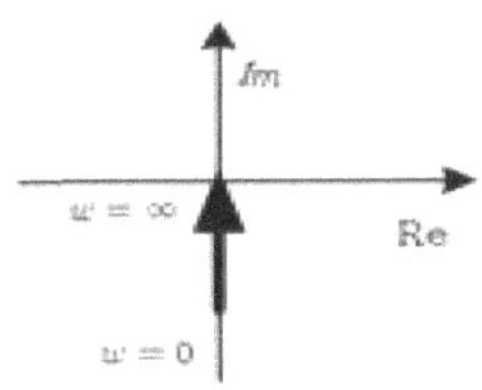

그림 8-9 적분요소

④ 비례미분요소

비례미분요소의 전달함수와 주파수 전달함수는 다음과 같다.

$$G(s)=1+Ts \qquad G(jw)=1+jwT \tag{8-15}$$

그리고 크기와 위상은 $|G(jw)|=\sqrt{1+w^2T^2}$ $\angle G(jw)=\tan^{-1}wT$ 이므로 크기와 위상으로 나타내면 다음 식과 같다.

$$\text{크기}: \ |G(jw)|=\sqrt{1+w^2T^2} \tag{8-16}$$

$$\text{위상}: \ \theta=\angle 1+jwT=\tan^{-1}wT=\tan^{-1}wT$$

비례미분요소를 나이키스트 선도로 나타내면 그림 8-10과 같다.

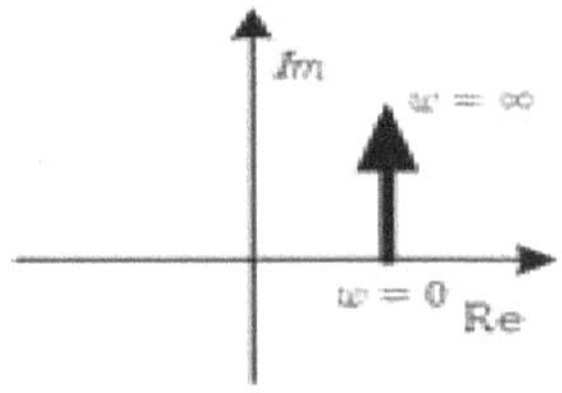

그림 8-10 비례미분요소

⑤ 1차 지연요소

1차 지연요소의 전달함수와 주파수 전달함수는 각각 다음과 같다.

$$G(s) = \frac{1}{1+Ts}$$

$$G(jw) = \frac{1}{1+jwT} = \frac{1}{1+jwT} \cdot \frac{1-jwT}{1-jwT} = \frac{1}{1+w^2T^2}(1-jwT) \tag{8-17}$$

그리고 크기와 위상을 나타내면 다음 식과 같다.

$$|G(jw)| = \sqrt{(\frac{1}{1+w^2T^2})^2 + (-\frac{wT}{1+w^2T^2})^2} = \frac{1}{1+w^2T^2}\sqrt{1+(-wT)^2}$$

$$= \frac{1}{\sqrt{1+w^2T^2}} \cdot \frac{\sqrt{1+(-wT)^2}}{\sqrt{1+w^2T^2}} = \frac{1}{\sqrt{1+w^2T^2}}$$

$$\angle G(jw) = \tan^{-1}\frac{\text{허수부}}{\text{실수부}}$$

$$= \tan^{-1}\frac{-\frac{wT}{1+w^2T^2}}{\frac{1}{1+w^2T^2}}$$

$$= \tan^{-1}(-wT) = -\tan^{-1}wT$$

(8-18)

크기 : $|G(jw)| = \frac{1}{\sqrt{1+w^2T^2}}$

위상 : $\theta = -\tan^{-1}wT$

(8-19)

1차 지연요소의 나이키스트 선도는 그림 8-11과 같다.

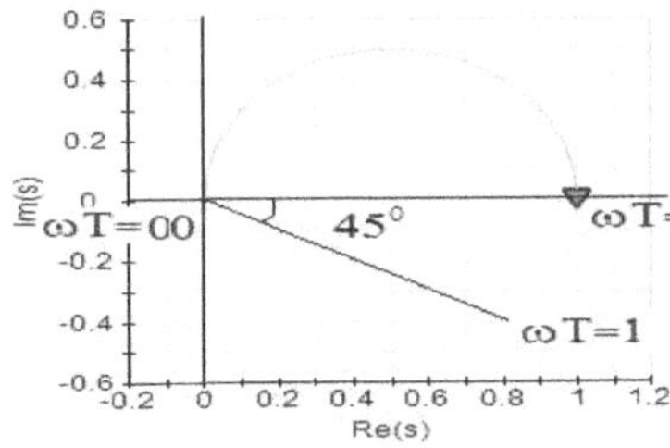

그림 8-11 1차 지연요소

⑥ 2차 지연요소

2차 지연요소의 전달함수와 주파수 전달함수를 구하면 다음과 같다.

$$G(s) = \frac{w_n^2}{s^2 + 2\zeta w_n s + w_n^2} \tag{8-20}$$

$$G(jw) = \frac{w_n^2}{(jw)^2 + 2\zeta w_n (jw) + w_n^2} = \frac{w_n^2/w_n^2}{\dfrac{(jw)^2 + 2\zeta w_n (jw) + w_n^2}{w_n^2}} \tag{8-21}$$

$$= \frac{1}{1 + j2\zeta w/w_n - (w/w_n)^2}$$

$$= \frac{w_n^2}{(w_n^2 - w^2) + j2\zeta w_n w} = \frac{w_n^2}{(w_n^2 - w^2) + j2\zeta w_n w} \cdot \frac{(w_n^2 - w^2) - j2\zeta w_n w}{(w_n^2 - w^2) - j2\zeta w_n w}$$

$$= \frac{w_n^2}{(w_n^2 - w^2)^2 + (2\zeta w_n w)^2}[(w_n^2 - w^2) - j2\zeta w_n w]$$

그리고 복소 벡터의 크기와 위상은 다음과 같다.

$$|G(jw)| = \sqrt{(실수부)^2 + (허수부)^2}$$

$$= \sqrt{\left(\frac{w_n^2(w_n^2 - w)}{(w_n^2 - w^2)^2 + (2\zeta w_n w)^2}\right)^2 + \left(\frac{w_n^2(2\zeta w_n w)}{(w_n^2 - w^2)^2 + (2\zeta w_n w)^2}\right)^2}$$

$$= w_n^2 \frac{\sqrt{(w_n^2 - w^2)^2 + (2\zeta w_n w)^2}}{(w_n^2 - w^2)^2 + (2\zeta w_n w)^2}$$

$$= w_n^2 \frac{\sqrt{(w_n^2 - w^2)^2 + (2\zeta w_n w)^2}}{\sqrt{(w_n^2 - w^2)^2 + (2\zeta w_n w)^2}\sqrt{(w_n^2 - w^2)^2 + (2\zeta w_n w)^2}}$$

$$= \frac{w_n^2}{\sqrt{(w_n^2 - w^2)^2 + (2\zeta w_n w)^2}} \tag{8-22}$$

$$크기 : |G(jw)| = \frac{w_n^2}{\sqrt{(w_n^2 - w^2)^2 + (2\zeta w_n w)^2}}$$

$$\theta = \angle G(jw) = \tan^{-1}\frac{허수부}{실수부} = -\tan^{-1}\frac{2\zeta w_n w}{(w_n^2 - w^2)} \tag{8-23}$$

그리고 $\frac{w}{w_n} = u$라 하면 다음과 같은 식으로 나타낸다.

$$크기 : |G(jw)| = \frac{1}{\sqrt{(1-u^2)^2 + (2\zeta u)^2}}$$

$$\theta = \angle G(jw) = \tan^{-1}\frac{허수부}{실수부} = -\tan^{-1}\frac{2\zeta u}{1-u^2} \tag{8-24}$$

$\omega_n = 1$인 경우 $\zeta = 0.5$, 0.8, 1.0, 2.0일 때의 나이키스트 선도는 그림 8-12와 같다.

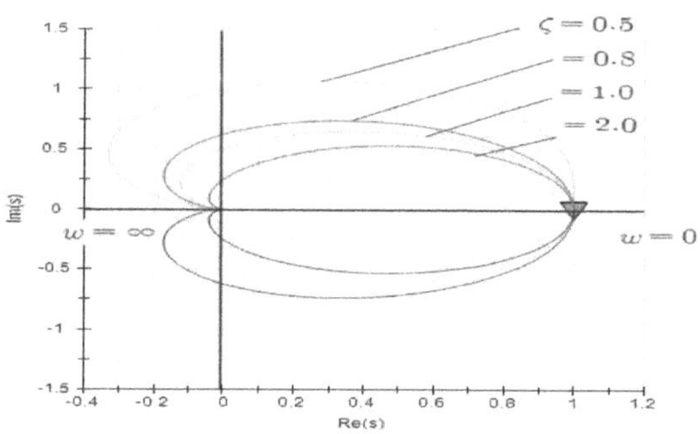

그림 8-12 2차 지연요소

⑦ 부동작 시간요소

부동작 시간요소의 전달함수와 주파수 전달함수는 다음과 같다.

$$G(s) = e^{-\tau s} \qquad G(jw) = e^{-jw\tau} = \cos w\tau - j\sin w\tau \tag{8-25}$$

그리고 크기와 위상은 $|G(jw)| = \cos^2 w\tau + \sin^2 w\tau = 1$ $\angle G(jw) = \tan^{-1}\frac{\sin w\tau}{\cos w\tau} = -w\tau$ 이므로 크기와 위상으로 나타내면 다음 식과 같다.

$$크기 : |G(jw)| = 1 \tag{8-26}$$

$$위상 : \theta = -w\tau$$

w의 변화에 따라

$$\lim_{w\tau \to 0} G(jw) = 1\angle 0^0, \quad \lim_{w\tau \to \frac{\pi}{2}} G(jw) = 1\angle -90^0, \quad \lim_{w\tau \to \frac{3\pi}{2}} G(jw) = 1\angle -270^o$$

이 되므로 벡터 궤적은 시계방향으로 회전하는 원이 되어 그림 8-13과 같이 된다.

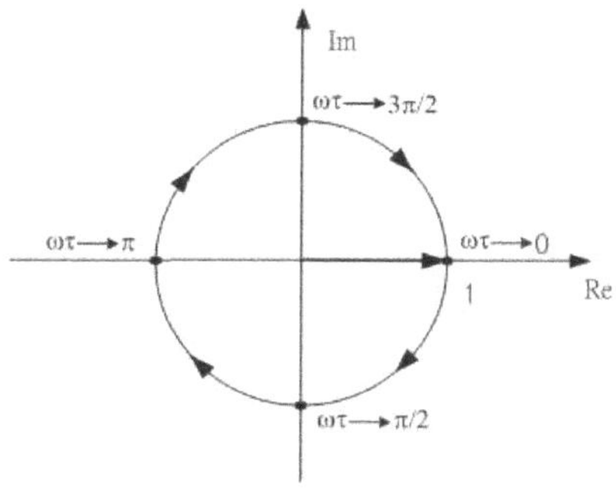

그림 8-13 부동작 시간요소

8.3 나이키스트 안정도 판별

다음과 같은 폐루프 시스템의 특성방정식에서 주파수 전달함수 $GH(jw)$를 s-평면상의 우반면에 존재하는 $1+GH(jw)$의 영점과 극점의 수로 판별한다.

특성방정식 $F(jw) = 1 + GH(jw) = 1 + K\dfrac{Q(jw)}{P(jw)} = 0$ (8-27)

1) 시스템의 안정도 판별

시스템의 안정도 판별은 우반면에 존재하는 영점의 수로 판단하는 데 $Z=0$일 때 조건을 만족한다.

① **시스템의 안정조건 : 식 Z=P+N 에서 Z=0 또는 N=-P**

여기서,

Z : s평면상의 우반면에 존재하는 $1+GH(jw)$의 영점의 수

P : s평면상의 우반면에 존재하는 $1+GH(jw)$의 극점의 수

N : $-1+j0$점을 시계방향으로 감싸는 횟수 (같은 방향이:+ 반대방향 : -)

② **N, P 결정법 : s-평면상에서 우반면에 존재하는 극점의 수와 (−1,0)를 감싸는 횟수로 결정하며, (−1,0)점에서 선도의 밖으로 일직선을 그어 횟수를 결정한다.**

예제 8-3 다음 나이키스트 선도에서 N, Z를 결정하고 시스템이 안정 또는 불안정인지 판별하라.

①

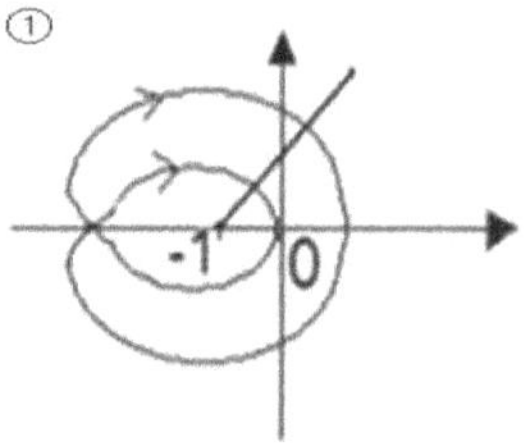

P=0, N=( ), Z=( )
시스템(안정, 불안정)

②

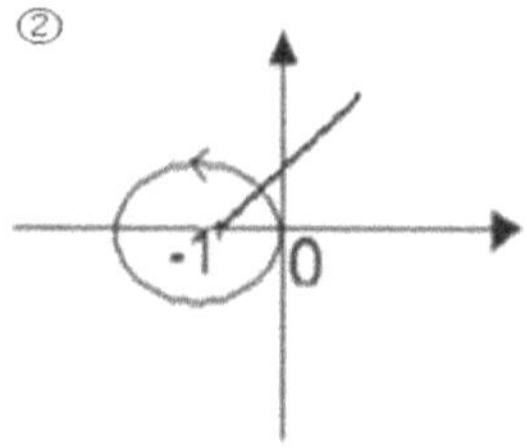

P=1, N=( ), Z=( )
시스템(안정, 불안정)

③

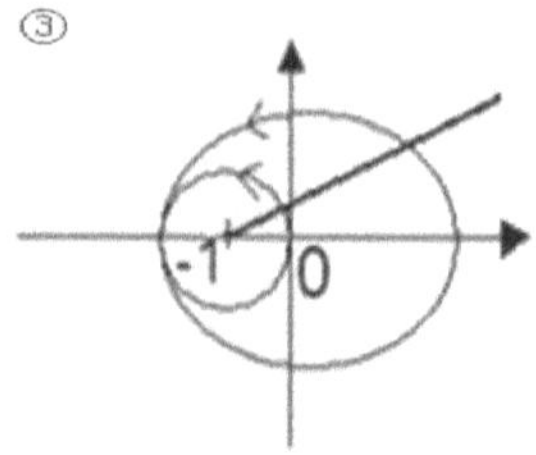

P=2, N=( ), Z=( )
시스템(안정, 불안정)

⑤

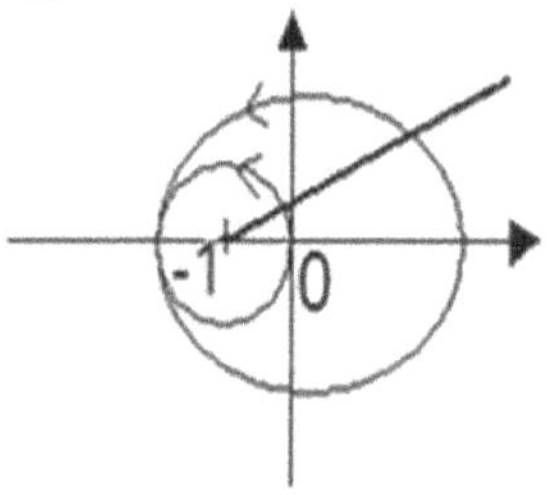

P=0, N=( ), Z=( )
시스템(안정, 불안정)

⑥

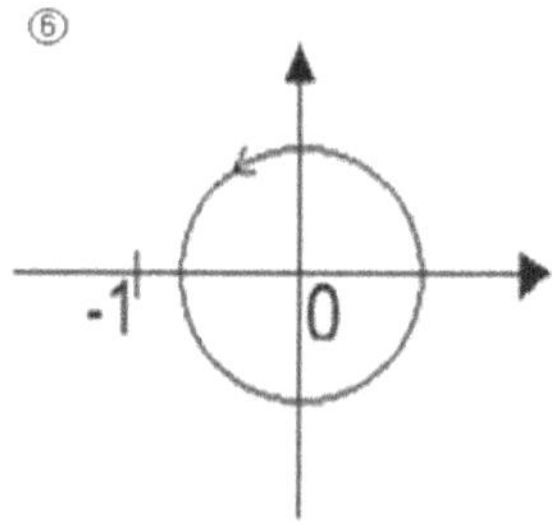

P=0, N=( ), Z=( )
시스템(안정, 불안정)

그림 8-14 N, P 결정에 의한 안정도 판단

예제 8-4 다음 개루프 함수에서 T, T_1, T_2, $K>0$일 때 근사화 나이키스트 선도를 작성하고 안정성을 판별하시오.

① $GH(s)=\dfrac{K}{1+Ts}$, ② $GH(s)=\dfrac{K}{s(1+Ts)}$, ③ $GH(s)=\dfrac{K}{s^2(1+Ts)}$

④ $GH(s)=\dfrac{K}{(1+sT_1)(1+sT_2)}$, ⑤ $GH(s)=\dfrac{K}{s(1+sT_1)(1+sT_2)}$

풀이 각각 함수의 절대값과 위상을 극한값으로 구하면 다음과 같다.

① $GH(jw)=\dfrac{K}{1+jwT}$

$$|GH(jw)|=\frac{K}{\sqrt{1+(wT)^2}},\quad \angle GH(jw)=-\tan^{-1}wT$$

$$\begin{cases} \lim_{w \to 0} GH(jw) = K\angle 0^0 \\ \lim_{w \to \infty} GH(jw) = 0\angle -90^0 \end{cases}$$

② $GH(jw) = \dfrac{K}{jw(1+jwT)}$

$$|GH(jw)| = \frac{K}{w\sqrt{1+(wT)^2}}, \quad \angle GH(jw) = -90^0 - \tan^{-1} wT$$

$$\begin{cases} \lim_{w \to 0} GH(jw) = \infty\angle -90^0 \\ \lim_{w \to \infty} GH(jw) = 0\angle -180^0 \end{cases}$$

③ $GH(jw) = \dfrac{K}{(jw)^2(1+jwT)}$

$$|GH(jw)| = \frac{K}{w^2\sqrt{1+(wT)^2}}, \quad \angle GH(jw) = -180^0 - \tan^{-1} wT$$

$$\begin{cases} \lim_{w \to 0} GH(jw) = \infty\angle -180^0 \\ \lim_{w \to \infty} GH(jw) = 0\angle -270^0 \end{cases}$$

④ $GH(jw) = \dfrac{K}{(1+jwT_1)(1+jwT_2)}$

$$|GH(jw)| = \frac{K}{\sqrt{(1+(wT_1)^2)(1+(wT_2)^2)}}, \quad \angle GH(jw) = -\tan^{-1} wT_1 - \tan^{-1} wT_2$$

$$\begin{cases} \lim_{w \to 0} GH(jw) = K\angle 0^0 \\ \lim_{w \to \infty} GH(jw) = 0\angle -180^0 \end{cases}$$

⑤ $GH(jw) = \dfrac{K}{jw(1+jwT_1)(1+jwT_2)}$

$$|GH(jw)| = \frac{K}{w\sqrt{(1+(wT_1)^2)(1+(wT_2)^2)}}, \quad \angle GH(jw) = -90^0 - \tan^{-1} wT_1 - \tan^{-1} wT_2,$$

$$\begin{cases} \lim_{w \to 0} GH(jw) = \infty\angle -90^0 \\ \lim_{w \to \infty} GH(jw) = 0\angle -270^0 \end{cases}$$

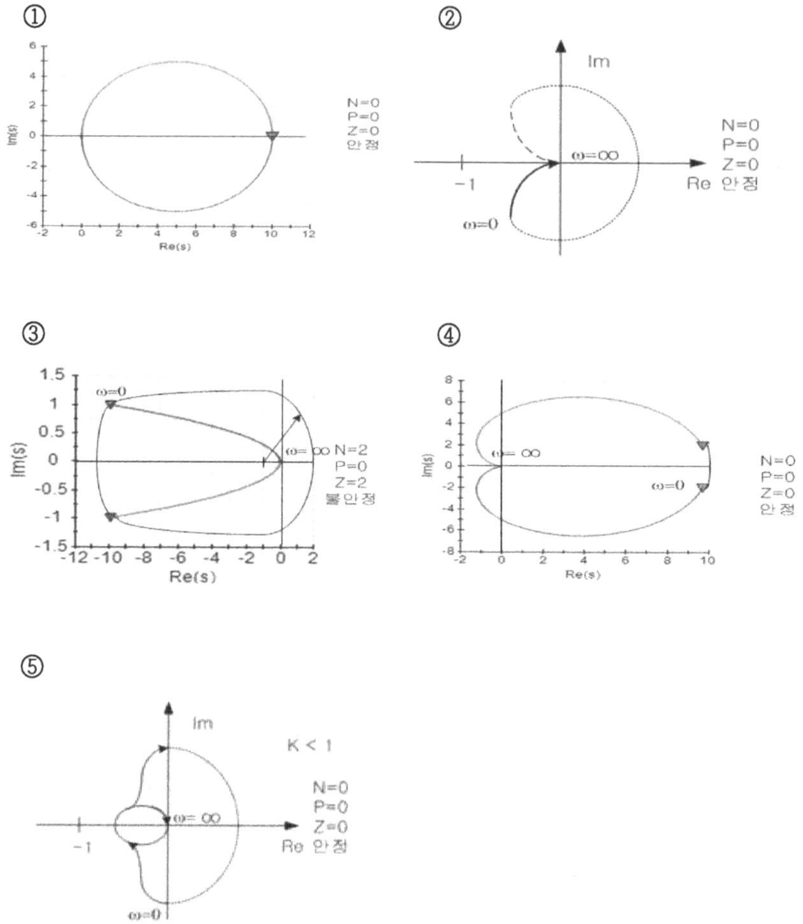

그림 8-15

다음은 앞의 예제 ⑤와 같이 개루프 함수의 절대값 K가 $K>1$인 경우와 $K<1$인 경우에 대한 시스템의 안정에 대해 고려하여 보자.

그림 8-16의 두 그림에서 P는 모두 0이고 N은 K값에 따라 결정되며 Z는 이 두 개의 값(P,N)에 의해 결정된다.

여기서 P는 개루프 함수식에서 우반면에 존재하는 극점의 수로 결정된다.

그림(a) 는 (-1,0)를 감싸는 횟수가 0이고 그림 (b)는 감싸는 횟수가 K값이 1보다 크므로 2가 된다. 따라서 이 시스템은 (a)가 안정한 시스템이거 (b)는 불안정한 시스템이 된다.

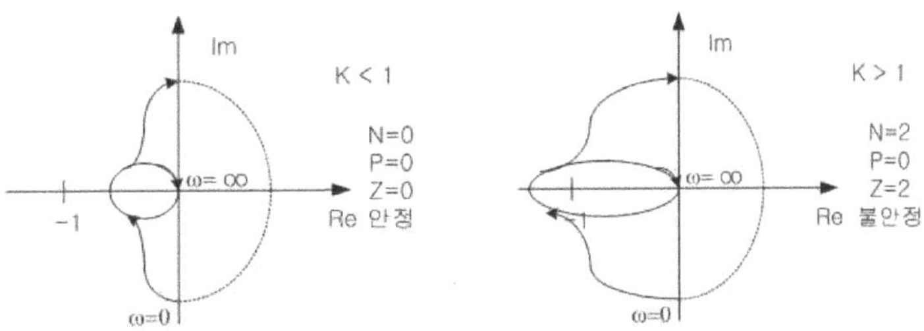

(a) (b)

그림 8-16

개루프 전달함수 $GH(s)$가 s 평면상의 우반면에 극점을 갖지 않는 경우($P=0$)에 대해 알아보자. 만일 개루프 전달함수의 분자 K값의 크기에 따라서 나이키스트 선도는 그림 8-17과 같이 나타낼 수 있다.

그림에서 N을 결정하는 데 (a)인 경우는 N=0으로 안정하고 (c)인 경우는 N=1이므로 불안정하다. 그리고 (b)는 임계안정이 된다.

원과 만나는 점 A, B, C 는 이득 교차점이고 점 D, B, E는 위상교차점이 된다.

K값의 결정은 $|GH(jw)|$의 크기가 1보다 작으면 되고 다음 식과 같다.

$$K=|GH(jw)|<1 \tag{8-28}$$

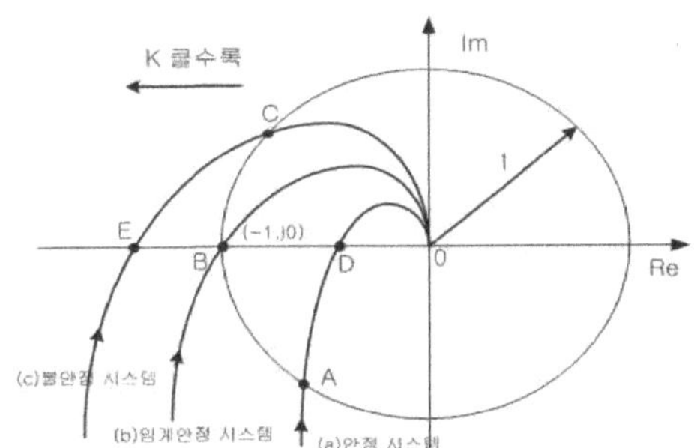

그림 8-17 나이키스트 선도의 안정, 불안정 시스템

예제 8-5 다음 개루프 함수의 안정도를 판별하라.

① $GH(s)=\dfrac{1}{(s+1)}$ ② $GH(s)=\dfrac{1}{s(s+1)}$

풀이 주파수 전달함수와 크기 및 위상은 다음과 같다.

$$GH(jw)=\frac{1}{jw+1}\ ,\ |GH(jw)|=\frac{1}{\sqrt{w^2+1}}\ \ \angle GH(jw)=-\tan^{-1}w$$

나이키스트 선도를 그리기 위한 근사화 작도는 다음과 같다.

$$\begin{cases}\lim_{w\to 0} GH(jw)=1\angle 0^0 \\ \lim_{w\to\infty} GH(jw)=0\angle -90^0\end{cases}$$

개루프 함수 $GH(s)$에서 우반면에 존재하는 극점이 없으므로 P=0, 선도에서 N=0, 따라서 $Z=P+N=0$이므로 이 시스템은 안정하다.

② $GH(s)=\dfrac{1}{s(s+1)}$

풀이 주파수 전달함수는 와 크기 및 위상은 다음과 같다.

$$GH(jw)=\frac{1}{jw(jw+1)}\ ,\ |GH(jw)|=\frac{1}{w\sqrt{w^2+1}}\ \ \angle GH(jw)=-90^0-\tan^{-1}w$$

나이키스트 선도를 그리기 위한 근사화 작도는 다음과 같다.

$$\begin{cases}\lim_{w\to 0} GH(jw)=\infty\angle -90^0 \\ \lim_{w\to\infty} GH(jw)=0\angle -180^0\end{cases}$$

개루프 함수 $GH(s)$에서 우반면에 존재하는 극점이 없으므로 P=0, 선도에서 N=0, 따라서 $Z=P+N=0$이므로 이 시스템은 안정하다.

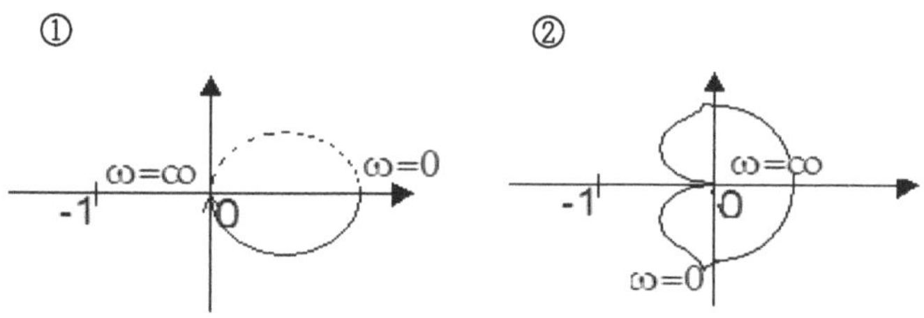

그림 8-18

2) 평면상의 이득여유와 위상여유

제어시스템의 안정도는 안정 한계로부터 어느 정도 여유가 있는지를 계산할 수 있는데 보드선도와 같이 이득여유와 위상여유가 있다.

이득여유 계산은 위상이 -180^0인 주파수(w_c)에서 크기 $|GH(jw)|$의 역수로 하며 위상여유는 크기 $|GH(jw)|=1$일 때의 이득교차 주파수(w_g)에서의 위상이다.

$$g_m = \frac{1}{|GH(jw_c)|} = 20\log\frac{1}{|GH(jw_c)|}[dB] \qquad \phi_m = 180 + \angle GH(jw_g)[\deg]$$

(8-29)

여기서, $\alpha = |GH(jw_c)|$는 크기이다. 그림에서 위상교차 주파수는 주파수 전달함수에서 허수부가 0일 때의 주파수이다. 그리고 이득교차 주파수는 절대값의 크기가 1일 때의 주파수이다.

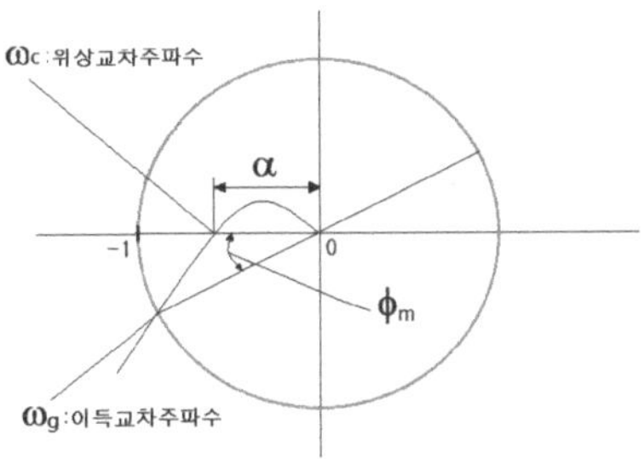

그림 8-19 평면상의 이득과 위상여유

예제 8-6 다음 개루프 함수에서 이득여유를 20[dB] 보다 크게 하기 위한 T 의 범위를 구하라.

$$GH(jw) = \frac{10}{(1+jw)(T+jw)}$$

풀이 $|GH(jw)| = \dfrac{10}{\sqrt{(T-w^2)^2 + (w(1+T))^2}}$

이득여유는 $g_m = 20\log[\dfrac{1}{GH(jw_c)}]$이므로 위상교차 주파수를 구하면 다음과 같다.

즉, 180도와 만나는 주파수 이므로 함수식을 정리하면 다음과 같다.

$$GH(jw_c) = \frac{10}{(T-w_c^2) + jw_c(1+T)}$$

$$\angle GH(jw) = -\tan^{-1}\frac{w(1+T)}{T-w^2}$$

이 식에서 허수부분이 0이면 $w_c = 0$되므로 절대값 크기에 대입하면 $|GH(jw)| = \dfrac{10}{T}$이다.

$$g_m = 20\log\frac{T}{10} > 20 \quad \therefore T > 100$$

예제 8-7 다음 개루프 함수에서 이득여유를 구하라.

$$GH(s) = \frac{20}{(s-1)(s+2)}$$

풀이 크기와 위상은 다음과 같다.

$$|GH(jw)| = \frac{20}{\sqrt{(1+w^2)(2^2+w^2)}}$$

$$\angle GH(jw) = -180^0 + \tan^{-1}w - \tan^{-1}\frac{w}{2} = -180^0 + \tan^{-1}\frac{w}{2}$$

허수부분이 0이면 $w_c = 0$이므로 $|GH(jw)| = 10$이다.

이득여유는 $g_m = -20\log 10 = -20[dB]$ 이다.

8.4 나이키스트 선도의 안정과 불안정한 시스템

나이키스트 선도에서 안정한 시스템과 불안정한 시스템은 그림 8-20과 같다.

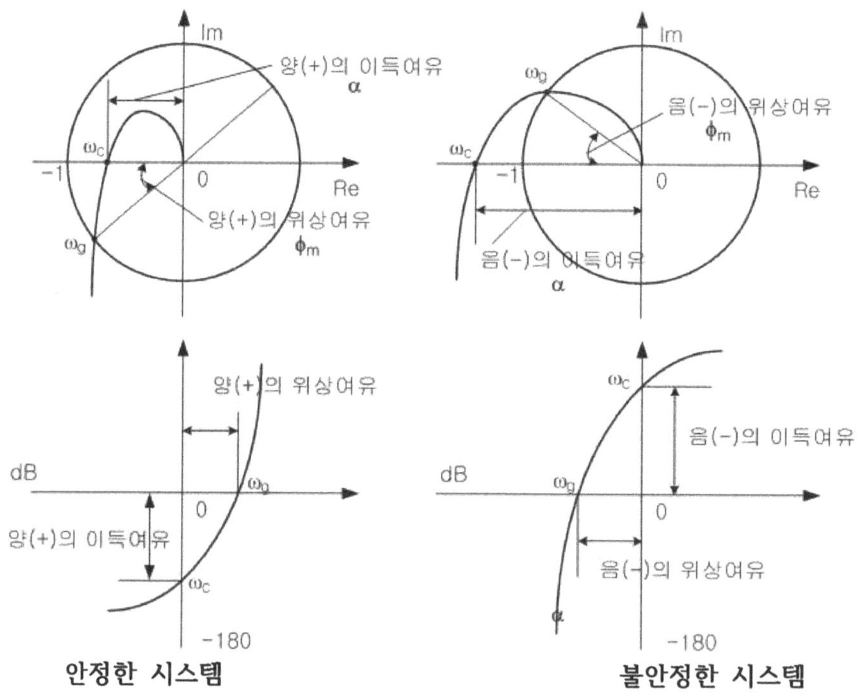

그림 8-20 안정한 시스템과 불안정한 시스템

예제 8-8 **Nyquist 선도를 작성하고 안정하기 위한 K의 범위를 구하라.**

$$GH(s) = \frac{K}{s-2}$$

풀이 $GH(jw) = \frac{K}{jw-2} \cdot \frac{-jw-2}{-jw-2}$ 절대값 크기와 위상은 다음과 같다.

$$|GH(jw)| = \frac{K}{\sqrt{w^2+1}}, \ \angle GH(jw) = -180^0 + \tan^{-1}\frac{w}{2}$$

식에서 우반면에 극점이 1개 존재하므로 P=1되고 선도에서 Z=0이 되려면 안정도 판별식에서 $Z = P + N$에서 N=-1이 되어야 하므로 따라서 $\frac{K}{2}$>1 하므로 , K>2 이다.

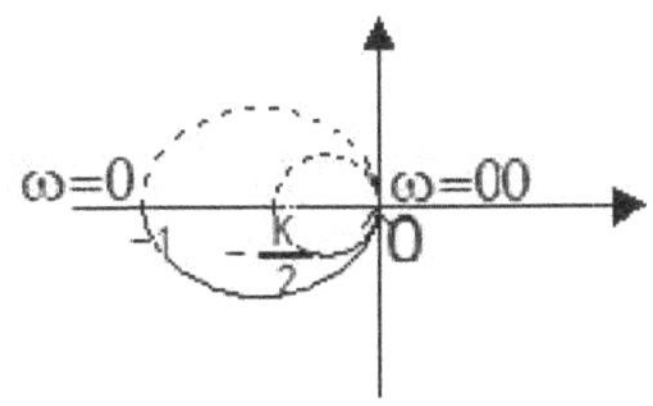

그림 8-21

예제 8-9 다음 블록선도에서 K의 임계값을 구하라.

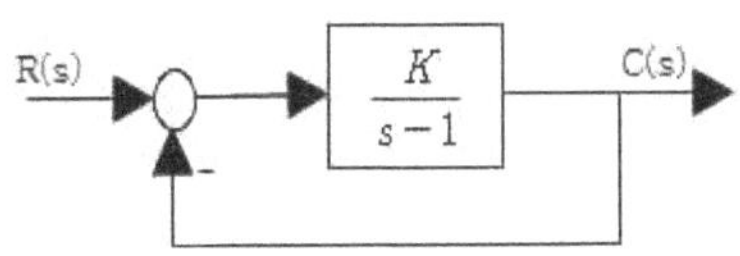

그림 8-22

풀이 그림에서 특성방정식은 $F(s) = 1 + GH(s) = 1 + \frac{K}{s-1} = 0$ 이므로 크기와 위상은 다음과 같다.

$$GH(s) = \frac{K}{s-1} \qquad GH(jw) = \frac{K}{jw-1} = \frac{K}{jw-1} \cdot \frac{-jw-1}{-jw-1}$$

$$|GH(jw)| \angle GH(jw) = \frac{K}{\sqrt{w^2+1}} \angle -180^0 + \tan^{-1}w$$

$$\begin{cases} \lim_{w\to 0} GH(jw) = K\angle -180^0 \\ \lim_{w\to\infty} GH(jw) = 0\angle -90^0 \end{cases}$$

우반면에 극점이 1개 존재하므로 P=1, Z=0일 때 시스템이 안정하므로 N=-1이 되어야한다. 따라서 K=1일 때 임계값이고 K>1시스템은 안정하다.

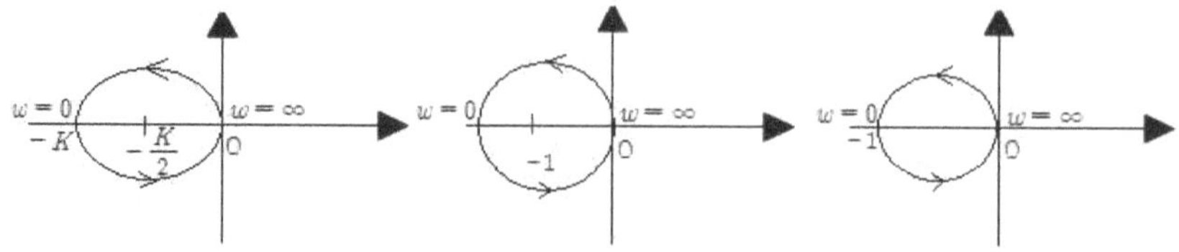

안정　　불안정

그림 8-23

예제 8-10 다음 개루프 전달함수가 안정하기 위한 K의 범위를 구하라.

$$GH(s) = \frac{K}{s(s+1)(2s+1)}$$

풀이 $GH(jw) = \frac{K}{jw(jw+1)(2jw+1)} = \frac{K}{-3w^2 + jw(1-2w^2)}$

$$= \frac{K}{-3w^2 + jw(1-2w^2)} \cdot \frac{-3w^2 - jw(1-2w^2)}{-3w^2 - jw(1-2w^2)}$$

이 함수는 우반면에 극점이 없으므로 P=0이고 Z=0일 때 시스템이 안정하므로 반드시 N=0이 되어야한다. 선도에서 (-1,0)점을 통과하는 점, 위상 교차주파수 w_c는 위의 식에서 허수부=0일 때 존재하므로 다음과 같이 구할 수 있다.

$$w(1-2w^2) = 0 \quad \therefore 2w^2 = 1 \quad w = \pm \frac{1}{\sqrt{2}} \text{(위상교차 주파수)}$$

따라서 위상교차 주파수가 $w = \frac{1}{\sqrt{2}}$일 때 절대값 크기 $|GH(jw)| < 1$일 때 N=0, $|GH(jw)| > 1$이면 N=1이 된다.

절대값 크기는

$$|GH(jw)|_{w=\frac{1}{\sqrt{2}}} = \frac{K}{\sqrt{(3w^2)^2 + (w(1-2w^2))^2}}\Big|_{w=\frac{1}{\sqrt{2}}} = \frac{2K}{3}$$

이며, 1보다 작아야 하므로 $\frac{2K}{3} < 1$, $K < \frac{3}{2}$ 안정하기 위한 K의 범위는 $0 < K < \frac{3}{2}$이다.

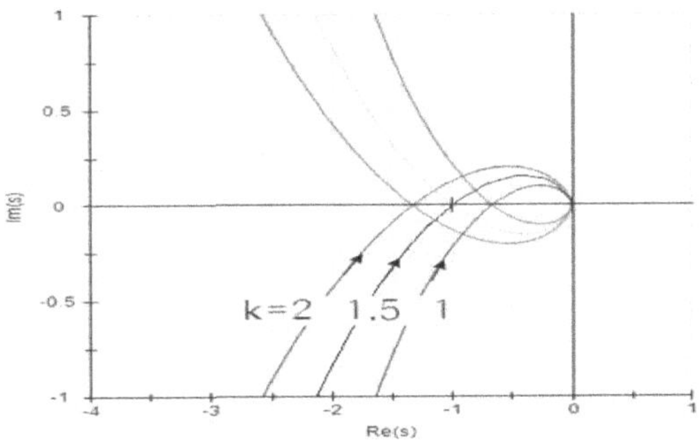

그림 8-24

예제 8-11 다음 제어시스템의 블록선도가 있을 때 위상여유가 50^0가 되도록 이득 K를 구하라.

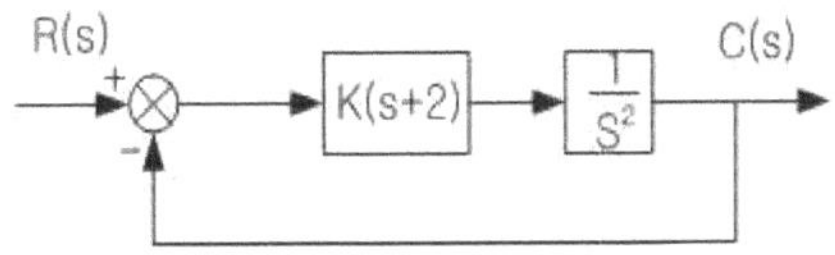

그림 8-25

풀이 그림에서 특성방정식은 $F(s)=1+GH(s)=1+\dfrac{K(s+2)}{s^2}=0$ 이므로 크기와 위상은 다음과 같다.

$$GH(s)=\frac{K(s+2)}{s^2} \qquad GH(jw)=\frac{K(jw+2)}{(jw)^2}=\frac{K(jw+2)}{jw\cdot jw}$$

$$|GH(jw)|=\frac{K\sqrt{w^2+4}}{w^2}, \quad \angle GH(jw)=-90^0-90^0+\tan^{-1}\frac{w}{2}$$

이득교차 주파수를 구하면 다음과 같다.

위상여유 : $\phi_m=180^0+\angle GH(jw_g)$, $50^0=180^0-180^0+\tan^{-1}\dfrac{w_g}{2}$

이득교차 주파수 : $\tan^{-1}\dfrac{w_g}{2}=50^0$, $\therefore w_g=2.385$

이득여유는 $|GH(jw_g)|=1$ 일 때 이므로 K는 다음과 같이 구할 수 있다.

$$|GH(jw_g)|=\left.\frac{K\sqrt{w^2+4}}{w^2}\right|_{w_g=2.385}=1, \quad \frac{K\sqrt{(2.385)^2+4}}{(2.385)^2}=1, \quad \therefore K=1.8259$$

예제 8-13 다음과 같은 특성방정식이 있을 때 시스템이 안정하기 위한 K의 범위를 다음의 방법에 의해 구하라.

$$1+GH(s)=1+\frac{K}{s(s+2)(s+4)}=0$$

① Routh 판별법과 근궤적

② Bode 선도

③ Nyquist 선도

풀이 ① Routh 판별법과 근궤적

Routh 판별을 위한 특성방정식은 다음은 다음과 같다.

$$s(s+2)(s+4)+K=s^3+6s^2+8s+K=0$$

Routh 표의 행렬요소에서 시스템이 안정하기 위해서는 1열의 부호가 모두 (+)이어야 하므로 $b_1, c_1>0$이 되어야 한다. 따라서 K의 범위를 구하면 다음과 같다.

s^3	1	8
s^2	6	k
s^1	b_1	
s^0	c_1	

$$b_1=-\frac{\begin{vmatrix}1 & 8\\ 6 & K\end{vmatrix}}{6}=\frac{48-K}{6},\quad c_1=-\frac{\begin{vmatrix}6 & K\\ b_1 & 0\end{vmatrix}}{b_1}=-\frac{-b_1K}{b_1}=K$$

$$\frac{48-K}{6}>0,\ K>0,\ 0<K<48$$

근궤적을 그리기 위해서 분자, 분모의 계수와 근궤적은 다음과 같다.

```
num=[1];
den=[1 6 8 0];
rlocus(num,den);
```

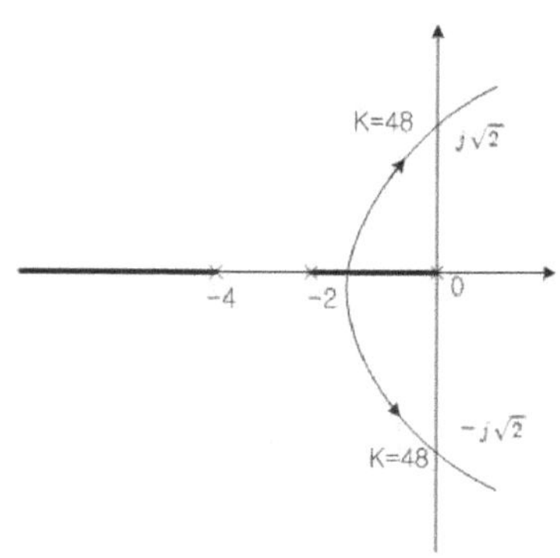

그림 8-26

임계점을 찾기 위하여 허수축과의 교차점은 Routh 배열의 2행에서 $6s^2+48=0$, $s=\pm j2\sqrt{2}$ 이고 $K=48$은 임계점이다.

② Bode 선도

보드선도를 그리기 위하여 $K=1$이라 가정하면 주파수 전달함수는 다음과 같다.

$$GH(jw)=\frac{1}{jw(jw+2)(jw+4)}=\frac{1}{-6w^2+jw(8-w^2)}\times\frac{-6w^2-jw(8-w^2)}{-6w^2-jw(8-w^2)}$$

$$=\frac{-6w^2-jw(8-w^2)}{(6w^2)^2+(w(8-w^2))^2}$$

여기서 이득여유를 구하기 위하여 주파수 전달함수의 크기와 위상은 다음과 같다.

$$|GH(jw)|=\frac{1}{w\sqrt{w^2+2^2}\sqrt{w^2+4^2}},\quad \angle GH(jw)=-90^0-\tan^{-1}\left(\frac{6w}{8-w^2}\right)$$

따라서 이득여유를 구하기 위하여 위상교차 주파수를 구하면 다음과 같다. 또는 주파수 전달함수에서 허수부 =0 으로 하여 구할 수 있다.

$$-180^0=-90^0-\tan^{-1}\left(\frac{6w}{8-w^2}\right),\ \frac{6w}{8-w^2}=\infty,\ 8-w^2=0,$$

$$w^2=8,\ w=\pm 2\sqrt{2}$$

크기와 이득여유는 다음과 같이 구할 수 있다.

$$|GH(jw_c)|=\left.\frac{1}{w_c\sqrt{w_c^2+2^2}\sqrt{w_c^2+4^2}}\right|_{w_c=2\sqrt{2}}=\frac{1}{48}$$

$$g_m=20\log 48=33.6[dB]$$

그리고 보드선도를 그리면 다음과 같다.

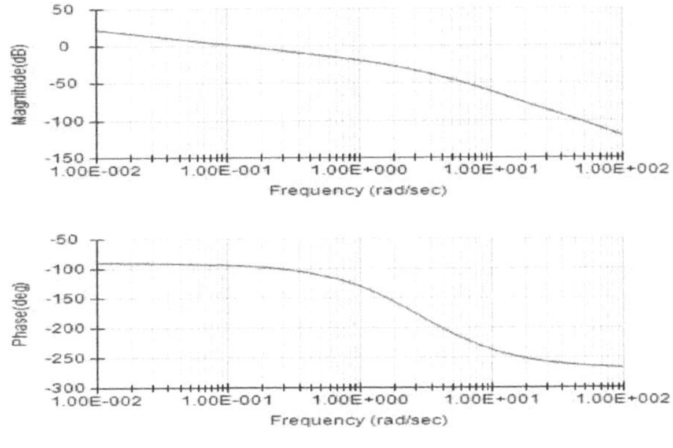

그림 8-27

그림에서 위상여유는 84^0이다. 이 시스템에서 K가 변화해도 위상특성은 변화하지 않으므로 일반적으로 임계안정이 되려면 이득이 0[dB]이어야 하므로 다음 식이 성립한다.

$$20\log\frac{K}{48} = 0[dB],\ K = 48$$

따라서 시스템이 안정하기 위해서는 $0 < K < 48$ 이다.

③ Nyquist 선도

주파수 전달함수에서 크기와 위상은 다음과 같으므로 나이키스트 근사화 작도를 위하여 다음과 같이 구할 수 있다.

$$|GH(jw)| = \frac{1}{w\sqrt{w^2+2^2}\sqrt{w^2+4^2}},\quad \angle GH(jw) = -90^0 - \tan^{-1}\left(\frac{6w}{8-w^2}\right)$$

$$\begin{cases} \lim_{w\to 0} GH(jw) = \infty \angle -90^0 \\ \lim_{w\to\infty} GH(jw) = 0\angle -270^0 \end{cases}$$

나이키스트 선도를 그리면 다음과 같다.

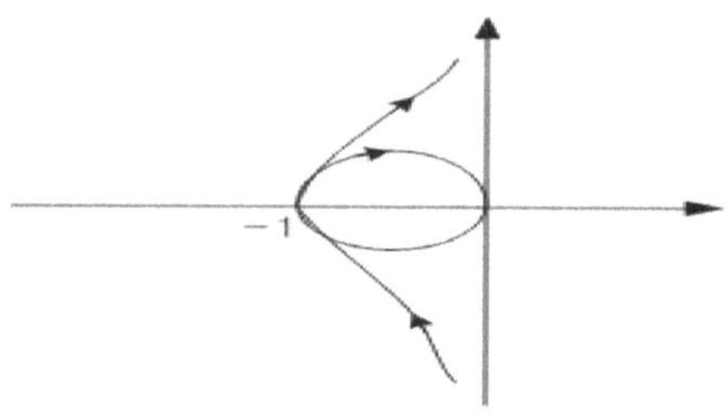

그림 8-28

전달함수에서 우반면에 존재하는 극점이 없으므로 $P=0$이며 따라서 $N=0$이 되면 $Z=P+N=0$되어 시스템이 안정하다. 그리고 -180^0와 교차하는 주파수는 앞에서 $w_c = 2\sqrt{2}$이고 N이 0이 되기 위해서는 $|GH(jw)| < 1$이 되어야 한다.

$$|GH(jw_c)| = \left.\frac{K}{w_c\sqrt{w_c^2+2^2}\sqrt{w_c^2+4^2}}\right|_{w_c = 2\sqrt{2}} = \frac{K}{48} < 1$$

이 시스템의 안정하기 위한 범위는 $0 < K < 48$이다.

연습문제

1. 다음 개루프 함수의 이득여유와 위상여유를 구하라.

1) $GH(s) = \dfrac{2}{s+1}$

2) $GH(s) = \dfrac{5}{s-2}$

3) $GH(s) = \dfrac{2}{(s+1)(s+2)}$

2. 다음 함수의 벡터 궤적을 구하라.

1) $GH(jw) = \dfrac{1+j0.2w}{1+j3w}$

2) $GH(jw) = \dfrac{8}{1+j2w}$

3. 다음 함수의 나이키스트 선도를 구하라.

1) $GH(s) = \dfrac{7}{s(1+3s)}$

2) $GH(s) = \dfrac{s+1}{s(s+2)(s+3)}$

4. 다음 함수의 근사화 선도를 그리고 시스템의 안정을 판별하라.

1) $GH(s) = \dfrac{10}{s(1+0.1s)(1+0.5s)}$

2) $GH(s) = \dfrac{s-1}{s(s+2)}$

5. 다음 함수의 K범위를 구하라.

1) $GH(s) = \dfrac{K}{s(s+2)}$

2) $GH(s) = \dfrac{K(s-1)}{(s-2)(s-4)}$

익힘문제

1. 나이키스트 선도에서 (-1,j0)는 보드선도에서 이득(dB)과 위상(°)은 얼마인가?

①0, 90^0 ②1,0^0 ③0, 180^0 ④1, 270^0

2. 제어 시스템에서 안정하기 위한 이득여유(g_m)와 위상여유(ϕ_m)은 가가 어떤 조건을 만족해야 하는가?

①$g_m > 0$, $\phi_m > 0$ ②$g_m < 0$, $\phi_m < 0$ ③$g_m < 0$, $\phi_m > 0$ ④$g_m > 0$, $\phi_m < 0$

3. 다음 나이키스트 선도에서 시스템이 안정한 궤적은?

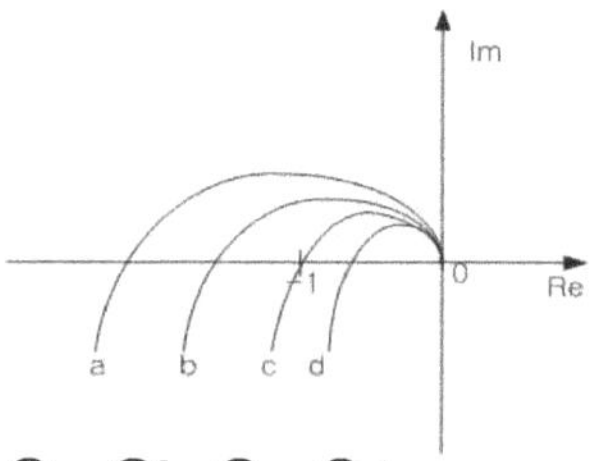

①a ②b ③c ④d

4. 함수 $G(jw) = \dfrac{K}{jw(jw+1)}$ 의 나이키스트 선도는 어느 것인가?

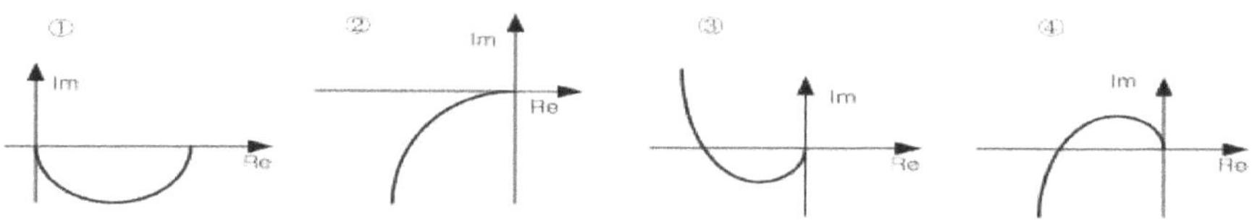

5. 다음 함수의 이득여유가 40[dB]이면 이 때 K값은 얼마인가?

$$GH(s) = \frac{K}{(s+1)(s-2)}$$

①$\frac{1}{20}$ ②$\frac{1}{30}$ ③$\frac{1}{40}$ ④$\frac{1}{50}$

6. 다음 함수의 이득여유를 20[dB]보다 크게 하기 위한 T의 범위는?

$$GH(jw) = \frac{10}{(jw+1)(jw+T)}$$

①T>0 ②T<0 ③T>100 ④T>10

7. $G(s) = 0.1s$이고 $w = 10$[rad/sec]일 때 이득[dB]과 위상은?

①0, 0^0 ②0, 90^0 ③20, 90^0 ④20, 0^0

8. 다음과 같은 벡터궤적은 무슨 요소인가?

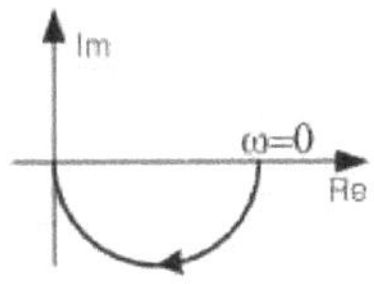

①비례요소 ②적분요소 ③1차 지연요소 ④2차 지연요소

9. 다음의 주파수 전달함수에서 $w=1$일 때의 이득[dB]와 위상각은?

$$GH(jw)=\frac{1}{j100w}$$

①$-20\ \ -90^0$ ②$-40,\ -90^0$ ③$20,\ -90^0$ ④$40,\ -90^0$

10. $G(s)$가 다음과 같을 때 $wT=10$이면 $|G(jw)|$의 값[dB]은?

$$G(s)=\frac{1}{1+sT}$$

①10 ②20 ③-10 ④-20

11. 다음의 개루프 함수에서 이득여유를 구하면 몇[dB]인가?

$$GH(s)=\frac{20}{s(s-1)(s+2)}$$

①0 ②-10 ③-20 ④4 0

12. 페루프 전달함수의 대역폭(BW)은 얼마인가?

$$G(s)=\frac{1}{2s+1}$$

①1 ②2 ③1.5 ④0.5

13. 나이키스트 안정도에 대한 설명으로 틀린 것은?
①제어 시스템의 오차 정보를 제공한다.
②제어 시스템의 안정을 개선하는 정보를 제공한다.
③안정성을 판정하고 안정도를 제시한다.
④루쓰와 허위츠의 판정법과 같이 안정여부를 제공한다.

14. 나이키스트 안정도 판별 조건에서 N=1, P=1일 때 Z를 구하면?
①0 ②1 ③2 ④-1

15. 다음 그림에서 N, Z를 구하고 안정성을 판단하면?

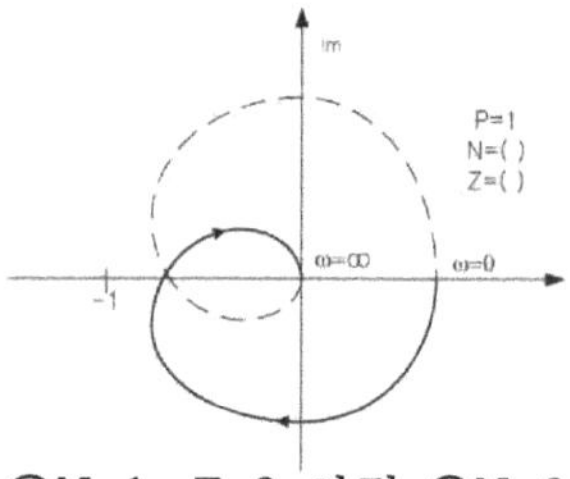

①N=1, Z=2 안정 ②N=0, Z=1 안정 ③N=0, Z=1 불안정 ④N=1 Z=-2 불안정

정답1.③ 2.① 3.④ 4.② 5.④ 6.③ 7.② 8.③ 9.② 10.④ 11.③ 12.④ 13.① 14.③ 15.③

제 9 장

상태공간 표현 및 해석

제 9 장 상태공간 표현 및 해석

오늘날 과학기술과 산업이 발전함에 따라서 시스템이 점점 더 복잡하고 다양해졌다. 따라서 현재의 시스템도 복잡하여 고전적인 제어방법으로는 제어하기가 어렵다.

현재의 산업의 시스템은 다입력(multi input)과 다출력(multi output)으로 구성되어 시스템을 해석하기 위해서는 간결한 수학적 표현이 필요하며, 컴퓨터를 사용하여 해석을 하고 있다. 고전 제어이론에서는 주로 전달함수에 기본적 수학표현을 하고 있는 반면에 오늘날 현대 제어이론은 복잡한 시스템을 미분방적식과 벡터, 행렬로 표현하고 있다. 상태공간 해석법은 선형 및 비선형, 시변 및 시불변 시스템과 단일변수 및 다변수 시스템에 적용할 수 있다. 특히 행렬식을 많이 사용한다.

이 장에서는 상태변수와 상태방적식의 기본적 표현에 대해 다루며, 이미 앞의 3장에서 일부를 공부하여 왔다.

9.1 상태변수와 상태방정식

상태변수(state variable)는 시스템의 특성을 나타내는 독립적인 변수를 의미한다. 즉, 미분형태의 식을 상태변수형태로 나타내며, 상태방정식(state equation)은 입력(input)과 상태변수의 관계로 표현한다. 또한, 상태변수는 시스템의 미래조건을 예측할 수 있는 변수이다

입·출력 선형 시불변시스템의 상태방정식과 출력방정식을 나타내면 다음식과 같으며 블록선도는 그림 9-1과 같다.

$$\dot{x}(t) = Ax(t) + Bu(t) \tag{9-1}$$

$$y(t) = Cx(t) + Du(t)$$

여기서, A : 상태행렬, B : 입력행렬, C : 출력행렬, D : 직접전송행렬, $u(t)$: 입력, $y(t)$: 출력, $x(t)$: 상태변수

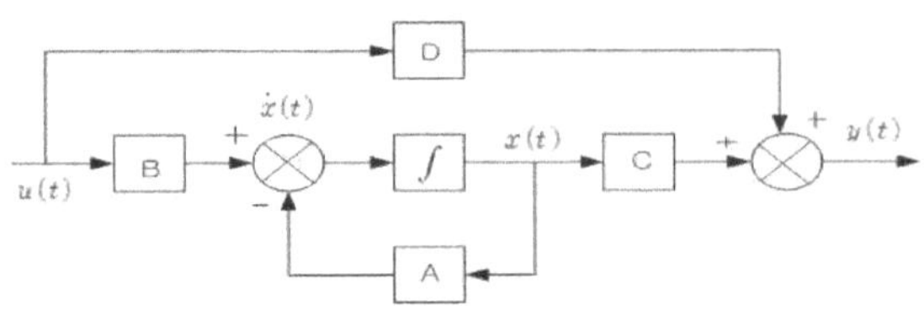

그림 9-1 상태방정식의 블록선도

다음과 같은 미분방정식을 상태방정식과 출력방정식으로 나타내어 보자.

$$\frac{d^3y(t)}{dt^3}+a_1\frac{d^2y(t)}{dt^2}+a_2\frac{dy(t)}{dt}+a_3y(t)=bu(t) \tag{9-2}$$

먼저 상태변수를 $x_1(t),\ x_2(t),\ x_3(t),\ x_4(t)\cdots$라고 가정하면 다음과 같다.

$$\begin{cases} x_1(t)=y(t) \\ x_2(t)=\dfrac{dy(t)}{dt} \\ x_3(t)=\dfrac{d^2y(t)}{dt^2} \end{cases} \tag{9-3}$$

위의 식에서 미분형태로 나타내면 다음 식과 같다.

$$\begin{cases} \dot{x}_1(t)=x_2(t) \\ \dot{x}_2(t)=x_3(t) \end{cases} \tag{9-4}$$

이 식을 (9-2)에 대입하면 나타내면 다음과 같다.

$$\dot{x}_3(t)=-a_3x_1(t)-a_2x_2(t)-a_1x_3(t)+bu(t) \tag{9-5}$$

따라서 상태방정식은 (9-5)이고 출력방정식은 $x_1(t)=y(t)$이므로 이 방정식을 행렬식으로 표현하면 다음과 같다. 그리고 상태선도는 그림 9-2와 같다.

$$\begin{vmatrix}\dot{x}_1\\ \dot{x}_2\\ \dot{x}_3\end{vmatrix}=\begin{vmatrix}0 & 1 & 0\\ 0 & 0 & 1\\ -a_3 & -a_2 & -a_1\end{vmatrix}\begin{vmatrix}x_1\\ x_2\\ x_3\end{vmatrix}+\begin{vmatrix}0\\ 0\\ b\end{vmatrix}u \qquad y=|1\,0\,0|\begin{vmatrix}x_1\\ x_2\\ x_3\end{vmatrix} \tag{9-6}$$

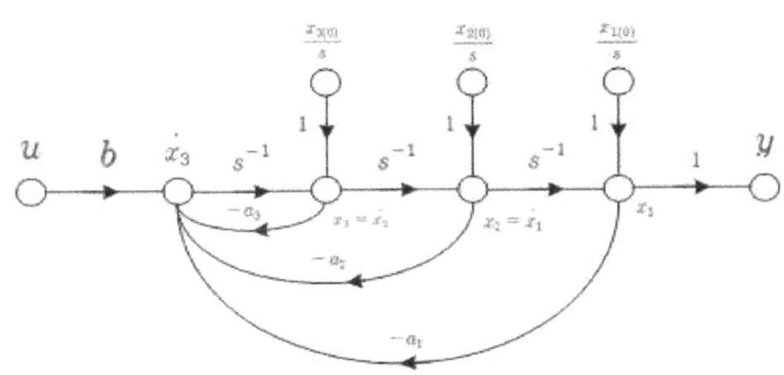

그림 9-2 상태선도

예제 9-1 다음 미분방정식을 상태방적식과 출력방정식으로 나타내고 상태행렬과 출력 행렬을 구하라.

$$\frac{d^3c(t)}{dt^3}+5\frac{d^2c(t)}{dt^2}+\frac{dc(t)}{dt}+2c(t)=r(t)$$

풀이 상태변수는 다음과 같이 가정한다.

$$\begin{cases} x_1(t)=c(t) \\ x_2(t)=\dfrac{dc(t)}{dt}=\dot{x}_1(t) \\ x_3(t)=\dfrac{d^2c(t)}{dt^2}=\dot{x}_2(t) \\ x_4(t)=\dfrac{d^3c(t)}{dt^3}=\dot{x}_3(t) \end{cases}$$

상태변수를 미분방정식에 대입하면 다음식과 같다.

$$\dot{x}_3(t)+5x_3(t)+x_2(t)+2x_1(t)=r(t)$$

다시 이 식을 최고 차수항을 중심으로 변형하면 다음과 같다.

$$\dot{x}_3(t)=r(t)-5x_3(t)-x_2(t)-2x_1(t)$$

그리고 상태방정식과 출력방정식으로 나타내면 다음과 같다.

$$\begin{cases} \dot{x}_1(t)=x_2(t) \\ \dot{x}_2(t)=x_3(t) \\ \dot{x}_3(t)=r(t)-2x_1(t)-x_2(t)-5x_3(t) \end{cases} \qquad c(t)=x_1(t)$$

$$\begin{vmatrix} \dot{x}_1(t) \\ \dot{x}_2(t) \\ \dot{x}_3(t) \end{vmatrix}=\begin{vmatrix} 0 & 1 & 0 \\ 0 & 0 & 1 \\ -2 & -1 & -5 \end{vmatrix}\begin{vmatrix} x_1(t) \\ x_2(t) \\ x_3(t) \end{vmatrix}+\begin{vmatrix} 0 \\ 0 \\ 1 \end{vmatrix}r(t) \qquad c(t)=|1\,0\,0|\begin{vmatrix} x_1(t) \\ x_2(t) \\ x_3(t) \end{vmatrix}$$

상태벡터 행렬에서 A, B, C를 구하면 다음과 같다.

$$A=\begin{vmatrix} 0 & 1 & 0 \\ 0 & 0 & 1 \\ -2 & -1 & -5 \end{vmatrix},\quad B=\begin{vmatrix} 0 \\ 0 \\ 1 \end{vmatrix},\quad C=|1\,0\,0|$$

예제 9-2 다음은 입력과 출력이 다변수계통인 미분방정식을 상태방정식으로 나타내어라.

$$\frac{d^2y_1(t)}{dt^2}+2\frac{dy_1(t)}{dt}+3y_2(t)=u_1(t)$$

$$2\frac{dy_1(t)}{dt}+\frac{dy_2(t)}{dt}+y_1(t)+2y_2(t)=u_2(t)$$

풀이 상태변수를 다음과 같이 가정한다.

$$\begin{cases} x_1(t)=y_1(t) \\ x_2(t)=\dfrac{dy_1(t)}{dt}=\dot{x}(t) \qquad \dot{x}_2(t)=\dfrac{d^2y_1(t)}{dt^2} \\ x_3(t)=y_2(t) \\ x_4(t)=\dfrac{dy_2(t)}{dt}=\dot{x}_3(t) \end{cases}$$

상태변수를 각각의 미분방정식에 대입하면 다음식과 같이 된다.

$$\dot{x}_2(t)=u_1(t)-2x_2(t)-3x_3(t)$$

$$\dot{x}_3(t)=u_2(t)-x_1(t)-2x_2(t)-2x_3(t)$$

따라서 상태방정식과 출력식으로 나타내면 다음과 같다.

$$\begin{cases} \dot{x}_1(t)=x_2(t) \\ \dot{x}_2(t)=u_1(t)-2x_2(t)-3x_3(t) \\ \dot{x}_3(t)=u_2(t)-x_1(t)-2x_2(t)-2x_3(t) \end{cases} \qquad \begin{cases} y_1(t)=x_1(t) \\ y_2(t)=x_3(t) \end{cases}$$

$$\begin{bmatrix} \dot{x}_1(t) \\ \dot{x}_2(t) \\ \dot{x}_3(t) \end{bmatrix}=\begin{bmatrix} 0 & 1 & 0 \\ 0 & -2 & -3 \\ -1 & -2 & -2 \end{bmatrix}\begin{bmatrix} x_1(t) \\ x_2(t) \\ x_3(t) \end{bmatrix}+\begin{bmatrix} 0 & 0 \\ 1 & 0 \\ 0 & 1 \end{bmatrix}\begin{bmatrix} u_1(t) \\ u_2(t) \end{bmatrix} \qquad \begin{bmatrix} y_1(t) \\ y_2(t) \end{bmatrix}=\begin{bmatrix} 1 & 0 & 0 \\ 0 & 0 & 1 \end{bmatrix}\begin{bmatrix} x_1(t) \\ x_2(t) \\ x_3(t) \end{bmatrix}.$$

상태벡터행렬에서 A, B, C를 구할 수 있다.

$$A=\begin{vmatrix} 0 & 1 & 0 \\ 0 & -2 & -3 \\ -1 & -2 & -2 \end{vmatrix}, B=\begin{vmatrix} 0 & 0 \\ 1 & 0 \\ 0 & 1 \end{vmatrix}, C=\begin{bmatrix} 1\,0\,0 \\ 0\,0\,1 \end{bmatrix}$$

예제 9-3 다음의 R, L, C 회로의 미분방정식을 세우고 상태방정식과 출력식을 나타내어라. 여기서, 변수는 $i(t)$, $e_o(t)$ 이다.

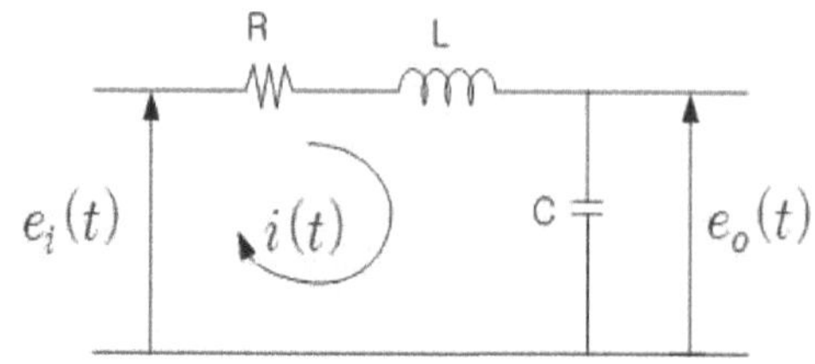

그림 9-3 R L C 회로

풀이 상태변수 $i(t), e_o(t)$ 라 가정하면 회로방정식은 다음과 같다.

$$e_i(t) = Ri(t) + L\frac{di(t)}{dt} + e_o(t)$$

$$e_o(t) = \frac{1}{C}\int i(t)dt$$

여기서, $i(t) = C\frac{de_o(t)}{dt}$

따라서 위의 식을 다시 쓰면 다음과 같다.

$$\frac{di(t)}{dt} = -\frac{R}{L}i(t) - \frac{e_o(t)}{L} + \frac{e_i(t)}{L}$$

$$\frac{de_o(t)}{dt} = \frac{1}{C}i(t)$$

상태방정식과 출력식은 다음과 같다.

$$\begin{vmatrix} \frac{di(t)}{dt} \\ \frac{de_o(t)}{dt} \end{vmatrix} = \begin{vmatrix} -\frac{R}{L} & -\frac{1}{L} \\ \frac{1}{C} & 0 \end{vmatrix} \begin{vmatrix} i(t) \\ e_o(t) \end{vmatrix} + \begin{vmatrix} \frac{1}{L} \\ 0 \end{vmatrix} e_i(t)$$

$$y(t) = e_0(t) = |0 \quad 1| \begin{vmatrix} i(t) \\ e_o(t) \end{vmatrix}$$

9.2 상태공간에서 전달함수 표현

1) 상태방정식에서 전달함수 표현

다음은 상태방정식에서 전달함수를 구하는 방법에 대해 알아보자.
선형 시불변시스템의 상태방정식과 출력식이 다음과 같다.

$$\dot{x}(t) = Ax(t) + Bu(t) \tag{9-7}$$
$$y(t) = Cx(t) + Du(t)$$

이 식의 양변에 라플라스 변환을 취하고 $X(s)$에 대해 풀면 다음 식을 얻을 수 있다.

$$sX(s) - x(0) = AX(s) + BU(s) \tag{9-8}$$
$$X(s)[sI - A] = x(0) + BU(s)$$
$$X(s) = (sI - A)^{-1}x(0) + (sI - A)^{-1}BU(s)$$

출력식을 라플라스 변환하여 풀면 다음과 같다.

$$Y(s) = CX(s) + DU(s) \tag{9-9}$$
$$= C(sI - A)^{-1}x(0) + C(sI - A)^{-1}BU(s) + DU(s)$$

전달함수는 모든 초기조건을 영으로 가정하기 때문에 $x(0) = 0$하면 출력식은 다음식이 된다. 여기서, I는 단위행렬이다.

$$Y(s) = C(sI - A)^{-1}BU(s) + DU(s) = [C(sI - A)^{-1}B + D]U(s) \tag{9-10}$$

따라서 전달함수는 다음과 같다.

$$\frac{Y(s)}{U(s)} = C(sI - A)^{-1}B + D \tag{9-11}$$

예제 9-4 다음 미분방정식을 전달함수로 나타내어보자.

$$\frac{d^2c(t)}{dt^2} + 3\frac{dc(t)}{dt} + 2c(t) = r(t)$$

풀이 상태변수를 다음과 같이 가정한다.

$$\begin{cases} x_1(t) = c(t) \\ x_2(t) = \dfrac{dc(t)}{dt} = \dot{x}_1(t) \\ x_3(t) = \dfrac{d^2c(t)}{dt^2} = \dot{x}_2(t) \end{cases}$$

상태변수를 각각의 미분방정식에 대입하면 다음식과 같이 된다.

$$\dot{x}_2(t) = r(t) - 2x_1(t) - 3x_2(t)$$

따라서 상태방정식과 출력식으로 나타내면 다음과 같다.

$$\begin{cases} \dot{x}_1(t) = x_2(t) \\ \dot{x}_2(t) = r(t) - 2x_1(t) - 3x_2(t) \end{cases} \qquad c(t) = x_1(t)$$

$$\begin{vmatrix} \dot{x}_1(t) \\ \dot{x}_2(t) \end{vmatrix} = \begin{vmatrix} 0 & 1 \\ -2 & -3 \end{vmatrix} \begin{vmatrix} x_1(t) \\ x_2(t) \end{vmatrix} + \begin{vmatrix} 0 \\ 1 \end{vmatrix} r(t) \qquad c(t) = |1 \quad 0|$$

상태벡터행렬에서 A, B, C를 구할 수 있다.

$$A = \begin{vmatrix} 0 & 1 \\ -2 & -3 \end{vmatrix}, \quad B = \begin{vmatrix} 0 \\ 1 \end{vmatrix}, \quad C = |1 \quad 0|$$

그리고 이 식의 전달함수 $G(s) = C(sI - A)^{-1}B$ 이므로 다음과 같이 구할 수 있다.

$$sI - A = \begin{vmatrix} s & 0 \\ 0 & s \end{vmatrix} - \begin{vmatrix} 0 & 1 \\ -2 & -3 \end{vmatrix} = \begin{vmatrix} s & -1 \\ 2 & s+3 \end{vmatrix} = s^2 + 3s + 2$$

역행렬을 구하려면 수반행렬(adjoint matrix: 여인자 행렬)을 구하여야 한다.

$$adj(sI - A) = (sI - A)^T = \begin{vmatrix} A_{11} & A_{12} \\ A_{21} & A_{22} \end{vmatrix}^T = \begin{vmatrix} A_{11} & A_{21} \\ A_{12} & A_{22} \end{vmatrix} = \begin{vmatrix} s+3 & 1 \\ -2 & s \end{vmatrix}$$

여기서, $A_{11} = s+3$, $A_{12} = -2$, $A_{21} = 1$, $A_{22} = s$

전달함수행렬은 다음과 같다.

$$(sI - A)^{-1} = \frac{1}{|sI - A|} \begin{vmatrix} s+3 & 1 \\ -2 & s \end{vmatrix} = \frac{1}{s^2 + 3s + 2} \begin{vmatrix} s+3 & 1 \\ -2 & s \end{vmatrix}$$

$$G(s) = C(sI - A)^{-1}B = |1 \quad 0| \frac{1}{s^2 + 3s + 2} \begin{vmatrix} s+3 & 1 \\ -2 & s \end{vmatrix} \begin{vmatrix} 0 \\ 1 \end{vmatrix}$$

$$= \frac{1}{s^2 + 3s + 2}$$

다음은 프로그램을 이용하여 상태공간에서 전달함수로의 표현에 대해 알아보자.
상태공간에서 전달함수로의 표현의 명령어는 다음과 같다.

```
[num,den]=ss2tf(A,B,C,D,iu)
```

여기서 iu는 하나이상의 입력을 가진 시스템이다. 만일 세 가지의 입력을 가진다면 (u_1,u_2,u_3)로 iu는 1, 2, 3 중의 하나여야 한다. 1은 u1, 2는 u2, 3은 u3의미한다.
만약, 하나의 시스템을 갖는다면 명령어는 다음과 같다.

```
[num,den]=ss2tf(A,B,C,D) 또는 [num,den]=ss2tf(A,B,C,D,1)
```

예제 9-5 다음의 상태공간식에서 시스템의 전달함수로 나타내어라.

$$\begin{vmatrix} \dot{x}_1 \\ \dot{x}_2 \\ \dot{x}_3 \end{vmatrix} = \begin{vmatrix} 0 & 1 & 0 \\ 0 & 0 & 1 \\ -5 & -2 & -3 \end{vmatrix} \begin{vmatrix} x_1 \\ x_2 \\ x_3 \end{vmatrix} + \begin{vmatrix} 0 \\ 0 \\ 2 \end{vmatrix} r, \quad y = |1\,0\,0| \begin{vmatrix} x_1 \\ x_2 \\ x_3 \end{vmatrix}$$

풀이

```
A=[0 1 0; 0 0 1;-5 -2 -3];
B=[0; 0; 2];
C=[1 0 0];
D=0;
[num,den]=ss2tf(A,B,C,D);
[num,den]=ss2tf(A,B,C,D)
        num =
              0    0.0000   -0.0000    2.0000
        den =
         1.0000    3.0000    2.0000    5.0000
```

따라서 이 시스템의 전달함수는 다음과 같다.

$$\frac{Y(s)}{R(s)} = \frac{2}{s^3 + 3s^2 + 2s + 5}$$

예제 9-6 다중입력과 다중출력을 가진 시스템의 상태공간에서 전달함수로 나타내어라.

$$\begin{vmatrix} \dot{x}_1 \\ \dot{x}_2 \end{vmatrix} = \begin{vmatrix} 0 & 1 \\ -25 & -4 \end{vmatrix} \begin{vmatrix} x_1 \\ x_2 \end{vmatrix} + \begin{vmatrix} 1 & 1 \\ 0 & 1 \end{vmatrix} \begin{vmatrix} u_1 \\ u_2 \end{vmatrix} \qquad \begin{vmatrix} y_1 \\ y_2 \end{vmatrix} = \begin{vmatrix} 1 & 0 \\ 0 & 1 \end{vmatrix} \begin{vmatrix} x_1 \\ x_2 \end{vmatrix} + \begin{vmatrix} 0 & 0 \\ 0 & 0 \end{vmatrix} \begin{vmatrix} u_1 \\ u_2 \end{vmatrix}$$

풀이 이 시스템은 두 개의 입력과 두 개의 출력을 가지고 있으므로 전달함수는 4개를 고려할 수 있다. $\frac{Y_1(s)}{U_1(s)}$, $\frac{Y_2(s)}{U_1(s)}$, $\frac{Y_1(s)}{U_2(s)}$, $\frac{Y_2(s)}{U_2(s)}$(입력 u1을 고려할 때 입력 u2는 0으로 두고 입력 u2를 고려할 때 입력 u1은 0으로 한다.)

```
A=[0 1;-15 -2];, B=[1 1;0 1]; C=[1 0;0 1]; D=[0 0;0 0];
[num, den] = ss2tf(A, B, C, D,1)
num =
       0    1.0000     2.0000
       0    0.0000   -15.0000
 den =
          1.0000     2.0000    15.0000
[num, den] = ss2tf(A,B,C,D,2)
num =
       0    1.0000     3.0000
       0    1.0000   -15.0000
den =
          1.0000     2.0000    15.0000
```

4개의 전달함수는 다음과 같다.

$$\frac{Y_1(s)}{U_1(s)} = \frac{s+2}{s^2+2s+15}, \qquad \frac{Y_2(s)}{U_1(s)} = \frac{-15}{s^2+2s+15}$$

$$\frac{Y_1(s)}{U_2(s)} = \frac{s+3}{s^2+2s+15}, \qquad \frac{Y_2(s)}{U_2(s)} = \frac{s-15}{s^2+2s+15}$$

2) 전달함수에서 상태공간 표현

전달함수에서 상태공간으로의 표현에 대해 알아보자.

전달함수로부터 상태공간을 표현하는 방법에는 가제어성 표준형, 가관측 표준형, Jordan 표준형이 있다.

① 가제어성 표준형(직접분해법)

다음과 같은 정의식의 전달함수를 가정하여 보자.

$$y^n + a_{n-1}y^{n-1} + ... + a_1\dot{y} + a_0 y = b_n u^n + b_{n-1}u^{n-1} + ... + b_1\dot{u} + b_0 u \tag{9-12}$$

여기서, u : 입력, y : 출력

전달함수표현은 다음과 같다.

$$\frac{Y(s)}{U(s)}=\frac{b_ns^n+b_{n-1}s^{n-1}+b_{n-2}s^{n-2}+....+b_1s+b_0}{s^n+a_ns^n+a_{n-1}s^{n-1}+....+a_1s+a_0} \qquad (9\text{-}13)$$

이식을 다음과 같이 가정하면 두 개의 식이 주어진다.

$$\frac{Y(s)}{b_ns^n+b_{n-1}s^{n-1}+....+b_1s+b_0}=\frac{U(s)}{s^n+a_{n-1}s^{n-1}+....+a_1s+a_0}=X(s)$$

$$Y(s)=b_ns^nX(s)+b_{n-1}s^{n-1}X(s)+....+b_1sX(s)+b_0X(s) \qquad (9\text{-}14)$$

$$U(s)=s^nX(s)+a_{n-1}s^{n-1}X(s)+....+a_1sX(s)+a_0X(s) \qquad (9\text{-}15)$$

(9-15)식은 다음과 같이 정리할 수 있다.

$$s^nX(s)=-a_{n-1}s^{n-1}X(s)-.....-a_1sX(s)-a_0X(s)+U(s) \qquad (9\text{-}16)$$

여기서 상태변수를 다음과 같이 가정하여 보자.

$$\begin{cases} X_1(s)=X(s) \\ X_2(s)=sX(s) \\ X_3(s)=s^2X(s) \\ \quad\vdots \\ X_{n-1}(s)=s^{n-2}X(s) \\ X_n(s)=s^{n-1}X(s) \\ X_{n+1}(s)=s^nX(s) \end{cases} \Rightarrow \begin{cases} sX_1(s)=X_2(s) \\ sX_2(s)=X_3(s) \\ sX_3(s)=X_4(s) \\ \quad\vdots \\ sX_{n-1}(s)=X_n(s) \\ sX_n(s)=X_{n+1}(s) \\ sX_{n+1}(s)=X_{n+2}(s) \end{cases} \Rightarrow \begin{cases} \dot{x}_1=x_2 \\ \dot{x}_2=x_3 \\ \dot{x}_3=x_4 \\ \quad\vdots \\ \dot{x}_{n-1}=x_n \\ \dot{x}_n=x_{n+1} \\ \dot{x}_{n+1}=x_{n+2} \end{cases}$$

따라서, $s^nX(s)=sX_n(s)$이므로

$$sX_n(s)=-a_{n-1}X_n(s)-a_{n-2}X_{n-1}(s)-....-a_nX_{n+1}(s)-a_1X_2(s)-a_0X_1(s)+U(s)$$

이 식을 미분방정식으로 나타내면 다음과 같다.

$$\dot{x}_n=-a_{n-1}x_n-a_{n-2}x_{n-1}-....-a_nx_{n+1}-a_1x_2-a_0x_1+u \qquad (9\text{-}17)$$

따라서 상태방정식과 출력방정식으로 나타내면 다음과 같다.

$$\begin{bmatrix} \dot{x}_1 \\ \dot{x}_2 \\ \vdots \\ \dot{x}_{n-1} \\ \dot{x}_n \end{bmatrix} = \begin{bmatrix} 0 & 1 & 0 & \cdots & 0 \\ 0 & 0 & 1 & \cdots & 0 \\ \vdots & \vdots & \vdots & & \vdots \\ 0 & 0 & 0 & & 1 \\ -a_0 & -a_1 & -a_2 & \cdots & -a_{n-1} \end{bmatrix} \begin{bmatrix} x_1 \\ x_2 \\ \vdots \\ x_{n-1} \\ x_n \end{bmatrix} + \begin{bmatrix} 0 \\ 0 \\ 0 \\ 1 \end{bmatrix} u \qquad (9\text{-}18)$$

출력방정식은 다음과 같으며 미분형으로 나타내면 다음식이 된다.

$$\begin{aligned} Y(s) &= b_n s^n X(s) + b_{n-1} s^{n-1} X(s) + \cdots + b_1 s X(s) + b_0 X(s) \\ &= b_n X_{n+1}(s) + b_{n-1} X_n(s) + \cdots + b_1 X_2(s) + b_0 X_1(s) \end{aligned}$$

$$y = b_n x_{n+1} + b_{n-1} x_n + \cdots + b_1 x_2 + b_0 x_1$$

$$y = [b_0 \quad b_1 \cdots b_{n-1} \quad b_n] \begin{bmatrix} x_1 \\ x_2 \\ \\ x_{n-1} \\ x_n \end{bmatrix} \qquad (9\text{-}19)$$

예제 9-7 다음 전달함수를 가제어성 표준형으로 나타내어라.

$$\frac{Y(s)}{U(s)} = \frac{s^2 + 2s + 3}{s^3 + 2s^2 + 3s + 4}$$

풀이 양변에 $X(s)$를 곱하고 입력식과 출력식을 구하면 다음과 같다.

$$\frac{Y(s)}{s^2 + 2s + 3} = \frac{U(s)}{s^3 + 2s^2 + 3s + 4} = X(s)$$

$$U(s) = s^3 X(s) + 2s^2 X(s) + 3s X(s) + 4X(s)$$

$$s^3 X(s) = -2s^2 X(s) - 3s X(s) - 4X(s) + U(s)$$

$$Y(s) = s^2 X(s) + 2s X(s) + 3X(s)$$

상태변수를 가정하면 다음과 같다.

$$\begin{cases} X_1(s) = X(s) \\ X_2(s) = sX(s) \\ X_3(s) = s^2X(s) \end{cases} \Rightarrow \begin{cases} x_1 = x \\ x_2 = \dot{x} \\ x_3 = \ddot{x} \end{cases} \Rightarrow \begin{cases} \dot{x}_1 = \dot{x} = x_2 \\ \dot{x}_2 = \ddot{x} = x_3 \\ \dot{x}_3 = -2x_3 - 3x_2 - 4x_1 + u \end{cases}$$

따라서 상태방정식과 출력방정식은 다음과 같다.

$$\begin{bmatrix} \dot{x}_1 \\ \dot{x}_2 \\ \dot{x}_3 \end{bmatrix} = \begin{bmatrix} 0 & 1 & 0 \\ 0 & 0 & 1 \\ -4 & -3 & -2 \end{bmatrix} \begin{bmatrix} x_1 \\ x_2 \\ x_3 \end{bmatrix} + \begin{bmatrix} 0 \\ 0 \\ 1 \end{bmatrix} u$$

$$y = x_3 + 2x_2 + 3x_1, \quad y = [3 \quad 2 \quad 1] \begin{bmatrix} x_1 \\ x_2 \\ x_3 \end{bmatrix}$$

② 가관측성 표준형

다음과 같은 전달함수를 전개하면 다음과 같다.

$$\frac{Y(s)}{U(s)} = \frac{b_n s^n + b_{n-1}s^{n-1} + b_{n-2}s^{n-2} + ... + b_1 s + b_0}{s^n + a_n s^n + a_{n-1}s^{n-1} + ... + a_1 s + a_0} \tag{9-20}$$

$$Y(s)[s^n + a_{n-1}s^{s-1} + \cdots + a_1 s + a_0] = U(s)[b_n s^n + b_{n-1}s^{n-1} + \cdots + b_1 s + b_0]$$

$$s^n Y(s) + a_{n-1}s^{n-1}Y(s) + \cdots + a_1 s\,Y(s) + a_0 Y(s)$$
$$- b_n s^n U(s) - b_{n-1}s^{n-1}U(s) - \cdots - b_1 s\,U(s) - b_0 U(s) = 0$$

같은 차수항으로 묶으면 다음과 같다.

$$s^n[Y(s) - b_n U(s)] + s^{n-1}[a_{n-1}Y(s) - b_{n-1}U(s)] + \cdots$$
$$+ s[a_1 Y(s) - b_1 U(s)] + a_0 Y(s) - b_0 U(s) = 0 \tag{9-21}$$

전체식에서 최고차수 항 s^n으로 나누고 정리하면 다음과 같다.

$$Y(s) - b_n U(s) + \frac{1}{s}[a_{n-1}Y(s) - b_{n-1}U(s)] + \cdots$$
$$+ \frac{1}{s^{n-1}}[a_1 Y(s) - b_1 U(s)] + \frac{1}{s^n}[a_0 Y(s) - b_0 U(s)] = 0$$

$$\therefore Y(s)=b_n U(s)+\frac{1}{s}[b_{n-1}U(s)-a_{n-1}Y(s)]+\cdots + \frac{1}{s^{n-1}}[b_1U(s)-a_1Y(s)]+\frac{1}{s^n}[b_0U(s)-a_0Y(s)] \qquad (9\text{-}22)$$

여기서, 상태변수를 가정하면 다음과 같다.

$$\begin{cases} X_1(s)=X(s) \\ X_2(s)=sX(s) \\ X_3(s)=s^2X(s) \\ \vdots \\ X_{n-1}(s)=s^{n-2}X(s) \\ X_n(s)=s^{n-1}X(s) \end{cases} \Rightarrow \begin{cases} sX(s)=X_2(s) \\ sX_2(s)=X_3(s) \\ sX_3(s)=X_4(s) \\ \vdots \\ sX_{n-1}(s)=X_n(s) \\ sX_n(s)=X_{n+1}(s) \end{cases} \Rightarrow \begin{cases} \dot{x}_1=x_2 \\ \dot{x}_2=x_3 \\ \dot{x}_3=x_4 \\ \vdots \\ \dot{x}_{n-1}=x_n \\ \dot{x}_n=x_{n+1} \end{cases}$$

출력식은 상태변수를 도입하여 다음과 같이 가정한다.

$$\begin{cases} X_1(s)=\frac{1}{s}[b_0U(s)-a_0Y(s)] \\ X_2(s)=\frac{1}{s}[b_1U(s)-a_1Y(s)+X_1(s)] \\ \vdots \\ X_{n-1}(s)=\frac{1}{s}[b_{n-2}U(s)-a_{n-2}Y(s)+X_{n-2}(s)] \\ X_n(s)=\frac{1}{s}[b_{n-1}U(s)-a_{n-1}Y(s)+X_{n-1}(s)] \end{cases} \qquad (9\text{-}23)$$

(9-22)식은 $Y(s)=b_nU(s)+X_n(s)$로 볼 수 있다.

이 식을 (9-23)식에 대입하고 양변에 s를 곱하면 다음식을 얻을 수 있다.

$$\begin{aligned} sX_1(s)&=b_0U(s)-a_0Y(s)=b_0U(s)-a_0[b_nU(s)+X_n(s)] \\ &=-a_0X_n(s)+(b_0-a_0b_n)U(s) \\ sX_2(s)&=b_1U(s)-a_1Y(s)+X_1(s)=b_1U(s)-a_1[b_nU(s)+X_n(s)]+X_1(s) \\ &=X_1(s)-a_1X_n(s)+(b_1-a_1b_n)U(s) \\ &\vdots \\ sX_{n-1}(s)&=b_{n-2}U(s)-a_{n-2}Y(s)+X_{n-2}(s) \\ &=b_{n-2}U(s)-a_{n-2}[b_nU(s)+X_n(s)]+X_{n-2}(s) \\ &=X_{n-2}(s)-a_{n-2}X_n(s)+(b_{n-2}-a_{n-2}b_n)U(s) \end{aligned} \qquad (9\text{-}24)$$

$$\begin{aligned} sX(s) &= b_{n-1}U(s) - a_{n-1}Y(s) + X_{n-1}(s) \\ &= b_{n-1}U(s) - a_{n-1}[b_n U(s) + X_n(s)] + X_{n-1}(s) \\ &= X_{n-1}(s) - a_{n-1}X_n(s) + (b_{n-1} - a_{n-1}b_n)U(s) \end{aligned}$$

(9-24)식을 라플라스 역변환하고 정리하면 다음과 같다.

$$\begin{aligned} \dot{x}_1 &= -a_0 x_n + (b_0 - a_0 b_n)u \\ \dot{x}_2 &= x_1 - a_1 x_n + (b_1 - a_1 b_n)u \\ &\vdots \\ \dot{x}_{n-1} &= x_{n-2} - a_{n-2}x_n + (b_{n-2} - a_{n-2}b_n)u \\ \dot{x}_n &= x_{n-1} - a_{n-1}x_n + (b_{n-1} - a_{n-1}b_n)u \end{aligned} \tag{9-25}$$

상태방정식과 출력방정식으로 나타내면 다음과 같다.

$$\begin{vmatrix} \dot{x}_1 \\ \dot{x}_2 \\ \vdots \\ \dot{x}_{n-1} \\ \dot{x}_n \end{vmatrix} = \begin{vmatrix} 0 & 0 & 0 & \cdots & -a_0 \\ 1 & 0 & 0 & \cdots & -a_1 \\ \vdots & \vdots & \vdots & & \vdots \\ 0 & 0 & 0 & & -a_{n-2} \\ 0 & 0 & 1 & \cdots & -a_{n-1} \end{vmatrix} \begin{vmatrix} \dot{x}_1 \\ \dot{x}_2 \\ \vdots \\ \dot{x}_{n-1} \\ \dot{x}_n \end{vmatrix} + \begin{bmatrix} b_0 - a_0 b_0 \\ b_1 - a_1 b_n \\ b_{n-2}a_{n-1}b_n \\ \vdots \\ b_{n-1} - a_{n-1}b_n \end{bmatrix} u$$

$$Y(s) = X_n(s) + b_n U(s),$$

$$y = x_n + b_n u = [0 \quad 0 \quad 0 \cdots \quad 1] \begin{bmatrix} x_1 \\ x_2 \\ \vdots \\ x_{n-1} \\ x_n \end{bmatrix} + b_n u \tag{9-26}$$

예제 9-8 다음 전달함수를 가관측성 표준형으로 나타내어라.

$$\frac{Y(s)}{U(s)} = \frac{s^2 + s + 3}{s^3 + 2s^2 + 3s + 4}$$

풀이 식을 전개하여 나타내면 다음과 같다.

$$Y(s)[s^3+2s^2+3s+4] = U(s)[s^2+s+3]$$
$$s^3Y(s)+2s^2Y(s)+3sY(s)+4Y(s)-s^2U(s)-sU(s)-3U(s)=0$$
$$s^3Y(s)+s^2[2Y(s)-U(s)]+s[3Y(s)-U(s)]+4Y(s)-3U(s)=0$$

위 식을 최고 차수항 s^3으로 나누어 정리하면 다음과 같다.

$$Y(s)+\frac{1}{s}[2Y(s)-2U(s)]+\frac{1}{s^2}[3Y(s)-U(s)]+\frac{1}{s^3}[4Y(s)-3U(s)]=0$$
$$Y(s)=\frac{1}{s}[U(s)-2Y(s)]+\frac{1}{s^2}[U(s)-3Y(s)]+\frac{1}{s^3}[3U(s)-4Y(s)]$$

여기서 상태변수를 다음과 같이 가정하자.

$$\begin{cases} X_1(s)=\frac{1}{s}[3U(s)-4Y(s)] \\ X_2(s)=\frac{1}{s}[U(s)-3Y(s)+X_1(s)] \\ X_3(s)=\frac{1}{s}[U(s)-2Y(s)+X_2(s)] \end{cases}$$

출력식은 $Y(s)=X_3(s)$이다.
위에서 가정한 상태변수에 양변에 s 를 곱하고 Y(s)를 대입하면 다음과 같다.

$$\begin{cases} sX_1(s)=[3U(s)-4Y(s)]=3U(s)-4X_3(s) \\ sX_2(s)=[U(s)-3Y(s)+X_1(s)]=U(s)-3X_3(s)+X_1(s) \\ sX_3(s)=[U(s)-2Y(s)+X_2(s)]=U(s)-2X_3(s)+X_2(s) \end{cases}$$

이 식을 다시 라플라스 역변환하면 다음과 같다.

$$\begin{cases} \dot{x}_1=-4x_3+3u \\ \dot{x}_2=x_1-3x_3+u \\ \dot{x}_3=x_2-2x_3=u \end{cases}$$

따라서 상태방정식과 출력방정식은 다음과 같다.

$$\begin{bmatrix} \dot{x}_1 \\ x_2 \\ x_3 \end{bmatrix} = \begin{bmatrix} 0 & 0 & -4 \\ 1 & 0 & -3 \\ 0 & 1 & -2 \end{bmatrix} \begin{bmatrix} x_1 \\ x_2 \\ x_3 \end{bmatrix} + \begin{bmatrix} 3 \\ 1 \\ 1 \end{bmatrix} u$$

$$Y(s) = X_3(s), \qquad y = x_3 = [0 \quad 0 \quad 1] \begin{bmatrix} x_1 \\ x_2 \\ x_3 \end{bmatrix}$$

③ 대각화 표준형

다음과 같은 전달함수 시스템을 고려해보자.

$$\frac{Y(s)}{U(s)} = \frac{b_0 s^n + b_1 s^{n-1} + \cdots\cdots + b_{n-1} s + b_n}{(s+p_1)(s+p_2)\cdots\cdots(s+p_n)} \tag{9-27}$$

$$= b_0 + \frac{c_1}{s+p_1} + \frac{c_2}{s+p_2} + \cdots\cdots + \frac{c_n}{s+p_n}$$

이 식은 다음과 같이 쓸 수 있다.

$$Y(s) = b_0 U(s) + \frac{c_1}{s+p_1} U(s) + \frac{c_2}{s+p_2} U(s) + \cdots\cdots + \frac{c_n}{s+p_n} U(s) \tag{9-28}$$

상태변수를 다음과 같이 가정한다.

$$\begin{cases} X_1(s) = \dfrac{1}{s+p_1} U(s) \\ X_2(s) = \dfrac{1}{s+p_2} U(s) \\ \quad \vdots \\ X_n(s) = \dfrac{1}{s+p_n} U(s) \end{cases}$$

다시 위의 식을 다시 변형하면 다음과 같다.

$$\begin{cases} sX_1(s) = -p_1 X_1(s) + U(s) \\ sX_2(s) = -p_2 X_2(s) + U(s) \\ \quad \vdots \\ sX_n(s) = -p_n X_n(s) + U(s) \end{cases}$$

이 식을 라플라스 역변환하면 다음과 같다.

$$\begin{cases} \dot{x}_1 = -p_1 x_1 + u \\ \dot{x}_2 = -p_2 x_2 + u \\ \quad \vdots \\ \dot{x}_n = -p_n x_n + u \end{cases}$$

그리고 상태변수를 도입하여 출력식을 나타내면 다음과 같다.

$$Y(s) = b_0 U(s) + c_1 X_1(s) + c_2 X_2(s) + \cdots\cdots + c_n X_n(s) \tag{9-29}$$

다시 라플라스 역변환하면 다음과 같은 출력식이 얻어진다.

$$y = c_1 x_1 + c_2 x_2 + \cdots\cdots + c_n x_n + b_0 u$$

그리고 다음과 같은 상태공간 표현식을 얻는다.

$$\begin{bmatrix} \dot{x}_1 \\ \dot{x}_2 \\ \vdots \\ x_n \end{bmatrix} = \begin{bmatrix} -p_1 & & & 0 \\ & -p_2 & & \\ & & \ddots & \\ 0 & & & -p_n \end{bmatrix} \begin{bmatrix} x_1 \\ x_2 \\ \vdots \\ x_n \end{bmatrix} + \begin{bmatrix} 1 \\ 1 \\ \vdots \\ 1 \end{bmatrix} u$$

$$y = [c_1 \quad c_2 \cdots\cdots c_n] \begin{bmatrix} x_1 \\ x_2 \\ \vdots \\ x_n \end{bmatrix} = b_0 u \tag{9-30}$$

④ **Jordan 표준형**

다음과 형태의 전달함수를 고려해 보자.

분모의 해가 다중근을 갖는 경우는 Jordan 정준형으로 나타낸다.

$$\frac{Y(s)}{U(s)} = \frac{b_0 s^n + b_1 s^{n-1} + \cdots\cdots + b_{n-1} s + b_n}{(s+p_1)^3 (s+p_4)(s+p_5) \cdots\cdots (s+p_n)} \tag{9-31}$$

위의 식을 부분분수로 전개하면 다음과 같다.

$$\frac{Y(s)}{U(s)} = b_0 + \frac{c_1}{(s+p_1)^3} + \frac{c_2}{(s+p_1)^2} + \frac{c_3}{(s+p_1)} + \frac{c_4}{(s+p_4)} + \cdots\cdots + \frac{c_n}{s+p_n} \tag{9-32}$$

이 식을 다시 쓰면 다음과 같다.

$$Y(s) = b_0 U(s) + \frac{c_1}{(s+p_1)^3} U(s) + \frac{c_2}{(s+p_1)^2} U(s) + \frac{c_3}{s+p_1} U(s) \tag{9-33}$$

$$+ \frac{c_4}{s+p_4} U(s) + \cdots\cdots + \frac{c_n}{s+p_n} U(s)$$

상태변수를 다음과 같이 가정한다.

$$\begin{aligned} X_1(s) &= \frac{1}{(s+p_1)^3} U(s) \\ X_2(s) &= \frac{1}{(s+p_1)^2} U(s) \\ X_3(s) &= \frac{1}{s+p_1} U(s) \\ X_4(s) &= \frac{1}{s+p_4} U(s) \\ &\vdots \\ X_n(s) &= \frac{1}{s+p_n} U(s) \end{aligned}$$

$X_1(s), X_2(s)$와 $X_3(s)$사이의 다음과 같은 관계로 다음 식을 얻는다.

$$\frac{X_1(s)}{X_2(s)} = \frac{1}{s+p_1} \quad , \frac{X_2(s)}{X_3(s)} = \frac{1}{s+p_1} \tag{9-34}$$

$$\begin{aligned} sX_1(s) &= -p_1 X_1(s) + X_2(s) \\ sX_2(s) &= -p_1 X_2(s) + X_3(s) \\ sX_3(s) &= -p_1 X_3(s) + U(s) \\ sX_4(s) &= -p_4 X_4(s) + U(s) \\ &\vdots \\ sX_n(s) &= -p_n X_n(s) + U(s) \end{aligned}$$

이 식을 라플라스 역변환하면 다음과 같다.

$$\begin{aligned} \dot{x}_1 &= -p_1 x_1 + x_2 \\ \dot{x}_2 &= -p_1 x_2 + x_3 \\ \dot{x}_3 &= -p_1 x_3 + u \\ \dot{x}_4 &= -p_4 x_4 + u \\ &\vdots \\ \dot{x}_n &= -p_n x_n + u \end{aligned}$$

그리고 출력방정식은 다음과 같다.

$$Y(s)=b_0U(s)+c_1X_1(s)+c_2X_2(s)+c_3X_3(s)+c_4X_4(s)+\cdots\cdots+c_nX_n(s) \tag{9-35}$$

위의 출력식을 라플라스 역변환하면 다음과 같다.

$$y=c_1x_1+c_2x_2+c_3x_3+c_4x_4+\cdots\cdots+c_nx_n+b_0u \tag{9-36}$$

상태방식과 출력식은 다음과 같다.

$$\begin{bmatrix}\dot{x}_1\\ \dot{x}_2\\ \dot{x}_3\\ \vdots\\ \dot{x}_n\end{bmatrix}=\begin{bmatrix}-p_1 & 1 & 0 & \vdots & 0 & & 0\\ 0 & -p_1 & 1 & \vdots & & & \\ 0 & 0 & -p_1 & \vdots & 0 & & 0\\ \cdots & \cdots & \cdots & \vdots & \cdots & \cdots & \cdots\\ 0 & & 0 & \vdots & -p_4 & & \\ & & & \vdots & & \ddots & \\ 0 & & 0 & \vdots & 0 & & -p_n\end{bmatrix}\begin{bmatrix}x_1\\ x_2\\ x_3\\ \vdots\\ x_n\end{bmatrix}+\begin{bmatrix}0\\ 0\\ 1\\ 1\\ \vdots\\ 1\end{bmatrix}u \qquad y=[c_1 \quad c_2 \quad \cdots\cdots c_n]\begin{bmatrix}x_1\\ x_2\\ x_3\\ \vdots\\ x_n\end{bmatrix} \tag{9-37}$$

예제 9-9 다음과 같은 전달함수를 가제어성 표준형, 가관측성 표준형 대각화 표준형으로 표현하라.

$$\frac{Y(s)}{U(s)}=\frac{s+3}{s^2+3s+2}$$

풀이

1) 가제어성 표준형

$$\frac{Y(s)}{s+3}=\frac{U(s)}{s^2+3s+2}=X(s)$$

$$Y(s)=sX(s)+3X(s)$$
$$U(s)=s^2X(s)+3sX(s)+2X(s)$$

$$s^2X(s)=-2x(s)-3X(s)+U(s)$$

상태변수

$$\begin{cases}X_1(s)=X(s)\\ X_2(s)=sX(s)\\ X_3(s)=s^2X(s)\end{cases} \quad \begin{cases}sX_1(s)=X_2(s)\\ sX_2(s)=X_3(s)=-2X_1(s)-3X_2(s)+U(s)\\ X_3(s)=-2X_1(s)-3X_2(s)+U(s)\end{cases}$$

$$\begin{cases}\dot{x}_1=x_2\\ \dot{x}_2=-2x_1-3x_2+u\end{cases}$$

상태방정식, 출력식

$$\begin{bmatrix} \dot{x}_1 \\ \dot{x}_2 \end{bmatrix} = \begin{bmatrix} 0 & 1 \\ -2 & -3 \end{bmatrix} \begin{bmatrix} x_1 \\ x_2 \end{bmatrix} + \begin{bmatrix} 0 \\ 1 \end{bmatrix} u$$

$$Y(s) = X_2(s) + 3X_1(s) \ , \ y = [3 \quad 1] \begin{bmatrix} x_1 \\ x_2 \end{bmatrix}$$

$$y = 3x_1 + x_2$$

2) 가관측성 표준형

$$Y(s)[s^2 + 3s + 2] = U(s)[s+3]$$

$$s^2 Y(s) + 3s\,Y(s) + 2\,Y(s) - s\,U(s) - 3\,U(s) = 0$$

$$s^2 Y(s) + s[3\,Y(s) - U(s)] + 2\,Y(s) - 3\,Y(s) = 0$$

최고 차수항으로 나누면 다음과 같다.

$$Y(s) + \frac{1}{s}[3\,Y(s) - U(s)] + \frac{1}{s^2}[2\,Y(s) - 3\,U(s)] = 0$$

$$Y(s) = \frac{1}{s}[U(s) - 3\,Y(s)] + \frac{1}{s^2}[3\,U(s) - 2\,Y(s)]$$

$$\begin{cases} X_1(s) = \dfrac{1}{s}[3\,U(s) - 2\,Y(s)] \\ X_2(s) = \dfrac{1}{s}[U(s) - 3\,Y(s) + X_1(s)] \end{cases}$$

$$\begin{cases} sX_1(s) = 3\,U(s) - 2\,Y(s) = 3\,U(s) - 2X_2(s) \\ sX_2(s) = U(s) - 3X_2(s) + X_1(s) \end{cases}$$

$$Y(s) = X_2(s)$$

$$\begin{cases} \dot{x}_1 = -2x_2 + 3u \\ \dot{x}_2 = x_1 - 3x_2 + u \end{cases} \quad y = x_2$$

$$\begin{bmatrix} \dot{x}_1 \\ \dot{x}_2 \end{bmatrix} = \begin{bmatrix} 0 & -2 \\ 1 & -3 \end{bmatrix} \begin{bmatrix} x_1 \\ x_2 \end{bmatrix} + \begin{bmatrix} 3 \\ 1 \end{bmatrix} u \quad y = [0 \quad 1] \begin{bmatrix} x_1 \\ x_2 \end{bmatrix}$$

3) 대각화 표준형

부분분수로 전개하면 다음과 같다.

$$\frac{Y(s)}{U(s)}=\frac{s+3}{s^2+3s+2}=\frac{2}{s+1}+\frac{-1}{s+2}$$

이 식을 다음과 같이 쓸 수 있다.

$$Y(s)=\frac{2}{s+1}U(s)+\frac{-1}{s+2}U(s)=2X_1(s)-X_2(s)$$

상태변수

$$\begin{cases}X_1(s)=\dfrac{1}{s+1}U(s)\\ X_2(s)=\dfrac{1}{s+2}U(s)\end{cases}\qquad \begin{cases}sX_1(s)=-X_1(s)+U(s)\\ sX_2(s)=-X_2(s)+U(s)\end{cases}\qquad \begin{cases}\dot{x}_1=-x_1+2u\\ \dot{x}_2=-2x_2-u\end{cases}$$

상태공간 표현식

$$\begin{bmatrix}\dot{x}_1\\ \dot{x}_2\end{bmatrix}=\begin{bmatrix}-1 & 0\\ 0 & -2\end{bmatrix}\begin{bmatrix}x_1\\ x_2\end{bmatrix}+\begin{bmatrix}1\\ 1\end{bmatrix}u \qquad y=2x_1-x_2=[2\quad -1]\begin{bmatrix}x_1\\ x_2\end{bmatrix}$$

미분방정식으로 표현되는 시스템을 다음과 같은 프로그램으로 구하는 방법에 대해 알아보자.

전달함수는 다음과 같이 표현된다.

$$\frac{Y(s)}{U(s)}=\frac{s\text{의 분자다항식}}{s\text{의 분모다항식}}=\frac{num}{den}$$

이 전달함수로의 변환하는 명령어는 상태공간표현식을 구하게 된다.

$$[A,B,C,D]=tf2ss(num,den)$$

예제 9-10 다음과 같은 전달함수를 상태공간으로 표현하라.

$$\frac{Y(s)}{U(s)}=\frac{s}{(s+10)(s^2+4s+16)}=\frac{s}{s^3+14s^2+56s+160}$$

풀이

```
C>num=[2 0];
C>den= [1 5 7 3];
C>[A,B,C,D]=tf2ss(num,den)
        A =
              -5          -7          -3
               1           0           0
               0           1           0
        B =
```

0
0
C =
0 2 0
D =
0

따라서 상태공간 표현식은 다음과 같다.

$$\begin{vmatrix} \dot{x}_1 \\ \dot{x}_2 \\ \dot{x}_3 \end{vmatrix} = \begin{vmatrix} -5 & -7 & -3 \\ 1 & 0 & 0 \\ 0 & 1 & 0 \end{vmatrix} \begin{vmatrix} x_1 \\ x_2 \\ x_3 \end{vmatrix} + \begin{vmatrix} 1 \\ 0 \\ 0 \end{vmatrix} u$$

$$y = \begin{bmatrix} 0\,2\,0 \end{bmatrix} \begin{vmatrix} x_1 \\ x_2 \\ x_3 \end{vmatrix} + |0| u$$

3) 가제어성과 가관측성

① 가제어성(controllability)

어떤 제어시스템의 제어가 가능한지를 나타내는 척도가 제어가능성이다. 어떤 제어시스템의 초기상태 $x(0)$를 다른 상태변수 $x(t)$로 이동할 수 있다면 제어입력 $u(t)$가 존재하여 그 시스템은 제어가 가능하다.

선형 시불변 시스템의 상태방정식과 출력식은 다음과 같다고 고려해 보자.

$$\frac{dx(t)}{dt} = Ax(t) + Bu(t)$$

$$y(t) = Cx(t) + Du(t)$$

여기서, $x(t)$는 $n \times 1$ 상태벡터, $u(t)$, $y(t)$ 는 입력과 출력, A는 $n \times n$계수행렬

위의 식이 제어가능한지를 확인하는 방법으로 다음과 같은 행렬의 랭크를 확인하여 시스템의 제어가능성을 찾아낸다.

가제어성 행렬은 정방행렬로서 행렬식이 0이 아니어야 한다. 즉, $\det(rank) \neq 0$

$$rank = [B \quad AB \quad A^2B \quad \cdots\cdots \quad A^{n-1}B] \tag{9-38}$$

간단하게 복잡한 행렬은 쉽게 프로그램을 이용하여 구할 수 있다.

```
C>rank =[B A*B A^2*B]
```

그리고 행렬의 전개식은 다음과 같다.

```
C>det(rank)
```

예제 9-11 다음과 같은 시스템의 가제어성을 조사하라.

1) $\begin{bmatrix} \dot{x}_1 \\ \dot{x}_2 \end{bmatrix} = \begin{bmatrix} -1 & 0 \\ 0 & -2 \end{bmatrix} \begin{bmatrix} x_1 \\ x_2 \end{bmatrix} + \begin{bmatrix} 1 \\ 1 \end{bmatrix} u$ 2) $\begin{bmatrix} \dot{x}_1 \\ \dot{x}_2 \\ \dot{x}_3 \end{bmatrix} = \begin{bmatrix} 0 & 1 & 0 \\ 0 & 0 & 1 \\ -4 & -3 & -2 \end{bmatrix} \begin{bmatrix} x_1 \\ x_2 \\ x_3 \end{bmatrix} + \begin{bmatrix} 0 \\ 0 \\ 1 \end{bmatrix} u$

풀이

1) $AB = \begin{vmatrix} -1 & 0 \\ 0 & -2 \end{vmatrix} \begin{vmatrix} 1 \\ 1 \end{vmatrix} = \begin{vmatrix} -1 \\ -2 \end{vmatrix}$, $rank = [B \quad AB] = \begin{vmatrix} 1 & -1 \\ 1 & -2 \end{vmatrix} = -1$

이 시스템은 가제어성이다.

2) $AB = \begin{vmatrix} 0 & 1 & 0 \\ 0 & 0 & 1 \\ -4 & -3 & -2 \end{vmatrix} \begin{vmatrix} 0 \\ 0 \\ 1 \end{vmatrix} = \begin{vmatrix} 0 \\ 1 \\ -2 \end{vmatrix}$, $A^2 = \begin{vmatrix} 0 & 1 & 0 \\ 0 & 0 & 1 \\ -4 & -3 & -2 \end{vmatrix} \begin{vmatrix} 0 & 1 & 0 \\ 0 & 0 & 1 \\ -4 & -3 & -2 \end{vmatrix} = \begin{vmatrix} 0 & 0 & 0 \\ -4 & -3 & -2 \\ 8 & 2 & 1 \end{vmatrix}$

$A^2B = \begin{vmatrix} 0 & 0 & 1 \\ -4 & -3 & -2 \\ 8 & 2 & 1 \end{vmatrix} \begin{vmatrix} 0 \\ 0 \\ 1 \end{vmatrix} = \begin{vmatrix} 0 \\ -2 \\ 1 \end{vmatrix}$, $rank = [B \ AB \quad A^2B] = \begin{vmatrix} 0 & 0 & 1 \\ 0 & 1 & -2 \\ 1 & -2 & 1 \end{vmatrix} = -1$

이 시스템은 가제어성이다.

C>A=[-1 0;0 -2]; C>B=[1;1]; C>r=[B A*B]; C>det(r) ans = -1	C>A=[0 1 0;0 0 1;-4 -3 -2]; C>B=[0;0;1]; C>r=[B A*B A^2*B]; C>det(r) ans = -1

② 가관측성(observability)

출력과 상태변수와의 관계를 나타내는 것으로서 어느 일정시간 동안 상태변수 $x(t)$를 측정할 수 있는지의 척도가 가관측성이다. 어떤 시스템이 각 상태에 의해서 나타나는 출력 $y(t)$를 관측할 수 있다면 관측이 가능하다.

즉, 주어진 시간에 출력값으로 부터 초기상태 $x(0)$를 측정할 수 있으면 관측이 가능하다.

따라서 가관측성도 가능한지를 확인하는 방법은 다음식과 같이 찾아낼 수 있다.

가관측성도 행렬식이 0이 아니어야 한다. 즉, $\det(Q) \neq 0$

$$Q = \begin{bmatrix} C \\ CA \\ \vdots \\ CA^{n-1} \end{bmatrix} \tag{9-39}$$

예제 9-12 다음과 같은 시스템의 가관측성을 조사하라.

1) $A = \begin{vmatrix} 0 & 1 \\ -2 & -3 \end{vmatrix} \quad B = \begin{vmatrix} 0 \\ 1 \end{vmatrix} \quad C = |1\ 1| \quad D = 0$

2) $A = \begin{vmatrix} 0 & 1 & 0 \\ 0 & 0 & 1 \\ -2 & -1 & -5 \end{vmatrix} \quad B = \begin{vmatrix} 0 \\ 1 \\ 1 \end{vmatrix} \quad C = |1\ 0\ 0| \quad D = 0$

풀이

1) $CA = |1\ \ 1| \begin{vmatrix} 0 & 1 \\ -2 & -3 \end{vmatrix} = |-2\ \ -2| \quad Q = \begin{vmatrix} C \\ CA \end{vmatrix} = \begin{vmatrix} 1 & 1 \\ -2 & -2 \end{vmatrix} = 0$

이 시스템은 가관측성이 아니다.

2) $CA = |1\ \ 0\ \ 0| \begin{vmatrix} 0 & 1 & 0 \\ 0 & 0 & 1 \\ -2 & -1 & -5 \end{vmatrix} = |0\ \ 1\ \ 0| \quad CA^2 = |1\ \ 0\ \ 0| \begin{vmatrix} 0 & 0 & 1 \\ -2 & -1 & -5 \\ 10 & 3 & 24 \end{vmatrix} = |0\ \ 0\ \ 1|$

$$Q = \begin{vmatrix} C \\ CA \\ CA^2 \end{vmatrix} = \begin{vmatrix} 1 & 0 & 0 \\ 0 & 1 & 0 \\ 0 & 0 & 1 \end{vmatrix} = 1$$

이 시스템은 가관측성이다.

C>A=[0 1;-2 -3]; C>C=[1 1] C>Q=[C;C*A]; C>det(Q) ans = 0	C>A=[0 1 0;0 0 1;-2 -1 -5]; C>C=[1 0 0]; C>Q=[C;C*A;C*A^2] C>det(Q) ans = 1

9.3 특성방정식, 고유값, 고유벡터

1) 특성방정식

특성방정식을 얻는 방법에는 고전적인 방법인 전달함수로부터 구하는 방법과 상태방정식으로부터 얻는 방법이 있다.

① 전달함수로부터 얻는 특성방정식

전달함수가 다음과 같은 다항식이 있다.

$$G(s) = \frac{b_m s^m + b_{m-1} s^{m-1} + \cdots + b_1 s + b_0}{s^n + a_{n-1} s^{n-1} + \cdots + a_1 s + a_0} \tag{9-40}$$

이 전달함수에서 특성방정식은 분모 = 0으로 놓으면 특성방정식이 된다.

예제 9-13 다음과 같은 전달함수에서 특성방정식을 구하라.

$$\frac{Y(s)}{U(s)} = \frac{1}{s^3 + 5s^2 + s + 2}$$

풀이 특성방정식은 분모=0 이므로 다음과 같다.

$$s^3 + 5s^2 + s + 2 = 0$$

② 상태방정식으로 부터의 특성방정식

상태방정식과 특성방정식이 다음과 같다고 고려해 보자.

$$\dot{x}(t) = Ax(t) + Bu(t) \tag{9-41}$$

$$y(t) = Cx(t) + Du(t)$$

이 식의 양변에 라플라스 변환을 취하고 $X(s)$에 대해 풀면 다음 식을 얻을 수 있다.

$$sX(s) - x(0) = AX(s) + BU(s) \tag{9-42}$$

$$X(s)[sI - A] = x(0) + BU(s)$$

$$X(s) = (sI - A)^{-1} x(0) + (sI - A)^{-1} BU(s)$$

여기서, 초기값이 $x(0) = 0$라 하면

$$X(s) = (sI - A)^{-1}BU(s)$$

이다. 출력식은 다음과 같다.

$$\begin{aligned} Y(s) &= CX(s) + DU(s) \\ &= C(sI-A)^{-1}BU(s) + DU(s) \\ &= [C(sI-A)^{-1}B + D]U(s) \end{aligned} \tag{9-43}$$

위 식에서 전달함수를 구하면 다음과 같다.

$$\frac{Y(s)}{U(s)} = C(sI-A)^{-1}B + D \text{ 또는 } \frac{Cadj(sI-A)B}{|sI-A|} + D$$

따라서 이 식에서 분모=0으로 놓으면 다음과 같은 특성방정식을 얻는다.

$$|sI - A| = 0 \tag{9-44}$$

상태행렬(A)가 주어질 때 프로그램으로 특성방정식을 구하는 방법은 다음과 같다.

poly(A)

예제 9-14 다음과 같은 A 행렬이 주어질 때 특성방정식을 구하라.

$$A = \begin{vmatrix} 0 & 1 & 0 \\ 0 & 0 & 1 \\ -2 & -1 & -5 \end{vmatrix}$$

풀이

$$|sI - A| = \begin{vmatrix} s & 0 & 0 \\ 0 & s & 0 \\ 0 & 0 & s \end{vmatrix} - \begin{vmatrix} 0 & 1 & 0 \\ 0 & 0 & 1 \\ -2 & -1 & -5 \end{vmatrix} = \begin{vmatrix} s & -1 & 0 \\ 0 & s & -1 \\ 2 & 1 & s+5 \end{vmatrix}$$

$$= s^3 + 5s^2 + s + 2 = 0$$

```
C>A=[0 1 0;0 0 1; -2 -1 -5];
C>poly(A)
        ans =
           1.0000     5.0000     1.0000     2.0000
```

2) 고유값 및 고유벡터

A가 n x n 행렬이고 이 때 영이 아닌 벡터 v에 대해서 Av가 v의 스칼라 배이면 즉 어떤 스칼라 s에 대해서도 $Av = sv$가 성립할 때 s와 v를 각각 행렬 A에 대한 **고유값과 고유벡터(eigen vector)**라 한다. 고유값은 특성방정식의 근 또는 앞의 장에서 극점과 같은 의미이다.

$$Av = sv$$

또는 $(sI - A)v = 0$ (9-45)

s의 고유값이 되기위해서는 이 방정식이 0이 아닌 해가 존재해야 한다. 고유벡터는 상사(相似)변환이다.

고유값의 불변성

$|sI - A|$ 와 $|sI - T^{-1}AT|$ 가 동일함

$$|sI - T^{-1}AT| = |sT^{-1}T - T^{-1}AT|$$
$$= |T^{-1}(sI - A)T|$$
$$= |T^{-1}||s - A||T|$$
$$= |T^{-1}||T||s - A|$$
$$= |sI - A|$$

고유값(eigen value)

특성방정식의 근을 A의 고유값(eigen value)이라 한다.

즉, $|sI - A| = 0$의 근을 고유값 또는 특성근(극점)이라고도 한다.

예를 들어 다음과 같은 행렬 A를 고려해 보자.

$$A = \begin{vmatrix} 0 & 1 & 0 \\ 0 & 0 & 1 \\ -6 & -11 & -6 \end{vmatrix}$$

특성방정식은 다음과 같다.

$$|sI - A| = \begin{vmatrix} s & 0 & 0 \\ 0 & s & 0 \\ 0 & 0 & s \end{vmatrix} - \begin{vmatrix} 0 & 1 & 0 \\ 0 & 0 & 1 \\ -6 & -11 & -6 \end{vmatrix} = \begin{vmatrix} s & -1 & 0 \\ 0 & s & -1 \\ 6 & 11 & s+6 \end{vmatrix}$$

$$= s^3 + 6s^2 + 11s + 6 = (s+1)(s+2)(s+3) = 0$$

A의 고유값은 -1, -2, -3 이다.

```
C>P=[1    6    11    6];
C>r= roots(P)
C>r=
     -3,0000, -2,0000, -1.0000
```

고유벡터(eigen vector)

만일 영이 아닌 벡터 v_i는 다음식과 같다.

$(s_iI-A)v_i=0$ 또는 $Av_i=s_iv_i$

여기서, $v_i\neq 0,\quad i=1,2,3,\cdots n$ 을 가질 때 윗 식을 만족하는 벡터 v_i를 s_i에 대한 고유벡터를 고려해보자.

$$\begin{vmatrix} a_{11} & a_{12} \\ a_{21} & a_{22} \end{vmatrix}\begin{vmatrix} V_{11} \\ V_{21} \end{vmatrix}=s_1\begin{vmatrix} V_{11} \\ V_{21} \end{vmatrix} \quad \begin{cases} a_{11}V_{11}+a_{12}V_{21}=s_1V_{11} \\ a_{21}V_{11}+a_{22}V_{21}=s_1V_{21} \end{cases} \tag{9-46}$$

$$\begin{vmatrix} a_{11} & a_{12} \\ a_{21} & a_{22} \end{vmatrix}\begin{vmatrix} V_{12} \\ V_{22} \end{vmatrix}=s_2\begin{vmatrix} V_{12} \\ V_{22} \end{vmatrix} \quad \begin{cases} a_{11}V_{12}+a_{12}V_{22}=s_1V_{12} \\ a_{21}V_{12}+a_{22}V_{22}=s_1V_{22} \end{cases} \tag{9-47}$$

위 두 식을 조합하면 고유벡터는 다음과 같다.

$$T=\begin{vmatrix} V_{11} & V_{12} \\ V_{21} & V_{22} \end{vmatrix}$$

예제 9-15 다음과 같은 행렬의 고유벡터를 구하라.

$$A=\begin{vmatrix} 1 & 2 \\ -1 & 4 \end{vmatrix}$$

풀이 먼저 고유값을 구하면 다음과 같다.

$sI-A=\begin{vmatrix} s-1 & -2 \\ 1 & s-4 \end{vmatrix}=0$의 해를 구하면 다음과 같다.

$(s-1)(s-4)+2=s^2-5s+6=(s-2)(s-3)=0$

$\therefore s=2,3$이다.

고유벡터 $AV_i=s_iV_i$ 라 하면

$$\begin{vmatrix} 1 & 2 \\ -1 & 4 \end{vmatrix} \begin{vmatrix} V_{11} \\ V_{21} \end{vmatrix} = 2 \begin{vmatrix} V_{11} \\ V_{21} \end{vmatrix} \quad \begin{cases} V_{11} + 2V_{21} = 2V_{11} \\ -V_{11} + 4V_{21} = 2V_{21} \end{cases}$$

$$\begin{vmatrix} 1 & 2 \\ -1 & 4 \end{vmatrix} \begin{vmatrix} V_{12} \\ V_{22} \end{vmatrix} = 3 \begin{vmatrix} V_{12} \\ V_{22} \end{vmatrix} \quad \begin{cases} V_{12} + 2V_{22} = 3V_{12} \\ -V_{12} + 4V_{22} = 3V_{22} \end{cases}$$

위 두 식에서 $V_{11} = 2,\quad V_{21} = 1,\quad V_{12} = 1,\quad V_{22} = 1$ 이므로 고유벡터 T는 다음과 같다.

$$T = \begin{vmatrix} V_{11} & V_{12} \\ V_{21} & V_{22} \end{vmatrix} = \begin{vmatrix} 2 & 1 \\ 1 & 1 \end{vmatrix}$$

예제 9-16 다음과 같은 행렬의 고유벡터를 구하라.

$$A = \begin{vmatrix} -2 & 2 \\ -1 & 0 \end{vmatrix}$$

풀이 고유값

$$|sI - A| = \begin{vmatrix} s+2 & 2 \\ 1 & s \end{vmatrix} = s(s+2) + 2 = s^2 + 2s + 2 = 0$$

$$\therefore s = -1 \pm i$$

고유벡터

$$Av_i = s_i v_i$$

$$\begin{vmatrix} -2 & 2 \\ -1 & 0 \end{vmatrix} \begin{vmatrix} V_{11} \\ V_{21} \end{vmatrix} = -1+i \begin{vmatrix} V_{11} \\ V_{21} \end{vmatrix} \quad \begin{cases} -2V_{11} + 2V_{21} = (-1+i)V_{11} \\ -V_{11} = (-1+i)V_{21} \end{cases}$$

$$\therefore V_{11} = 1 - i,\ \ V_{21} = 1$$

$$\begin{vmatrix} -2 & 2 \\ -1 & 0 \end{vmatrix} \begin{vmatrix} V_{12} \\ V_{22} \end{vmatrix} = -1-i \begin{vmatrix} V_{12} \\ V_{22} \end{vmatrix} \quad \begin{cases} -2V_{12} + 2V_{22} = (-1+i)V_{12} \\ -V_{12} = (-1+i)V_{22} \end{cases}$$

$$\therefore V_{12} = 1 + i,\ \ V_{22} = 1$$

$$T = \begin{vmatrix} V_{11} & V_{12} \\ V_{21} & V_{22} \end{vmatrix} = \begin{vmatrix} 1-i & 1+i \\ 1 & 1 \end{vmatrix}$$

예제 9-17 다음과 전달함수의 고유값과 고유벡터를 구하라.

$$\frac{C(s)}{R(s)} = \frac{10}{s^2 + 3s + 2}$$

풀이 특성방정식에서 고유값을 구하면 다음과 같다.

$$|sI-A| = s^2+3s+2=0$$

$(s+1)(s+2)=0$ 에서 해는 s=-1, -2 이다. 따라서 고유값은 -1, -2이다.
그리고 전달함수에서 상태방정식과 출력식을 구하면 다음과 같다.

$$s^2C(s)+3C(s)+2C(s)=10R(s)$$

다시 미분방정식으로 표현하면 다음과 같다.

$$\frac{d^2c(t)}{dt^2}+3\frac{dc(t)}{dt}+2c(t)=10r(t)$$

여기서, 상태변수 $x_1(t)$, $x_2(t)$, $x_3(t)$를 가정하여 미분방정식은 다음과 같다.

$$\begin{cases} x_1(t)=c(t) \\ x_2(t)=\dfrac{dc(t)}{dt}=\dot{x}_1(t) \\ x_3(t)=\dfrac{d^2c(t)}{dt^2}=\dot{x}_2(t)=10r(t)-2c(t)-3\dfrac{dc(t)}{dt} \\ \qquad\qquad =10r(t)-2x_1(t)-3x_2(t) \end{cases}$$

$$\begin{cases} \dot{x}_1(t)=x_2(t) \\ \dot{x}_2(t)=-2x_1(t)-3x_2(t)+10r(t) \end{cases}$$

$$\begin{bmatrix} \dot{x_1}(t) \\ \dot{x_2}(t) \end{bmatrix} = \begin{bmatrix} 0 & 1 \\ -2 & -3 \end{bmatrix}\begin{bmatrix} x_1(t) \\ x_2(t) \end{bmatrix} + \begin{bmatrix} 0 \\ 10 \end{bmatrix} r(t) \quad c(t)=|1 \quad 0|\begin{bmatrix} x_1(t) \\ x_2(t) \end{bmatrix}$$

$$A=\begin{vmatrix} 0 & 1 \\ -2 & -3 \end{vmatrix}, \quad B=\begin{vmatrix} 0 \\ 10 \end{vmatrix} \quad C=|1 \quad 0|$$

고유벡터 $Av_i = s_i V_i$ 를 적용하면 다음과 같다.

$$\begin{vmatrix} 0 & 1 \\ -2 & -3 \end{vmatrix}\begin{vmatrix} V_{11} \\ V_{21} \end{vmatrix} = -1\begin{vmatrix} V_{11} \\ V_{21} \end{vmatrix} \qquad \begin{cases} V_{21}=-V_{11} \\ -2V_{11}-3V_{21}=-V_{21} \cdots\cdots ① \end{cases}$$

$$\begin{vmatrix} 0 & 1 \\ -2 & -3 \end{vmatrix} \begin{vmatrix} V_{12} \\ V_{22} \end{vmatrix} = -2 \begin{vmatrix} V_{12} \\ V_{22} \end{vmatrix} \qquad \begin{cases} V_{22} = -2V_{12} \\ -2V_{12} - 3V_{22} = -2V_{22} \cdots\cdots ② \end{cases}$$

①②식에서 $V_{11} = -1, \quad V_{21} = 1, \quad V_{12} = 1, \quad V_{22} = -2$ 이므로 고유벡터 T는 다음과 같다.

$$T = \begin{vmatrix} V_{11} & V_{12} \\ V_{21} & V_{22} \end{vmatrix} = \begin{vmatrix} -1 & 1 \\ 1 & -2 \end{vmatrix}$$

9.4 상태방정식의 해

상태방정식에서 응답을 구하는 방법에 대해 알아보자. 응답은 영입력 응답과 영상태 응답으로 다음과 같다.

응답(일반해) = 영입력 응답(초기조건 응답) + 영상태 응답(u(t)에 대한 응답)

상태방정식의 해를 구하는 방법은 상태천이 행렬식의 정의식을 이용한 방법, 라플라스 역변환에 의한 방법이 있다. 그리고 상태천이 행렬(e^{At})를 구하는 방법에는 A 의 대각화나 Jordan 표준형, Laplace 변환을 이용하는 방법, Sylvester의 보간법을 이용하는 것이 있다.

1) 상태천이 행렬식의 정의식을 이용한 방법

상태천이 행렬식으로부터 계산하는 방법으로 근사적인 계산을 할 때 자주 사용되는 방법이다. 먼저 동차 상태방정식[1)]의 해를 고려하고 다음에 비동차 상태방정식에 대 알아보자.

선형 시불변 시스템의 초기상태가 $t = t_0$ 또는 $x(t_0)$이면 상태방정식과 출력방정식은 다음 식과 같을 때 상태방정식의 해를 구해보자.

$$\dot{x}(t) = Ax(t) + Bu(t) \tag{9-48}$$

$$y(t) = Cx(t) + Du(t)$$

① 동차 상태방정식

영 입력($u(t) = 0$)이고 초기상태가 $x(0)$라 하면 동차 상태방정식은 다음과 같다.

$$\dot{x}(t) = Ax(t) \tag{9-49}$$

1) 동차 상태방정식 : $\dot{x} = Ax$ 비동차 상태방정식 : $\dot{x} = Ax + Bu$ 의 형태

이 상태방정식의 해를 구하여 보자.
이 식의 양변을 라플라스 변환하고 $X(s)$를 구하면 다음과 같다.

$$sX(s)-x(0)=AX(s)$$
$$(s-A)X(s)=x(0)$$
$$X(s)=(s-A)^{-1}x(0) \tag{9-50}$$

윗 식의 $X(s)$를 라플라스 역변환하여 해를 구할 수 있다.

$$x(t)=\mathcal{L}^{-1}[(sI-A)^{-1}]x(0)$$

또는 $x(t)=e^{At}x(0)$ (9-51)

그리고

$$(sI-A)^{-1}=\frac{I}{s}+\frac{A}{s^2}+\frac{A^2}{s^3}+\cdots$$

$(sI-A)^{-1}$의 라플라스 역변환은 다음과 같다.

$$\mathcal{L}^{-1}[(sI-A)^{-1}]=I+At+\frac{1}{2!}(At)^2+\frac{1}{3!}(At)^3+\cdots=e^{At}\text{(멱급수전개)}$$

따라서 $\dot{x}(t)$의 해는 다음과 같이 구해진다.

$$x(t)=e^{At}x(0)=\phi(t)x(0) \tag{9-52}$$

만일, $u(t)$가 존재한다면 다음과 같이 정의된다.

$$sX(s)-x(0)=AX(s)+BU(s)$$
$$X(s)=(sI-A)^{-1}x(0)+(sI-A)^{-1}BU(s)$$

이 식을 라플라스 역변환하면 다음과 같다.

$$x(t)=\mathcal{L}^{-1}[(sI-A)^{-1}]x(0)+\mathcal{L}^{-1}[(sI-A)^{-1}Bu(t)] \tag{9-53}$$
$$=\phi(t)x(0)+\phi(t)Bu(t)$$

여기서 $\phi(t)$를 상태천이 행렬이라 한다.

예제 9-18 다음 상태공간 행렬의 상태천이 행렬을 구하라.

$$\begin{bmatrix} \dot{x}_1 \\ \dot{x}_2 \end{bmatrix} = \begin{bmatrix} 0 & 1 \\ -3 & -4 \end{bmatrix} \begin{bmatrix} x_1 \\ x_2 \end{bmatrix}$$

풀이 $\phi(t) = e^{At} = \mathcal{L}^{-1}[sI-A]^{-1}$이므로

$$sI-A = \begin{bmatrix} s & 0 \\ 0 & s \end{bmatrix} - \begin{bmatrix} 0 & 1 \\ -3 & -4 \end{bmatrix} = \begin{bmatrix} s & -1 \\ 3 & s+4 \end{bmatrix}$$

$$(sI-A)^{-1} = \frac{1}{(s+1)(s+3)} \begin{bmatrix} s+4 & 1 \\ -3 & s \end{bmatrix} = \begin{bmatrix} \frac{3/2}{s+1} - \frac{1}{s+2} & \frac{1/2}{s+1} - \frac{1/2}{s+2} \\ \frac{-3/2}{s+1} + \frac{3/2}{s+2} & \frac{-1/2}{s+1} + \frac{3/2}{s+2} \end{bmatrix}$$

$$\mathcal{L}^{-1}(sI-A)^{-1} = \begin{bmatrix} \frac{3}{2}e^{-t} - \frac{1}{2}e^{-3t} & \frac{1}{2}e^{-t} - \frac{1}{2}e^{-3t} \\ -\frac{3}{2}e^{-t} + \frac{3}{2}e^{-3t} & -\frac{1}{2}e^{-t} + \frac{3}{2}e^{-3t} \end{bmatrix}$$

② 비동차 상태방정식

비동차 상태방정식의 해에 대해서도 알아보자.

일반해 =영입력 응답(초기조건 응답) + 영상태 응답(u(t)에 대항 응답)

비동차 상태방정식을 고려해 보자.

$$\dot{x}(t) = Ax(t) + Bu(t)$$

이 식의 해를 구하기 위해 식을 변형하면 다음과 같다.

$$\dot{x}(t) - Ax(t) = Bu(t)$$

다시 양변에 e^{-At}를 곱하면 다음과 같은 식이 얻어진다.[2)]

$$e^{-At}[\dot{x}(t) - Ax(t)] = \frac{d}{dt}e^{-At}x(t) - Ae^{-At}x(t) = \frac{d}{dt}[e^{-At}x(t)] = e^{-At}Bu(t)$$

윗식을 0에서 t까지 상승적분정리에 의해 적분하면

2) $[f(x)g(x)]' = f'(x)g(x) + f(x)g'(x)$이므로 $-Ae^{-At}x(t) + e^{-At}\frac{dx(t)}{dt} = \frac{d}{dt}[e^{-At}x(t)]$이다.

$$e^{-At}x(t)-x(0)=\int_0^t e^{-A\tau Bu(\tau)}d\tau$$

이고 해는 다음과 같다.

$$x(t)=e^{At}x(0)+\int_0^t e^{A(t-\tau)}Bu(\tau)d\tau \text{ 또는}$$

$$x(t)=\phi I(t)x(0)+\int_0^t \phi(t-\tau)Bu(\tau)d\tau \quad (9\text{-}54)$$

그리고 출력식은 다음과 같다.

$$y(t)=Cx(t)+Du(t)=Ce^{At}x(0)+\int_0^t Ce^{A(t-\tau)}Bu(\tau)d\tau+Du(t) \quad (9\text{-}55)$$

다시 정리하면 다음 식으로 정의 된다.

$$\begin{aligned} x(t) &= \phi I(t)x(0)+\int_0^t \phi I(t-\tau)Bu(\tau)d\tau \\ &= e^{At}x(0)+\int_0^t \phi I(t-\tau)Bu(\tau)d\tau \end{aligned}$$

$$\begin{aligned} y(t) &= C\phi I(t)x(0)+\int_0^t C\phi(t-\tau)Bu(\tau)d\tau+Du(t) \quad (9\text{-}56) \\ &= Ce^{At}x(0)+\int_0^t C\phi(t-\tau)Bu(\tau)d\tau+Du(t) \end{aligned}$$

예제 9-19 다음과 같은 동태방정식으로 주어지는 시스템의 상태천이 행렬을 구하고 $x(t)$를 구하라. 단, $u(t)=0,\ x(0)=[2\ \ 1]^{-T}$이다.

$$\dot{x}(t)=\begin{bmatrix} 0 & 1 \\ -2 & -3 \end{bmatrix}x(t)+\begin{bmatrix} 0 \\ 1 \end{bmatrix}u(t)$$

풀이 바로 위의 예제에서 구한 것을 대입하면 다음과 같다.

$$x(t)=\phi(t)x(0)=\begin{bmatrix} \frac{3}{2}e^{-t}-\frac{1}{2}e^{-3t} & \frac{1}{2}e^{-t}-\frac{1}{2}e^{-3t} \\ -\frac{3}{2}e^{-t}+\frac{3}{2}e^{-3t} & -\frac{1}{2}e^{-t}+\frac{3}{2}e^{-3t} \end{bmatrix}\begin{bmatrix} 2 \\ 1 \end{bmatrix}$$

$$=\begin{bmatrix} 3e^{-t}-e^{-3t}+\frac{1}{2}e^{-t}-\frac{1}{2}e^{-3t} \\ -3e^{-t}+3e^{-3t}-\frac{1}{2}e^{-t}+\frac{3}{2}e^{-3t} \end{bmatrix}=\begin{bmatrix} \frac{7}{2}e^{-t}-\frac{3}{2}e^{-3t} \\ -\frac{7}{2}e^{-t}+\frac{9}{2}e^{-3t} \end{bmatrix}$$

예제 9-20 위 예제에서 $u(t)=1$, $c(t)=[1 \quad 0]$일 때 응답 $x(t)$와 출력방정식을 구하라.

풀이 $\dot{x}(t)=Ax(t)+Bu(t)$는

$X(s)=(sI-A)^{-1}x(0)+(sI-A)^{-1}BU(s)$이므로

$$(sI-A)^{-1}BU(s)=\frac{1}{s^2+4s+3}\begin{bmatrix} s+4 & 1 \\ -3 & s \end{bmatrix}\begin{bmatrix} 0 \\ 1 \end{bmatrix}\frac{1}{s}=\begin{bmatrix} \dfrac{1}{s(s+1)(s+3)} \\ \dfrac{1}{(s+1)(s+3)} \end{bmatrix}$$

$$\mathcal{L}^{-1}[(sI-A)^{-1}BU(s)]=\mathcal{L}^{-1}\begin{bmatrix} \dfrac{1/3}{s}-\dfrac{1/2}{s+1}+\dfrac{1/6}{s+3} \\ \dfrac{1/2}{s+1}-\dfrac{1/2}{s+3} \end{bmatrix}$$

$$=\begin{bmatrix} 1/3u(t)-1/2e^{-t}+1/6e^{-3t} \\ 1/2e^{-t}-1/2e^{-3t} \end{bmatrix}$$

응답 $x(t)$와 출력은 다음과 같다.

$$x(t)=\phi(t)x(0)+\phi(t)Bu(t)$$

$$=\begin{bmatrix} 7/2e^{-t}-3/2e^{-3t} \\ -7/2e^{-t}+9/2e^{-3t} \end{bmatrix}+\begin{bmatrix} 1/3u(t)-1/2e^{-t}+1/6e^{-3t} \\ 1/2e^{-t}-1/2e^{-3t} \end{bmatrix}$$

$$=\begin{bmatrix} 1/3u(t)+3e^{-t}+4/3e^{-3t} \\ -3e^{-t}+4e^{-3t} \end{bmatrix}$$

$$y(t)=C\phi(t)x(0)=[1 \quad 0]\begin{bmatrix} 3/2e^{-t}+1/2e^{-3t} \\ -7/2e^{-t}-9/2e^{-3t} \end{bmatrix}=\frac{3}{2}e^{-t}+\frac{1}{2}e^{-3t}$$

2) 라플라스 역변환에 의한 방법

라플라스 역변환에 의해 계산하는 방법으로 A의 차원이 낮은 행렬을 구할 때 손으로 직접 계산할 수 있는 방법이다.

$$e^{At}=\mathcal{L}^{-1}[(sI-A)^{-1}] \tag{9-57}$$

상태방정식과 출력방정식이 다음과 같다고 정의하여 라플라스 변환하면 다음식과 같

이 주어진다.

$$\dot{x}(t) = Ax(t) + Bu(t) \qquad (9\text{-}58)$$
$$y(t) = Cx(t) + Du(t)$$

$\mathcal{L}\,[\dot{x}(t)] = sX(s) - x(0)$ 이므로

$$\mathcal{L}\,[\dot{x}_n(t)] = \begin{bmatrix} sX_1(s) - x_1(0) \\ sX_2(s) - x_2(0) \\ \vdots \\ sX_n(s) - x_n(0) \end{bmatrix} = s\begin{bmatrix} X_1(s) \\ X_2(s) \\ \vdots \\ X_n(s) \end{bmatrix} - \begin{bmatrix} x_1(0) \\ x_2(0) \\ \vdots \\ x_n(0) \end{bmatrix}$$

(9-58)식을 라플라스 변환하면 다음과 같다.

$$sX(s) - x(0) = AX(s) + BU(s)$$
$$Y(s) = CX(s) + DU(s)$$

$$X(s) = (sI - A)^{-1}x(0) + (sI - A)^{-1}BU(s) \qquad (9\text{-}59)$$
$$Y(s) = C[(sI - A)^{-1}x(0) + (sI - A)^{-1}BU(s)] + DU(s)$$
$$= C(sI - A)^{-1}x(0) + [C(sI - A)^{-1}B + D]U(s)$$

다시 역 라플라스변환하면 응답과 출력식은 다음과 같다.

$$\mathcal{L}^{-1}X(s) = \mathcal{L}^{-1}[(sI - A)^{-1}x(0) + (sI - A)^{-1}BU(s)]$$
$$x(t) = \phi(t)x(0) + \phi(t)Bu(t)$$
$$= e^{At}x(0) + e^{At}Bu(t)$$
$$x(t) = e^{At}x(0) + \int_0^t e^{A(t-\tau)}Bu(\tau)d\tau \quad (t \ge 0)$$
$$\mathcal{L}^{-1}Y(s) = \mathcal{L}^{-1}[C(sI - A)^{-1}x(0) + [C(sI - A)^{-1}B + D]U(s)]$$
$$y(t) = Ce^{At}x(0) + [Ce^{At}B + D]u(t)$$
$$= Ce^{At}x(0) + \int_0^t Ce^{A(t-\tau)}Bu(\tau)d\tau + Du(t) \qquad (t \ge 0)$$

(9-60)

예제 9-21 다음 미분방정식의 상태천이 행렬을 구하라.

$$\frac{d^2c(t)}{dt^2}+4\frac{dc(t)}{dt}+3c(t)=r(t)$$ 여기서, $r(t)=1$이다.

풀이 미분방정식에서 상태변수를 가정하고 상태방정식과 출력방정식은 다음과 같다.

$$\begin{cases} x_1(t)=c(t) \\ x_2(t)=\dfrac{dc(t)}{dt}=\dot{x}_1(t) \\ x_3(t)=\dfrac{d^2c(t)}{dt^2}=\dot{x}_2(t)=-3x_1(t)-4x_2(t)+r(t) \end{cases}$$

$$\begin{bmatrix}\dot{x}_1\\ \dot{x}_2\end{bmatrix}=\begin{bmatrix}0 & 1\\ -3 & -4\end{bmatrix}\begin{bmatrix}x_1\\ x_2\end{bmatrix}+\begin{vmatrix}0\\ 1\end{vmatrix}r \quad c(t)=|1 \quad 0|\begin{bmatrix}x_1\\ x_2\end{bmatrix} \quad A=\begin{bmatrix}0 & 1\\ -3 & -4\end{bmatrix} \quad B=\begin{bmatrix}0\\ 1\end{bmatrix}$$

$$(sI-A)=\left(\begin{bmatrix}s & 0\\ 0 & s\end{bmatrix}-\begin{bmatrix}0 & 1\\ -3 & -4\end{bmatrix}\right)=\begin{bmatrix}s & -1\\ 3 & s+4\end{bmatrix}$$

$$(sI-A)^{-1}=\frac{1}{s^2+4s+3}\begin{bmatrix}s+4 & 1\\ -3 & s\end{bmatrix}=\begin{bmatrix}\dfrac{3/2}{s+1}+\dfrac{-1/2}{s+3} & \dfrac{1/2}{s+1}+\dfrac{-1/2}{s+3}\\ \dfrac{-3/2}{s+1}+\dfrac{3/2}{s+3} & \dfrac{-1/2}{s+1}+\dfrac{3/2}{s+3}\end{bmatrix}$$

상태천이 행렬 $\phi(t)$는 다음과 같다.

$$\phi(t)=\mathcal{L}^{-1}[(sI-A)^{-1}]=\begin{bmatrix}\dfrac{3}{2}e^{-t}-\dfrac{1}{2}e^{-3t} & \dfrac{1}{2}e^{-t}-\dfrac{1}{2}e^{-3t}\\ -\dfrac{3}{2}e^{-t}+\dfrac{3}{2}e^{-3t} & -\dfrac{1}{2}e^{-t}+\dfrac{3}{2}e^{-3t}\end{bmatrix}$$

응답 $x(t)$는 다음과 같다.

$$\begin{aligned}x(t)&=\phi(t)x(0)+\int_0^t\phi(t-\tau)Bu(\tau)d\tau\\ &=e^{At}x(0)+\int_0^t e^{A(t-\tau)}Bu(\tau)d\tau\end{aligned}$$

$$x(t)=\begin{bmatrix} \frac{3}{2}e^{-t}-\frac{1}{2}e^{-3t} & \frac{1}{2}e^{-t}-\frac{1}{2}e^{-3t} \\ -\frac{3}{2}e^{-t}+\frac{3}{2}e^{-3t} & -\frac{1}{2}e^{-t}+\frac{3}{2}e^{-3t} \end{bmatrix}x(0)$$

$$+\int_0^t \begin{bmatrix} \frac{3}{2}e^{-(t-\tau)}-\frac{1}{2}e^{-3(t-\tau)} & \frac{1}{2}e^{-(t-\tau)}-\frac{1}{2}e^{-3(t-\tau)} \\ -\frac{3}{2}e^{-(t-\tau)}+\frac{3}{2}e^{-3(t-\tau)} & -\frac{1}{2}e^{-(t-\tau)}+\frac{3}{2}e^{-3(t-\tau)} \end{bmatrix}\begin{bmatrix} 0 \\ 1 \end{bmatrix}d\tau$$

다른 방법으로 제2항을 구하면 다음과 같다.

$$\mathcal{L}^{-1}[(sI-A)^{-1}BU(s)]=\mathcal{L}^{-1}\left\{\frac{1}{s^2+4s+3}\begin{bmatrix} s+4 & 1 \\ -3 & s \end{bmatrix}\begin{bmatrix} 0 \\ 1 \end{bmatrix}\frac{1}{s}\right\}$$

$$=\mathcal{L}^{-1}\left\{\frac{1}{s^2+4s+3}\begin{bmatrix} \frac{1}{s} \\ 1 \end{bmatrix}\right\}=\mathcal{L}^{-1}\begin{bmatrix} \frac{1}{s(s^2+4s+3)} \\ \frac{1}{s^2+4s+3} \end{bmatrix}$$

$$=\mathcal{L}^{-1}\begin{bmatrix} \frac{1/3}{s}-\frac{1/2}{s+1}+\frac{1/6}{s+3} \\ \frac{1/2}{s+1}-\frac{1/2}{s+3} \end{bmatrix}=\begin{bmatrix} \frac{1}{3}u(t)-\frac{1}{2}e^{-t}+\frac{1}{6}e^{-3t} \\ \frac{1}{2}e^{-t}-\frac{1}{2}e^{3t} \end{bmatrix}$$

$$x(t)=\begin{bmatrix} \frac{3}{2}e^{-t}-\frac{1}{2}e^{-3t} & \frac{1}{2}e^{-t}-\frac{1}{2}e^{-3t} \\ \frac{3}{2}e^{-t}+\frac{3}{2}e^{-3t} & -\frac{1}{2}e^{-t}+\frac{3}{2}e^{-3t} \end{bmatrix}x(0)+\begin{bmatrix} \frac{1}{3}u(t)-\frac{1}{2}e^{-t}+\frac{1}{6}e^{-3t} \\ \frac{1}{2}e^{-t}-\frac{1}{2}e^{-3t} \end{bmatrix}$$

3) 상태천이 행렬식(e^{At})의 계산법

여기서는 상태방정식의 해석에서 상태천이 행렬을 구하는 방법에 대해 알아보자.

상태천이 행렬(state transition matrix)이란? 상태 미분방정식의 해를 구할 때 응답에서 시간 $t=0$에서의 상태 $x(0)$가 임의의 시간 t에서의 상태 $x(t)$로 시간이 경과함에 따라 변이(천이)해 가는 과정에서 해석할 때의 괄호 안 부분을 말한다. 상태천이행렬은 다음과 같이 정의한다.

$$\phi(t)=e^{At}=I+At+\frac{1}{2!}A^2t^2+\cdots+\frac{1}{n!}A^nt^n+\cdots \tag{9-61}$$

상태천이 행렬의 성질

① $\phi(0)=I=e^{A0}$: 항등행렬

② $\phi(t)=e^{At}=(e^{-At})^{-1}=[\phi(t)]^{-1}$ or $\phi^{-1}(t)=\phi(-t)$

③ $\phi^k(t)=\phi(kt)k$: 정수

④ $\phi(t_2-t_1)\phi(t_1-t_0)=e^{A(t_2-t_1)}e^{A(t_1-t_0)}=e^{A(t_2-t_0)}=\phi(t_2-t_0)$

⑤ $\phi(t_1+t_2)=e^{A(t_1+t_2)}=e^{At_1}e^{At_2}=\phi(t_1)\phi(t_2)=\phi(t_2)\phi(t_1)$

상태천이 행렬을 구하는 방법에는 서로 다른 고유값을 갖는 대각화와 다중근을 갖는 Jordan 정준형이 있다.

예제 9-22 다음 같은 A 행렬의 상태천이 행렬을 구하라.

$$A=\begin{bmatrix}1 & 0\\ 0 & -2\end{bmatrix}$$

풀이 멱급수 전개

$$e^{At}=I+At+\frac{1}{2!}(At)^2+\frac{1}{3!}(At)^3+\cdots\cdots$$

$$=\begin{vmatrix}1 & 0\\ 0 & 1\end{vmatrix}+\begin{vmatrix}1 & 0\\ 0 & -2\end{vmatrix}t+\frac{1}{2!}\begin{vmatrix}1 & 0\\ 0 & -2\end{vmatrix}^2t^2+\frac{1}{3!}\begin{vmatrix}1 & 0\\ 0 & -2\end{vmatrix}^3t^3+\cdots\cdots\cdots$$

$$=\begin{vmatrix}1 & 0\\ 0 & 1\end{vmatrix}+\begin{vmatrix}t & 0\\ 0 & -2t\end{vmatrix}+\frac{1}{2!}\begin{vmatrix}t^2 & 0\\ 0 & 4t^2\end{vmatrix}+\frac{1}{3!}\begin{vmatrix}t^3 & 0\\ 0 & -8t^3\end{vmatrix}+\cdots\cdots\cdots$$

$$=\begin{vmatrix}1+t+\frac{1}{2}t^2+\frac{1}{3}t^3\times\frac{1}{2}+\cdots\cdots & 0\\ 0 & 1-2t+\frac{1}{2!}4t^2-\frac{1}{3!}8t^3+\cdots\cdots\end{vmatrix}=\begin{vmatrix}e^t & 0\\ 0 & e^{-2t}\end{vmatrix}$$

$$A\cdot A=\begin{vmatrix}1 & 0\\ 0 & -2\end{vmatrix}\cdot\begin{vmatrix}1 & 0\\ 0 & -2\end{vmatrix}=\begin{vmatrix}1 & 0\\ 0 & 4\end{vmatrix}$$

$$A^3=A^2\cdot A=\begin{vmatrix}1 & 0\\ 0 & 4\end{vmatrix}\cdot\begin{vmatrix}1 & 0\\ 0 & -2\end{vmatrix}=\begin{vmatrix}1 & 0\\ 0 & -8\end{vmatrix}$$

예제 9-23 다음 같은 A 행렬의 상태천이 행렬을 대각화, 라플라스변환, Sylvester 보간공식으로 구하라.

$$A = \begin{bmatrix} 1 & 0 \\ 0 & -2 \end{bmatrix}$$

풀이

1) 대각화 방법

A의 고유값 $s_1 = 1,\ s_2 = -2$

$$|sI - A| = \begin{vmatrix} s & 0 \\ 0 & s \end{vmatrix} - \begin{vmatrix} 1 & 0 \\ 0 & -2 \end{vmatrix} = \begin{vmatrix} s-1 & 0 \\ 0 & s+2 \end{vmatrix} = (s-1)(s+2) = 0$$

$$(s_1 I - A)e_1 = 0 \quad \left[\begin{vmatrix} s_1 & 0 \\ 0 & s_1 \end{vmatrix} - \begin{vmatrix} 1 & 0 \\ 0 & -2 \end{vmatrix} \right] \begin{vmatrix} e_{11} \\ e_{21} \end{vmatrix} = \begin{bmatrix} 0 & -1 \\ 0 & 2 \end{bmatrix} \begin{bmatrix} e_{11} \\ e_{21} \end{bmatrix} = 0$$

$$e_{21} = 0,\ e_{11} = 1$$

$$(s_2 I - A)e_2 = 0 \quad \left[\begin{bmatrix} s_2 & 0 \\ 0 & s2 \end{bmatrix} - \begin{vmatrix} 1 & 0 \\ 0 & -2 \end{vmatrix} \right] \begin{vmatrix} e_{12} \\ e_{22} \end{vmatrix} = \begin{vmatrix} -3 & 0 \\ 0 & 0 \end{vmatrix} \begin{vmatrix} e_{12} \\ e_{22} \end{vmatrix} = 0$$

$$-3e_{12} = 0, \quad e_{12} = 0,\ e_{22} = 1$$

변환행렬 $T = \begin{bmatrix} 1 & 0 \\ 0 & 0 \end{bmatrix} \quad T^{-1} = \begin{vmatrix} 1 & 0 \\ 0 & 1 \end{vmatrix}$

$$e^{At} = Te^{Dt}T^{-1} = \begin{vmatrix} 1 & 0 \\ 0 & 1 \end{vmatrix} \begin{vmatrix} e^t & 0 \\ 0 & e^{-2t} \end{vmatrix} \begin{vmatrix} 1 & 0 \\ 0 & 1 \end{vmatrix}$$

$$= \begin{vmatrix} e^t & 0 \\ 0 & e^{-2t} \end{vmatrix} \begin{vmatrix} 1 & 0 \\ 0 & 1 \end{vmatrix} = \begin{vmatrix} e^t & 0 \\ 0 & e^{-2t} \end{vmatrix}$$

2) 라플라스 변환법

$$sI - A = \begin{vmatrix} s & 0 \\ 0 & s \end{vmatrix} - \begin{vmatrix} 1 & 0 \\ 0 & -2 \end{vmatrix} = \begin{vmatrix} s-1 & 0 \\ 0 & s+2 \end{vmatrix} = (s-1)(s+2) = 0,$$

$$(sI - A)^{-1} = \frac{1}{(s-1)(s+2)} \begin{vmatrix} s+2 & 0 \\ 0 & s-1 \end{vmatrix} = \begin{vmatrix} \frac{1}{s-1} & 0 \\ 0 & \frac{1}{s+2} \end{vmatrix}$$

$$e^{At} = \mathcal{L}^{-1}[sI - A]^{-1} = \begin{vmatrix} e^t & 0 \\ 0 & e^{-2t} \end{vmatrix}$$

3) Sylvester 보간공식

① $\begin{vmatrix} 1 & s_1 & e^{s_{1t}} \\ 1 & s_2 & e^{s_{2t}} \\ I & A & e^{At} \end{vmatrix} = 0 \quad s_1 = 1,\ s_2 = -2$를 대입

$\begin{vmatrix} 1 & 1 & e^{t} \\ 1 & -2 & e^{-2t} \\ I & A & e^{At} \end{vmatrix} = 0$ 전개하면 다음과 같다.

$$-2e^{At} + Ie^{-2t} + Ae^{t} + 2Ie^{t} - Ae^{-2t} - e^{At}$$
$$= -3e^{t} + Ie^{-2t} - Ae^{-2t} + Ae^{t} + 2Ie^{t} = 0$$

$$3e^{At} = Ae^{t} - Ae^{-2t} + 2Ie^{t} + Ie^{-2t}$$

$$e^{At} = \frac{1}{3}[Ae^{t} - Ae^{-2t} + 2Ie^{t} + Ie^{-2t}]$$
$$= \frac{1}{3}\left[A(e^{t} - e^{-2t}) + 2(e^{t} + \frac{1}{2}e^{-2t})\right]$$
$$= \frac{1}{3}\left(\begin{vmatrix} 1 & 0 \\ 0 & -2 \end{vmatrix} \left|e^{t} - e^{-2t}\right| + 2\begin{vmatrix} 1 & 0 \\ 0 & -2 \end{vmatrix} \left|e^{t} + \frac{1}{2}e^{-2t}\right|\right)$$
$$= \frac{1}{3}\left(\begin{vmatrix} e^{t} - e^{-2t} & 0 \\ 0 & -2(e^{t} - e^{-2t}) \end{vmatrix} + \begin{vmatrix} 2(e^{t} + \frac{1}{2}e^{-2t}) & 0 \\ 0 & 2(e^{t} + \frac{1}{2}e^{-2t}) \end{vmatrix}\right)$$
$$= \frac{1}{3}\begin{vmatrix} 3e^{t} & 0 \\ 0 & 3e^{-2t} \end{vmatrix} = \begin{vmatrix} e^{t} & 0 \\ 0 & e^{-2t} \end{vmatrix}$$

② $\alpha_0(t) + \alpha_1(t)s_1 = e^{s_1 t}$ 이므로
$\alpha_0(t) + \alpha_1(t)s_2 = e^{s_2 t}$

$s_1 = 1,\ s_2 = -2$를 대입

$\alpha_0(t) + \alpha_1(t) = e^{t}$ 두 식에서 $\alpha_0(t),\ \alpha_1(t)$ 를 구하면 다음과 같다.
$\alpha_0(t) - 2\alpha_1(t) = e^{-2t}$

따라서 $\alpha_0(t) = \frac{2}{3}e^{-2t} + \frac{1}{3}e^{t},\ \alpha_1(t) = \frac{1}{3}(e^{t} - e^{-2t})$

$$e^{At} = \alpha_0(t)I + \alpha_1(t)A = \frac{1}{3}(2e^{t} + e^{-2t})I + \frac{1}{3}(e^{t} - e^{-2t})\begin{vmatrix} 1 & 0 \\ 0 & -2 \end{vmatrix}$$
$$= \begin{vmatrix} \frac{1}{3}e^{-2t} + \frac{2}{3}e^{t} + \frac{1}{3}e^{t} - \frac{1}{3}e^{-2t} & 0 \\ 0 & \frac{1}{3}e^{-2t} + \frac{2}{3}e^{t} - \frac{2}{3}e^{t} + \frac{2}{3}e^{-2t} \end{vmatrix}$$
$$= \begin{vmatrix} e^{t} & 0 \\ 0 & e^{-2t} \end{vmatrix}$$

연습문제

1. 다음 미분방정식을 상태방정식으로 나타내어라.

여기서, 상태변수는 $i = x_1,\ e_0 = x_2$이고 출력은 e_0이다.

$$\frac{di}{dt} = -\frac{R}{L}i - \frac{1}{L}e_0 + \frac{1}{L}e_i,\quad \frac{de_0}{dt} = \frac{1}{C}i$$

2. 다음과 같은 상태방정식의 상태천이 행렬과 상태벡터 $x(t)$를 구하라.

$u(t) = 0,\ x(0) = [2 -1]^T$이다.

$$\dot{x}(t) = \begin{bmatrix} 0 & 1 \\ -2 & -3 \end{bmatrix} x(t) + \begin{bmatrix} 0 \\ 1 \end{bmatrix} u(t)$$

3. 다음 전달함수의 고유값과 고유벡터를 구하라.

$$\frac{C(s)}{R(s)} = \frac{1}{s^2 + 5s + 6}$$

4. 상태방정식에서 특성방정식을 구하라.

$$\dot{x} = Ax(t) + Bu(t)$$

$$A = \begin{bmatrix} 0 & 1 \\ -2 & -3 \end{bmatrix},\quad B = \begin{bmatrix} 4 \\ 5 \end{bmatrix}$$

5. 다음 미분방정식의 행렬 A를 구하라.

$$\frac{d^2y_1(t)}{dt^2} + 4\frac{dy_1(t)}{dt} - 3y_1(t) = u_1(t)$$

6. 다음 R, L, C회로의 상태방정식을 구하라.

단, 상태변수는 $x_1(t) = e_c(t),\ x_2(t) = i_1(t),\ x_3(t) = i_2(t)$이다.

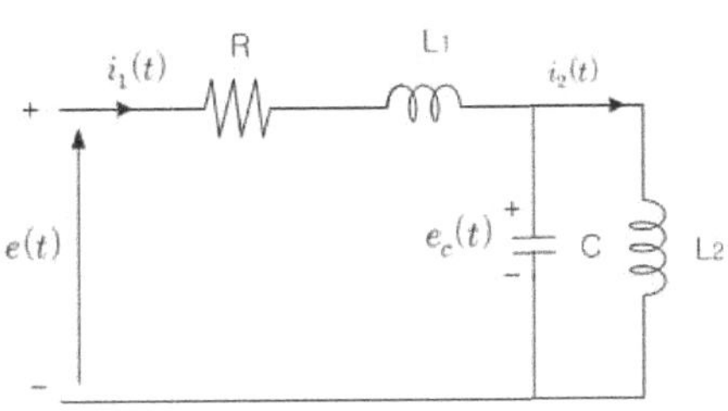

익힘문제

1. 다음 행렬의 고유값은?

$$\begin{vmatrix} 3 & 4 \\ 1 & 3 \end{vmatrix}$$

①1,3 ②1,5 ③2,1 ④2,2

2. 상태천이 행렬식 $\Phi(t)=e^{At}$ 에서 $t=0$일 때의 값은?

①I ②0 ③e^1 ④e

3. 상태방정식 $\dot{x}(t)=Ax(t)+Bu(t)$의 특성방정식은?

①$|sI-A|=I$ ②$|sI-B|=I$ ③$|sI-B|=0$ ④$|sI-A|=0$

4. 상태방정식 $\dot{x}(t)=Ax(t)+Bu(t)$에서 특성방정식은?

$$A=\begin{vmatrix} 0 & 1 \\ -3 & -2 \end{vmatrix},\ B=\begin{vmatrix} 4 \\ 5 \end{vmatrix}$$

①$s^2+2s+2=0$ ②$s^2+2s+3=0$ ③$s^2+3s+2=0$ ④$s^2+4s+3=0$

5. 다음 미분방정식에서 계수 행렬 A는?

$$\frac{d^2c(t)}{dt^2}+3\frac{dc(t)}{dt}+2c(t)=r(t)$$

①$\begin{vmatrix} -2 & -3 \\ 0 & 1 \end{vmatrix}$ ②$\begin{vmatrix} 1 & 0 \\ -3 & -2 \end{vmatrix}$ ③$\begin{vmatrix} 0 & 1 \\ -2 & -3 \end{vmatrix}$ ④$\begin{vmatrix} -3 & -2 \\ 1 & 0 \end{vmatrix}$

6. 다음 상태방정식에서 상태천이 행렬은?

$$\dot{x}(t)=\begin{bmatrix} -2 & 0 \\ 0 & -2 \end{bmatrix}x(t)+\begin{bmatrix} 0 \\ 1 \end{bmatrix}u(t)$$

①$\Phi(t)=\begin{bmatrix} e^{-2t} & 0 \\ 0 & e^{-2t} \end{bmatrix}$ ②$\Phi(t)=\begin{bmatrix} e^{2t} & 0 \\ 0 & e^{2t} \end{bmatrix}$ ③$\Phi(t)=\begin{bmatrix} e^{-2t} & 0 \\ 0 & e^{2t} \end{bmatrix}$ ④$\Phi(t)=\begin{bmatrix} e^{2t} & 0 \\ 0 & e^{-2t} \end{bmatrix}$

답 1.② 2.① 3.④ 4.② 5.③ 6.①

연습문제 해답

연습문제 해답

제 2 장 연습문제

1. 1) $\frac{6}{s^3}$ 2) $1/(s+2)$ 3) $\frac{s-a}{(s-a)^2+w^2}$ 4) $\int_0^\infty tf(t)e^{-st}dt = -\frac{d}{ds}F(s) = -\frac{d}{ds}\frac{w}{s^2+w^2} = \frac{2ws}{(s^2+w^2)^2}$ 5) $\frac{3}{s^2}+\frac{1}{s-3}$ 6) $1+3/(s+a)$

2. 1) $2e^{-4t}$ 2)$\sin 3t$ 3)$4te^{-2t}$ 4)$2e^{-t}-e^{-2t}-\frac{5}{3}te^{-2t}$ 5) $1-3e^{-t}+3e^{-2t}$ 6) $-2e^{-2t}+5e^{3t}$

3. 1)0, 4/3 2) 0, ∞ 4. 1)$x(t)=u(t)-te^{-t}-e^{-t}$ 2) $y(t)=u(t)-e^{-t}$ 5. 1) $\begin{vmatrix} 1 & -1 \\ 1/3 & 2/3 \end{vmatrix}$ 2)$\frac{1}{13}\begin{vmatrix} 7 & -5 & 1 \\ -2 & 7 & -4 \\ -4 & 1 & 5 \end{vmatrix}$ 6. 1)-8 2)-11 3)-13

제 3 장 연습문제

1. 본문참조 2. $\frac{E_0(s)}{E_i(s)}=\frac{Ls}{R+Ls}$ 3. $\frac{E_0(s)}{E_i(s)}=\frac{RCs}{1+RCs}$ 4. $\frac{V_2(s)}{V_1(s)}=\frac{1}{LCs^2+1}$ 5. $\frac{V_2(s)}{C_1(s)}=\frac{C_1}{C_1+C_2}$

제 4 장 연습문제

1. 본문참조 5. $\frac{C(s)}{R(s)}=\frac{G1G2}{1+G2+G1G2G3}$ 6.

$$\frac{C(s)}{R(s)}=\frac{G1G2G+G1G2G4}{1-G1G2H1+G1G2G3H2+G1G2G4H2}$$

$$\frac{C(s)}{R(s)}=\frac{G1G2G3+G1G2G4}{1-G1G2H1+G1G2G3H2+G1G2G4H2}$$

제 5 장 연습문제

1. $C(s)=\frac{K}{1+Ts}\cdot R(s)=\frac{K}{1+Ts}\cdot\frac{1}{s}=\frac{K_1}{1+Ts}+\frac{K_2}{s}=\frac{-KT}{1+Ts}+\frac{K}{s}=K(\frac{1}{s}-\frac{1}{s+1/T})$

$\mathcal{L}^{-1}C(s)=c(t)=K(1-e^{-t/T})$

2. 본문참조 3. 본문참조 4. 본문참조 5.특성방정식 : $2s^2+7s+3=0$, 영점 : $s=0,-1$, 극점 : $s=-1/2,-3$

6. $e_{ss} = \lim_{s\to 0} sE(s) = s \cdot \frac{1}{1+G(s)} \cdot \frac{1}{s} = \frac{1}{1+\lim_{s\to 0} G(s)} = \frac{1}{1+Kp}$

$Kp = \lim_{s\to 0} G(s) = \lim_{s\to 0} \frac{10}{(s+1)(s+2)} = 5,\ e_{ssp} = \frac{1}{1+5} = \frac{1}{6}$

7. $Kp = \lim_{s\to 0} GH(s) = \lim_{s\to 0} \frac{K(s+1)}{(s+2)(s+5)} = \frac{K}{10},$

$e_{ssp} = \frac{1}{1+\lim_{s\to 0} GH(s)} = \frac{1}{1+\frac{K}{10}} = \frac{10}{10+K} = 0.02,\ K = 490$

8. $e_{ssv} = \frac{1}{\lim_{s\to 0} s\,GH(s)} = \frac{1}{Kv} = \frac{1}{2.5} = 0.4,$

$Kv = \lim_{s\to 0} s\,GH(s) = \lim_{s\to 0} s \frac{5}{s(s+1)(s+2)} = \frac{5}{2} = 2.5$

9. $e_{ssv} = \frac{1}{\lim_{s\to 0} s\,GH(s)} = \frac{1}{Kv},$ $Kv = \lim_{s\to 0} s\,GH(s) = \lim_{s\to 0} s \frac{2K(s+1)}{s(s+2)(2s+5)} = \frac{2K}{10} = \frac{K}{5},$

$\frac{1}{Kv} = 0.01,\ \frac{5}{K} = 0.01,\ K = 500$

10. $e_{ss} = \lim_{s\to 0} sE(s) = \lim_{s\to 0} s \frac{1}{1+GH(s)} \cdot \frac{1}{s^3} = \lim_{s\to 0} \frac{1}{s^2 + s^2 GH(s)} = \frac{1}{\lim_{s\to 0} s^2 GH(s)} = \frac{1}{Ka}$

$Ka = \lim_{s\to 0} s^2 GH(s) = \lim_{s\to 0} s^2 \frac{100(s+4)}{s^2(s+1)(s+2)} = \frac{400}{2} = 200,\ e_{ssa} = \frac{1}{Ka} = \frac{1}{200} = 0.005$

제 6 장 연습문제

1. 1) 불안정 2)불안정 3)불안정 2. $0 < K < \frac{60}{121}$ 3. 안정 4.1) [-3,2][-1,0] 2) [-2,-1] 3) [-3, -1] 5. 1) -1 2) -2 3) -2 6. 1)-2.2886 2) -0.4514 7. 1) $\theta_1 = \frac{\pi}{3}, \theta_2 = \pi, \theta_3 = \frac{5}{3}\pi$ 8. $\frac{\pi}{2}, \frac{3}{2}\pi, \frac{5}{2}\pi$ 8. 점근선의 각도 , 교차점 1, $0 < K < 3$

9.

1)

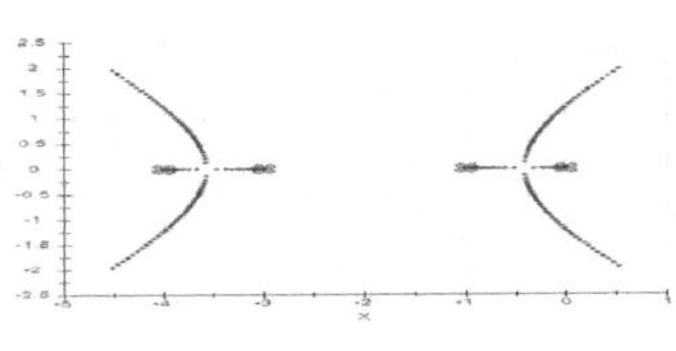

2)

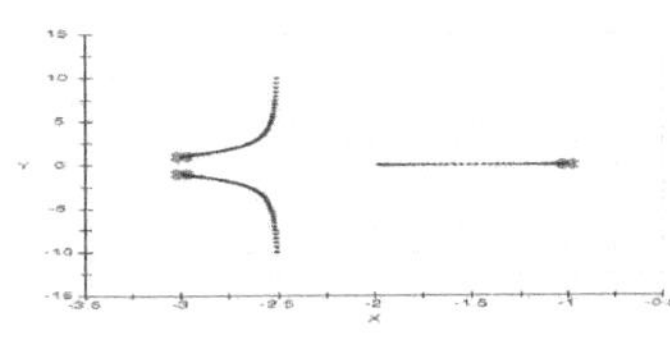

10. 1) 근궤적 그리기

```
C>den=convo(convo([1 0],[1 2]),[1 3])
        den =
         1     5     6    0
C>num=1;
C>rlocus(num,den)
```

2) 근궤적 그래프에서 좌표추적

허수축과 만나는 점 : $0 \pm 2.4i$

3) 이득 K 값 구하기

```
C>k=rlocval(num,den,0+2.40i)
Input point is not on the Root Locus!
 Search the nearest point on Root Locus...
 Nearest point to 0.0000+2.4000i : -0.0416+2.3642i
 k =
   27.4910
```

안정하기 위한 K의 범위 : $0 < K < 27.49$

4) 감쇠비의 좌표값 구하기 : 0.5일 때 $\theta = \cos^{-1}0.5 = 60^0$, -0.23+1.96i

```
C>k=rlocval(num,den,-0.23+1.95i)
Input point is not on the Root Locus!

Search the nearest point on Root Locus...
 Nearest point to -0.2300+1.9500i : -0.2536+1.9124i
 k =
   16.7203
```

5) 계단응답을 구하기 위한 함수입력

```
C>k=16.7203;
C>num=1;
C>den=[1 5 6 0];
C>num1=k;
C>den1=1;
```

6) 폐루프의 전달함수 구하기

```
C>[fnum,fden]=feedback(num,den,num1,den1)
fnum =
         0          0          0          1
fden =
    1.0000    5.0000    6.0000   16.7203
```

7) 계단응답 구하기

```
C>step(fnum,fden)
```

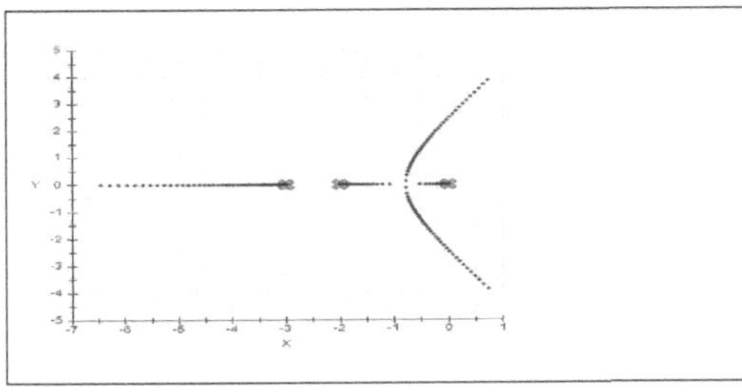
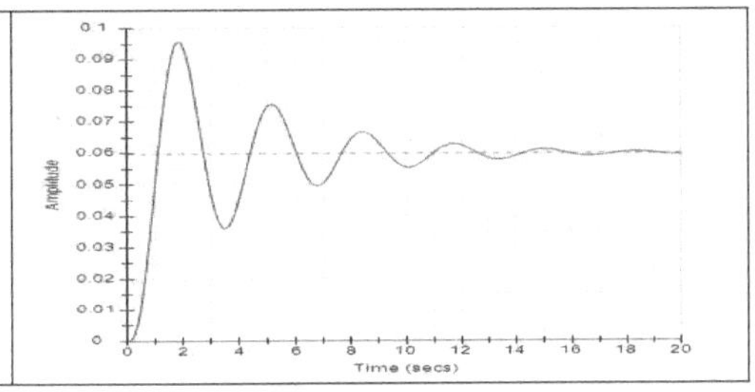

제 7 장 연습문제

1\. 1) $G(s)=\dfrac{10}{s(s+4)}$, $G(jw)=\dfrac{10}{jw(jw+4)}$, $|G(jw)|=\dfrac{10}{w\sqrt{w^2+16}}$,

$\angle G(jw)=-90^0-\tan^{-1}\dfrac{w}{4}$, $w=1$일 때

$|G(jw)|=\dfrac{10}{1\sqrt{1^2+16}}\fallingdotseq 2.4254$, $\angle G(jw)=-90^0-\tan^{-1}\dfrac{1}{4}=-104^0$

2) $G(s)=\dfrac{10(s+10)}{(s+1)(s+3)}$, $G(jw)=\dfrac{10(jw+10)}{(jw+1)(jw+3)}$, $|G(jw)|=\dfrac{10\sqrt{w^2+10^2}}{\sqrt{w^2+1}\sqrt{w^2+3^2}}$,

$\angle G(jw)=\tan^{-1}\dfrac{w}{10}-\tan^{-1}w-\tan^{-1}\dfrac{w}{3}$, $w=1$일 때

$|G(jw)|=\dfrac{10\sqrt{1^2+10^2}}{\sqrt{1^2+1}\sqrt{1^2+3^2}}=22.47$, $\angle G(jw)=\tan^{-1}\dfrac{1}{10}-\tan^{-1}1-\tan^{-1}\dfrac{1}{3}=-57.7^0$

2\. $G(jw)=\dfrac{100}{jw+100}$, 절점 주파수는 100이므로

① $w \ll 100$인 경우 $|G(jw)|=\dfrac{100}{100}=1$, $g=20\log 1=0dB$, $\phi=\tan^{-1}\dfrac{0}{1}=0^0$

② $w \gg 100$인 경우 $|G(jw)|=\dfrac{100}{w}$, $g=20\log(100/w)=20\log 100-20\log w$

$=40dB-20\log[dB/dec]$, $\phi=-90^0$

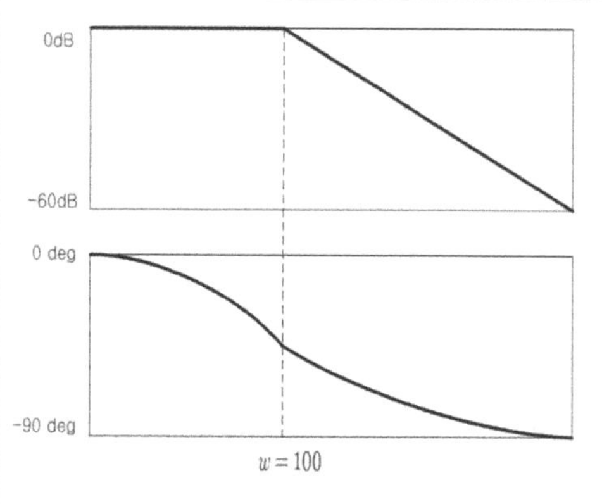

3. num=100, den=[1 4 8], bode(num,den)

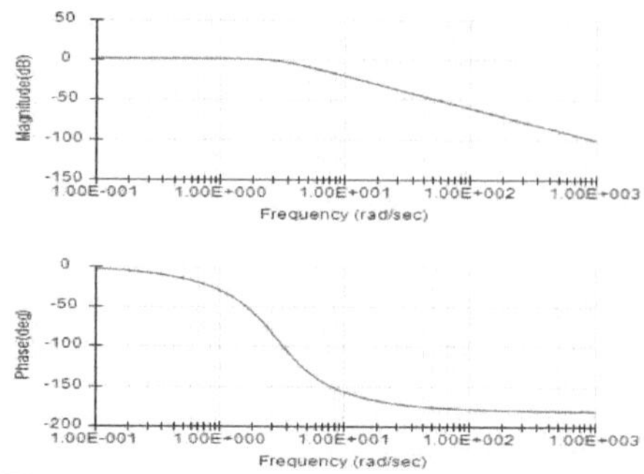

4. $G(s) = \dfrac{2}{s(s+2)}$, $G(jw) = \dfrac{2}{jw(jw+2)}$, $|G(jw)| = \dfrac{2}{w\sqrt{w^2+2^2}}$,

$\angle G(jw) = -90^0 - \tan^{-1}\dfrac{w}{2}$, 이득교차 주파수와 위상여유 : $w_g = 0.91$,

$\phi_m = 180^0 - 90^0 - \tan^{-1}\dfrac{0.91}{2} \fallingdotseq 65.5^0$, 위상교차 주파수와 이득여유 :

$-90^0 - \tan^{-1}\dfrac{w_c}{2} = -180^0$, $w_c = \infty$,$g_m = 20\log\infty = \infty dB$

5. n=10;, d=[1 3 2];, w=logspace(-2,2,200);, [M,P]=bode(n,d,w);, [Gm,Pm,Wcp,Wcp]=margin(M,P,w);, [M,P]=bode(n,d,w);,

Gm = 6.8990e+007,(77.57dB) Pm = 55.8668(55.86), Wcg = 2.6266e+004, Wcp = 2.7588

5.

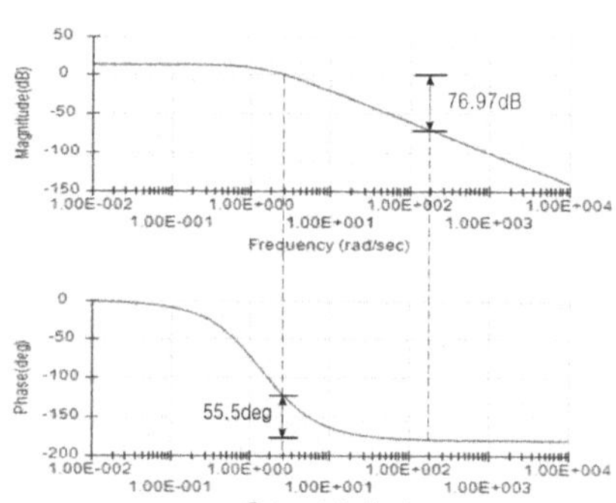

6.

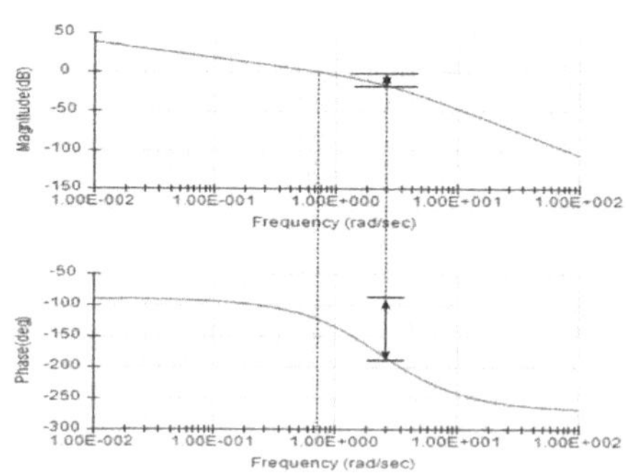

6. $1 + GH(s) = 1 + \dfrac{5}{s(s+2)(s+3)}$, $GH(s) = \dfrac{5}{s(s+2)(s+3)}$,

$$GH(jw) = \frac{5}{jw(jw+2)(jw+3)} = \frac{5}{-5w^2 + jw(6-w^2)},$$

$$|GH(jw)| = \frac{5}{w\sqrt{w^2+4}\sqrt{w^2+9}} \quad \angle GH(jw) = -180^0 + \tan^{-1}\frac{w^2-6}{5w},$$

위상교차 주파수와 이득여유 : $-180^0 = -180^0 + \tan^{-1}\frac{w_c^2-6}{5w_c}$, $w_c = \sqrt{6}$

$$g_m = -20\log\frac{5}{\sqrt{6}}\sqrt{(6+4)(6+9} = -20\log\frac{1}{6} = 15.5dB$$

이득교차 주파수와 위상여유 : $\frac{5}{w_g\sqrt{w_g^2+4}\sqrt{w_g^2+9}} = 1$, $w_g = 0.7559$,

$\phi_m = 180^0 - 180^0 + \tan^{-1}\frac{w_g^2-6}{5w_g} = -55.1^0$, 이 시스템은 안정

제 8 장 연습문제

1\. 1) $GH(s) = \frac{2}{s+1}$

주파수 전달함수 및 크기 및 위상 : $GH(jw) = \frac{2}{jw+1}$, $|GH(jw)| = \frac{2}{\sqrt{w^2+1}}$, $\angle GH(jw) = -\tan^{-1}w$, 위상교차 주파수는 $-180^0 = -\tan^{-1}w_c$ 이므로 w_c 는 존재하지 않음. 이 경우 이득여유 $g_m = \infty$, 이득교차 주파수는 $\frac{2}{\sqrt{w_g^2+1}} = 1$, $\sqrt{w_g^2+1} = 2$, $w_g^2+1 = 4$, $w_g = \sqrt{3}$, 위상여유는 $\phi_m = 180^0 - \tan^{-1}w_g = 180^0 - \tan^{-1}\sqrt{3} = 180^0 - 60^0 = 120^0$.

2) $GH(s) = \frac{5}{s-2}$

주파수 전달함수 및 크기와 위상 : $GH(jw) = \frac{5}{-2+jw}$, $|GH(jw)| = \frac{5}{\sqrt{w^2+4}}$, $\angle GH(jw) = -180^0 + \tan^{-1}\frac{w}{2}$. 위상교차 주파수 : $-180^0 = -180^0 + \tan^{-1}\frac{w}{2}$, $w_c = 0$, 이득여유 :

$$g_m = 20\log\frac{1}{|GH(jw_c)|} = -20\log\frac{5}{\sqrt{w_c^2+4}} = -20\log\frac{5}{\sqrt{0+4}} = -20\log\frac{5}{2} = -7.95dB \ .$$

이득교차 주파수 : $\frac{5}{\sqrt{w_g^2+4}}=1$, $\sqrt{w_g^2+4}=5$, $w_g^2+4=25$, $w_g=\sqrt{21}$. 위상여유 : $\phi_m=180^0-180^0+\tan^{-1}\frac{w_g}{2}=0+\tan^{-1}\frac{\sqrt{21}}{2}=66.442^0$.

3) $GH(s)=\frac{2}{(s+1)(s+2)}$

주파수 전달함수 및 크기와 위상 : $GH(jw)=\frac{2}{(jw+1)(jw+2)}=\frac{2}{(2-w^2)+j3w}$ $=\frac{2(2-w^2)-j3w}{(2-w^2)^2+(3w)^2}$, $|GH(jw)|=\frac{2}{\sqrt{(w^2+1)(w^2+4)}}$, $\angle GH(jw)=-\tan^{-1}w-\tan^{-1}\frac{w}{2}$, 또는 $-\tan^{-1}\frac{3w}{2-w^2}$. 위상교차 주파수 : $-180^0=-180^0+\tan^{-1}\frac{3w}{2-w^2}$, $w_c=0$(또는 허수부=0), 이득여유 : $|GH(jw_c)|=\frac{2}{\sqrt{4}}=1$, $g_m=20\log\frac{1}{|GH(jw_c)|}=20\log\frac{1}{1}=20\log1=0dB$.

이득교차 주파수 : $\frac{2}{\sqrt{(w_g^2+1)(w_g^2+4)}}=1$, $\sqrt{(w_g^2+1)(w_g^2+4)}=2$, $(w_g^2+1)(w_g^2+4)=4, w_g^4+5w_g^2+4=4$, $w_g^4+5w_g^2=0$, w_g는 존재하지 않음. 위상여유 : $\phi_m=\infty$.

2\. 1) $GH(jw)=\frac{1+j0.2w}{1+j3w}$

크기와 위상 : $|GH(jw)|=\frac{\sqrt{1+(0.2w)^2}}{\sqrt{1+(3w)^2}}$, $\angle GH(jw)=\tan^{-1}0.2w-\tan^{-1}3w$, 또는 $-\tan^{-1}\frac{2.8w}{1+0.6w^2}$.

$$\begin{cases}\lim_{s\to0}|GH(jw)|=1\angle 0^0\\ \lim_{s\to\infty}|GH(jw)|=0\angle -90^0\end{cases}$$

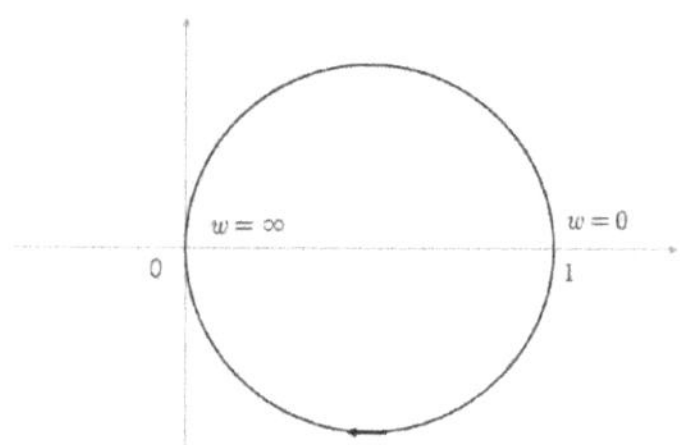

2) $GH(jw)=\frac{8}{1+j2w}$

크기와 위상 : $|GH(jw)| = \dfrac{8}{\sqrt{1+(2w)^2}}$, $\angle GH(jw) = -\tan^{-1}2w$.

$$\begin{cases} \lim_{s\to 0}|GH(jw)| = 8\angle 0^0 \\ \lim_{s\to\infty}|GH(jw)| = 0\angle -90^0 \end{cases}$$

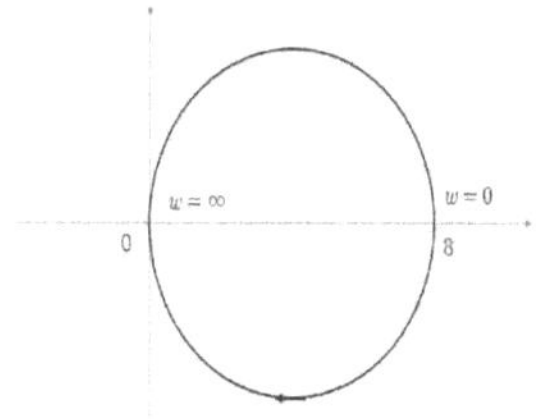

3. 1) $GH(s) = \dfrac{7}{s(1+3s)}$

주파수 전달함수 및 크기와 위상 : $GH(jw) = \dfrac{7}{jw(1+j3w)}$,

$|GH(jw)| = \dfrac{7}{w\sqrt{1+(3w)^2}}$, $\angle GH(jw) = -90^0 - \tan^{-1}3w$.

$$\begin{cases} \lim_{s\to 0}|GH(jw)| = \infty\angle -90^0 \\ \lim_{s\to\infty}|GH(jw)| = 0\angle -180^0 \end{cases}$$

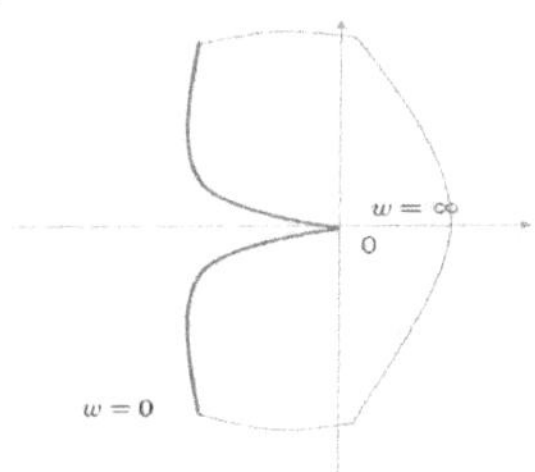

2) $GH(s) = \dfrac{s+1}{s(s+2)(s+3)}$

주파수 전달함수 및 크기와 위상 : $GH(jw) = \dfrac{jw+1}{jw(jw+2)(jw+3)}$,

$|GH(jw)| = \dfrac{\sqrt{w^2+1}}{w\sqrt{w^2+4}\sqrt{w^2+9}}$, $\angle GH(jw) = \tan^{-1}w - 90^0 - \tan^{-1}\dfrac{w}{2} - \tan^{-1}\dfrac{w}{3}$.

$$\begin{cases} \lim_{s\to 0}|GH(jw)| = \infty\angle -90^0 \\ \lim_{s\to\infty}|GH(jw)| = 0\angle -180^0 \end{cases}$$

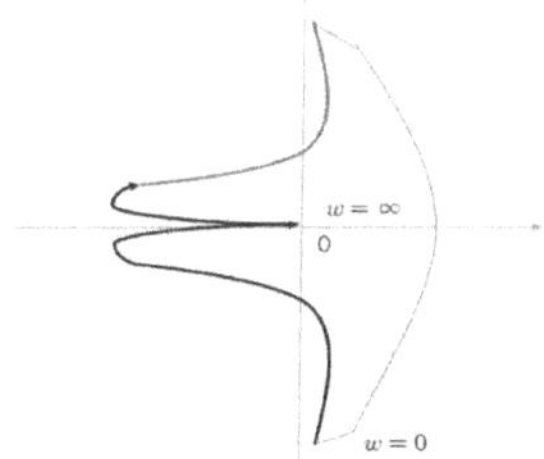

4. 1) $GH(s) = \dfrac{10}{s(1+0.1s)(1+0.5s)}$

주파수 전달함수 및 크기와 위상 : $GH(jw) = \dfrac{10}{jw(1+j0.1w)(1+j0.5w)}$,

$|GH(jw)| = \dfrac{10}{w\sqrt{1+(0.1w)^2}\sqrt{1+(0.5w)^2}}$,

$\angle GH(jw) = -90^0 - \tan^{-1}0.1w - \tan^{-1}0.5w$.

$$\begin{cases} \lim_{s\to 0}|GH(jw)| = \infty\angle -90^0 \\ \lim_{s\to\infty}|GH(jw)| = 0\angle -270^0 \end{cases}$$

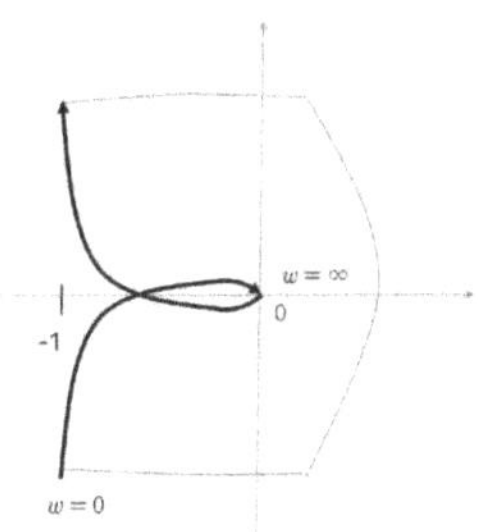

여기서, P=0, N=0 이므로 Z=0 이 시스템은 안정.

2) $GH(s) = \dfrac{s-1}{s(s+2)}$

주파수 전달함수 및 크기 및 위상 : $GH(jw) = \dfrac{jw-1}{jw(jw+2)}$, $|GH(jw)| = \dfrac{\sqrt{w^2+1}}{w\sqrt{w^2+4}}$,

$\angle GH(jw) = 180^0 - \tan^{-1}w - 90^0 - \tan^{-1}\dfrac{w}{2}$.

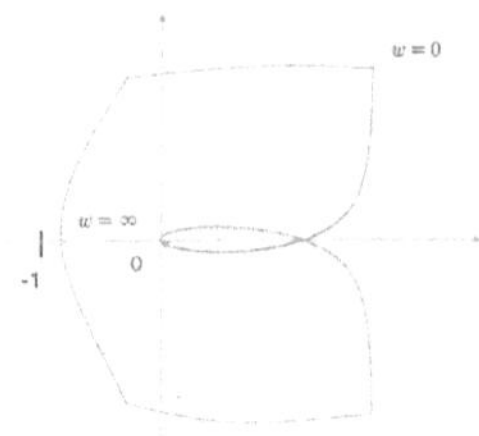

$$\begin{cases} \lim\limits_{s\to 0}|GH(jw)| = \infty \angle 90^0 \\ \lim\limits_{s\to\infty}|GH(jw)| = 0\angle -90^0 \end{cases}$$

여기서, P=0, N=0 이므로 Z=0 이 시스템은 안정.

5. 1) $GH(s) = \dfrac{K}{s(s+1)(s+2)}$

$$GH(jw) = \frac{K}{jw(jw+1)(jw+2)} = \frac{K}{-3w^2 - jw(w^2-2)} \cdot \frac{-3w^2 + jw(w^2-2)}{-3w^2 + jw(w^2-2)},$$

$$|GH(jw)| = \frac{K}{w\sqrt{w^2+1}\sqrt{w^2+4}}, \quad \angle GH(jw) = -90^0 - \tan^{-1}w - \tan^{-1}\frac{w}{2}$$

우반면에 극점이 없으므로 P=0, Z=0 이어야 시스템이 안정하다. 따라서 N=0이다. 위상 교차 주파수는 허수부가 0일 때 $w_c = \sqrt{2}$ 이므로 절대값 크기가 1보다 작아야 N=0이 성립한다.

$$|GH(jw)_c| = \left.\frac{K}{w_c\sqrt{w_c^2+1}\sqrt{w_c^2+4}}\right|_{w_c=\sqrt{2}} = \frac{K}{6} < 1, \quad \therefore\ 0 < K < 6$$

2) $GH(s) = \dfrac{K(s-1)}{(s-2)(s-4)}$

$$GH(jw) = \frac{K(jw-1)}{(jw-2)(jw-4)} = \frac{K(jw-1)}{(8-w^2)-j6w} \cdot \frac{(8-w^2)+j6w}{(8-w^2)+j6w} = \frac{K(-8-5w^2)+jw(2-w^2)}{(8-w^2)^2-(j6w)^2}$$

$$|GH(jw)| = \frac{K\sqrt{w^2+1}}{\sqrt{w^2+4}\sqrt{w^2+16}}, \quad \angle GH(jw) = -180^0 - \tan^{-1}w + \tan^{-1}\frac{w}{2} + \tan^{-1}\frac{w}{4}$$

K=1 일 때 근사화 선도

$$\begin{cases} \lim\limits_{s\to 0}|GH(jw)| = \frac{1}{8}\angle -180^0 \\ \lim\limits_{s\to\infty}|GH(jw)| = 0\angle -90^0 \end{cases}$$

위의 식에서 위상 교차주파수는 허수부=0일 때 $w_c = 0, \sqrt{2}, \infty$가 되고 이 때 절대값 크기는 $\dfrac{K}{8}$, $\dfrac{K}{6}$이므로 $\dfrac{K}{6} > 1$, $\dfrac{K}{8} < 1$ 보다 작아야 N=-2 가 된다. 따라서 $6 < K < 8$ 이

다. 그리고 $K=1$, $K=7$, $K=10$에 대하여 나이키스트 선도를 그리면 다음과 같다.

K의 범위	P	N	Z	안정판별
0 < K < 6	2	0	2	불안정
6 < K < 8	2	-2	0	안정
8 < K < ∞	2	-1	1	불안정

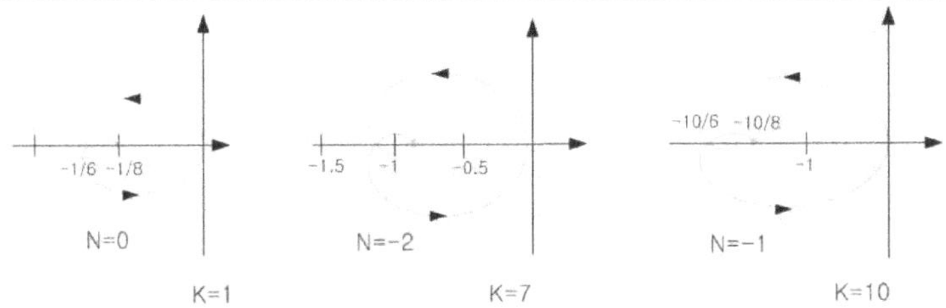

제 9 장 연습문제

1. $\frac{dx_1}{dt}=-\frac{R}{L}x_1-\frac{1}{L}x_2+\frac{1}{L}e_i$, $\frac{dx_2}{dt}=\frac{1}{C}x_1$ $\begin{vmatrix}\dot{x}_1\\ \dot{x}_2\end{vmatrix}=\begin{vmatrix}-R/L & -1/L\\ -1/C & 0\end{vmatrix}\begin{vmatrix}x_1\\ x_2\end{vmatrix}+\begin{vmatrix}1/L\\ 0\end{vmatrix}e_i$

2. $\Phi(t)=\mathcal{L}^{-1}([sI-A]^{-1})=\mathcal{L}^{-1}\begin{vmatrix}1/s & 1/s^2\\ 0 & 1/s\end{vmatrix}=\begin{vmatrix}1 & t\\ 0 & 1\end{vmatrix}$

3. $sI-A=s^2+5s+6=(s+2)(s+3)=0$, 고유값 $s=-2,-3$ 고유벡터 $T=\begin{vmatrix}1 & 0\\ -2 & 0\end{vmatrix}$

4. $sI-A=\begin{vmatrix}s & 0\\ 0 & s\end{vmatrix}-\begin{vmatrix}0 & 1\\ -2 & -3\end{vmatrix}=\begin{vmatrix}s & -1\\ 2 & s+3\end{vmatrix}=s(s+3)+2=s^2+3s+2=0$

5. $A=\begin{vmatrix}0 & 1\\ 3 & -4\end{vmatrix}$ 6. 회로방정식 $i_1(t)-i_2(t)=C\frac{de_c(t)}{dt}$, $L_1\frac{di_1(t)}{dt}=e(t)-Ri_1(t)-e_c(t)$,

$L_2\frac{di_2(t)}{dt}=e_c(t)$ $\dot{x}_1=\frac{1}{C}x_2-\frac{1}{C}x_3$, $\dot{x}_2=-\frac{1}{L_1}x_1-\frac{R}{L_1}x_2+\frac{1}{L_1}e(t)$, $\dot{x}_3=\frac{1}{L_2}x_1$

$$\begin{vmatrix}\dot{x}_1\\ \dot{x}_2\\ \dot{x}_3\end{vmatrix}=\begin{vmatrix}0 & 1/C & -1/C\\ -1/L_1 & -R/L_1 & 0\\ 1/L_2 & 0 & 0\end{vmatrix}\begin{vmatrix}x_1\\ x_2\\ x_3\end{vmatrix}+\begin{vmatrix}0\\ 1/L_1\\ 0\end{vmatrix}e(t)$$

찾아보기(Index)

숫자, 기호

가

사

아

자

차

타

파

하

참고문헌

1. 엄기환 외 1인, 제어 시스템 이론 및 설계, 동일, 2001
2. 임동진 , 제어 시스템 공학, 생능, 2011
3. 이수일 외 3인, 자동제어, 상학당, 2000
4. 김성덕, 제어시스템해석, 복두,1996
5. 강철구 외 3인, 현대제어공학, 사이텍미디어, 1999
6. 리얼게인 기술연구소, 제어시스템 해석 및 설계, 아진, 2001
7. 김원배 외 3인, 자동제어, 동일, 1998
8. 검정연구회, 제어공학 문제집, 동일, 2002
9. 김유남, 오진성, 자동제어, 태영문화사, 2007
10. 정도영 외4인, 컴퓨터제어공학개론, 생능, 2001
11. 김수중 외 3인, 자동제어, 청문각, 1996
12. 양해원 외 4인 공역, Kuo의 자동제어, 학술정보, 2006
13. 리얼게인 기술연구소, CEMTool 제어시스템해석, 아진, 2004

저자약력

이봉섭

영남대학교 전기공학과에서 박사학위를 취득한 후 1996년 9월에 삼척대학교에 부임하여 현재까지 강원대학교 제어계측공학과(삼척캠퍼스)에 재직 중. 제어공학, 제어공학실험, 태양광시스템공학, 전력공학 등을 주로 강의하고 있으며 전력전자, 신·재생에너지, 방재분야에 많은 관심을 갖고 있음.

곽동걸

경남대학교 전기공학과에서 박사학위를 취득한 후 1998년부터 2007년까지 한중대에 부임하다가 2007년에 강원대학교에 부임하여 현재까지 방재전문대학원에 재직 중. 방재, 전력전자, 신·재생에너지에 많은 관심을 갖고 있음.

제어공학

인　　쇄 : 2019년 3월 5일
발　　행 : 2019년 3월 10일
저　　자 : 이 봉 섭·곽 동 걸
발 행 처 : 도서출판 한산
서울시 서대문구 수색로6길 43번지 105-602호
TEL : (02)304-3504　FAX : (02)304-3505
발 행 인 : 김 기 영
등록번호 : 제 10-1745 호
ISBN : 979-11-87555-21-6　93560

정가. 24,000원